普通高等教育土建学科专业"十二五"规划教材

高职高专物业管理专业规划教材

暖通系统的运行与维护

全国房地产行业培训中心　组织编写

蒋　英　主　编

吕　建　主　审

中国建筑工业出版社

图书在版编目（CIP）数据

暖通系统的运行与维护/蒋英主编. —北京：中国建筑工业
出版社，2013.10（2022.12重印）
普通高等教育土建学科专业"十二五"规划教材. 高职高
专物业管理专业规划教材
ISBN 978-7-112-15897-3

Ⅰ.①暖… Ⅱ.①蒋… Ⅲ.①采暖设备-高等职业教育-教材
②通风设备-高等职业教育-教材　Ⅳ.①TU83

中国版本图书馆 CIP 数据核字（2013）第 229074 号

　　本书以锅炉房系统、热换站系统、供热系统、通风空调系统、制冷系统等运行
维护内容为主线，系统地介绍了近年来上述各类系统的常用形式；系统运行管理；
系统运行调节方法；系统运行中常见故障及排除方法。编写中遵循实用、简明的原
则，力求做到图文并茂、语言精练、通俗易懂、突出工学结合，适当介绍当今暖通
系统及设备的新技术与新工艺。

　　《暖通系统的运行与维护》是高等职业院校建筑设备工程专业、供热通风与空调
工程技术、物业设施管理专业等相关专业主要的专业技能课程之一，同时还可作为
从事暖通系统运行维护管理人员的培训教材及相关专业人员的参考教材。

＊　＊　＊

责任编辑：王　跃　吉万旺　张　晶
责任设计：李志立
责任校对：张　颖　陈晶晶

普通高等教育土建学科专业"十二五"规划教材
高职高专物业管理专业规划教材
暖通系统的运行与维护
全国房地产行业培训中心　组织编写
蒋　英　主编
吕　建　主审

＊

中国建筑工业出版社出版、发行（北京西郊百万庄）
各地新华书店、建筑书店经销
北京红光制版公司制版
北京建筑工业印刷厂印刷

＊

开本：787×1092毫米　1/16　印张：24¾　字数：615 千字
2014 年 7 月第一版　2022 年 12 月第二次印刷
定价：**48.00** 元
ISBN 978-7-112-15897-3
（24725）

教材编委会名单

主　任： 路　红

副主任： 王　钊　黄克敬　张弘武

委　员： 佟颖春　刘喜英　张秀萍　饶春平

　　　　　段莉秋　徐姝莹　刘　力　杨亦乔

序　言

　　"高职高专物业管理专业规划教材"是天津国土资源和房屋职业学院暨全国房地产行业培训中心骨干教师主编、中国建筑工业出版社出版的我国第一套高职高专物业管理专业规划教材，当时的出版填补了该领域空白。本套教材共有 11 本，有 5 本被列入普通高等教育土建学科专业"十二五"规划教材。

　　本套教材紧紧围绕高等职业教育改革发展目标，以行业需求为导向，遵循校企合作原则，以培养物业管理优秀高端技能型专门人才为出发点，确定编写大纲及具体内容，并由理论功底扎实，具有实践能力的"双师型"教师和企业实践指导教师共同编写。参加教材编写的人员汇集了学院和企业的优秀专业人才，他们中既有从事多年教学、科研和企业实践的老教授，也有风华正茂的中青年教师和来自实习基地的实践教师。因此，此套教材既能满足理论教学，又能满足实践教学需要，体现了职业教育适应性、实用性的特点，除能满足高等职业教育物业管理专业的学历教育外，还可用于物业管理行业的职业培训。

　　十余年来，本套教材被各大院校和专业人员广泛使用，为物业管理知识普及和专业教育做出了巨大贡献，并于 2009 年获得普通高等教育天津市级教学成果二等奖。

　　此次第二版修订，围绕高等职业教育物业管理专业和课程建设需要，以"工作过程"、"项目导向"和"任务驱动"为主线，补充了大量的相关知识，充分体现了优秀高端技能型专门人才培养规律和高职教育特点，保持了教材的实用性和前瞻性。

　　希望本套教材的出版，能为促进物业管理行业健康发展和职业院校教学质量提高做出贡献，也希望天津国土资源和房屋职业学院的教师们与时俱进、钻研探索，为国家和社会培养更多的合格人才，编写出更多、更好的优秀教材。

天津市国土资源和房屋管理局副局长
天津市历史风貌建筑保护专家咨询委员会主任
路　红
2012 年 9 月 10 日

前　言

　　《暖通系统的运行与维护》是高等职业院校建筑设备工程专业、供热通风与空调工程技术、物业设施管理专业等相关专业主要的专业技能课程之一，同时还可作为从事暖通系统运行维护管理人员的培训教材及相关专业人员的参考教材。

　　本书是根据相关专业几年来的教改现状与教学要求，并结合行业用人单位对毕业生知识结构及职业技能的需求而编写的。本书以锅炉房系统、换热站系统、供热系统、通风空调系统、制冷系统等运行维护内容为主线，系统地介绍了近年来上述各类系统的常用形式；系统运行管理；系统运行调节方法；系统运行中常见故障及排除方法。编写中遵循实用、简明的原则，力求做到图文并茂、语言精练、通俗易懂、突出工学结合，适当介绍当今暖通系统及设备的新技术与新工艺。

　　本书由天津国土资源和房屋职业学院蒋英担任主编，天津国土资源和房屋职业学院李睿担任副主编，天津城建大学吕建教授担任主审。编写分工如下：第3章、第4章、第5章由蒋英编写，第1章、第2章由李睿编写。

　　本书编写过程中，参考了国内许多学者同人的著作和国家及地方发布的国家标准及相关行业规范，在此对各参考文献的作者表示衷心的感谢。

　　由于编者水平有限，编写时间较短。因此，本书在内容取舍、叙述深度、体系组织分配方面都存在不足之处，诚意接受广大读者的批评指正。

目　　录

1 锅炉房设备的运行与维护

学习目标

通过本章的学习，要求了解锅炉的分类与组成，了解锅炉房的辅助系统，理解锅炉房的运行管理，锅炉设备初始运行与启停方法，锅炉运行故障及其排除方法，掌握锅炉运行维护方法，锅炉运行调节方法及锅炉维护方法，掌握锅炉运行过程中常见故障及其排除方法。

1.1 锅 炉 概 述

1.1.1 锅炉的分类与组成

1.1.1.1 锅炉分类

1. 锅炉定义

锅炉是将化石燃料或有机燃料所储藏的化学能转化为热能的一种热交换设备。

2. 锅炉分类

锅炉按其用途不同可分为动力锅炉和工业锅炉，供热锅炉属于工业锅炉。根据制取的热媒形式，可分为蒸汽锅炉和热水锅炉两大类。按不同的安装方式可分为散装锅炉和快装锅炉。在蒸汽锅炉中，蒸汽压力≤70kPa 的，称为"低压锅炉"；蒸汽压力>70kPa 的，称为"高压锅炉"。

锅炉除了使用煤作燃料外，还可使用石油冶炼中产生的轻油、重油或天然气、煤气等液体及气体燃料。通常把用煤作为燃料的锅炉，称为"燃煤锅炉"；把用油品、气体作为燃料的锅炉，称为"燃油燃气锅炉"。

1.1.1.2 锅炉的组成

锅炉设备包括锅炉本体和辅助设备两大部分。

锅炉本体的组成。不同型号的锅炉有不同的结构，本书以双锅筒横置式水管锅炉为例，说明其基本构造，如图 1-1 所示。

1. 锅筒

锅筒又称为汽包。锅筒是由

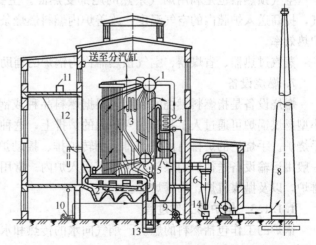

图 1-1 锅炉设备简图

1—锅筒；2—链条炉排；3—蒸汽过热器；4—省煤器；
5—空气预热器；6—除尘器；7—引风机；8—烟囱；
9—送风机；10—给水泵；11—带式输送机；
12—煤仓；13—刮板除渣机；14—灰车

钢板焊制而成的圆筒形受压容器，它由简体和封头两部分组成。内设进水装置、汽水分离装置、排污装置等。由于筒内能容纳相当数量的水，故增加了运行的安全性和稳定性。设置汽水分离装置可提高蒸汽的品质。

下锅筒通过管束与上锅筒相连，形成水循环。下锅筒还起到沉积水渣的作用，水渣通过排污管定期排放。有些锅炉不设下锅筒，用联箱代替，称为单锅筒锅炉。

2. 水冷壁

水冷壁由垂直布置在炉膛四周壁面上的许多水管组成，吸收炉膛内的辐射热。因此称为辐射受热面。管子下端与下集箱相连，下集箱通过下降管与锅筒的水空间相连，管子的上端可直接与锅筒连接，从而构成水冷壁的水循环系统。

水冷壁的另一个作用是减少熔渣和高温烟气对炉墙的破坏，起到保护炉墙的作用。

3. 对流管束

对流管束通常是由连接上下锅筒间的管束构成，其全部设置在烟道中，受烟气冲刷，吸收烟气热量，将管内水加热。对流管束称为对流换热面，它和锅筒、水冷壁构成锅炉的主要受热面。

4. 蒸汽过热器

蒸汽过热器是产生过热蒸汽的锅炉中不可缺少的部件。它由弯成蛇形的钢管和联箱组成，通过管道与上锅筒的蒸汽管相接，蒸汽过热器设置在烟道中，管内的饱和蒸汽吸收烟气热量被加热成过热蒸汽。

5. 省煤器

省煤器是尾部受热面。一般可用铸铁管或钢管制成，设置在对流管束后面的烟道中，利用排烟的部分余热加热锅炉给水，以提高锅炉热效率，节省燃料。

6. 空气预热器

空气预热器也是利用烟气余热的尾部受热面。主要作用是加热燃料燃烧需要的冷空气，提高送入炉膛内的空气温度，改善炉内燃料燃烧条件，同时可降低排烟温度，提高锅炉热效率。

蒸汽过热器、省煤器、空气预热器称为锅炉的辅助受热面。

7. 燃烧设备

燃烧设备是指燃料燃烧的装置，根据燃料品种或锅炉结构不同，燃烧设备种类很多。小型燃煤锅炉可通过人工将煤加入炉内的炉排上，这种人工加煤、拨火、除渣的炉子称为手烧炉。手烧炉的炉排有固定炉排、翻转炉排、摇动炉排等。大型燃煤炉采用机械上煤，一般由运输设备送往炉前煤斗，再将煤送入炉内。常用的有链条炉、往复炉排炉、振动炉排炉，以及抛煤机炉、沸腾炉等。

1.1.1.3 锅炉的工作过程

锅炉的工作包括燃料的燃烧、烟气向水的传热和水的受热及汽化（蒸汽生产过程）三个同时进行的过程。

1. 燃料的燃烧过程

以链条炉为例，煤进入炉内在炉排上燃烧可以分为三个阶段；炉排前端为预热阶段，煤吸收炉内热量提高自身温度，预热阶段基本不需要空气；煤移动到炉排中部为燃烧阶段，燃烧阶段需要大量的空气，由送风（或经过空气预热器）送入炉排下部，穿过炉排到达燃烧层，帮助燃料燃烧，燃烧阶段放出大量热能，生成了高温烟气；燃料移动到后端时为燃尽阶段，燃料已基本成为灰渣，被尾部的除渣板（老鹰铁）铲除到灰渣斗后推出。

2. 烟气向水及其他工质的传热过程

由于燃料的燃烧放热，炉膛内温度很高，首先与水冷壁进行强烈的辐射换热，将热量传给管内介质。在引风机和烟囱引力作用下，高温烟气沿预定的烟道流动，冲刷对流管束、蒸汽过热器等受热面。进入尾部烟道，加热省煤器中的锅炉给水，以及空气预热器中送往炉排下的冷空气，使烟气温度降低并排至炉外。

3. 水的受热及汽化过程

按流程，锅炉的给水首先进入省煤器中预热，然后进入上锅筒。在锅炉工作时，锅筒中的工质是处于饱和状态下的汽水混合物，流体在水冷壁和对流管束内边流动边吸热。在自然循环的锅炉中，流体靠密度不同产生循环。水冷壁的循环是在炉墙外设有不受热的下降管，将工质引入下联箱，又经炉内的水冷壁管受热升至上锅筒。对流管束内的流动较复杂，位于高温烟气区的管子受热强烈，工质密度小，会沿管子上升；位于烟道偏后部的管子受热相对较弱，工质密度大，会沿管子下降。受热后的汽水混合物入上锅筒，经汽水分离装置分离出的饱和蒸汽由顶部引出。如需要过热蒸汽，再引入蒸汽过热器进一步加热。

1.1.2 锅炉房的辅助设备

锅炉房的辅助设备，可按它们围绕锅炉所进行的工作过程，由以下几个系统所组成，如图 1-2 所示。

1. 汽、水系统

包括给水装置、水处理装置及送汽系统。给水装置由给水箱、水泵和给水管道组成。水处理装置由水的软化设备、除氧设备及管道组成。此外，还有送汽的分汽缸及排污系统的降温池等。

2. 运煤、除灰系统

包括传送带运煤机、煤斗和除灰车。传送带运煤机通过煤斗将煤送入炉内。小型锅炉房，通常采用人工运煤、除灰。

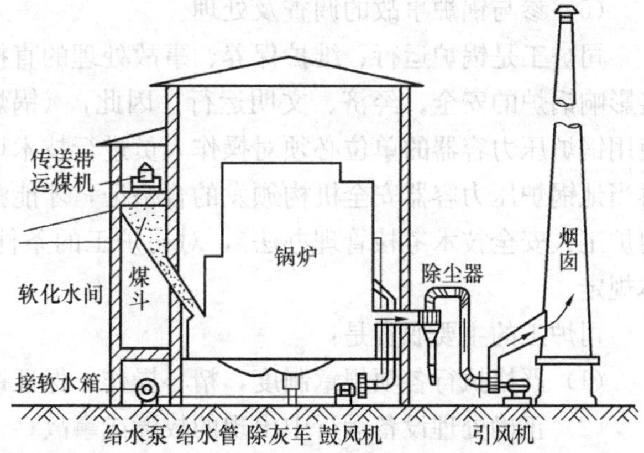

图 1-2 锅炉房辅助设备简图

3. 送、引风系统

包括向炉排下送风的鼓风机、抽引烟气的引风机、除尘器和烟囱。大型锅炉的鼓风机送入的空气，先进入位于锅炉尾部的空气预热器。

4. 仪表控制系统

除锅炉本体上装有的仪表附件外，为监控锅炉设备安全经济运行，还常设有一系列的仪表和控制设备，如蒸汽流量计、水量表、烟温计、风压计、排烟二氧化碳指示仪等常用仪表。有的工厂锅炉房中，还设有给水自动调节装置，烟、风闸门远距离操作或遥控装置等。

1.2 锅炉设备运行管理

1.2.1 锅炉房的机构管理

根据锅炉的容量、型号及数量等情况，可设立相应的管理机构，如锅炉车间、锅炉工段或锅炉班组。而且，都应落实运行管理、操作、设备维修、水质化验、安全管理的专职或兼职人员。

锅炉房的管理人员应具备一定的专业知识，并熟悉国家安全法规中的有关规定。现行的安全法规主要有：《锅炉压力容器安全监察暂行条例》；《锅炉压力容器安全监察暂行条例》实施细则；《蒸汽锅炉安全技术监察规程》；《热水锅炉安全技术监察规程》；《锅炉房安全管理规则》；《锅炉使用登记办法》；《锅炉司炉工作安全技术考核管理办法》；《锅炉压力容器事故报告办法》；《低压锅炉水质标准》；《机械设备安装工程施工及验收规范》第六册；《在用锅炉定期检验规则》。

锅炉房管理人员的主要职责是：

(1) 参与锅炉房各项规章制度的制定，并对执行情况进行检查；

(2) 负责组织人员的技术培训和安全教育及定岗定编；

(3) 督查锅炉房设备的维护保养和定期检验、检修工作，并参与验收；

(4) 向锅炉压力容器安全监察机构报告锅炉使用情况及大的事故隐患；

(5) 参与锅炉事故的调查及处理。

司炉工是锅炉运行、维护保养、事故处理的直接操作者，他们的技术素质和责任心直接影响锅炉的安全、经济、文明运行。因此，《锅炉压力容器安全监察暂行条例》规定：使用锅炉压力容器的单位必须对操作人员进行技术培训和考核。司炉工必须经过考试，取得当地锅炉压力容器安全机构颁发的合格证，才能独立操作。而且劳动部还制定了《锅炉司炉工人安全技术考核管理办法》，对司炉工的条件、培训、考试、发证和管理做出了具体规定。

司炉工的主要职责是：

(1) 严格执行各项规章制度，精心操作；保证锅炉安全，节能运行；

(2) 正确处理设备运行中出现的故障或事故；

(3) 及时掌握并反映设备的使用状况；

(4) 钻研技术，熟悉业务，不断提高运行操作水平。

1.2.2 锅炉房的规章制度

锅炉房规章制度的制定和执行，是锅炉房安全、经济运行的重要保障。根据本单位锅炉房的实际情况，应组织锅炉房管理人员、技术人员及有实践经验的司炉工共同制定以岗位责任制为主要内容的各项规章制度，并组织锅炉房全体人员学习和讨论。锅炉房规章制度的内容应明确具体，切实可行，特别要根据本单位实际情况，制定检查、考核、奖惩办法和细则，以保证制度的执行。

1.2.2.1 岗位责任制

使用锅炉的单位，应根据锅炉房的岗位（锅炉车间主任、副主任、技术负责人、工段长、值班长、组长、司炉工、副司炉工、司水工、上煤除渣工、维修工、水质化验员等）

确定相应的职责。对于≤4t/h的锅炉，岗位不必分得很细。通常岗位责任制的主要内容如下：

1. 严格遵守劳动纪律和厂纪、厂规；坚守岗位，不脱岗、不串岗、不"大班套小班"；上班不睡觉，不做与岗位无关的事。

2. 严格执行锅炉及辅机操作规程，精心操作和调节，保证用户热能的需要和设备的安全。

3. 认真执行巡回检查制度，定时进行巡回检查，发现异常情况应及时处理，准时、正确地抄写锅炉及辅机的运行记录。

4. 做好锅炉及辅机、附件的维护保养工作，保证正常运行。

5. 迅速正确地处理锅炉及辅机、附件的异常情况，并及时向上级报告。

6. 保持锅炉及辅机、附件和锅炉房内外的清洁，保管好工器具，做好文明生产。

1.2.2.2　锅炉及辅机操作规程

根据锅炉房设备的具体特点，要制定锅炉及辅机的操作规程，如锅炉、上煤机、除渣机、风机、水泵、水处理等设备的操作规程。制定和执行锅炉及辅机的操作规程，对提高司炉工技术水平，保证锅炉安全、经济运行十分必要。操作规程的内容一般包括以下几方面：

1. 设备的简要特性。

2. 设备投入运行前的检查与准备工作。

3. 设备启动的操作方法。

4. 设备正常运行的操作方法。

5. 设备正常停止运行和紧急停止运行的操作方法。

6. 设备事故处理的操作方法。

7. 设备的维护保养。

1.2.2.3　巡回检查制度

定时对锅炉房设备进行巡回检查，有利于及时发现设备隐患，避免事故的发生。巡回检查制度应明确的事项有：检查的间隔时间，检查的内容及相应记录的项目，并在定岗时确定巡回检查现任人和巡回检查范围。巡回检查一般每小时至少进行一次；巡回检查的主要项目和内容有：锅炉本体、汽水管路和阀门、烟风系统、煤渣系统及电气、仪表等运行情况，尤其是运转设备（水泵、风机、炉排等）的运行状况，巡回检查的路线一般由炉前到两侧再到炉后，由炉上到炉下，由本体到辅机，熟练司炉工可就地综合检查，不熟练的人员可按系统和汽水、烟气、空气等介质流向进行检查。检查后应及时做好记录。

1.2.2.4　设备维护保养制度

实行完善的设备维修保养制度可以延长设备使用年限，有利于锅炉安全运行，同时对减少消耗，缩短检修时间有很大好处。设备维修保养制度包括锅炉日常运行的维护保养和检修两部分。搞好该项工作主要措施有两个方面：一是规定锅炉设备的维护保养周期、内容和要求，明确维护保养后的验收标准和验收手续；二是实行维护保养责任到人的制度，并制定考核办法。锅炉设备的维护保养工作一般宜推行司炉工（或设备操作工）、锅炉维修工（管工、钳工、焊工、电工、仪表工、筑炉工等）双包机制，对容量较大锅炉，司炉工侧重日常运行中的维护保养，维修工侧重进行专业性检修。

1.2.2.5　交接班制度

锅炉房的交接班是锅炉运行中的一个重要环节，很多事故由交接班不清而引起，造成重大损失；交接班制度也是落实岗位责任制的重要途径。交接班制度应该明确交接班的要求、检查内容和交接班手续。对交接班应有如下要求：

1. 交班人员在交班前，应对锅炉设备进行一次全面检查和调整，使锅炉的运行状态稳定正常，安全附件灵敏可靠，仪表、辅机运转正常。做好场地、设备、工具的清洁整理工作。做好清炉除灰工作，煤斗存煤达到标准。在完成上述工作后应填写交班记录并签名。

2. 交班人员应向接班人员如实介绍在本班运行中锅炉、安全附件、仪表、自控装置和辅助设备的情况，如锅炉负荷情况、水处理及软水、炉水质量，设备缺陷及检修情况，事故及处理情况等。请接班人员检查本班的运行记录和交班记录。

3. 接班人员在接班前要保持头脑清醒（即接班前4h内不得饮酒，保证充足的睡眠等）；并按规定的时间（一般提前15min）到达锅炉房，并做好准备工作（如穿戴劳保用品等）。

4. 接班人员在查阅运行记录、交班记录并听取交班人员情况介绍后，应对交班人员的工作及锅炉设备进行一次全面检查、核实，发现问题及时提出。

5. 交接班完毕，双方签名后，交班人员方可离开锅炉房。

6. 在交班前或交接班过程中发生事故，应停止交接班。此时，交班人员负责处理事故，接班人员应主动协助，待事故处理完毕后，再行交接班。

1.2.2.6　水质管理制度

锅炉房应根据所使用的锅炉、水处理工艺及执行的水质标准，制定水质管理制度，明确水质定时化验的项目和合格标准。主要内容如下：

1. 水处理设备（含预处理设备和除氧设备）的运行操作规程。

2. 水质采样规程：包括水样的采集；原水、软水、炉水的化验项目及合格标准和化验间隔时间；标准溶液的配制与标定。锅炉的水质化验一般每小时进行一次。但当离子交换快要失效时或流动床离子交换设备刚投入运行时，应相应缩短水质化验间隔时间，增加水质化验次数。

3. 水质化验的运行记录和交接班。

4. 化验仪器设备的维护和试剂的保管。

5. 离子交换剂的储存及再生剂的配制管理。

1.2.2.7　清洁卫生制度

锅炉房的清洁卫生，是文明生产的重要方面。要明确锅炉房设备及内外卫生区域的切分及各区域的清扫责任人和清扫要求，并有考核办法。要求定范围、定人、定时清扫，做好锅炉房内外环境卫生、设备擦拭、工器具摆放整齐等工作。

1.2.2.8　安全保卫制度

锅炉房安全保卫制度一般包括以下内容：锅炉房无关人员，不得进入锅炉房；外单位参观、培训人员，经本单位有关部门同意后方可进入锅炉房；锅炉房内设施，非锅炉房当班人员不得动用；无证的司炉工、水质化验人员不得独立操作锅炉或水处理设施；锅炉房内不得存放易燃、易爆物品；夜间停用的锅炉房，应在锅炉停炉后采取稳妥措施（如关闭汽阀、保证水位、防止复燃等）并关闭门窗，防止他人入内。

1.3 锅炉设备初始运行与启停

1.3.1 锅炉的烘炉与煮炉

1.3.1.1 烘炉

1. 烘炉的目的及作用

炉墙是用成型材料砌筑、浇注或涂抹而成，这给炉墙结构内部带进了大量的水分。如果未经充分烘干立即投入使用，炉膛内燃烧产生的高温及高温烟气会使炉墙内水分急剧蒸发，因水变成蒸汽而膨胀将产生一定的压力，这种压力会引起炉墙出现裂缝、错位、凸起等不正常的变形。此外当炉墙烘烤温度不均匀，会引起炉体各部分热膨胀不一致。因此在锅炉投入运行前，必须要缓慢地干燥，使炉墙的水分慢慢地蒸发逸出，且炉墙又不被破坏，以保证锅炉安全正常地运行。这种缓慢的干燥方法就是烘炉。

2. 烘炉前的准备工作

为使烘炉工作顺利进行，烘炉前必须具备下列条件：

1）锅炉本体及工艺管道安装完毕，水压试验合格。炉墙砌筑和保温工作全部结束，并经检查验收合格。炉膛、风道内部清理干净，无杂物，外部拆除脚手架并将周围场地清扫干净。

2）烘炉所需要的热工和电气仪表均安装校验和调试合格，性能良好；各水汽阀门及烟道挡板灵活、可靠、准确无误。单机试运行结束，且炉排、鼓风机、引风机及其他辅助设备在单机试运行时均为合格。

3）在炉墙施工阶段及砌筑完后，应打开各处门孔，进行自然干燥，并达到时间要求。

4）锅筒和集箱上的膨胀指示器已装好并调到零位，如设备未带有膨胀指示器，应在锅筒和联箱便于检查的地方装设临时性膨胀指示器。

5）按技术文件的要求选定好炉墙的监视点或取样点，并准备好温度计及取样工具。如技术文件上无要求时，可按炉墙灰浆试样法或测温法规定的位置选定。

有旁通烟道的省煤器应关闭主烟道挡板，使用旁通烟道。无旁通烟道时，省煤器循环管路上阀门应开启。

6）准备好充足的燃料，如木柴、煤等。用于链条炉排上的燃料中不得有铁钉、铁器等金属物质。准备好必需的工具、材料、备品和器材等。

7）向锅炉注水前，打开锅炉上所有排气阀和过热器上的疏水阀，彻底放空水压试验时残留的生水，重新注入经过处理的软化水至正常水位，水位计应清晰、正确。

8）应根据锅炉具体情况选定烘炉方法，并以此做出烘炉方案，方案中应规定好必要的临时措施。

9）编制好烘炉曲线，对参加烘炉人员进行技术交底，并准备好烘炉的记录表。

3. 烘炉方法

炉墙所含水分与炉墙材料、炉墙形式、季节、施工方法、施工时间长短等因素有关，因此烘炉方法及时间应根据上述因素而定。

烘炉常用的方法有火焰法和蒸汽法两种。在小型锅炉中大多采用火焰烘炉法，有条件的容量较大的带有水冷壁的锅炉，方可采用蒸汽烘炉方法。锅炉砌筑完成后应将风道闸板及各个门、孔全部打开，用自然通风的方法对烟道及炉膛进行干燥，减少炉墙的含水率。如果是耐热混凝土炉墙，应在养护期满后才能进行烘炉。一般养护期为：矾土水泥为三昼夜，硅酸盐、矿渣硅酸盐水泥为七昼夜。

1）火焰烘炉

火焰烘炉又称为燃料烘炉，是用煤块、柴油、重油或木柴等燃料燃烧产生的热量和烟气逐渐提高炉壁温度来进行烘炉，达到烘干炉墙的目的。这种烘炉方式对各类型的锅炉都适用。根据过热器的烟温控制燃烧热强度，对于重型炉墙第一天温升不超过50℃，以后每天温升不超过20℃，后期烟温最高不超过200～220℃；对于轻型炉墙，温升每天不超过80℃，后期烟温不应超过160℃，平均每天升高25℃，炉墙特别潮湿时，适当减慢温升速度。

在烘炉过程中应严格控制燃烧。首先是炉膛里的燃烧要缓慢进行，使温度逐步地上升，不要 开始就用烈火；其次是燃烧火焰不能时旺时弱，更不能在火焰熄灭时突然烧旺；三是炉膛四周的火焰应均匀分布，不要集中在某一个地方，也不要离墙太近。因此，烘炉过程中要注意观察炉膛里的燃烧情况，在烘炉中炉排应定期转动，防止烧坏炉排。烘炉时要保持锅炉正常水位，打开向空排气阀，使蒸汽排空，保持锅炉内0.2～0.3 MPa的压力。

烘炉时间的选定应根据锅炉的蒸发量、炉墙潮湿程度、结构形式和地区气候条件而定。一般对于轻型炉墙4～7天，重型炉墙10～14天，对于特别潮湿的炉墙可以适当延长烘炉时间。

2）蒸汽烘炉

蒸汽烘炉就是采用蒸汽通入被烘锅炉的水冷壁管中，以此来加热炉墙，达到烘炉的目的。

采用蒸汽法烘炉时，将锅炉注入软化水至正常水位，锅炉水冷壁管等受热面充满水后，由运行锅炉引来0.3～0.4 MPa的饱和蒸汽，从水冷壁集箱的排污管连续均匀地送入受热面管内，再逐渐加热炉水。通过水的自然循环逐渐提高水温至90℃左右，利用炉水温度烘烤炉墙，使炉墙各部位均匀干燥。烘炉过程中一般不启动引风机，利用风门的开关将炉膛内产生的潮汽排出。烘炉期间将汽包上的空气门及过热器联箱，主流阀外疏水阀打开，如果发现汽包水位过高，可以适当放水，保持正常水位。烘炉时应开启炉门及烟道闸板以排除湿气，并使炉墙各部位均匀烘干。

蒸汽烘炉加热均匀、温度平稳、节约燃料、节省人力，效果优于火焰烘炉。在煤、水、电或辅机试运转未符合火焰烘炉条件时，采用蒸汽烘炉可缩短工期。凡有供汽条件，就宜用蒸汽烘炉。但是在新建工程第一台炉试运转时，没有邻炉提供蒸汽，另外需消耗大量蒸汽，这些蒸汽的热量未被利用就被排出，因此很不经济。采用蒸汽烘炉的后期可在炉膛中间加些燃料，适当用火焰烘炉法补烘一段时间，以保证干燥的质量。新建锅炉一般不宜采用蒸汽烘炉法。

烘炉时间：轻型炉墙一般为4～6天，重型炉墙一般为14～16天。

4. 烘炉的合格标准

炉墙经过均匀烘干后不应有凸出、开裂以及其他变形，这样烘炉工作的目的就达到了。

判断烘炉是否合格，可用两种方法来测定，达到其中之一者即为合格。

1) 炉墙灰浆试样法：在燃烧室两侧炉墙的中部，炉排上方 1.5～2 m 处或燃烧器上方 1～1.5 m 处和过热器中部两侧墙的中部，取耐火砖、红砖的丁字交叉缝处的灰浆样品各 50g 测定，其含水率均应小于 2.5%。

2) 测温法：在燃烧室两侧墙的中部，炉排上方 1.5～2 m 处或燃烧器上方 1～1.5 m 处，测定红砖墙表面向内 100 mm 处的温度应达到 50℃，并继续维持 48h，或测定过热器（或相当位置）两侧墙耐火砖与隔热层接合处温度应达到 100℃，并继续维持 48h。

5. 烘炉注意事项

1) 烘炉应按照事先制定和批准的烘炉方案和烘炉升温曲线进行，根据炉墙的温度来确定升温的速度和烘炉时间的长度。

2) 燃烧火焰应在炉膛中央，燃烧均匀，温度应缓慢升高，不准时而急火，时而压火。

3) 烘炉中要经常检查炉墙，控制炉墙温度，少开看火门和其他门孔，以防冷空气进入使炉墙开裂、产生裂纹或凹凸等缺陷，如发现缺陷应及时补救。

4) 因蒸汽产生会造成水位下降，应及时补水并防止假水位出现。

5) 冬季烘炉应保持锅炉间室温在 5℃以上。

6) 烘炉过程中应适当进行排污。

7) 烘炉中加热和冷却均应缓慢进行，进水温度不宜过高也不宜过低，不应低于环境温度。

8) 烘炉时应做烟气温度记录，并符合事先绘制的曲线的要求。

1.3.1.2 煮炉

1. 煮炉的目的和依据

锅炉在制造、运输和保管安装过程中，其受热面内壁会被油垢、灰尘和其他一些杂物污染，这些污物对锅炉运行将产生危害作用。污物不清除将直接影响蒸汽和热水的品质，而且分解后还会腐蚀金属受热面，引起汽水共腾现象，受热面内壁被氧化而产生铁锈，这些氧化铁及硅化合物等杂质聚集在受热面上，会直接影响传热。因此，锅炉投入运行前应采用化学清洗的方法清除这些污物，进行煮炉，以保证蒸汽品质及锅炉安全正常运行。

煮炉是用碱性溶液进行的，实际上就是用氢氧化钠、磷酸三钠或无水磷酸钠进行化学处理。利用这些碱性物质可使锅炉内游离油质产生一种皂化作用，使游离物之间的结合力减弱，然后用给水或软化水来冲洗，使锅炉内壁的铁锈、水垢在碱性溶液中脱落。这些脱落的水垢、铁锈将大部分沉积在锅炉下部的集箱中，然后可以利用排污的方法加以排除。

2. 煮炉的准备工作

煮炉的最早时间可在烘炉的末期，当炉墙耐火砖灰浆含水率降到 7%，红砖灰浆含水率降到 10%以下时，或用测温法检查红砖墙表面温度达到 50℃时，即可进行煮炉。也可在烘炉合格后进行煮炉。

煮炉时锅炉需要升温升压，因此锅炉本体，各辅助设备，附属系统均应安装完毕，转动机械经过试运行，并对燃油系统、输煤系统、给水系统、软化水系统及热工仪表远方操作装置，疏水、加药、排污及取样装置等安装校验完毕。

煮炉前应检查下列项目：

1）编制有关规章制度与煮炉程序，绘制好系统图并悬挂于现场。

2）煮炉时只使用一台水位计，其余水位计备用，一次阀关闭，以避免汽水管路与碱水接触。

3）检查锅炉汽包及联箱的锈垢情况，并确定煮炉时的加药量。

4）准备好煮炉用药品，做好药品的纯度分析，准备好加药的工具，以及防止药品伤人的安全措施、防护用具。

3. 煮炉的方法及要求

1）煮炉的方法

煮炉与烘炉可连续进行，亦可在烘炉后单独进行。当煮炉与烘炉连续进行时，在开始烘炉前，应同时作煮炉的准备工作。

煮炉时的加药方法有以下三种方式可供选用：

（1）用专用加药泵或其他水泵经临时管路从水冷壁下联箱或省煤器放水阀将药加入锅炉。

（2）可利用磷酸三钠加药罐设备系统将药加入锅炉。

（3）有的锅炉汽包上设有 $\phi 50$ mm 的自用蒸汽短管，配有带法兰的高压阀门，可借用此阀门的法兰在其上安装一个有盖子的临时加药箱，加药箱的底部焊有短管和法兰，用该法兰与汽包相连接，在加药箱底短管处设有过滤网。

煮炉所用药品及药量应符合锅炉技术文件中的规定。药剂的加入量要根据锅炉油垢、锈蚀情况及锅炉水容量而确定。如锅炉的技术文件中无规定时可参照表1-1所列进行加药煮炉。

煮炉时的加药配方   表 1-1

药品名称	加药量（kg/m³水）	
	铁锈较薄	铁锈较厚
氢氧化钠	2~3	3~4
磷酸三钠	2~3	2~3

表 1-1 中药品用量按 100％的纯度计算，如果现场药品纯度低于 100％时应按实际含量换算。无磷酸三钠时可用纯碱代替，用量为磷酸三钠的 3 倍。单独使用碳酸钠煮炉时，每立方米水中加 6 kg 碳酸钠。

加药时锅炉水位应保持在水位计最低指示处，煮炉时保持在接近最高水位，药液不得进入过热器内，因为进入过热器的碱水无法排出。

加药前药品应溶解成溶液，除去杂质，溶液应搅拌均匀，配制成浓度为 20％的药液再加入锅炉。加药时要确认锅炉内没有压力，不得将固体药品直接加入锅炉。所有的药品应一次加完，但对拆迁的锅炉存有水垢时，可将所用的磷酸三钠先加入 50％，在煮炉第一次排污后，再加入其余的 50％。

2）煮炉的要求

（1）工作人员应穿工作服，围橡皮围裙，穿胶皮靴子，戴防护面罩、胶皮手套。

（2）打碎、配备及往炉内加药等工作，必须由经过训练的人员在化学人员的监督下进行。

（3）固体氢氧化钠必须在空地有遮拦的地方打碎，以防四溅。碎药与加药地点应备有2%的硼酸液、2%的高锰酸钾、药棉、纱布、红药水及洗手用品。

（4）溶液箱必须严密和安装牢固，而且有出口能将溶液全部放出，并备有进行搅拌的工具。药品放入溶液箱后必须盖好盖子，然后加水，5min后才可打开盖子搅拌。

（5）锅炉在加入药品溶液前，必须将汽包上空气门打开，待锅炉完全没有压力时，再开启汽包上临时加药箱出口门向锅炉加药。

（6）不许用起重设备或绳子升降氢氧化钠药品。

（7）操作人员加药完毕后必须洗手，临时加药箱应及时移开并将物品洗涤干净。

4. 煮炉的程序

煮炉可只用一只水位计，其余备用。煮炉时应有较高的水位，锅炉水位始终保持在最高水位指示线处。有过热器的锅炉应防止炉水进入过热器。省煤器再循环管除锅炉上水时外，其余时间应打开，使省煤器得到碱煮。加药完毕后封闭加药口，锅炉点火开始煮炉。

煮炉时间一般为48～72h。为确保煮炉效果，在煮炉末期应使蒸汽压力保持在工作压力的75%～100%内，锅炉负荷在5%～15%范围内，产生的蒸汽向空排放，连续煮炉48h。各类煮炉程序、阶段划分、相应压力和时间可参见表1-2。

煮炉升压时间表　　　　　　　　　　　　　表1-2

顺序	煮炉升压程序	煮炉时间（h）		
		铁锈较薄	铁锈较厚	拆迁炉
1	加药	3	3	9
2	升压到0.3～0.4MPa	3	3	3
3	在0.3～0.4MPa，负荷为额定出力的5%～10%下煮炉，并紧螺丝	12	12	12
4	降压并排污，排污量为10%～15%	1	1	1
5	升压到1.0～1.5MPa，负荷为额定出力的5%～10%下煮炉	8	12	24
6	降压到0.3～0.4MPa下进行排污，排污量为10%～20%	2	2	2
7	升压到2.0～2.5MPa，负荷为额定出力的5%～10%下煮炉，中、低压炉升压到工作压力的75%～100%，但不超过2.5MPa	8	12	24
8	保持2.0～2.5MPa压力下进行多次排污换水，直到运行标准碱度，同时连续排污	16	16	36
9	合计	53	61	111

按锅炉脏污程度煮炉时间可加长和缩短，煮炉期间每3～4h取水样化验，分析锅炉水碱度和磷酸根含量。当锅炉水碱度低于45 mmol/L或磷酸根低于500 mg/L时应补充加药，可用锅炉房加药系统，或降压后加药。

煮炉完毕，放掉已冷却的炉水，清除锅筒联箱内的沉积物，带压力冲洗锅炉内部和曾与药液接触过的阀门等，并要检查排污阀、水位计有无堵塞现象。

5. 煮炉的合格标准

锅炉经过煮炉和清洗后打开人孔、手孔进行下列检查，如果锅炉内壁达到下列要求即为合格。

1）锅筒、联箱内无油污、锈斑和焊渣。

2）锅筒、联箱内壁用布轻擦能露出金属本色，表面应无锈斑。

6. 煮炉注意事项

1）煮炉过程中各处排污门应全关，排污时全开时间不得超过 0.5～1min，以防水循环被破坏。

2）煮炉后的恢复工作应尽量紧凑。

3）煮炉工作结束后，应交替进行持续上水和排污，直到水质达到运行标准，然后应停炉排水。

1.3.1.3　锅炉冲洗

锅炉煮炉后进行冷却，打开放空阀或其他阀门进行排污，并用热的清水进行置换，最后排尽炉水，并开启人孔、手孔，将锅炉内部进行一次检查和冲洗，清洗所剩的水垢、铁锈，更换人孔垫、手孔垫，重新密封。

1.3.2　锅炉的点火与停炉

1.3.2.1　锅炉点火前的检查

锅炉安装或大修完工并经验收合格后，可进行锅炉点火前的检查与准备工作，首先做好锅炉点火前的组织工作，如制定试车计划，做好人员的定岗定位和岗前培训，配齐持证司炉工，建立健全锅炉房各项规章制度等。

点火前的检查是一项认真细致的工作，应明确分工，责任到人，防止遗漏（一般采用顺系统逐步检查的方法）。检查中发现的问题应及时反映，并配合电工、仪表工、维修工等予以解决。检查完毕后，应将检查结果记入有关记录簿内。锅炉点火前要对各系统及设备做全面检查。

1. 锅炉本体"锅"的部分检查

1）在水压试验的基础上，锅炉受压元件无鼓包、变形、渗漏、腐蚀、磨损、过热、胀粗等缺陷。焊口、胀口符合要求。

2）受热面管子和锅炉范围内管道畅通。新安装、移装、受压元件经重大修理或改造后的锅炉以及进行酸洗除垢后的锅炉，应进行通球试验。

3）锅筒内部装置，如给水装置、汽水分离装置、水下孔板、定期排污管、连续排污管、汽水挡板等齐全、完好。

4）锅筒、集箱、管道内无水垢、水渣、遗留的工具、螺栓、焊条、棉纱、麻袋等杂物。经上述检查后，封闭全部人孔和手孔。

2. 锅炉本体"炉"的部分检查

钢架、吊架无变形、过热。锅炉炉墙、隔烟墙无破损、裂缝。炉门、灰门、看火孔、检查门、防爆门等完好、严密、牢固、开关灵活。炉膛内无积灰、结焦，无杂物，炉拱完好。经上述检查后，关闭炉门、灰门、检查门、防爆门等。

链条炉排平齐完整，无杂物；煤闸板操作灵活，其标尺正确且处于工作位置；煤斗弧形门（月亮门）无变形，开关灵活；老鹰铁平齐完整、牢固等。

炉排减速机及传动装置完好，变速装置操作灵活，链条炉排离合器保险弹簧的松紧程度合适。

3. 烟风系统的检查

烟道、风道及风室无裂缝、积灰、积水，保持严密状态。烟风调节门完好，开关灵活。鼓、引风机用手盘动时灵活；冷却水、润滑油正常。空气预热器、省煤器、除尘器完好，无泄漏、积灰等。

4. 安全附件、保护装置及仪表的检查

安全阀、压力表、水位表、高低水位警报器和低水位联锁保护装置，蒸汽超压报警器和联锁保护装置，自动给水调节器，各种热工测量仪器、煤量表以及煤粉炉、油炉和燃气锅炉的点火程序控制和熄火保护装置等，应齐全、灵敏、可靠，且清洁，照明良好，阀门开关位置正确。

5. 汽水管路及阀门的检查

主汽管、副汽管、排污管及疏（放）水管应畅通，注意检查水压试验后上述盲板是否拆除。管道保温完好，漆色符合规定。管道支、吊架完好。逆止阀装置位置正确，介质在截止阀和止回阀内的流向正确，管道与阀门连接严密，阀门应开关灵活，无泄漏，有标明开关方向的标志，且开关处于正确的位置。打开的阀门开满后，应转回半圈，防止受热后卡死。水处理系统应先行试车，能连续供给合格的软水。水质化验仪器设备完好，量具、试剂配齐。

6. 煤渣系统的检查

煤场应储有足够的煤量。各种运煤机械、过筛破碎设备、电磁计量仪表单机、联动试车合格后，将煤斗上满煤。碎渣机、马丁除渣机、螺旋除渣机、刮板除渣机或水力除渣系统的抓斗机试车合格，运转平稳，且水封槽水位正常。

7. 电气设备的检查

所有运转设备的电机接线正确，转向正确，接地良好。试车时，电流在允许范围内（引风机在冷态试车时，注意调节门开度），无振动，无摩擦噪声。全部照明设备完好，特别是水位表、压力表的照明应有足够的亮度。

8. 运转设备的检查与试车

锅炉点火前，必须对全部运转设备（鼓风机、引风机、二次风机、循环泵、加压泵、给水泵、盐水泵、油泵、运煤设备、过筛破碎设备、给煤机、炉排装置、出渣装置等）进行认真全面的检查和试车，要求如下：

1）熟悉各设备的结构和使用规则及开车前阀门、调节门的位置。调节门、阀门操作灵活，无泄漏。

2）各设备地脚螺栓紧固，联轴器连接完好，传动皮带齐全。紧度适当；安全罩、防护网完整、牢固。手动盘车轻便，无摩擦，无撞击声。

3）变速箱、轴承润滑油清洁，油位正常，无泄漏。冷却水充足，畅通。

4）配合电工检查电机系统及电气设备，确认无误后送电。

5）按各设备操作要求，先进行电机试车，看其转向是否正确，再对设备进行无负荷短时启动，以检查有无摩擦、碰撞和异常动静等；启动时，风机应关闭调节门，水泵应关闭出口阀。对各设备先单机试车，再联动试车。试车时，空载数分钟后。可逐渐加大荷载，其间应注意设备运转状况和电机电流、轴承及电机温升，一切正常后，满负荷运行。

6）设备首次试车或该设备大修后试车时间：一般机械转动设备 2h，炉排 8h。一般性试车时间：机械转动设备 15min，炉排 30min。

7）试车合格标准。设备转向正确，无摩擦，无碰撞，无异味，无异常动静和振动。无漏油、漏水和漏风现象。轴承温度稳定，一般滑动轴承不高于 65℃，滚动轴承不高于 80℃。泵及风机的流量和扬程（或风压）符合要求。电机电流正常，温度正常。炉排各档温度正常，无卡住、凸起、跑偏等现象，且煤层均匀。

8）其他检查

楼梯、平台、栏杆等完好、墙壁、门窗及地面修补完整。人行通道清洁畅通。地面无杂物、积水、积煤、积渣、积油。操作工具齐备。备有足够合格的消防器材。

1.3.2.2 锅炉点火前的准备工作

锅炉经检查和试车合格后，可进行点火前的准备工作：锅炉给水泵经排气后，注满水；启动给水泵，待运转正常后，打开出水阀，缓慢向进水管和省煤器送水，出水阀的开度不应造成水泵电机超电流。打开给水阀，向锅炉进水，直到水位表一半处。进水期间，检查进水系统的阀门、法兰连接及锅炉的人孔、手孔、排污阀等是否泄漏；若发现漏水，应立即停止进水予以处理。停止进水后，打开排污阀，检查是否堵塞，将水放至最低安全水位处。停止进水、排污后，锅炉水位应保持不变，若水位上升，说明给水阀内漏；若水位下降，说明排污阀内漏或炉体漏水，应予以排除。锅炉进水时，不得影响并联给水的其他运行锅炉的给水。校正水位计。准备好点火物资，如木柴、燃煤、引燃物等，严禁采用汽油等易燃易爆品做引燃物。

1.3.2.3 锅炉点火的操作方法

锅炉的点火分烘炉点火和升压点火两类。通常烘炉点火较为简单，在炉膛中部堆放可燃物（如木柴），保持炉膛略有负压（打开引风机调节门，自然通风），引燃可燃物便可。升压点火程序因燃烧设备而异，现将链条炉排的点火方法简述如下。

1. 链条炉排点火前，关闭煤斗弧形门，提起煤闸板先将煤撒放到炉排前端（关闭一、二风室），并铺好木柴及引燃物。为减少炉排漏风，可在未铺煤的其余炉排上铺满炉渣；微开一、二风室风门，关闭其余风门。

2. 启动引风机，维持炉膛负压 0～2mmH$_2$O（0～19.6Pa）。

3. 点燃引燃物和木柴，转动炉排，打开弧形门放下煤闸板，调整煤层厚度 70～100mm，将燃煤送至煤闸板后 0.5m 处，再停止炉排转动。

4. 待引燃物烧旺并引燃煤层后，再启动炉排逐步增速，并启动鼓风机，调整风室风门的开度，使火床长度增长。

5. 当灰渣落入灰渣斗时，启动除渣装置。

1.3.2.4 锅炉的停炉

锅炉的停炉分正常停炉、暂时停炉和紧急停炉三种。

1. 正常停炉

正常停炉是有计划的停炉，停炉前应根据停炉的目的安排好计划，如停炉前检查的内容，停炉后检修的项目，停炉的时间安排，备齐检修所需设备、材料、备件等。停炉时要逐渐降低锅炉负荷，随后停止给煤，使炉火缓慢熄灭，并将灰渣送入渣坑。停炉后 4～6h 内，应紧闭所有的门孔和烟道挡板，防止锅炉冷却太快。之后，可少量进水和放水，保持水位，使其自然冷却。禁止停炉期采取连续上水、放水的加快冷却速度的做法。停炉24h后，炉水温度不超过70℃时，方可将炉水放尽，放水时，应打开排气阀放入空气，以防形成真空排不尽水。

2. 暂时停炉

暂时停炉又叫压火停炉，因调节负荷或其他需要，暂停锅炉的运行，叫暂时停炉。蒸汽锅炉，当用户无供热通风与空调系统运行管理与维护负荷或很小时，为保持不超汽压，需压火停炉；间歇运行的热水锅炉，达到供热要求后也要压火停炉。压火停炉后，燃料在炉排上的燃烧属富燃料燃烧，以便维持火床一定的温度，待用户需要用汽或用热时，炉排运转，增加引风和鼓风，负荷可开始升高，即压火启炉。停炉操作视燃烧方式和停炉时间长短而定。链条炉和往复炉压火时间较短时，一般先关鼓风，炉排继续推进0.5m左右后再停止。为防止引风停止后炉膛烟气外冒，引风机可多运行数分钟后再停止。若压火时间在24h以上时，可适当加厚煤层再进行上述操作。若压火时间更长，为防止熄火，中途可启动一次或数次。压火停炉后，应进行排污，并向锅炉进水，使水位稍高于正常值并关闭主汽阀。为控制炉排上的燃料燃烧速度，减少压火期间燃料的不完全燃烧损失，应适当关小各风室调节门，适当打开炉门。

3. 紧急停炉

紧急停炉又称事故停炉，是锅炉运行中出现异常情况危及安全运行时采取的紧急措施。

紧急停炉的一般操作步骤如下：

1）发出事故信号，通知用汽单位。

2）停止给煤，停止鼓风，减弱引风（爆管事故应开大引风）。

3）往复炉、链条炉关闭煤闸板，快速将燃煤送入渣坑。严禁向炉内喷水灭火。

4）关闭主汽阀，如不是缺水事故，又无过热器的锅炉，可开启锅筒放空阀。

5）非严重缺水事故时，应维持锅炉水位正常。严重缺水或水位不明时，严禁向锅炉进水或排污。

6）炉火熄灭后，打开炉门、灰门进行自然冷却。当受热面烧红时，应缓慢冷却。

1.3.3 锅炉的升压与送（并）气

1.3.3.1 锅炉的升压

锅炉重新上水后，启动鼓、引风机，并逐步加强通风，增加燃料燃烧，锅炉开始缓慢升压，为确保锅炉安全，升压过程应谨慎小心，升压速度不可过快，主要操作如下：

1. 当放空阀（或安全阀抬起阀芯后）冒出较大蒸汽时，应关闭放空阀（或放下安全阀阀芯）；气压升到0.05～0.2MPa时，冲洗水位表。冲洗水位表的程序如下：

1）开放水旋塞（下），冲洗水连管、汽连管和玻璃管（板）。

2）关水旋塞（中），冲洗汽连管和玻璃管（板）。

3）开水旋塞（中），再关汽旋塞（上），单独冲洗水连管。

4）开汽旋塞（上），再关放水旋塞（下），使水位表恢复运行。

冲洗水位表后的检查：关闭放水旋塞后，水位应迅速上升，有轻微波动，并与其他水位表相一致时，表明水位正常；关闭放水旋塞后，水位上升缓慢，又无波动，则水连管和汽连管可能有堵塞现象，应重新冲洗水位表；当放水旋塞泄漏，水连管堵塞时，水位表水位偏低；当汽旋塞外漏或汽连管堵塞时，水位表水位偏高。此时均应找出故障，予以排除。

冲洗水位表注意事项：冲洗水位表时要注意安全，穿戴好防护用品；面部不要正对玻璃管（板），应侧身操作；不要同时关闭汽旋塞和水旋塞；不得同时冲洗锅筒的两只水位表。

2. 汽压上升到 0.1~0.15MPa 时，冲洗压力表存水弯管。其程序如下：

1）转压力表三通旋塞 90°，使压力表与存水弯管隔断并与大气相通，此时压力表指针应回到零位。

2）将三通旋塞旋转 180° 使存水弯管与大气相通，利用锅炉蒸汽压力对存水弯管中的存水进行冲洗，直至冒出蒸汽为止。

3）将三通旋塞旋转 45° 使存水弯管与压力表及大气同时隔断，停 3~5min，使存水弯管中积聚冷凝水。

4）将三通旋塞再旋转 45° 使压力表与存水弯管相通，回到工作位置，压力表恢复运行。冲洗存水弯管后，注意压力管是否回到原来的位置。

3. 汽压上升到 0.2MPa 时，检查人孔、手孔及阀门、法兰连接处是否泄漏，并拧紧螺栓。拧紧螺栓时注意：扳手长度不超过螺栓直径 20 倍，禁止使用套筒或加长手柄，操作时应侧身，动作不要过猛，禁止敲打。

4. 汽压上升到 0.3~0.4MPa 时，应试用给水设备和排污装置，先进水，依次对各排污阀门放水，并维持水位，关闭排污阀后，检查排污阀是否严密。

5. 汽压上升到工作压力的 60% 时，应再次上水、放水，并全面检查辅机运行情况和对蒸汽管道进行暖管。

6. 暖管所需时间。暖管所需时间视锅炉的容量，蒸汽管道的长度、直径、蒸汽温度和环境温度等情况而定。暖管时间一般为 0.5~2h，小型锅炉一般为 30min。

7. 暖管的操作方法。对单台运行的锅炉，常采用正向暖管的方法。当锅炉压力上升到工作压力的 2/3 左右时，预先打开主汽阀以后的疏水阀及各汽阀（包括分汽缸的疏水阀和控制阀），再缓慢开启主汽阀半圈，预热主汽阀后的全部蒸汽管道和阀门，暖管完毕后再开大主汽阀和关闭疏水阀。对两台或两台以上共用蒸汽母管并行运行的锅炉，也常采用正向暖管：打开主汽阀后蒸汽支管上的疏水阀（此时与蒸汽母管相邻的隔绝阀关闭），缓缓打开主汽阀半圈进行暖管，并汽时控制蒸汽母管相邻处隔绝阀。也可采用反向暖管：由蒸汽母管（或分汽缸）向蒸汽支管送汽暖管，此时应先打开蒸汽支管上的疏水阀，再开启连接蒸汽母管上的隔绝阀进行暖管。

8. 汽压上升到低于工作压力 0.05MPa 时，应再次冲洗水位表，试用水位警报器，对锅炉设备进行全面检查，进行第三次锅炉上水、排污工作，并在送汽前调整、检查安全阀的开启压力和回座压力，以保证安全阀动作准确可靠。

省煤器的安全阀开启压力为装设地点工作压力的 1.1 倍。锅筒和过热器的安全阀开启压力应按表 1-3 的规定进行调整，并进行如下检查：

1）安全阀回座压差一般应为开启压力的 4%~7%。

2）新装、移装锅炉的总体验收和定期检验中点火升压时的检验和调整安全阀应有锅炉运行技术负责人、安装负责人和锅炉检验员在场，日常点火后调整检验安全阀。应有锅炉运行负责人、检修负责人参加。

安全阀的开启压力　　　　　　　　　　　　表 1-3

额定蒸汽压力（MPa）	安全阀的开启压力（MPa）
<1.27	工作压力+0.2 MPa
	工作压力+0.4 MPa
1.27~3.82	1.04 倍工作压力
	1.06 倍工作压力
>3.82	1.05 倍工作压力
	1.08 倍工作压力

注：1. 锅炉上必须有一个安全阀按表中较低的开启压力进行调整。对有过热器的锅炉，按较低压力进行调整的安全阀，必须为过热器上的安全阀，以保证过热器上的安全阀先开启。

2. 表中的工作压力，一般指安全阀安置地点的工作压力（即在额定蒸汽压力以下的使用压力）。

3) 调整安全阀时，应保持汽压稳定，水位宜低于正常水位 30~50mm，并注意监视水位变化。

4) 调整安全阀，应逐只进行，一般先调整试验工作安全阀（即开启压力高的一只）后调整控制安全阀。试验时，如锅炉压力超过安全阀开启压力，而安全阀未动作时，应停止试验，采取手动排气、进水、排污等措施降压后重新调整。

5) 为保证安全阀灵敏可靠和不影响供汽，锅炉点火前应将送往安全阀检查站校正检验。将安全阀的检验日期、开启压力、起座压力、回座压力等检验结果记入锅炉技术档案，并请调整、检验人员签章。安全阀调整、检验完毕后，应加铅封。

1.3.3.2　锅炉的送（并）气

锅炉升压和暖管正常后，可进行送（并）汽。为避免水击发生，送汽阀门要缓慢开启。单台锅炉可直接送汽。并列锅炉的送汽也称并汽，并汽前，锅炉设备运行正常，燃烧稳定。锅炉压力应稍低于蒸汽母管压力（低压锅炉低 0.05~0.1MPa，中压锅炉低 0.1~0.2MPa）。过热蒸汽温度稍低于额定值。锅炉水位较正常水位低 20mm 左右。蒸汽品质合格。

1.4　锅炉的运行维护

1.4.1　锅炉的运行

1.4.1.1　热水锅炉运行

1. 运行调节

热水锅炉的内部充满循环水，在运行中没有水位问题。其运行控制参数主要是出口的温度和压力。按我国《热水锅炉安全技术监察规程》规定，锅炉出口热水温度低于120℃的称为低温热水锅炉，高于和等于120℃的称为高温热水锅炉。实际上目前我国北方地区采暖绝大多数使用水温95℃的低温热水。这样水温低于100℃，好像不会在锅炉和回路中沸腾，但实际在锅炉并联管路中，由于水的流量和受热不均，可能出现局部汽化现象而会威胁安全和正常运行。

由于热水锅炉出入口都直接与外网路接通，一般锅水与网路不断交换循环，成为一体。但是它们的高低位差不同，尤其对于某些高层建筑物，如果没有足够的水压，锅水不可能达到最高供热点，也就不能完成热网的供热任务。同时，当运行或停泵时，由于压力不足，会使高层采暖设备内空气倒灌，使循环管路产生气塞和腐蚀。因此，低温采暖热水锅炉同样有恒压问题。

2. 运行注意事项

1）保持系统压力恒定

热水锅炉，尤其是高温热水锅炉，必须有可靠的恒压装置，保证当系统内的压力超过水温所对应的饱和压力时，锅水不会汽化。

低温热水采暖系统的恒压措施，是依靠安装在循环系统最高位置的膨胀水箱来实现的。膨胀水箱有效容积约为整个采暖系统总水容量的 0.045 倍。在锅炉启动的初期，水温逐渐升高，水容积随之相应膨胀，多出来的水即自动进入膨胀水箱。当系统失水，膨胀水箱内的水随即补入锅炉。水箱水位下降后，通过自动或手动方法上水，很快恢复到原有水位，并通过高位静压使锅炉压力保持一定。这时，锅炉压力为膨胀水箱至锅炉的水柱静压与循环水泵扬程之和。在高温热水采暖系统中，由于对系统水量及运行稳定性要求较高，常用氮气定压罐代替膨胀水箱。即将氮气钢瓶中的氮气充入与循环水相通的储罐内，使罐的上部是氮气，下部是循环水，并保持一定的水位和压力。当锅炉或系统内的循环水膨胀时，由于系统压力变化而引起定压罐中的水位相应提高，再通过自动或手动方法，使罐内多出的水溢流；反之，当锅炉或系统内的循环水有流失时，定压罐内的水位相应降低，再通过给水泵及时上水，保持原有水位，使系统压力稳定。

目前，除用膨胀水箱、氮气定压罐恒压外，还有自动补给水泵和蒸汽恒压等措施，如图 1-3 所示。

在不少低温热水采暖系统中，既没有膨胀水箱又没有定压罐设备，只是利用手动补给水泵保持系统压力。这种方法与热水锅炉应有自动补给水装置和恒压措施的要求相违背，增加了汽化和水击的危险，必须予以纠正。

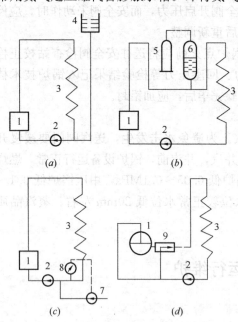

图 1-3　热水采暖系统恒压形式简图

(a) 低温热水采暖系统上的膨胀水箱恒压；

(b) 高温热水采暖系统上的氮气罐恒压；

(c) 高温热水采暖系统上的补给水泵自动恒压；

(d) 高温热水采暖系统上的蒸汽恒压；

1—锅炉；2—循环泵；3—散热器；4—膨胀水箱；

5—氮气瓶；6—氮气罐；7—补给水泵；

8—压力表；9—混水器

2）防止锅炉腐蚀

热水锅炉在运行中的腐蚀问题比较严重。水在锅炉内被加热后，溶解在水中的氧和二氧化碳等气体随着温度升高而逐渐析出。尤其是由于管理不善，例如系统漏水严重，或将循环热水用于生活洗涤等原因，导致循环系统失水多，也就是补充水量大，因而有更多的氧析出，并越来越多地附着在锅炉受热面上。当水流速度低时，更增加了氧气积存的可能性，造成锅炉受热面和循环系统管路的氧腐蚀，大大缩短设备的使用寿命。

热水锅炉防腐蚀的办法有以下几种：

（1）在运行中组织好锅炉的水循环回路，保持一定的水流速度，使析出的氧气被水流及时带走，不致附着在锅炉的受热面上。

（2）经锅炉和系统网路排汽阀门排出气体，防止腐蚀，同时防止形成气塞影响运行。

（3）向锅水中投加碱性药物，保持锅水有一定的碱性度，使腐蚀钝化。

（4）在锅炉金属内壁涂高温防锈漆。

（5）向锅水中投加联氨、亚硫酸钠等除氧剂，同样可以收到较好的效果，但由于费用较高，故不及加碱法应用普遍。

（6）利用邻近蒸汽锅炉连续排污的碱性水，除去水渣后作为热水锅炉的补给水，是一种既经济又可靠的防腐方法。热水锅炉不但有内部的氧腐蚀，而且有外部的低温腐蚀。因为热水锅炉的水温较低，尤其是经常周期性的启动和停炉，烟气容易在锅炉尾部"结露"，腐蚀金属外壁。防止的办法是在锅炉启动时，先经旁通管路进行短路循环，使进入锅炉的循环水很快升温。然后逐步关小旁通路阀门，同时逐步开启网路阀门，直到正常供热。

3）防止结水垢

热水锅炉正常运行时锅水不会汽化和浓缩。但是锅水中的重碳酸盐（硬度）会被加热分解，产生碳酸盐垢，当补充水量多和给水中暂时硬度较大时，水垢产生更多。防止结水垢的办法有以下几种：

（1）要求补给水的暂时硬度尽量降低，或者经过软化处理。

（2）控制系统失水，即尽量减少补给水量。

（3）向锅内投碱性药剂，使水垢在碱性水中形成疏松的水渣，易于通过排污办法除掉。

（4）为了消除循环水中的杂质，系统回水在进入锅炉之前应先流经除污器，防止泥污进入锅炉产生二次水垢。

4）防止积灰

积灰也是热水锅炉运行中比较突出的问题。由于锅炉尾部受热面"结露"，烟气中的灰粒很容易被管壁上的水珠粘住，并逐渐形成硬壳。随着锅炉频繁启停，烟气温度不断地变化，灰壳可能破裂或局部脱落，天长日久，管壁就被不均匀的灰壳所包围，严重阻碍传热，降低热效率。

防止积灰的办法有以下几种：

（1）根据煤种和炉型合理选择回水温度。一般要求回水温度不低于60℃。如不能满足这个要求，可将回水通过支管路和阀门调节，使之与部分锅炉出口热水混合，或者通过加热器来提高温度，然后进入锅炉。

（2）烟气和锅水流动方向采用平行顺流方式。

（3）减少烟气停滞区，并尽量不在此区布置冷水管。

（4）锅炉运行时要定期吹灰，停炉后要及时清扫。

（5）适当提高烟气速度，增强对流传热，以利冲刷积灰。

5）防止水击

较大的热水系统，在循环水泵突然停止时，由于水流的惯性，使水泵前回水管路的水压急剧增高，产生强烈的水锤波，可能使阀门或水泵振裂损坏，也可能通过管路迅速传给用户，使散热器爆破。防止水冲击的办法是：在循环泵出水管路与回水管路之间连接一根旁通管，并在旁通管上安装止回阀。正常运行时，循环泵出水压力高于回水压力，止回阀关闭；当突然停电停泵时，出水管路的压力降低，而回水管路压力升高，循环水便顶开旁通管路上的止回阀，从而减轻了水击的力量。同时，循环水经旁通管流入锅炉，又可减弱回水管的压力和防止锅水汽化。

6）除灰

锅炉受热面被火或烟气加热的一侧容易积存烟灰。而烟灰的导热能力只有钢材的 1/200～1/50。据测定，受热面上积灰 1 mm 厚，热损失要增加 4%～5%。为了保持受热面清洁，提高锅炉传热效率，必须对容易积灰的受热面，如锅炉管束、过热器、省煤器等进行定期除灰。

对于锅壳式锅炉，其除灰采用打开烟箱门，用带有铁刷的长棒去除灰垢，此时，应暂时停止燃烧。

除定期清扫之外，通常还用蒸汽吹灰、空气吹灰和药物清灰三种除灰方法。

（1）蒸汽吹灰

吹灰前应适当增大炉膛负压，一般可达到 50～70Pa，防止吹灰时炉膛出现正压；保持锅炉汽压接近于最高工作压力，防止吹灰时汽压下降过多；检查吹灰器有无堵塞和漏气，并且对供吹灰用的蒸汽管道进行疏水和暖管，防止发生水击。

吹灰时应站在侧面操作，防止炉膛火焰由吹灰孔喷出伤人。同时，不可用多个吹灰器同时吹灰，避免汽压显著下降和使炉膛形成正压。

吹灰的顺序，应自第一烟道来开始，顺着烟气流动方向依次进行，使被吹落的积灰随烟气流入除灰器。吹灰次数和时间，根据煤质和锅炉结构而定，通常每班吹灰二次，应选择负荷小的时候进行。锅炉停用之前一定要吹灰，燃烧不稳定时不要吹灰。

（2）空气吹灰

空气吹灰是利用压缩空气将积存在受热面上的烟灰吹走。为了保证吹灰效果，空气压力通常不低于 0.7 MPa。空气吹灰的操作顺序和注意事项与蒸汽吹灰基本相同，具有操作方便、吹灰范围广、比较安全等优点，比蒸汽吹灰效果好。但需要有压缩空气设备，因此使用较少。

（3）药物清灰

药物清灰是将硝酸钾、硫磺、木炭等混合物粉末组成的清灰剂投入炉膛，被烧成白色的烟雾与积存在受热面上的烟灰起化学反应，使烟灰疏松、变脆后脱落。

锅炉清灰剂有氧化型和催化型两种。燃煤锅炉使用氧化型清灰剂，在锅炉负荷高峰时，将其直接投在炉排高温区。燃油锅炉使用催化型清灰剂，利用压缩空气使其呈雾状喷入炉膛即可。

锅炉清灰剂是近期科研成果，使用时间尚短，清灰效果有待进一步总结提高。

7）锅炉的排污

（1）排污的目的和意义

含有杂质的给水进入锅内后，随着锅水的不断蒸发浓缩，水中的杂质浓度逐渐增大，当达到一定限度时，就会给锅炉带来不良影响，为了保持锅水水质的各项指标在标准范围内，就需要从锅内不断地排除含盐量较高的锅水和沉积的水渣，并补入含盐量低而清洁的给水，以上作业过程，称为锅炉的排污。

①排污的目的

排污的目的在于：

A. 排除锅水中过剩的盐量和碱类等杂质，使锅水各项水质指标，始终控制在国家标准要求的范围内。

B. 排除锅内生成的水渣、污垢。

C. 排除锅水表面的油脂和泡沫。

D. 当锅炉水位高时，通过排污降低水位。

②排污的意义

排污的意义在于：

A. 锅炉排污是水处理工作的重要组成部分，是保证锅水水质浓度达到标准要求的重要手段。

B 实行有计划地、科学地排污，保持锅水水质良好，是减缓或防止水垢结生、保证蒸汽质量、防止锅炉金属腐蚀的重要措施。

因此，严格执行排污作业制度，对确保锅炉安全经济运行，节约能源，有着极为重要的意义。

(2) 排污的方式和要求

①排污的方式

A. 连续排污

连续排污又叫表面排污。这种排污方式，是从锅水表面，将浓度较高的锅水连续不断地排出。它是降低锅水的含盐量和碱度，以及排除锅水表面的油脂和泡沫的重要方式。

B. 定期排污

定期排污又叫间断排污或底部排污。定期排污是在锅炉系统的最低点间断地进行的，它是排除锅内形成的水渣以及其他沉淀物的有效方式。另外，定期排污还能迅速地调节锅水浓度，以补连续排污的不足。小型锅炉只有定期排污装置。

②排污的要求

锅炉排污质量，不仅取决于排污量的多少，以及排污的方式，而且只有按照排污的要求去进行，才能保证排出水量少，排污效果好。

排污的主要要求是：

A. 勤排：就是说排污次数要多一些，特别用底部排污来排除水渣时，短时间的、多次的排污，比长时间的、一次排污排出水渣效果要好得多。

B. 少排：只要做到勤排，必然会做到少排，即每次排污量要少，这样既可以保证不影响供汽，又可使锅水质量始终控制在标准范围内，而不会产生较

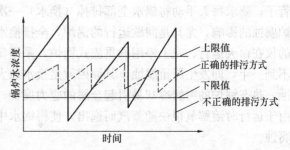

图 1-4 正确的排污法示意图式

大的波动，这对锅炉保养十分有利（如图 1-4 所示）。

C. 均衡排：就是说要使每次排污的时间间隔大体相同，使锅水质量经常保持在均衡状态下。

（3）排污量的测定

工业锅炉排污量可以简单地用容量法测定，即在正常运行中，从水表处量好锅炉水位，然后满开排污阀，准确计时，排污结束后，测定出水表水位的下降高度，从锅炉容积表中查（或计算）出相应的排出锅水量，再乘以排污汽压下的锅水相对密度，除以排污阀开启的时间（s），即得每秒钟的排污流量。

排污阀门的管径与排出流量的关系可以从表 1-4 中查知。

锅炉排污阀门全开时每 10s 排出的锅水量（单位：L）　表 1-4

排污阀门管径 (mm)	锅炉压力（MPa）				
	0.5	1.0	1.5	2.0	2.5
5	5.1	7.2	8.8	9.3	11.1
8	12.5	17.6	22.0	24.8	27.2
10	20.4	28.7	34.7	39.7	45.0
15	45.0	64.0	79.0	90.0	100
20	77.0	110	135	154	175
25	126	181	217	250	277
30	177	260	303	345	385
40	323	455	555	670	715
50	506	715	833	1000	1110

（4）燃油燃气锅炉的自动排污和手动排污

不少燃油燃气的锅炉，尤其是进口锅炉常常带有自动排污装置。通常自动排污是通过装置中的电导仪对锅水中的电导率（或溶解固形物含量）进行连续监测来控制的，即当锅水浓度达到或超过所设定的某个值时，锅炉的表面排污阀就会自动打开，排放出一定量的高浓度锅水。装置中对锅水浓度的设定和排污流量的大小，可根据水质标准的要求和实际水质情况进行设定和加以调节。一般自动排污为表面间歇排污，主要用来间接控制锅水中的溶解固形物含量。对于锅水中水渣的排除，仍需要手动进行底部排污。

有的进口锅炉（如贯流式锅炉），由于水容积很小而蒸发速率很高，在锅炉负荷较大的情况下，自动排污量不能过大。为了快速降低锅水浓度，并防止水渣累积而堵塞细小的管子，要求每天手动将锅水全部排掉（换水）一次。在这种情况下，应注意排污换水对锅炉腐蚀的影响，尤其是间歇运行的锅炉，全排换水宜在开始运行之前进行。曾有发现，有的仅在白天运行、晚上停用的贯流式锅炉，采用每天停炉时就将锅水全排换水，结果运行不到一年，即发生严重腐蚀，其原因就是换水后大量的溶解氧进入锅水中对金属产生了腐蚀，热态锅炉的突然冷却易引起金属的应力腐蚀。而采用每天在锅炉点火前排污换水的，由于运行时溶解氧很快随蒸汽而逸出，使得锅水中溶解氧含量极少，经检查基本上未发现腐蚀。

3. 热水锅炉的运行操作

1）启动前的准备工作

通常热水锅炉是与热力网路连成一体的，因此必须着眼全网路的启动准备。

（1）冲洗

对新投入或长期停运后的锅炉及网路系统，启动前用水进行冲洗，以清除网路系统中的泥污、铁锈和其他杂物，防止在运行中阻塞管路和散热设备。

冲洗分为粗洗和精洗两个阶段。粗洗时可用具有一定压力的上水或水泵将水压入网路，压力一般为 0.30～0.39MPa。系统较大的，可将网路分成几个分系统冲洗，使管内水速较高，以提高冲洗效果。用过的水通过排水管直接排入下水道。当排出水变得不再浑浊时，粗洗即告结束。

精洗的目的是为了清除颗粒较大的杂物，因此采用流速 1～1.5m/s 以上的循环水速，循环水要通过除污器，使杂物沉淀后定期排除。清洗期间视循环水洁净时为止。

（2）充水

锅炉应充入符合水质要求的水，最好是软化水，不宜使用含暂时硬度较高的水。系统充水的顺序是：锅炉→网路→用户。向锅炉充水一般从下锅筒、下集箱开始，至锅炉顶部放汽阀冒出水时为止。向网路充水一般从回水管开始，至网路中各放汽阀冒出水为止。充水时应关闭所有排水和疏水阀门，打开所有放汽阀；同时开启网路末端的连接给水与回水管的旁通阀门。向用户系统充水，也是至各系统顶部集气罐上的放汽阀冒出水时，即可关闭阀门，但过 1～2h 后，还应再放水一次。系统充满水后，锅炉旁压力表指示数值不应低于网路中最高用户的静压。

（3）检查恒压设备

系统膨胀恒压设备必须与系统完全相通。如果在膨胀箱与系统间的膨胀管上（通常接在循环水泵入口附近）装置了阀门，必须将阀门完全开启，否则膨胀水箱就失去了应有的作用。膨胀水箱的膨胀管要注意防冻。溢水管应接到锅炉房内便于司炉人员检查的地方。其他有关锅炉本体及辅机的启动准备工作与蒸汽锅炉相同。

2）启动

热水锅炉投入运行前，应先开启循环水泵，待网路系统中的水循环起来以后，才能点火，防止水温过高发生汽化。循环泵应无负荷启动，尤其对大型网路系统，必须避免因启动电流过大而烧坏电机。离心泵要在关闭水泵出口阀门的情况下启动，待运转正常后，再逐渐开启出口阀门。锅炉点火时先开引风机，通风 3～5 min，再开送风机。

3）运行

（1）系统运行调整

做好热水采暖系统的调整，控制热网供、回水温度、压力和各回路系统流量，使之在规定范围内，对热水锅炉的安全经济运行十分重要。

系统的运行调整由集中调节和局部调节两部分组成。集中调节是为满足供热负荷的需要，对锅炉出口水温和流量进行调节；局部调节是通过支管路上的阀门改变热水流量，以调节其供热量。这是因为各用热单位耗热量受室外环境、太阳辐射、风向风速等因素影响，单靠集中调节不能满足各房间及单位的要求。简便集中调节的方法有：

①质调节。在流量不变的情况下，改变向网路的供水温度，即改变锅炉出口水温。

②量调节。在供水温度不变的情况下，改变向网路供水的流量，即加减循环水的

流量。

③间歇调节。改变每天供热的时间长短即变化锅炉运行时间。

④分阶段改变流量的质调节。

调节方式的采用与建筑物供暖的稳定性、采暖系统型式、锅炉参数等因素有关。一般在室外气温接近设计温度时，采用间歇运行调节；在室外气温回升时，采用供水温度的质调节；而分段改变流量的调节，一般不采用，因循环流量降低，热水锅炉内水速低，影响安全使用，但也可以用改变并联使用的锅炉台数来实现。

（2）运行参数控制

①保持压力稳定。热水锅炉运行中应密切监视锅炉进出口压力表和循环水泵入口压力表，如发现压力波动较大，应及时查找原因，加以处理。当系统压力偏低时，应及时向系统补水，同时根据供热量和水温的要求调整燃烧。当网路系统中发生局部故障，需要切断修理时，更应对循环水压力加强监视，如压力变化较大，应通过阀门作相应调整，确保总的运行网路压力不变。

②温度控制。运行人员要经常注意室外气温的变化，根据规定的水温与气温关系的曲线图进行燃烧量调节。锅炉房集中调节的方法要根据具体情况选择，一般要求网路供水温度与水温曲线所规定的温度数值相差不大于 2℃。如果采用质调节方法时，网路供水温度改变要逐步进行，每小时水温升高或降低不宜大于 20℃，以免管道产生不正常的温度应力。热水锅炉运行中，要随时注意锅炉及其管道上的压力表、温度计的数值变化。对各外循环回路中加调节阀的热水锅炉，运行中要经常比较各水循环回路的回水温度，要注意调整使其温度偏差不超过 10℃。

（3）经常排汽

运行中随着水温升高，不断有气体析出，如果系统上的集汽罐安装不合理或者在系统充水时放汽不彻底，都会使管道内积聚空气，甚至形成空气塞，影响水的正常循环和供热效果。因此，司炉人员或有关管理人员要经常开启放汽阀进行排汽。具体做法是：

① 定期对锅炉、网路的最高点和各用户系统的最高点的集汽罐进行排汽。

② 定期对除污罐上的排汽管进行排汽。

4）合理分配水量

要经常通过阀门开度来合理分配通到各循环网路的水量，并监视各系统网路的回水温度。由于管道在弯头、三通、变径管及阀门等处容易被污物堵塞，影响流量分配，因此对这些地方应勤加检查。最简单的检查方法是用手触摸，如果感觉温度差别很大，则应拆开处理。由于热水系统的热惰性大，调整阀门开度后，需要经过较长时间，或者经过多次调整后才能使散热器温度和系统回水温度达到新的平衡。

5）防止汽化

热水锅炉在运行中一旦发生汽化现象，轻者会引起水击，重者使锅炉压力迅速升高，以致发生爆破等重大事故。为了避免汽化，应使炉膛放出的热量及时被循环水带走。在正常运行中，除了必须严密监视锅炉出口水温，使水温与沸点之间有足够的温度裕度，并保持锅炉内的压力恒定外，还应使锅炉和各部位的循环水流量均匀。也就是既要求循环保持一定的流速，又要均匀流经各受热面。这就要求司炉人员密切注视锅炉和各循环回路的温度与压力变化。一旦发现异常，要及时查找原因。例如，有的蒸汽锅炉改为热水锅炉时，共有两条并联的循环回路，一条是经省煤器到过热器的回路，另一条是锅炉本体回路。运行中若发现前一回路温度上升快，则应将此回路上的调节阀门适当开大，以使其出口水温与锅炉本体的出口水温接近。

6）停电保护

自然循环结构的热水锅炉突然停电时，仍能保持锅水继续循环，对安全运行威胁不大，但应关闭锅炉的进、出水阀，开启出水阀内侧的排气阀。对于强制循环结构的热水锅炉在突然停电，并迫使水泵和风机停止运转时，锅水循环立即停止，很容易因汽化而发生严重事故。此时必须迅速打开炉门及省煤器旁路烟道，撤出炉膛煤火，使炉温很快降低，同时应将锅炉与系统之间阀门切断。如果给水压力高于锅炉静压时，可向锅炉进水，并开启锅炉的泄放阀和放气阀，使锅炉水一面流动，一面降温，直至消除炉膛余热为止。有些较大的锅炉房内设有备用电源或柴油发动机，在电网停电时，应迅速启动，确保系统内水循环不致中断。

为了使锅炉的燃烧系统与水循环系统协调运行，防止事故发生和扩大，最好将锅炉给煤、通风等设备与水泵连锁运行，做到水循环一旦停止，炉膛也随即熄火。

7）定期排污

热水锅炉在运行中也要通过排污阀定期排污，排放次数视水质状况而定。排污时锅水温度应低于$100℃$，防止锅炉因排污而降压，使锅水汽化和发生水击。网路系统水通过除污器，一般每周排污一次。如系统新投入运行，或者水质情况较差时，可适当增加排污次数。每次排水量不宜过多，将积存在除污器内的污水排除即可。

8）减少失水

热水采暖系统，应最大限度地减少系统补水量。系统补水量应控制在系统循环水流量的1%以下。补水量的增加不仅会提高运行费用，还会造成热水锅炉和网路的腐蚀和结垢。

9）停炉操作

① 正常停炉

正常停炉时，先停止供给燃料，然后关闭送风机，最后关闭引风机，但不可立即停泵，只有当锅炉出口水温降到$50℃$以下时才能停泵。停泵时，为了防止产生水击，也应先逐渐关闭水泵出口阀门，待出口阀门基本关闭后，再停泵。

② 暂时停炉

暂时停炉时，火床一定要压住，烟道出口挡板要关严。在压火期间，如发现锅水温度升高，应短时间开动循环水泵，防止锅水超温汽化。天气寒冷时，停泵时间不应过长，防止系统发生冻结事故。特别是在系统末端保温不良的地方，应格外注意防冻。

③ 紧急停炉

锅炉运行中，有下列情况之一时，应紧急停炉：

A. 因循环不良造成锅水汽化，或锅炉出口热水温度上升到与出口压力下相应饱和温度的差小于$20℃$。

B. 锅水温度急剧上升，给水泵全部失效。

C. 循环泵或补给水泵全部失效。

D. 压力表或安全阀全部失效。

E. 锅炉元件损坏，危及运行人员安全。

F. 补给水泵不断补水，锅炉压力仍然继续上升。

G. 燃烧设备损坏，炉墙倒塌或锅炉构架被烧红等，严重威胁锅炉安全运行。

H. 其他异常运行情况，且超过安全运行允许范围。

紧急停炉时，应立即停止供给燃料，必要时扒出炉内燃煤或用湿炉灰将火压灭。其他操作与正常停炉相同。

1.4.1.2　手烧炉的运行

1. 点火

手工操作点火按如下顺序进行：

1) 全开烟道闸板和灰门，自然通风 10 min 左右。如有通风设备，进行机械通风 5 min。关闭灰门，在炉排上铺一薄层木柴、引燃物，其上均匀撒一层煤。

2) 在煤上放一些劈柴、油泥等可燃物（严禁用挥发性强的油类或易爆物引火）将其点燃。这时炉门半开。

3) 将煤燃着，火遍及整个炉排，一点点地向里加煤，使燃烧持续进行。煤全面燃烧后，将灰门打开，关闭炉门，使其渐渐燃烧。

2. 投煤

手烧炉人工投煤的方法一般有以下三种：

1) 普通投煤法。将新煤先投向正在燃烧的火床上面，此法适用于含挥发分较低的煤。

2) 左右投煤法。将新煤先投入左半部正在燃烧的火床上面，待其燃烧旺盛时，再将新煤投入右半部的火床上面，如此交替进行。由于半个火床总是保持燃烧状态，使新煤放出的挥发分及时着火燃烧，因此燃烧工况较好，并且黑烟产生少。

3) 焦化法。将新煤堆放在炉门内侧附近闷燃，待挥发分烧完时，再将赤热的焦炭推向整个火床继续燃烧。这种方法由于前后两次投煤的间隔较长，炉门开闭次数较少，进入炉膛的冷空气也少，因此减少了排烟热损失。

手烧炉的投煤时间间隔不能过长，否则炉排上的煤大部分被烧尽，就必须添很多的煤。而煤添多了会压住火床，阻碍通风，也就是火着不起来，造成汽压下降，影响正常供汽。

因此，投煤的要领是："火层发白投煤好，做到勤快平匀少"。即投煤要掌握火候，当炉膛内的煤层燃烧达到白热化时，抓紧投入新煤。同时，投煤要勤，动作要快，每次投煤量要少，保持煤层平整均匀。煤层厚度一般保持在 100～150mm。如果太薄，风力过强，可能产生风洞，影响燃烧；如果太厚通风阻力大，可能燃烧不完全，增加热损失。

煤在燃烧之前最好适当掺点水。掺水的主要作用，一是使煤中细屑充分燃烧，不致被气流带走，提高热效率；二是水在炉膛内很快蒸发成蒸汽，使煤层中出现较多空隙，有利于空气进入煤层，发挥助燃作用，减少不完全燃烧热损失。掺水量根据煤的原有水分和颗粒度来确定。煤中原有水分多或颗粒大的少掺或不掺，原有水分少或颗粒小的多掺，煤中含水量以 8%～10% 为宜。为了使水掺得均匀、透彻，最好在燃烧前一天就掺，并且用搅拌方法使煤水混合均匀。检验掺水量是否合适的最简便方法，是在投煤之前用手抓一把掺过水的煤，当伸开手时，如果煤团能成块裂开，表明掺水适当；如果不成团，表明水分较少；如果煤团不裂开，表明水分过多。

在运煤、拌煤和投煤时，都应注意检查是否有雷管（煤矿开采时可能丢失雷管）等爆炸危险品和螺栓、铁块混入，以免发生意外事故。

3. 拨火、捅火与通风

拨火是根据煤层燃烧情况，如有局部烧穿"火口"时，用火钩在煤层上部轻轻拨平煤层，使燃煤和空气均匀接触。捅火，是在燃烧一段时间后，当煤层下面的灰渣过厚，影响通风时，用铁通条或炉钩插入煤层下部前后松动，使燃透的灰渣从炉排空隙落入灰坑，以改善通风和减薄煤层。操作时要防止将炉灰渣搅到燃烧层上来。无论是拨火或是捅火，动作都要快，以减少炉门敞开的时间，避免冷风过多地进入炉膛，降低炉温，恶化燃烧。

手烧炉的通风多数采用自然通风，少数用机械通风。调节炉膛通风量，自然通风通过烟道闸板开度来调节。应了解烟道闸板的开度与通风的关系，在半开范围内，随开度变化通风量变化显著；而由半开到全开，通风量的变化就较前平缓得多。因此，要将闸板调到适当位置，以达到调节燃烧的目的。

炉排下灰坑内如果有大量灰渣积存，会有碍通风，要及时适当清除。炉前的灰渣禁止浇水。

4. 清炉

炉在运行一段时间以后，灰渣层越积越厚，阻碍通风，影响燃烧，就要及时清炉。清炉最好在停止用汽或负荷较低时进行。清炉前应将烟道挡板关小，水位保持在正常水位线与最高水位线之间，以免因清炉时间长而使水位下降。清炉时应留下足够的底火，以利迅速恢复燃烧。

清炉的方法一般有左右交替法和前后交替法两种。具体操作步骤是：减少送风，关小烟道挡板，先将左（或前）半部正在燃烧的煤全部推到右（或后）半部火床上面，再将左（或前）半部的灰渣扒出。然后将右（或后）半部的煤布满整个炉排，并投入新煤，开大烟道挡板，恢复送风。待新煤燃烧正常后，再按同样的方法清除右（或后）半部的灰渣，用前后交替清炉后，必须采用一次左右交替法，以彻底清除炉排上的灰渣。

无论采用哪种方法，清炉的动作都要迅速，防止冷风大量进入炉膛，很快降低炉温。扒出来的灰渣，应随时装入小车运出锅炉房，而不应将灰渣扒在炉前用水浇或向灰坑里灌水，以免锅炉下部受潮腐蚀。

5. 停炉

1）正常停炉

手烧炉正常停炉，是有计划地检修停炉。其操作顺序是：

（1）逐渐降低负荷，减少供煤量和风量。当负荷停止后，随即停止供煤、送风，减弱引风，关闭主汽阀，开启过热器疏水阀门和省煤器的旁路烟道挡板，关闭省煤器主烟道挡板。

（2）在完全停炉之前，水位应保持稍高于正常水位线，以防冷却时水位下降造成缺水。然后停止引风，关闭烟道挡板，再关闭炉门和灰门，防止锅炉急剧冷却。当锅炉压力降至大气压时，开启空气阀或提升安全阀，以免锅筒内造成负压，扒出未燃尽的煤，清除灰渣。

（3）停炉约 6h 后，开启烟道挡板，进行通风和换水。当锅水温度降低到 70℃ 以下时，才可将锅水完全放出。

（4）锅炉停炉后，应在蒸汽、给水、排污等管路中装置隔板（盲板）。隔板厚度应保证不致被蒸汽和给水管道内的压力以及其他锅炉的排污压力顶开，保证与其他运行中的锅炉可靠隔绝。在此之前，不得有人进入锅炉内工作。

（5）停炉放水后，应及时清除水垢泥渣，以免水垢冷却后变干发硬，清除困难。

2）临时停炉

当锅炉负荷暂时停止时（一般不超过12 h）可将炉膛压火，待需要恢复运行时再进行拨火。锅炉应尽量减少临时停炉的次数，否则，会因热胀冷缩频繁，产生附加应力，引起金属疲劳，使锅炉接缝和胀口渗漏。

压火分压满炉与压半炉两种。压满炉时，用湿煤将炉排上的燃煤完全压严，然后关闭风道挡板和灰门，打开炉门减弱燃烧。如能保证在压火期间不能复燃，也可以关闭炉门。压半炉时，是将燃煤扒到炉排的前部或后部，使其聚积在一处，然后用湿煤压严，关闭风道挡板和灰门，打开炉门。如能保证在压火期间不能复燃，也可以关闭炉门。

压火前，要向锅炉进水和排污，使水值稍高于正常水位线。在锅炉停止供汽后，关闭主汽阀，开启过热器疏水阀和省煤器的旁路烟道挡板，关闭省煤器主烟道挡板，进行压火。压火完毕，要冲洗水位表一次。

压火期间，应经常检查锅炉内汽压、水位的变化情况；检查风道挡板、灰门是否关闭严密，防止被压火的煤熄灭或复燃。

锅炉需要拨火时，应先排污和给水，然后冲洗水位表，开启风道挡板和灰门，接着将炉排上余煤扒平，逐渐上新煤，恢复正常燃烧。待汽压上升后，再及时进行暖管、通汽或并汽工作。

3）紧急停炉

锅炉运行中，有下列情况之一时，应紧急停炉：

（1）因循环不良造成锅水汽化，或锅炉出口热水温度上升到与出口压力下相应饱和温度的差小于20℃。

（2）锅水温度急剧上升，给水泵全部失效。

（3）循环泵或补给水泵全部失效。

（4）压力表或安全阀全部失效。

（5）锅炉元件损坏，危及运行人员安全。

（6）补给水泵不断补水，锅炉压力仍然继续上升。

（7）燃烧设备损坏，炉墙倒塌或锅炉构架被烧红等，严重威胁锅炉安全运行。

（8）其他异常运行情况，且超过安全运行允许范围。

紧急停炉时，应立即停止供给燃料，必要时扒出炉内燃煤或用湿炉灰将火压灭。其他操作与正常停炉相同。

1.4.1.3 链条炉的运行

1. 点火

1）将煤闸板提到最高位置，在炉排前部铺20～30mm厚的煤，煤上铺木柴、旧棉纱等引火物，在炉排中后部铺较薄炉灰，防止冷空气大量进入。

2）点燃引火物，缓慢转动炉排，将火送到距炉膛前部1～1.5m后停止炉排转动。

3）当前拱温度逐渐升高到能点燃新煤时，调整煤层闸板，保持煤层厚度为70～

100mm，缓慢转动炉排，并调节引风机，使炉膛负压接近零，以加快燃烧。

4）当燃煤移动到第二风门处，适当开启第二段风门。继续移动到第三、第四风门处，依次开启第三、第四段风门。移动到最后风门处，因煤已基本燃尽，最后的风门视燃烧情况确定少开或不开。

5）当底火铺满炉排后，适当增加煤层厚度，并且相应加大风量，提高炉排速度，维持炉膛负压在 20～30Pa，尽量使煤层完全燃烧。

2. 燃烧调整

燃烧调整主要指煤层厚度、炉排速度和炉膛通风三方面，根据锅炉负荷变化情况及时进行调整。

1）煤层厚度

煤层厚度主要取决于煤种。对灰分多、水分大的无烟煤和贫煤，因其着火困难，煤层可稍厚，一般为 100～160mm；对不黏结的烟煤厚度一般为 80～140mm；对于黏结性强的烟煤，厚度为 60～120mm。煤层厚度适当时，应在煤闸板后 200～300mm 处开始燃烧，在距挡渣铁（俗称老鹰铁）前 400～500mm 处燃尽。

2）炉排速度

炉排速度应经过试验确定。正常的炉排速度，应保持整个炉排面上都有燃烧的火床，而在挡渣铁附近的炉排面上没有红煤。当锅炉负荷增加时，炉排速度应适当加快，以增加供煤量。当锅炉负荷减少时，炉排速度应适当降低，以减少供煤量。一般情况下，煤在炉排上停留时间应控制不低于 30～40min。

3）炉膛通风

在正常运行时，炉排各风室门的开度，应根据燃烧情况及时调节。例如，在炉排前后两端没有火焰处，风门可以关闭；在火焰小处可稍开；在炉排中部燃烧旺盛区要大开。但调整的幅度不宜太大，并要维持火床长度占炉排有效长度的 1/4 以上。

对于在满负荷时分四段送风的锅炉，一般第一段的风压为 100～200Pa，第二、第三段风压为 600～800Pa，第四段风压为 200～300Pa。如燃用挥发分较高的煤，虽易于着火，但着火后必须供给大量的空气，因此风量应集中在炉排偏前处，一般第二段风压为 900～1000Pa。如燃用挥发分较低的无烟煤，虽着火较慢，但焦炭燃烧需要大量的空气，这时分段送风门的开度，应由中间往后逐渐加大，甚至到后拱处才能全开。

当锅炉负荷减少，炉排速度降低时，应降低送风机转速和关小送风机出口风门，以减少送入炉排下部的总风量，而不应采用直接关小各分段风门的办法，避免增大炉排下部的风压，使风乱窜，增加漏风，对燃烧不利。当锅炉负荷增加时，应先增加引风机的送风量，以强化燃烧。

煤层厚度、炉排速度和炉膛通风，三者不能单一调整，否则会使燃烧工况失调。例如，当炉排速度和通风不变时，若煤层加厚，未燃尽的煤就多；煤层减薄，炉排上的火床就缩短。当煤层厚度和通风不变时，若炉排速度加快，未燃尽的煤就增多；炉排速度减慢，炉排上的火床就缩短。当煤层厚度和炉排速度不变时，若通风减小，未燃尽的煤就增多；通风增加，炉排上的火床就缩短。因此，煤层厚度、炉排速度和炉膛通风三者的调整必须密切配合，才能保持燃烧正常。

3. 停炉

1）临时停炉

（1）停炉前减弱燃烧，降低负荷，保持较高水位。

（2）停炉时间较长，把煤层加厚（一般不超过200mm），适当加快炉排速度，当加厚的煤层至挡渣器1m左右时，停止炉排转动，待煤渣清除完后，停止除渣机运转，停止送风和引风。适量地关小分段送风的调节挡板和烟道挡板，依靠自然通风维持煤的微弱燃烧。如果炉火燃近煤闸板，可再次开动炉排，将煤往后移动一段距离。

（3）停炉时间较短，炉排上的煤层可不加厚。

2）正常停炉

正常停炉时，操作人员停炉前知道具体的停炉时间，其操作方法是：

（1）将煤仓或煤斗里的煤燃尽，当煤离开煤闸板后，降低炉排速度，减小送风和引风，当煤基本燃尽后，关闭送风。

（2）炉渣全部从渣斗里清除干净后，关闭除渣机。

（3）当炉拱不太红后，停炉排，关引风。

（4）向锅内上水，保持较高水位，关闭总汽阀和给水阀。有过热器的锅炉打开过热器集箱的疏水阀，使锅炉缓慢冷却。

3）紧急停炉

紧急停炉是以快速熄灭炉火的停炉方式。其操作方法是：

（1）将煤闸板落下，把炉排速度开至最大，快速将燃煤推入渣斗里，用除渣机将冷却后的煤除至炉外。

（2）炉排上基本无煤后，关闭送风机，降低炉排速度，减小引风。

（3）当炉拱不太红后，停炉排和引风。

（4）停炉后关闭总汽阀，开启排汽阀和安全阀，降低锅内压力。

1.4.1.4　往复炉排炉的运行

往复炉排的运行，包括点火、燃烧调整和停炉等的操作，与链条炉基本相同。下面仅扼要介绍其不同点。

往复炉排的适用煤种是中质烟煤，煤粒直径不宜超过50mm。在正常燃烧时，煤层厚度一般为120～160mm，炉膛温度为1200～1300℃，炉膛负压为0～20Pa。对各风室风门开度的要求是：第一风室的风压要小，风门可开1/3或更小些；第二风室的风压要大，风门应全开；第三风室的风压介于第一与第二之间，风门可开1/2或2/3。拨灰渣时，应关小风门，并尽量避免在炉膛前部或中部拨火。炉排后部灰渣区最好有一部分红煤进入余燃炉排（如无余燃炉排的，不可有红煤排入灰坑），以免冷空气由余燃炉排进入炉膛。此时可由第四送风室送入微风，将红煤烤焦燃尽。余燃炉排清除灰渣后，要把扒渣门关严，防止漏风。

往复炉排的行程一般为35～50mm，每次推煤时间不宜超过30s。如果炉排行程过长，扒煤时间过快，容易造成断火；反之容易造成炉排后部无火。因此，在具体操作时，要针对不同的煤种适当调整。例如，对于发热量较低难以着火的煤，要保持较厚的煤层，缓慢推动，而且风室风压要小；对于灰分多和易结渣的煤，煤层可以薄一些，但要增加扒煤次数，即每次扒煤时间要短；对于灰分少的煤，煤层可稍厚，以免炉排后部煤层中断，造成大量漏风。

对于高挥发分的烟煤，为了延长其着火准备时间，在进入煤斗前应均匀掺水。煤中含水量以 10%～12% 为宜，这样既可防止在煤闸板下面着火烧坏闸板，又不会在煤斗内"搭桥"堵塞。

1.4.1.5 抛煤机炉的运行

抛煤机通常与手摇炉排或倒转炉排配合使用。倒转炉排实际上是一种以较慢速度由后向前移动的链条炉排，其运行内容已在前面叙述，此处仅扼要介绍抛煤机配合手摇炉排的运行情况。

1. 点火

1）在炉排前部铺上木柴和引火物，在炉排中后部铺较薄炉灰，然后点燃引火物。

2）待木柴燃烧旺盛时，用人工向火焰上投煤，或启动抛煤机抛进少量新煤。待燃烧到一定程度后，将红煤扒向后部，直至布满全部炉排。

3）根据燃烧情况，逐渐增加给煤量和引风、送风量，保持炉膛负压在 20～30Pa。

2. 调整燃烧

抛煤炉对煤的颗粒度要求比较严格，最理想的颗粒度是 6mm 以下、6～13mm、13～19mm 三部分各占 1/3。

在正常燃烧时，炉排下部的风压不宜超过 500Pa，二次风的风压约为 2500Pa。抛煤机的电动机温升不超过 35℃，轴承和变速箱的温升不超过 50℃，冷却水温升不超过 60℃。

当灰渣层厚度达到 70～120mm 时，应进行清炉。清炉要分组进行，例如对蒸发量 6.5 t/h 的锅炉，因为配有两台抛煤机和两组炉排，所以清炉分两组依次进行。

清炉操作步骤如下：

1）先加大一台抛煤机的给煤量和风量，使其担负较高的负荷，然后停止另一台抛煤机运转。

2）当一组抛煤机和炉排停煤停风 2～4 min 后，用铁耙将炉排前部的燃煤扒后部，翻动前部炉排片，使前部灰渣落入灰渣斗内，然后恢复炉排片位置。

3）将炉排后部的燃煤扒向前部，翻动后部排片，使后部灰渣落入灰渣斗内，然后恢复炉排片位置。

4）将炉排前部的燃煤往后部扒移，迅速启动抛煤机少量给煤，然后稍开风门增加风量，逐渐恢复正常燃烧。

5）清完一组炉排上的灰渣后，按照上述方法将另一组炉排上的灰渣除掉。

1.4.1.6 煤粉炉的运行

1. 点火

煤粉炉点火前，先开启引风机通风 5min 左右。保持炉膛上部负压 30～40Pa。然后根据现有条件，可选择下面三种方法进行点火。

1）点火棒点火

将点火棒蘸满煤油，点着后插入点火孔约 10min 后，待炉膛温度升至 300℃ 左右时，开启磨煤机和给煤机低速运转，再稍开喷燃器向炉膛喷入煤粉，开始着火。此时应继续用点火棒助燃，直至燃烧稳定后，方可抽出点火棒。如果一次点火不着，应把煤粉闸门完全关闭，经通风数分钟后，才能点火，以免炉膛内积存煤粉，发生爆燃。这种点火方法适用于含挥发分高的烟煤粉，而且一次风温要在300℃以上。

2）喷油嘴点火

这种方法简单易行，一般多使用重柴油。常用的是在蜗壳式喷燃器中心管插入喷油枪，用点火棒引燃油雾，接着就可喷进煤粉开始着火，待燃烧正常后抽出喷枪。

3）点火炉点火

点火炉又称马弗炉。当炉排上的煤块燃烧旺盛，炉温升至300℃时，开启磨煤机、给煤机低速运转，再稍开喷燃器向炉膛喷入煤粉，开始着火。然后调整给煤量和进风量，使燃烧逐步稳定后即可停用点火炉。如果开始喷入的煤粉燃烧不好，应关闭喷燃器停止喷入煤粉，同时对点火炉加强燃烧，待炉温进一步升高后，再重新喷入煤粉。

2. 调整燃烧

1）正常燃烧

煤粉炉正常燃烧的关键，在于正确增减煤粉量和调节一、二次风的配合关系。运行正常时，煤粉喷出后距喷嘴不远即开始着火，燃烧稳定，火焰中不带有停滞的烟层和分离出的煤粉，温度1400℃左右，呈亮白色，火焰行程不碰后墙，并均匀地充满整个炉膛，烟气颜色呈淡灰色。

2）火焰的调整

当火焰过低时，灰渣斗上容易结焦，应增加喷嘴下面的二次风，并相应减少喷嘴上面的二次风。此时炉膛上部的负压若低于10Pa时，应加强引风。当火焰过高时，应减少喷嘴下面的二次风，并相应增加喷嘴上面的二次风。此时炉膛上部的负压高于20Pa时，应减弱引风。当火焰太靠近喷嘴时，除了增加一次风外，还要增加喷嘴下面的二次风。

3）负荷变化的调整

当负荷增加时，先增加引风量和空气供应量，再增加煤粉供应量。当负荷减少时，先减少煤粉供应量，再减少空气供应量和引风量。一台锅炉上同时装有几个喷燃器时，每个喷燃器的给粉量应尽可能均衡，但炉膛两侧喷燃器的给粉量可适当少点，并且锅炉负荷增加时，其给粉量也不宜增加过多。锅炉在低负荷时，可相应停止部分喷燃器，以维持燃烧稳定。

煤粉炉对锅炉负荷的适应性能较好，也就是当锅炉负荷变化时，通过调整燃烧，可以很快改变蒸发量，以适应负荷需要。但是，煤粉的最低负荷是有限制的，一般不宜低于正常负荷的50%～70%，否则难于保持正常燃烧。

3. 停炉

1）正常停炉的操作步骤

（1）停止给煤，但磨煤机内的余煤可继续喷入燃烧，直至熄火为止。

（2）停止送风，约5min后再停止引风，但可将引风机挡板或直通烟道的挡板稍微开启，以利炉膛自然冷却。

（3）完全关闭灰渣斗门、看火门、人孔和其他门孔。20～30min后，待炉膛温度下降，高温废气全部排出后，关闭引风机挡板或直通烟道的挡板。

2）紧急停炉的操作步骤

（1）立即停止给煤。

（2）停止磨煤机运转，关闭磨煤机出口挡板。

（3）停止送风机。

（4）停止引风机。如果因炉管或水冷壁管爆破而停炉，应继续引风，排除炉膛内的大量水汽。

1.4.1.7 沸腾炉的运行

1. 点火

沸腾炉的点火，即是将沸腾床上的炉料加温，使料层逐步达到正常运行的温度，以保证给煤机开动后连续送入炉膛的煤能正常燃烧，点火步骤如下：

1）先在炉底铺一层厚度为 300mm 左右、粒度与燃煤相同的炉灰，然后放入直径小于 100mm、长度 500～700mm 的木柴，并用油棉纱之类的引火物点着，使炉内各构件得到均匀的预热。

2）关闭各烟道和风道门，启动引风机，使炉膛产生负压，再启动送风机。

3）稍开送风门，使料层上的炭火层稍有跳动，但应注意不要使炭火被灰层掩埋，否则容易熄灭。

4）向炭火层均匀撒布烟煤屑，并逐步增大风量，提高料层温度。料层温度低于 500℃ 时不显红火，在 600～700℃ 时呈暗红色。

5）随料层温度升高，相应增加送风量。当达到正常运行的"最小风量"时，可暂停增加送风量，而以撒入烟煤屑的数量来控制炉温升高的速度。

6）料层温度在达到 600～700℃ 之前，应使温度升得较快，同时使风量较快地超过"最小风量"，以免"低温度结焦"。料层温度达到 600～700℃ 以后，应使温度尽量平稳地上升，以免造成"高温结焦"。当料层温度达到 800～850℃ 时，即可关闭炉门，并开动给煤机按正常运行送入给煤量，直至燃烧稳定，点火过程即告完成。

2. 正常运行

保持沸腾炉正常运行的关键，在于正确调节沸腾层的送风、风室静压和沸腾层的温度。

1）送风量的调节

在一般情况下，燃烧直径小于 10mm 的煤粒，其最小风量必须保持 1800m³/(m²·h)。否则，难以正常沸腾，时间长了还有结焦的可能。若风量过大，一方面会增加排烟热损失和固体未完全燃烧热损失，降低锅炉效率；另一方面，会使炉料不断减少，厚度减薄，降低料池蓄热能力，破坏正常运行。如果沸腾层过厚或溢流管堵塞，可能使风量自动减少。如果炉料减薄或炉内结成焦块，可能使送风量自动增大。

2）风室静压的调节

料层越厚则阻力越大，不同煤种的料层，阻力近似值见表 1-5。料层过厚，阻力增大，送风量下降，影响正常燃烧和锅炉出力；料层过薄，容易出现"火口"和"沟流"，使沸腾不均匀，并且容易结焦。

料层阻力近似值   表 1-5

煤种	每 100mm 厚度的料层阻力（Pa）
烟煤	700～750
无烟煤	850～900
煤矸石	1000～1100

运行中可以通过观察风室压力计的水柱变化情况，了解沸腾料层运行的好坏。沸腾正常时，压力计水柱液面上下轻微跳动，跳动幅度约100Pa。如果压力计水柱液面跳动缓慢且幅度很大，可能是冷灰过多，沸腾料层阻力过大。

3）沸腾层温度的调节

运行中料层温度过高，容易结焦，温度过低，容易灭火。料层温度一般应比灰渣开始变形时的温度低100～150℃。但为使燃烧尽可能迅速和完全，最好在安全允许范围内将料层的温度尽量提高。燃烧烟煤时，料层温度应控制在850～950℃；燃烧无烟煤时，料层温度应控制在950～1050℃。在接近最低风量运行时，为了安全起见，可将料层温度适当降低。

料层温度波动的主要原因在于风量和煤量的变动，如果风煤配合不适当，给煤不均匀，都会使料层温度变化。烟煤的着火温度较低，燃烧迅速，料层温度超过700℃就能稳定燃烧。因此，控制和调节比较方便。

无烟煤着火温度要求高，所需要的燃烧时间也长。因此，若采用供煤量来调节炉温的做法，既难控制，又不易见效，当炉温降到800℃以下时，还可能灭火或结焦，如果在炉温低时，增多给煤量，由于刚加入的煤不易着火，反而造成炉温和锅炉汽压大幅度下降，而且过一段时间新煤着火后，炉温又可能迅速上升，发生结焦现象。在炉温高时减少给煤，又会因减少煤的干馏汽化热，炉温在短时间内反而上升。因此，对燃烧无烟煤的调节，主要靠司炉人员密切注视仪表。如果锅炉负荷变化，给水调节阀完好未动，但发现给水量下降，则说明锅炉汽压和汽温都有上升，这时就应当增加给煤量。如果等到炉温和汽压明显下降后再去调节，就已经晚了。上述调节方法称为"前期调节法"。另外，也可采用"短促"给煤法进行调节，当发现炉温下降时，随即加快给煤机转速1～2min，再恢复原来的转速，等2～3min后看炉温是否上升。若一次不行，可连续进行多次。但每快加一次煤后，要等一会看效果，采用此法炉温通常能很快上升。

3. 停炉

1）暂时停炉

又称热备用压火，暂时停炉的操作步骤如下：

（1）停止给煤，待料层温度比正常温度降低50℃时，立即关闭送风门和送风机。关风门要快、要严，不可只停风机，不关风门。

（2）尽快将风门挡板、看火孔等关严，防止冷风窜入炉膛，减少料层散热损失。

（3）压火后，最好在料层中装一个温度计，以便监视料层的温度。压火时间长短，取决于料层温度降低的速度。

（4）如果需要延长压火时间，可在烟煤料层温度不低于700℃，无烟煤料层温度不低于800℃时启动一次，使料层温度回升，然后再压火。

2）暂时停炉后的启动

启动操作步骤如下：

（1）烧烟煤时，料层温度不低于700℃，烧无烟煤时，料层温度不低于800℃，方可启动。

（2）如果料层温度较低，应打开炉门，将料层中温度低的表层扒出，留下300～400mm厚的料层，然后用小风量吹动，并适当加入烟煤屑引火，使料层温度很快升高。

同时逐渐增加送风量，当送风量已高于正常运行的最低风量，料层温度高于800℃时，即可关闭炉门，开动给煤机，逐渐过渡到正常运行。

（3）如果料层温度较高，可直接将送风量加到略高于运行时的最低风量，再开动给煤机，使炉温迅速升高，渐渐达到正常运行。

3）正常停炉

正常停炉的操作步骤如下：正常停炉操作与暂时停炉操作基本相同，只是在停止给煤机后仍可继续送风，直到料层中的煤基本烧完。待料层温度降到700℃以下时，再依次关闭送风门、送风机和引风机。

1.4.1.8 燃油锅炉的运行

1. 点火

1）锅炉点火前，应启动引风机和送风机，对炉膛和烟道至少通风5min，排除可能积存的可燃气体，并保持炉膛负压50～100Pa。

2）为防止炉前燃料油凝结，在送油之前应用蒸汽吹扫管道和油嘴。然后关闭蒸汽阀，检查各油嘴、油阀，均应严密，以防来油时将油漏入炉膛。燃料油加热后，经炉前回油管送回油罐进行循环，使炉前的油压和油温达到点火的要求。同时应注意监视油罐的油温，以防回油过多，油温升高过快，发生跑罐事故。

3）点火方法：将破布用石棉绳扎紧在点火棒顶端，再浸上轻质油点燃后插入炉内。先加热油嘴，然后将点火棒移到油嘴前下方约200mm处，再喷油点火。严禁先喷油后插火把。油阀着火，应先小开，着火后迅速开大，避免突然喷火。若喷油后不能立即着火，应迅速关闭油阀停止喷油，并查明原因妥善处理。然后通风5～10min，将炉中可燃油气排除后再行点火。着火后应立即调整配风，维持炉膛负压10～30Pa。

4）点火顺序：上下有两个油嘴时，应先点燃下面的一个；油嘴呈三角形布置时，也先点燃下面的一个；有多个油嘴时，应先点燃中间一个。

5）点火时容易从看火孔、炉门等处向外喷火，操作人员应戴好防护用具，并站在点火孔的侧面，确保安全。

6）升火速度不宜太快，应使炉膛和所有受热面受热均匀。冷炉升火至并炉的时间，低、中压锅炉一般为2～4h，高压锅炉一般为4～5h。

2. 调整燃烧

正常燃烧时，炉膛中火焰稳定，呈白橙色，一般有隆隆声。如果火焰跳动或有异常声响，应及时调整油量和风量。若经过调整仍无好转，则应熄火查明原因，待采取措施后再重新点火。

1）燃油量的调整

简单机械雾化油嘴的调节范围通常只有10%～20%。当锅炉负荷变化不大时，可采用改变前油压的方法进行调节，增大油压即可达到增加喷油量的目的。当锅炉负荷变化较大时，可以更换不同孔径的雾化片来增减喷油量。当锅炉负荷变化很大时，上述两种调节方法都不能适应需要，只好通过增加与减少油嘴的数量来改变喷油量。

回油机械雾化油嘴的调节范围可达40%～100%。当锅炉负荷变化时，可相应调节回油阀开度使回油量得到改变。回油量越大则喷油量越小；反之，则喷油量增加。

在正常运行中，不得将燃油量急剧调大或调小，以免引起燃烧的急剧变化，使锅炉和炉墙因骤然胀缩而损坏。

2) 送风量的调整

在一定的范围内，随着送风量的增加，油雾与空气的混合得到改善，有利于燃烧。但是，如果风量过多，会降低炉膛温度，增加不完全燃烧损失；同时由于烟气量增加，既增加了排烟损失，又增加了风机耗电量。如果风量不足，会造成燃烧不完全，导致尾部积炭，容易产生二次燃烧事故。因此，对于每台锅炉均应通过热效率试验，确定其在不同负荷时的经济风量。

在实际操作中，司炉人员通常根据油嘴着火情况和烟气中二氧化碳或氧的含量来调整送风量。如果发现某个油嘴燃烧情况不佳，或新更换了不同孔径的雾化片，应保持送风道风压不变，通过调整该油嘴的风道挡板开度达到正常燃烧。如果由于改变炉前油压使燃油量变化，需要调整送风量时，应调整送风挡板的开度，通过改变送风量来达到正常燃烧。

3) 引风量的调整

随着锅炉负荷的增减，燃油量发生变化时，燃烧所产生的烟气也相应变化。因此，应及时调整引风量。当锅炉负荷增加时，应先增加引风量，后增加送风量，再增加油量、油压。当锅炉负荷减少时，应先减少油量、油压，再减少送风量，最后减少引风量。在正常运行中，应维持炉膛负压 20～30Pa。负压过大，会增加漏风，增大引风机电耗和排烟热损失；负压过小，容易喷火伤人、倒烟，影响锅炉房整洁。

4) 火焰的调整

(1) 火焰分析

燃油时对各种火焰的观察和分析，参见表 1-6。

燃油火焰分析 表 1-6

油嘴着火情况	原因分析	处理和调整
火焰呈白橙色，光亮、清晰	1. 油嘴良好，位置适当 2. 油、风配合良好 3. 调风器正常，燃烧强烈	燃烧良好
火焰暗红	1. 雾化片质量不好或孔径太大 2. 油嘴位置不当 3. 风量不足 4. 油温太低 5. 油压太低或太高	1. 更换雾化片 2. 调整油嘴位置 3. 增加风量 4. 提高油温 5. 调整油压
火焰紊乱	1. 油风配合不良 2. 油嘴角度及位置不当	1. 调整风量 2. 调整油嘴角度及位置
着火不稳定	1. 油嘴与调风器位置配合不良 2. 油嘴质量不好 3. 油中含水过多 4. 油质、油压波动	1. 调整油嘴及调风器的位置 2. 更换油嘴 3. 疏水 4. 与油泵房联系，提高油质，稳定油压
火焰中放蓝光	1. 调风器位置不当 2. 油嘴周围结焦 3. 油嘴孔径太大或接缝处漏油	1. 调整调风器位置 2. 打焦 3. 检查、更换油嘴

续表

油嘴着火情况	原因分析	处理和调整
火焰中有火星和黑烟	1. 油嘴与调风器位置不当 2. 油嘴周围结焦 3. 风量不足 4. 炉膛温度太低	1. 调整油嘴与通风器的相对位置 2. 打焦 3. 增加风量 4. 不应长时间低负荷运行
火焰中有黑丝条	1. 油嘴质量不好，局部堵塞或雾化片未压紧 2. 风量不足	1. 清洗、更换油嘴 2. 增加风量

（2）着火点的调整

油雾着火点应靠近喷口，但不应有回火现象。着火早，有利于油雾完全燃烧和稳定。但着火过早，火距离喷口太近，容易烧坏油嘴和炉墙磁口。

炉膛温度、油的品种和雾化质量，以及风量、风速和油温等，都会影响着火点的远近。所以若要调整着火点，应事先查明原因，然后有针对性地采取措施，当锅炉负荷不变，且油压、油温稳定时，着火点主要由风速和配风情况而定。例如，推入稳焰器，降低喷口空气速度，会使着火点靠前；反之，会使着火点延后。当油压、油温过低或雾化片孔径太大时，油雾化不良，也会延迟着火。

（3）火焰中心的调整

火焰中心应在炉膛中部，并向四周均匀分布，充满炉膛，既不触及炉膛墙壁，又不冲刷炉底，也不延伸到炉膛出口。如果火焰中心位置偏斜，会形成较大的烟温差，使水冷壁受热不均，可能破坏水循环，危及安全运行。

要保证火焰中心居中，首先要求油嘴的安装位置正确，并要均匀投用；其次要调整好各燃烧出口的气流速度。如要调整火焰中心的高低，可通过改变上下排油嘴的油量来达到。

3. 停炉

1）在正常停炉时要逐个间断关闭油嘴，以缓慢降低负荷，避免急剧降温。在停止喷油后，应立即关闭油泵或开启回油阀，以免油压升高。然后停止送风，3～5min 后将炉膛内油气全部抽出，再停引风机。最后关闭炉门的烟道、风道挡板，防止大量冷空气进入炉膛。

2）油嘴停止喷油后，应立即用蒸汽吹扫油管道，将存油放回油罐，避免进入炉膛。禁止向无火焰的热炉膛吹风扫存油。每次停炉之后，都应将油嘴拆下用轻油彻底清洗干净。

3）停炉后的冷却时间，应根据锅炉结构来确定。在正常停炉后应紧闭炉门的烟道挡板，4～6h 后逐步打开烟道挡板通风，并进行少量换水。如必须加速冷却，可启动引风机，增加放水的次数，加强换水。停炉 18～24h 后，当锅水温度降至 70℃ 以下时，方可全部放出锅水。

4）在刚停炉的 6～12h 内，应专人监视各段烟温。如发现烟温不正常升高或有再燃烧的可能时，应立即采取有效措施（例如，用蒸汽降温等）。此时严禁启动引风机，防止二次燃烧。

1.4.1.9　燃气锅炉的运行

1. 开机前的准备工作

1）检查燃气压力是否正常，管道阀门有无泄漏，阀门开关是否到位。

2）试验燃气报警系统工作是否正常可靠，按下试验按钮风机能否启动。

3）检查软化水系统是否正常，保证软水器处于工作状态，水箱水位正常。

4）检查锅炉、除污器阀门开关是否正常。

5）软化水设备能正常运行。软化水应符合标准，软水箱内水位正常，水泵运行无故障。

2. 开机

1）接通电控柜的电源总开关、检查各部位是否正常，故障是否有信号。如果无信号应采取相应措施或检查修理，排除故障。

2）燃烧器进入自动清扫、点火、部分负荷、全负荷运行状态。

3）在升至一定压力时，应进行定期排污一次，并检查炉内水位。

3. 运行中的巡查工作

1）开启锅炉电源，监视锅炉正常点火运行，检查火焰状态，检查各部件运转声响有无异常。

2）巡视锅炉升温状况，大小火转换控制状况是否正常。

3）巡视天然气压力是否正常稳定，天然气流量是否在正常范围内，以判断过滤器是否堵塞。

4）巡视水泵压力是否正常，有无异响。

4. 事故停炉

1）当发现锅炉本体产生异常现象，安全控制装置失灵，应按动紧急断开钮，停止锅炉运行。

2）锅炉给水泵损坏，调节装置失灵，应按动紧急断开按钮，停止锅炉运行。

3）当电力燃料方面出现问题时应采取按动紧急断开按钮。

4）当有危害锅炉或者人身安全现象时均应采取紧急停炉措施。

5. 临时停电注意事项

1）迅速关闭主蒸汽阀，防止锅筒失水。

2）关闭电源总开关和天然气阀门。

3）关闭锅炉连续排污阀门防止锅炉出现其他故障。

4）关闭除氧气供气阀门。

5）按正常停炉顺序，检查锅炉燃料、气、水阀门是否符合停炉要求。

6）燃气不足时注意事项。

(1) 迅速与天然气调度取得联系，问清事故原因，并采取相应可行的措施。

(2) 报告上级有关部门及领导。

(3) 随时观察燃烧情况，火焰正常为麦黄色。

1.4.2　锅炉设备的调节

1.4.2.1　水位调节

锅炉水位的变化会使汽压、汽温产生波动，甚至发生满水或缺水事故。因此，锅炉在运行中应尽量做到均衡连续地给水，或勤给水、少给水，以保持水位在正常水位线附近轻微波动。

运行中要对两组水位表进行比较，若显示水位不同，要马上控制燃烧。各类锅炉结构上都规定了最低安全水位线。运行中水位必须维持在规定的最低水位线以上。

锅炉的正常水位一般在水位表的中间，在运行中应随负荷的大小进行调整。在低负荷时，应稍高于正常水位，以免负荷增加造成低水位；在高负荷时，应稍低于正常水位，以免负荷减少时造成高水位。但上下变动的范围不宜超过 40mm。

给水的时间和方法要适当，如给水间隙时间长，一次给水量过多，则汽压很难稳定。在燃烧减弱时给水，会引起汽压下降。故手烧炉应避免在投煤和清炉时给水。

在负荷变化较大时，可能出现虚假水位。因为当负荷突然增加很多时，蒸发量不能很快跟上，造成汽压下降，水位会因锅筒内的汽、水两相的压力不平衡而出现先上升再下降的现象；反之，当负荷突然降低很多时，水位会出现先下降再上升的现象。因此，在监视和调整水位时，要注意判断这种暂时的假水位，以免误操作。

要注意监视锅炉给水能力，通过给水泵出口的压力表监视供水压力。若出现锅炉的压力差渐渐增大的倾向，应检查给水管路是否产生阻塞障碍等，应查明原因采取措施消除。

1.4.2.2 汽压的调节

锅炉运行时，必须经常监视压力表的指示，保持汽压稳定，并不得超过设计工作压力。锅炉汽压的变化，反映了蒸发量与蒸汽负荷之间的矛盾，蒸发量大于蒸汽负荷时，汽压就上升；蒸发量小于蒸汽负荷时，汽压就下降。因此，对于锅炉汽压的调节也就是蒸发量的调节，而蒸发量的大小又取决于司炉人员对燃烧的调节。

当负荷增加时汽压下降，此时应根据锅炉实际水位高低情况进行调整，如果水位高时，应先减少给水量或暂停给水，再增加给煤量和送风量，在强化燃烧的同时，逐渐增加给水量，保持汽压和水位正常。

当负荷减少时汽压升高，如果锅炉内的实际水位高时，应先减少给煤量，减弱燃烧，再适当减少给水量或暂停给水，使汽压和水位稳定在额定范围。然后再按正常情况调整燃烧和给水量。如果锅炉内的实际水位低时，应先加大给水量，待水位恢复正常后，再根据汽压变化和负荷需要情况，适当调整燃烧和给水量。

1.4.2.3 汽温的调节

有蒸汽过热器的锅炉，对过热蒸汽的温度要严加控制。过热蒸汽温度偏低时，蒸汽做功能力降低，汽耗量增加，甚至会损坏用汽设备。过热蒸汽温度超过额定值时，过热器的金属材料会因过热而降低强度，从而威胁到安全运行。

蒸汽温度变化的原因，主要与烟气放热情况有关，流经过热器的烟气温度升高、烟气量加大或烟气流速加快，都会使过热蒸汽温度上升。蒸汽温度变化也与锅炉水位高低有关。水位高时，饱和蒸汽挟带水分多，过热蒸汽温度下降。水位低时，蒸汽挟带水分少，过热蒸汽温度上升。小型锅炉的过热蒸汽温度一般通过调节给煤量和送风量，改变燃烧工况来调节。大型锅炉的过热蒸汽温度，一般通过减温器来调节。

1.4.2.4 燃烧的调节

由于锅炉要保持在一定压力下使用，因此必须依据负荷的变化调节燃烧，相应增减燃料的供给量。而燃料量的增减，必须相应调整空气量。若风量调节跟不上，将出现不完全燃烧，冒黑烟或空气量过剩，使锅炉效率降低。

1. 正常燃烧指标

锅炉正常燃烧，包括均匀供给燃料、合理通风和调整燃烧三个基本环节。只要三者互相配合协调一致，即可达到安全、经济、稳定运行的目的。

炉内正常燃烧的指标，主要有以下几项：

1）维持较高的炉膛温度。层状燃烧时，燃烧层上部温度以 1100～1300℃ 为宜，火焰颜色为橙色。悬浮燃烧时，燃烧中心温度应保持在 1300℃ 以上，火焰颜色为白色中带橙色。沸腾燃烧时，沸腾层温度最好保持在 900～1000℃。

2）保持适当的二氧化碳含量。烟气中的二氧化碳体积与烟气总体积的比值（%），称为烟气的二氧化碳含量。在正常燃烧情况下，如果煤种不变，烟气中的二氧化碳的体积是不变的。但是烟气的总体积却受过剩空气量的影响。过剩空气量增加，烟气总体积随之增加，二氧化碳则相应减少；反之，当过剩空气量减少时，二氧化碳含量相应增加。烟气中的二氧化碳含量，对于手烧炉应为 9% 左右；机械炉为 12% 左右；煤粉炉一般为 12%～14%。

3）保持适量的过剩空气系数。在保证燃料完全燃烧的前提下，应尽量减少过剩空气系数。炉膛出口过剩空气系数，对于手烧炉一般为 1.3～1.5；机械炉为 1.2～1.4；煤粉炉为 1.15～1.25；沸腾炉为 1.05～1.1。

4）降低灰渣可燃物。灰渣中可燃物含量，视燃料、燃烧设备和操作条件而异。应尽量降至最低水平。灰渣可燃物含量，对于手烧炉应在 15% 以下；机械炉应在 10% 以下；煤粉炉应在 5% 以下。

5）降低锅炉排烟温度。在保证锅炉尾部受热面不结露的前提下，应尽量降低排烟温度。排烟温度的数值，对蒸发量大于等于 1t/h 的锅炉，应在 250℃ 以下；蒸发量大于等于 4t/h 的锅炉，应在 200℃ 以下；蒸发量大于等于 10t/h 的锅炉，应在 160℃ 以下。

6）提高锅炉热效率。锅炉实际运行热效率，对于蒸发量大于等于 1t/h 的锅炉，应在 55% 以上；蒸发量大于等于 4t/h 的锅炉，应在 60% 以上；蒸发量大于等于 10t/h 的锅炉，应在 70% 以上。

2. 燃烧调节的一般要领

1）燃料量与燃烧所需空气量要相配合适，并使燃料与空气充分混合接触。

2）除非特殊情况，炉膛应尽量保持一定高温。

3）应保持火焰在炉内合理均匀分布，防止火焰对锅炉炉体及砖墙强烈冲刷。

4）不能骤然增减燃料量。增加燃料量时，应首先增加通风量；减弱通风量时，则应首先减少燃料供应量，绝不可以颠倒程序。否则，将造成燃料燃烧不完全、锅炉冒黑烟。

5）防止不必要的空气侵入炉内，以保持炉内高温，减少热损失。

6）防止出现燃烧不均匀和避免结焦。

7）正在燃烧时，防止出现燃烧气体外漏，以免烧坏绝热材料及保温材料。在操作中应监视风压表，调整通风压力，使其保持稳定。

8）根据排烟温度、氧及二氧化碳的含量及通风量等，努力调整好燃烧。

3. 炉膛负压的调节

负压燃烧锅炉正常运行时，一般应维持 20～30Pa 的炉膛负压。负压值过小，火焰可能喷出，损坏设备或烧伤人员；负压值过高，会吸入过多的冷空气，降低炉膛温度，增加排烟热损失。

炉膛负压的大小，主要取决于风量，风量的大小必须与炉膛燃烧工况相适应。当送风量大而引风量小时，炉膛负压小；送风量小而引风量大时，炉膛负压大。在增加风量时，应先增加引风，后增加送风；在减少风量时，应先减少送风，后减少引风。风量是否适当，除使用专门仪器进行分析外，还可以通过观察炉膛火焰和烟气的颜色大致作出判断。风量适当时，火焰呈麦黄色（亮黄色），烟气呈灰白色；风量过大时，火焰呈白亮刺眼状，烟气呈白色；风量过小时，火焰呈暗黄或暗红色，烟气呈淡黑色。

1.4.3 锅炉的维护

锅炉及其辅助系统的维修是锅炉房的安全、经济运行的重要保证。通过修理发现和消除锅炉设备存在的缺陷，使锅炉处于完好状态，提高锅炉出力，提高机械化、自动化水平，改善消烟除尘效果，确保锅炉安全、经济、环保运行。

1.4.3.1 锅炉维修等级的界定

热源设备的修理一般分为三类，即维修、小修、大修。

1. 维修

维修是锅炉运行过程中的修理，是维护保养性质的，一般 1～3 个月进行一次。主要是消除汽、水管道和阀门的跑、冒、滴、漏等现象；运行设备的清洁卫生和定期加油润滑以及检查设备运行情况是否正常；

修复管道保温层零碎脱落部分及烟、风道的堵漏风；对于运行中发生的临时故障（如水位表泄漏、压力表失灵、照明损坏等）则随时进行修理。

维修以锅炉的运行操作人员为主，维修人员为辅，其修理情况应记录在锅炉设备维修保养记录和运行日记中。

严禁在有压力或锅炉温度较高的情况下修理受压元件。采用焊接方法修理受压元件时，禁止带水焊接。

2. 小修

小修是指按预定计划，根据常规检查和定期检验中发现的问题，对锅炉设备进行局部性的零件更换及预防性的检修。如压力表、安全阀的定期检修及维修更换；清除受热面外部的烟灰内部的水垢以及检查水冷壁的变形情况；燃烧设备烧损零件的更换和检查；炉墙、保温层的修补；各种辅机、水处理设备的修理；消烟除尘、脱硫设备的维修和清除等。小修一般每一年进行一次，锅炉小修应以维修人员为主进行。操作人员可以参加，以便熟悉掌握情况。小修结束，应有详细的修理情况记录及工作总结，存入锅炉技术档案并作为运行操作的依据。

3. 大修

按照预定的计划和修理方案，对锅炉进行全面的、恢复性修理叫大修。其主要内容包括：拆修炉墙、炉拱；对火管或水管进行抽管检查，并根据检查结果确定是否修理或更换；更换损坏的水冷壁管、前后拱管、对流管、省煤器及空气预热器等受热面管子；对锅筒（汽包）及其内部装置进行全面的检查和维修；全面检查排污系统和给水系统的管道和阀门，对其中腐蚀或渗漏严重的予以更换；更换维修炉排、给煤及除渣（灰）设备；全面检查水处理、给水、循环水、鼓风、引风及消烟除尘设备并进行维修；根据运行经验和技术进步，对设备作局部的改进，包括对受压元件的局部改动等。锅炉大修后的质量，应基本恢复设备的原有性能，如锅炉出力、锅炉热效率等。大修和改造结合进行，锅炉在节能、环保等方面还会超过原有性能。

大修后要按规程要求进行水压试验、烘炉、煮炉或蒸汽严密性的试验。锅炉大修的周期根据设备运行状况及定期检验情况确定。运行状况良好，定期检验中未发现重大缺陷的可适当延长大修周期；有重大缺陷急需修理的也可以缩短周期。

锅炉大修还包括以下修理工作：

1）锅炉受压元件的重大修理，如锅筒（锅壳）、炉胆、回燃室、封头、炉胆顶、管板、下脚圈、集箱的更换或挖补，主焊缝的补焊，管子胀接改焊接，以及大量更换受热面管子等；

2）改变原炉设计的结构；

3）改变燃烧设备或燃烧方式；

4）改变原锅炉设计运行参数。

1.4.3.2 锅炉维修主要项目

1. 锅炉本体的维修项目，见表 1-7

锅炉本体维修项目

表 1-7

小　修	大　修
清扫受热面外部的积灰、结渣	消除受热面外部烟灰及内部水垢
检查水垢情况，严重时要除垢	检查受压元件的变形、磨损和腐蚀情况
修理或更换个别损坏的受热面管子	更换手孔、人孔盖的垫片
检查空气预热器的严密性	检查空气预热器的严密性
消除手孔、人孔泄漏	水压试验
消除炉膛内的积灰及结渣	消除炉膛内的积灰及结渣
检查炉门、防爆门、人孔门、看火门等处的炉墙	检修炉拱、隔烟墙
修补炉墙、堵塞漏风	整个或部分炉墙的重新砌筑
检查传动、减速装置，并加油	检查或更换各部位轴承
检查喷嘴、燃烧器、调风装置	清洗、检修变速箱
检修炉排、补充炉排片或炉条	检修炉排、补充或更换排片及炉条

2. 安全附件的维修项目

1）水位表

（1）小修　检查汽、水旋塞，消除泄漏。及时修复照明设备。

（2）大修　清洗内表面；更换填料、垫片、检修或更换汽、水旋塞。

2）压力表

（1）小修　检查三通旋塞及接头，消除泄漏，检验压力表并加封印，冲洗存水弯管。

（2）大修　拆检存水弯管、三通旋塞及接头。外表除锈、油漆。检验压力表，并加封印。

3）安全阀

（1）小修　检查安全阀有无泄漏。检查排气管、泄水管是否畅通。

（2）大修　调整安全阀，并加铅封。检查排气管、泄水管是否畅通。

3. 汽水系统维修项目

1）离心式水泵

（1）小修　检查各部件，加填料及轴承润滑油。

（2）大修　更换填料；更换轴承、并换油。检修轴套及叶轮。检修、调整各部位间隙。

2）管路及阀门

（1）小修　修理保温层；检修管道、阀门的泄漏。

（2）大修　检修或更换损坏的管道；研磨阀门，更换填料、垫片。

4. 仪表及自控系统维修项目

1）小修　清洗、检修有关仪表及自动装置。

2）大修　检查、清洗、修理、检验或调整各种仪表。修理或更换线路及连接系统。检修、调整或新增自动控制装置。

5. 燃料供给及除灰渣系统维修项目

1）小修　检查上煤机、破碎机、除渣机等设备，更换易损件，添加润滑油。检查燃油、燃气锅炉的油、气管路系统是否渗漏、堵塞和积水，消除渗漏、堵塞和积水。

2）大修　拆修上煤机、破碎机、除渣机等设备。检查并修补煤闸板、煤斗、灰渣斗。彻底消除燃油、燃气锅炉的油、气管路系统的渗漏、堵塞和积水，更换油杯。

6. 烟风系统维修项目

1）送、引风机

（1）小修　修补叶轮，校验平衡，更换轴瓦或清洗轴承。修补调风阀及其传动零部件。

（2）大修　检修调风阀及其传动机构。检修或更换导向装置、叶轮、轴、轴瓦及其他零部件。检修或更新风机外壳、内衬板、冷却水管。

2）防尘设备

（1）小修　检修或更换磨损和腐蚀的零部件。清理灰坑中积灰，检查修理漏风处。

（2）大修　检修或更换旋风子，除尘器外壳或衬板、锁气器等。检修水膜除尘器的主管、喷水管、隔水板和隔烟墙。修理给排水管及阀门。

3）烟风管路

（1）小修　堵塞漏风。检查及校正烟、风阀门及传动机构。检查吹灰设备及其管道，清除泄漏，检修易损件。

（2）大修　检查、更换或修理吹灰设备、烟、风道阀门及其传动机构。检修或更换防爆门，修理损坏的烟风管道。

1.5　锅炉运行故障及排除

1.5.1　事故分类

由于锅炉设备在运行中处于较高温度和较高压力下，在管理不严、操作不当时，会发生异常情况而造成设备损坏，这种事件称为锅炉设备的事故。锅炉事故按设备损害的程度分为一般事故、重大事故和爆炸事故三类。

1. 一般事故

指锅炉损害程度不严重，不需停炉就可进行修理的事故。

2. 重大事故

指锅炉由于受压部件严重损害（如变形、渗漏）、附件损坏、爆管或炉膛爆炸等引起炉墙倒塌、钢架严重变形，造成被迫停止运行，进行修理的事故。

3. 爆炸事故

指锅炉的受压部件在承压状态下突然发生破裂，使锅炉压力瞬间降到等于外界大气压力的事故。这是所有锅炉事故中最严重、破坏性最大的事故。因为在锅炉爆炸的瞬间，蒸汽和锅水由于压力的迅速下降，体积急剧膨胀，使大量的汽水混合物几乎全部冲出炉外，形成巨大的冲击波，锅炉可能被抛出数十米、甚至数百米，同时可能摧毁和震坏建筑物，造成严重的破坏和人员伤亡。因此，要特别防止这类事故的发生。

1.5.2 锅炉常见事故产生原因及处理

1.5.2.1 锅炉爆炸

1. 产生原因：

1）锅炉严重缺水，钢板被烧红，机械强度降低，司炉工违反操作规程，向锅内进水；

2）钢板内、外表面因腐蚀减薄，强度不够而破裂；

3）压力表、安全阀失灵使锅炉严重超压；

4）锅炉受热面内水垢太厚，使金属过热烧坏。

2. 事故处理

发生锅炉爆炸事故后，要保护现场，为调查事故创造条件；立即组织抢救，采取措施，防止事故蔓延扩大；及时按规定报告上级主管部门和有关部门，请他们进行调查、鉴定、分析事故原因，认真总结教训、及时填写事故报告书，向有关领导汇报情况；采取相应措施，防止类似事故再次发生。

1.5.2.2 锅内缺水

这种事故是指锅内水位低于最低允许水位，是锅炉爆炸的主要原因，需要引起足够的重视。

1. 产生原因

司炉工劳动纪律松弛与误操作所致，例如长期忘记上水，排污后忘了关闭排污阀或关闭不严，水位计不按时冲洗，使汽水连通管堵塞形成假水位等；由于设备缺陷或其他故障，例如给水自动调节阀失灵，水源突然中断，停止给水等。

2. 事故处理

当发现锅内缺水时，应立即冲洗水位计，并用"叫水法"检查缺水的程度。"叫水法"只适用于水连通管高于最高火界的锅炉，对水位计的水连通管低于最高火界的锅炉，如卧式快装锅炉等，一旦在玻璃水位计内看不见水位时，不允许用"叫水法"，而必须紧急停炉。因为即使叫出了水，水位也已低于安全水位，烟管水管等受热面已露出水面而被干烧，再进水势必扩大事故。"叫水法"是先打开水位计的放水阀 5（如图 1-5 所示），关闭通汽旋塞 3，然后慢慢关闭放水阀 5，观察水位计内是否有水位出现。如果"叫水"后，水位能重新出现，则为轻微缺水；水位不能出现的，说明水位已降到水连通管以下，则为严重缺水。二者处理的方法分别是：

1）轻微缺水：先减少给煤和送风，减弱燃烧，并缓慢地向锅炉进水，同时要迅速查明缺水的原因（例如给水管、炉管、省煤器管是否漏水，阀门是否开错等），及时处理。待水恢复到最低水位线上以后，再增加给煤和送风，加强燃烧。

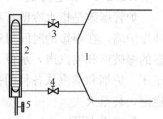

图1-5　水位计示意图
1—锅炉；2—水位计；3—气联通阀门；4—水连通阀门；5—放水阀门

2）严重缺水：绝不能先向锅炉进水。因为这时由于缺水，钢管过热甚至烧红，水接触烧红的炉管便产生大量的蒸汽，汽压猛增，就会引起锅炉爆炸。所以锅内严重缺水时，严禁向锅炉进水，而应采取紧急停炉措施，并将情况迅速报告有关负责人。等锅炉冷却后，对各部件进行技术检查，做妥善处理并经鉴定合格后，方可继续使用。

1.5.2.3　锅内满水

锅内满水是指锅内的水位超过了最高许可水位，使蒸汽空间的垂直距离减小，造成蒸汽大量带水，法兰连接处向外冒气、滴水，使蒸汽管道积盐结垢和发生水击。

1. 产生原因

司炉工疏忽大意、对水位监视不够，给水阀泄露或忘记关闭；给水自动调节器失灵；水位计的汽、水连通管阻塞或放水旋塞漏水，造成水位指示不正确，使司炉工误操作。

2. 事故处理

当发现锅内满水时应立即冲洗水位计，用"叫水法"检查是否有假水位、确定满水程度。在冲洗水位计后，关闭水连通阀4，再开放水阀5。若看到有水从水位计的上边下降，可判定是轻微满水；若只看到水向下流，而没有水位下降，表明是严重满水。满水处理方式是：

1）轻微满水：在减弱燃烧的同时，停止给水，开启排污阀放水，直至水位正常时，关闭所有放水阀后，再恢复正常运行。

2）严重满水：应紧急停炉。停止给水，加强排污阀放水、疏水阀的疏水，待水位恢复正常后，关闭各排污阀及疏水阀，再恢复升火运行。

1.5.2.4　汽水共腾

这种事故是锅筒内水位波动的幅度超出正常情况，表现为水位计内出现泡沫，水面剧烈波动，难以看清水位。锅水含盐量过大，蒸汽管道内发生水击等。

1. 产生原因

由于不注意锅炉的经常排污，不经常对锅水进行化验，造成锅水品质差（碱度增大、含盐量增加，悬浮物增多）；并炉时开启主汽阀过快，或者升火锅炉的汽压高于蒸汽母管内的汽压，使锅筒内蒸汽大量涌出；严重超负荷运行。汽水共腾使蒸汽带水、降低蒸汽品质、产生水击等。

2. 事故处理

减弱燃烧，降低锅炉负荷，关小主汽阀，全开锅炉连续排污阀；开启蒸汽管道上的疏水阀排除存水；适当开启底部排污阀，同时加强给水，防止水位过低；取水化验，待锅水品质合格，汽水共腾现象消失后，方可恢复正常运行。故障排除后要彻底冲洗水位计。

1.5.2.5　炉管爆破

炉管爆破是指水冷壁管和对流管束破裂,是性质严重的事故。它会损坏邻近的管壁、冲塌炉墙,在很短的时间里造成锅炉严重缺水,使事故扩大。它表现为炉膛或烟道内有明显的爆破声和喷汽声,水位、蒸汽压力、排烟温度迅速下降,烟气变白;炉膛内负压变为正压,炉烟和蒸汽从各种门孔喷出;给水流量明显大于蒸汽流量;炉内火焰发暗,燃烧不稳定,甚至灭火。

1. 产生原因

水质不符合标准,使管壁结垢或腐蚀,造成管壁过热,强度降低;水循环不良,使管子局部过热而爆破;管壁被烟灰长期磨损减薄;升火速度过快,或停炉速度过快,管子热胀冷缩不匀,造成焊口破裂;管子材质和安装质量不好(如管壁有分层、夹渣等缺陷,或焊接质量低劣等)。

2. 事故处理

发生炉管爆破时,如有数台锅炉并列运行,应将故障锅炉与蒸汽母管隔断,其他的处理步骤是:

1)炉管爆破轻微:若尚能维持正常水位、故障不会迅速扩大时,可短时间减少负荷运行,等备用锅炉升火后再停炉。

2)炉管爆破严重:若不能维护水位和汽压时,必须按程序紧急停炉。

1.5.2.6　炉膛爆炸

这种事故多发生于燃油和燃气锅炉,在点火、停炉或处理其他事故的过程中,当炉膛内可燃物质和空气混合的浓度达到爆炸极限范围时,遇明火就会发生炉膛爆炸,造成炉墙倒塌、炉体损坏,甚至造成人员伤亡事故。

1. 产生原因

运行中灭火、没有及时中断燃料的供给;调节器失灵,点火前没有先开引风机、通过通风清除炉内残余可燃物质;正常停炉没有遵守先停燃料后停送、引风机的原则。

2. 事故处理

立即停止向炉内供给燃料,停止送风;如果炉墙倒塌或有其他损坏,应紧急停炉,组织抢修。

1.5.2.7　热水锅炉超温汽化

这种事故表现为压力突然升高,炉内有水击声、管道发生震动,超温警报器发出报警信号,安全阀排出蒸汽。它会破坏锅炉的正常水循环;产生水击,引起炉体晃动,使连接的管路遭到破坏,甚至发生爆炸事故。

1. 产生原因

循环水泵因停电或故障而突然停止运行,系统水停止流动,锅水温度升高而汽化;在间歇采暖系统中,因燃煤锅炉炉膛压火不好,引起锅水超温而汽化;供热系统管路因冻结、气塞等原因使系统堵塞,热水送不出去;锅炉缺水及定压装置的压力不足等。

2. 事故处理:

1)在下列情况下,应立即紧急停炉,在查明原因、妥善处理后,方可重新启动:因停电停泵引起锅水超温汽化,安全阀排汽后,压力表指针仍继续上升时;供热系统管路因冻塞或气塞使热水送不出去,锅水汽化并发出震耳冲击声时;因定压装置压力不够或失效而引起经常性汽化；经判断确属锅炉缺水引起超温汽化时。

2) 在下列情况下，应采取措施减弱燃烧、降低锅水温度：自然循环系统锅水汽化时；由汽化引起强烈炉振时；因停电停泵引起锅水超温汽化，安全阀排汽后，压力表指针不再继续上升时。此时应立即打开炉门，减弱燃烧，并开启锅炉上部的泄放阀和上水阀，关闭出水阀，边排汽边降低锅水温度，直至消除炉内余热为止。

本 章 小 结

本章介绍了锅炉的分类与组成、锅炉设备运行管理、锅炉的运行维护、故障及其排除方法。阐述了锅炉的工作过程及辅助设备组成，锅炉房规章制度，锅炉启动与停止的方法，重点描述了几种典型锅炉的运行调节方法，同时介绍了锅炉事故分类及锅炉常见事故及其处理方法。

复 习 思 考 题

1. 简述锅炉房设备的组成与分类。
2. 锅炉的停炉有哪些方式？
3. 锅炉房有哪些维护和保养工作？
4. 锅炉事故分类及常见故障有哪些？
5. 锅炉是如何点火与停炉的？

2 换热站的运行与维护

学习目标

通过本章学习，要求了解换热站的分类与组成，掌握换热站的运行管理制度，水泵运行调节方法，换热站的运行调节方法，掌握水泵运行维护方法，换热器的运行维护方法。掌握常用阀门的运行维护方法。

2.1 换热站的分类与组成

2.1.1 换热站分类

换热站是供热网路与热用户的连接场所。它的作用是根据热网工况和不同的条件，采用不同的连接方式，将热网输送的热媒加以调节、转换，向热用户系统分配热量以满足用户需求，并根据需要，进行集中计量、检测供热热媒的参数和数量。

根据热网输送的热媒不同，可分为热水供热换热站和蒸汽供热换热站，根据服务对象不同，可分为工业换热站和民用换热站。根据换热站的位置和功能的不同，可分为：

1. 用户换热站

也称为用户引入口。它设置在单幢建筑用户的地沟入口或该用户的地下室或底层处，通过它向该用户或相邻几个用户分配热能。

2. 小区换热站

供热网路通过小区换热站向一个或几个街区的多幢建筑分配热能。这种换热站大多是单独的建筑物。从集中换热站向各热用户输送热能的网路，通常称为二级供热管网。

3. 区域换热站

它用于特大型的供热网路，设置在供热主干线和分支干线的连接点处。

2.1.2 换热站组成

2.1.2.1 换热器

换热器是用来把温度较高流体的热能传递给温度较低流体的一种热交换设备。换热器可集中设在热电站或锅炉房内，也可以根据需要设在换热站或热用户引入口处。

1. 换热器分类

根据热媒种类的不同，换热器可分为汽—水换热器（以蒸汽为热媒），水—水换热器（以高温热水为热媒）。根据换热方式的不同，换热器可分为表面式换热器（被加热热水与热媒不接触，通过金属表面进行换热），混合式换热器（被加热热水与热媒直接接触，如淋水式换热器，喷管式换热器等）。

2. 常用换热器形式及构造

1）壳管式换热器

（1）壳管式汽—水换热器

① 固定管板式汽—水换热器

它主要由带有蒸汽进出口连接短管的圆形外壳、小直径管子组成的管束、固定管束的管栅板、带热水进出口连接短管的前水室及后水室组成。蒸汽在管束外表面流过，被加热水在管束的小管内流过，通过管束的壁面进行热交换。管束通常采用铜管、黄铜管或锅炉碳素钢钢管，少数采用不锈钢管。钢管承压能力高，但易腐蚀，铜管、黄铜管导热性能好，耐腐蚀，但造价高。一般超过140℃的高温热水加热器最好采用钢管，如图2-1（a）所示。

通常在前后水室中间加隔板，使水由单流程变成多流程，以有利强化传热，流程通常取偶数。采用最多的是二行程和四行程形式。

固定管板式汽—水换热器结构简单，造价低。但蒸汽和被加热水之间温差较大时，由于壳、管膨胀性不同，热应力大，会引起管子弯曲或造成管束与管板，管板与管壳之间开裂，造成泄漏。此外管间污垢较难清理。

这种形式的汽—水换热器只适用小温差，压力低，结垢不严重的场合。当壳程较长时，常需在壳体中部加波形膨胀节，以达到热补偿的目的，如图2-1（b）是带膨胀节的壳管式汽—水换热器。

② U形壳管式汽—水换热器

它是将管子弯成U型，再将两端固定在同一管板上。由于每根管均可自由伸缩，解决了因热膨胀而可能出现开裂漏气的问题。缺点是管内污垢无法机械清洗，管板上布置的管子数目受限，使单位容量和单位重量的传热量较少。一般适用于温差大，水质较好的场合，如图2-1（c）所示。

③ 浮头式汽—水换热器

其特点是浮头侧的管栅板不

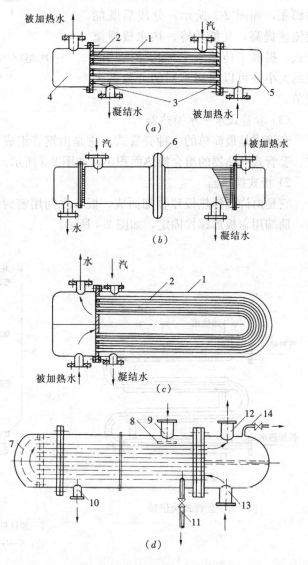

图 2-1　壳管式汽—水换热器

(a) 固定管板式汽—水换热器；(b) 带膨胀节的壳管式汽—水换热器；
(c) U形壳管式汽—水换热器；(d) 浮头壳管汽—水换热器

1—外壳；2—管束；3—固定管栅板；4—前水室；5—后水室；6—膨胀节；7—浮头；8—挡板；9—蒸汽入口；10—凝水出口；11—汽侧排气管；12—被加热水出口；13—被加热水入口；14—水侧排气管

与外壳相连，该侧管栅板通常可封闭在壳体内，可以自由伸缩。浮头式汽—水换热器除热补偿好外，还可以将管束从壳体中整个拔出，便于清洗，如图 2-1（*d*）所示。

（2）分段式水—水换热器

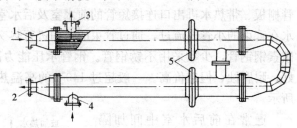

分段式水—水换热器是由若干段带有管壳的整个管束组成，各段之间用法兰连接。每段采用固定管板，外壳上带有波形膨胀节，以补偿管子的热膨胀，如图 2-2 所示。分段后既能使流速提高，又能使冷、热水成逆流方式，提高了传热效率。此外换热面积的大小还可以采用不同的分段数来调节。

图 2-2　分段式换热器
1—被加热水入口；2—被加热水出口；3—加热水出口；
4—加热水入口；5—膨胀节

（3）套管式水—水换热器

套管式是最简单的一种壳管式，它是由钢管组成管套管的形式。套管之间用焊接连接。套管式换热器的组合换热面积小，如图 2-3 所示。

2）板式换热器

它是由许多传热板片叠加而成，板片之间用密封垫片密封，冷、热水在板片之间流动，两端用盖板加螺栓固定，如图 2-4 所示。

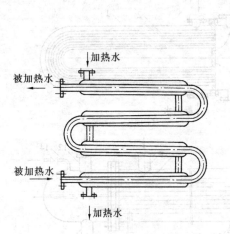

图 2-3　套管式换热器

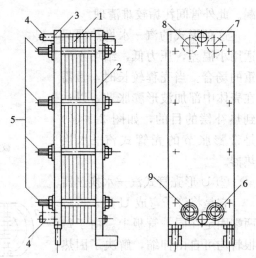

图 2-4　板式换热器
1—加热板片；2—固定盖板；3—活动盖板；4—定位螺栓；5—压紧螺栓；6—被加热水进口；7—被加热水出口；8—加热水进口；9—加热水出口

板片的结构形式很多，图 2-5 为人字形换热板片。在安装时应注意水流方向要和人字纹路的方向一致，板片两侧的冷、热水应逆向流动。

密封垫片形式如图 2-6，密封垫片的作用是不仅把流体密封在换热器内，而且使冷热流体分隔开，不互相混合。通过改变垫片的左右位置，使冷热流体在换热器中交替通过人字形板面。信号孔可检查内部是否密封，如果密封不好而有渗漏时，信号孔就会有流体流出。

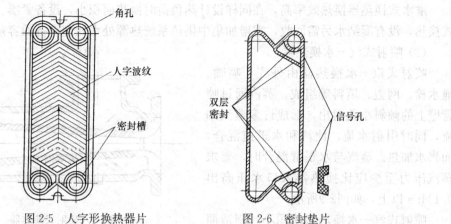

图 2-5　人字形换热器片　　　　　图 2-6　密封垫片

板式换热器传热系数高、结构紧凑、适应性好、拆洗方便、节省材料。但板片间流通截面窄，水质不好形成水垢或沉积物时容易堵塞，密封垫片耐温性能差时，容易渗漏和影响使用寿命。

3）容积式换热器

容积式换热器分为容积式汽—水换热器（如图 2-7）和容积式水—水换热器。这种换热器兼起储水箱的作用，外壳大小可根据储水的容量确定。换热器中 U 形弯管管束并联在一起，蒸汽或加热水自管内流过。

容积式换热器易于清除水垢，主要用于热水供应系统，但其传热系数比壳管式换热器低。

4）混合式换热器

（1）淋水式汽—水换热器

它主要由壳体和淋水板组成。蒸汽和被加热水从上部进入，为了增加水和蒸汽的接触面积，在加热器内装了若干级淋水盘，水通过淋水盘上的细孔分散地落下与蒸汽进行热交换，加热器的下部用于蓄水并起膨胀容积的作用。淋水式汽—水加热器可以代替热水采暖系统中的膨胀水箱，同时还可以利用壳体内的蒸汽压力对系统进行定压，如图 2-8 所示。

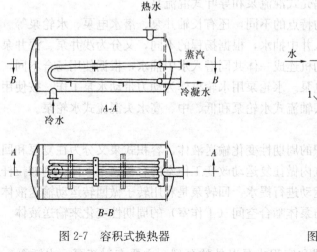

图 2-7　容积式换热器

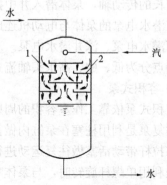

图 2-8　淋水式换热器
1—壳体；2—淋水板

淋水式换热器换热效率高，在同样设计热负荷时换热面积小，设备紧凑。由于是混合式换热，没有凝结水另需回收，需增加集中供热系统热源处水处理设备的容量。

（2）喷射式汽—水换热器

喷射式汽—水换热器由外壳、喷嘴、泄水栓、网盖、填料等组成。蒸汽通过喷管壁上的倾斜小孔射出，形成许多蒸汽细流，同时引射水流，使汽和水迅速混合，而将水加热。蒸汽与水正常混合时，要求蒸汽压力至少应比换热器入口水压高出0.1MPa以上，如图2-9所示。

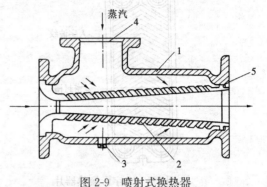

图 2-9 喷射式换热器
1—外壳；2—喷嘴；3—泄水栓；4—网盖；5—填料

喷射式汽—水换热器体积小，制造简单，安装方便，调节灵敏，加热温差大，运行平稳。但换热量不大，一般只用于热水供应和小型热水采暖系统上。

2.1.2.2 水泵

水泵是能量转换的机械，它把动力机的机械能转换（或传递）给被抽送的水体，将水体提升或输送到所需之处。

水泵的用途很广，在工业、农业、建筑、电力、石油、化工、冶金、造船、轻纺、矿山开采和国防等国民经济各部门中占有重要地位。

1. 水泵分类

1）叶片式泵

叶片式水泵是靠泵内高速旋转的叶轮将动力机的机械能转换给被抽送的水体。属于这一类的泵有离心泵、轴流泵、混流泵等。

离心泵按基本结构、型式特征分为单级单吸离心泵、单级双吸离心泵、多级离心泵以及自吸离心泵等。

轴流泵按主轴方向可分为立式泵、卧式泵和斜式泵，按叶片调节的可能性可分为固定泵、半调节泵和全调节轴流泵。

混流泵按结构型式分为蜗壳式混流泵和导叶式混流泵。

叶片泵按使用范围和结构特点的不同，还有长轴井泵、潜水电泵、水轮泵等。长轴井泵具有长的传动轴，泵体潜入井中抽水，根据扬程的不同，又分为浅井泵、深井泵和超深井泵。潜水电泵的泵体与电动机连成一体共同潜入水中抽水，根据使用场合不同，又分为作业面潜水电泵、深井潜水电泵。水轮泵用水轮机作为动力带动水泵工作，按使用水头和结构特点分为低、中、高水头轴流式水轮泵和低、中、高水头混流式水轮泵。

2）容积式泵

容积式泵依靠工作室容积的周期性变化输送液体。容积式泵又分为往复泵和回转泵两种。往复泵是利用柱塞在泵缸内做往复运动改变工作室的容积输送液体。例如拉杆式活塞泵是靠拉杆带动活塞做往复运动进行提水。回转泵是利用转子做回转运动输送液体。单螺杆泵是利用单螺杆旋转时，与泵体啮合空间（工作室）的周期性变化来输送液体。

3）其他类型泵

其他类型泵是指除叶片式和容积式泵以外的泵型。主要有射流泵、水锤泵、气升泵

（又称空气扬水机）、螺旋泵、内燃泵等。
除螺旋泵利用螺旋推进原理来提升液体
的位能外，其他各种泵都是利用工作流
体传递能量来输送液体。

2. 常用水泵形式及构造

1）离心泵

（1）离心泵的工作原理

单级单吸离心泵基本构造和工作原
理如图 2-10 所示，它由叶轮、泵轴、泵
体等零件组成。叶轮的中心对着进水口，

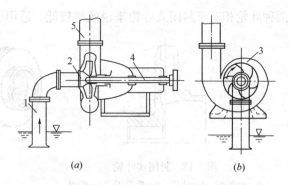

图 2-10 离心泵基本构造和工作原理示意图

进水、出水管路分别与水泵进水、出水口连接。离心泵在启动前应充满水。当动力机通过
泵轴带动叶轮高速旋转时，叶轮中的水由于受到惯性离心力的作用，由叶轮中心甩向叶轮
外缘，并汇集到泵体内，获得势能和动能的水在泵体内被导向出水口，沿出水管路输送至
出水池。与此同时，叶轮进口处产生真空，而作用子进水池水面的压强为大气压强，进水
池中的水便在此压强差的作用下，通过进水管吸入叶轮。叶轮不停地旋转，水就源源不断
地被甩出和吸入，这就是离心泵的工作原理。

（2）离心泵的构造

离心泵按同一泵轴上叶轮个数的多少可分为单级泵和多级泵；按吸入方式可分为单吸
泵和双吸泵，叶轮仅一侧有吸水口的称为单吸泵，叶轮两侧都有吸水口的称为双吸泵；按
泵轴安装方向可分为卧式泵、立式泵和斜式泵；按启动前是否需要充水可分为普通离心泵
和自吸离心泵。

① 单级单吸离心泵

单级单吸离心泵又称为单级单吸悬臂式离心泵。它由叶轮、泵轴、泵体、减漏环、轴
承及轴封装置等主要零部件组成，如图 2-11 所示。

A. 叶轮　叶轮又称工作轮，是水泵的重要部件。水泵依靠叶轮的旋转把动力机的能
量传递给被抽送的水体。叶轮的几何
形状、尺寸、所用材料和加工工艺等
对泵的性能有着决定性的影响。

叶轮按其盖板的情况分为封闭式、
半开式和敞开式三种形式。具有两个
盖板的叶轮，称为封闭式叶轮，如图
2-12、图 2-13（a）所示。封闭式叶轮
盖板之间有 6～12 片向后弯曲的叶片，
这种叶轮效率高，应用最广。只有后
盖板，没有前盖板的叶轮，称为半开
式叶轮，如图 2-13（b）所示。只有叶
片没有盖板的叶轮称为敞开式叶轮，
如图 2-13（c）所示。半开式和敞开式
叶轮叶片较少，一般只有 2～5 片，这

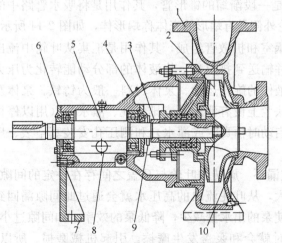

图 2-11 单级单吸离心泵结构图

1—泵体；2—叶轮；3—轴套；4—轴承体；5—泵轴；6—轴承
端盖；7—支架；8—油标；9—挡水圈；10—密封环

两种叶轮相对于封闭式叶轮来说效率较低，适用于排污浊或含有固体颗粒的液体。

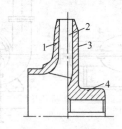 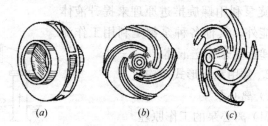

图 2-12　封闭式叶轮

1—前盖板；2—叶片；3—后盖板；4—轮毂

图 2-13　离心泵叶轮

(a) 封闭式；(b) 半开式；(c) 敞开式

　　叶轮的形状和尺寸根据水力设计并通过模型试验确定，同时应能满足强度要求，水泵叶轮的材料多为铸铁，也可采用铸铜，大型水泵叶轮一般用铸钢。加工好的叶轮要做静平衡试验，消除不平衡重量，避免运行时水泵发生振动。

　　水泵运行时，叶轮前、后盖板外侧与泵体之间充满了从叶轮中排出的具有一定压力的液体，由于叶轮前后盖板面积不同，因此产生了指向叶轮进口的轴向力，此力使叶轮和泵轴产生向进口方向的窜动，使叶轮与泵体发生摩擦，造成零件损坏。因此，必须平衡或消除轴向力。对于单级单吸离心泵，常在叶轮后盖板靠近轮毂处开设平衡孔，并在后盖板上加装减漏环，水泵工作时，使叶轮两侧的压力基本平衡，少部分未被平衡的轴向力由轴承承担。开设平衡孔水泵的效率会有所降低，这种方法只适用于小型单级单吸离心泵。此外，还可在叶轮后盖板处加平衡筋板，平衡轴向力。

　　B. 泵轴　泵轴的作用是支承并将动力传递给叶轮，为保证水泵工作可靠，泵轴应有足够的强度和刚性。泵轴的一端用平键和反向螺母固定叶轮；泵轴的另一端安装联轴器或皮带轮，如图 2-11 所示。为防止水进入轴承，轴上应有挡水圈或防水盘等挡水设施。为防止泵轴磨损，在对应于填料密封的轴段装轴套，轴套磨损后可以更换。

　　C. 泵体　泵体（又称泵壳）是包容和输送液体外壳的总称，由泵盖和蜗形体组成，如图 2-11 所示。泵盖为水泵的吸入室，是一段渐缩的锥形管，其作用是将吸水管路中的水以最小的损失并均匀地引向叶轮。叶轮外侧具有蜗形的壳体称蜗形体，如图 2-14 所示。蜗形体由蜗室和扩散管组成，其作用是汇集从叶轮中流出的液体，并输送到排出口；将液体的部分动能转化为压力能；消除液体的旋转运动。泵体材料一般为铸铁。泵体及进、出口法兰上设有泄水孔、排气孔、灌水孔（用以停机后放水、启动时抽真空或灌水）和测压孔安装真空表、压力表。

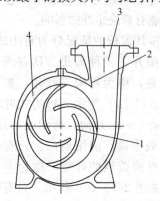

图 2-14　蜗形体

1—叶片；2—隔舌；

3—扩散管；4—蜗室

　　D. 减漏环　旋转的叶轮与泵盖之间存在一定的间隙。如间隙过大，从叶轮流出的高压水就会通过此间隙漏回到进水侧，使泵的出水量减少，降低泵的效率。如间隙过小，叶轮转动时就会和泵盖发生摩擦，引起机械磨损。所以，为了尽可能减少漏损和磨损，同时使磨损后便于修复或更换，一般在泵盖上或泵盖和叶轮上分别镶嵌一铸铁圆环，由于其既可减少漏损，又能承受磨损，便于更换且位于水泵进口，故称减漏环，又称密封环、承磨环或口环。

E. 轴承　轴承用以支承泵转子部分的重量以及承受径向和轴向荷载。轴承分为滚动轴承和滑动轴承两大类。单级单吸离心泵通常采用单列向心球轴承，如图 2-15 所示。

F. 轴封装置　泵轴穿出泵壳处，必定存在着间隙，为了防止高压水通过此间隙流出和空气进入泵内，必须设置轴封装置。填料密封是最常用的轴封形式，由填料、水封环、水封管和填料压盖等零件组成，如图 2-16 所示。填料密封依靠填料与轴套的紧密接触实现密封。填料压盖套在轴上，起压紧填料的作用。填料的压紧程度，用压盖上的螺母来调节。如果压得过紧，填料与辅套摩擦损失增加，缩短填料和轴套的使用寿命，严重时会发热、冒烟，甚至将填料与轴套烧焦；如果压得过松，泄漏量增加，泵的效率降低，故填料应压得松紧合适，一般以液体漏出时成滴状为宜。填料中部的水封环，是中间下凹外侧凸起的圆环，环上开有若干个小孔，水封环对准水封管。水泵运行时，泵内压力较高的水，通过水封管进入水封环，引入填料进行水封，同时起冷却、润滑的作用。

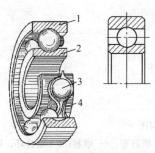

图 2-15　单列向心球轴承

1—外圈；2—内圈；3—滚动体；4—保持架

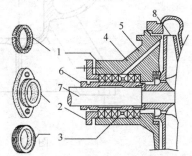

图 2-16　离心泵的填料密封

1—填料；2—填料压盖；3—水封环；4—水封管；
5—泵盖；6—轴套；7—泵轴；8—叶轮

单级单吸离心泵的特点是扬程较高，流量较小，结构简单，便于维修，体积小，重量轻，移动方便。

② 单级双吸离心泵

单级双吸离心泵的外形如图 2-17 所示，其结构图如图 2-18 所示。它的主要零件与单级单吸离心泵基本相同，所不同的是双吸离心泵的叶轮对称，好像由两个相同的单吸叶轮

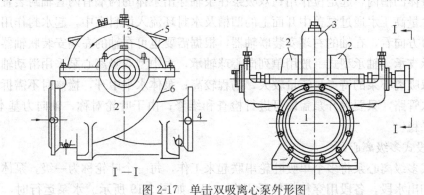

图 2-17　单击双吸离心泵外形图

1—吸入口；2—半螺旋形暖入室；3—蜗形压出室；4—出水口；5—泵盖；6—泵体

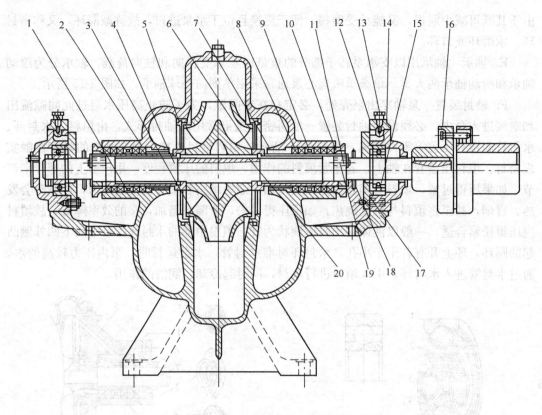

图 2-18　单级双吸离心泵结构图

1—泵体；2—泵盖；3—叶轮；4—泵轴；5—双吸减漏环；6—轴套；7—填料套；8—填料；9—填料环；10—压盖；11—轴套螺母；12—轴承体；13—固定螺钉；14—轴承体压盖；15—单列向心球轴承；16—联轴器；17—轴承端盖；18—挡水圈；19—螺柱；20—键

背靠背地连在一起，水从两面进入叶轮。叶轮用键、轴套和两侧的轴套螺母固定，其轴向位置可通过轴套螺母进行调整；双吸泵的泵盖与泵体共同构成半螺旋形吸入室和蜗形压出室。泵的吸入口和出水口均铸在泵体上，呈水平方向，与泵轴垂直。水从吸入口流入后，沿着半螺旋形吸入室从两侧流入叶轮；泵盖与泵体的接缝为水平中开，故又称水平中开式泵。双吸泵在泵体与叶轮进口外缘配合处装有两只减漏环。在减漏环上制有突起的半圆环，嵌在泵体凹槽内，起定位作用；双吸泵在泵轴穿出泵体的两端有两套轴封装置，水泵运行时，少量高压水通过泵盖中开面上的凹槽及水封环流入填料室中，起水封作用；双吸泵从进水口方向看，在轴的右端安装联轴器，根据需要也可在轴的左端安装联轴器，泵轴两端用轴承支承。轴承型式一般用单列向心球轴承，大中型双吸离心泵采用滑动轴承。

单级双吸离心泵的特点是流量较大，扬程较高；泵体水平中开，检修时不需拆卸电动机及进出水管路，只要揭开泵盖即可进行检查和维修；由于叶轮对称，轴向力基本平衡，故运行较平稳。

③ 分段式多级离心泵

分段式多级离心泵将多个单吸叶轮串联起来工作，每一个叶轮称为一级。泵体分进水段、中段和出水段，各段用穿杠螺栓紧固在一起，如图 2-19 所示。水泵运行时，水流从第一级叶轮排出后，经导叶进入第二级叶轮，再从第二级叶轮排出后经导叶进入第三级叶

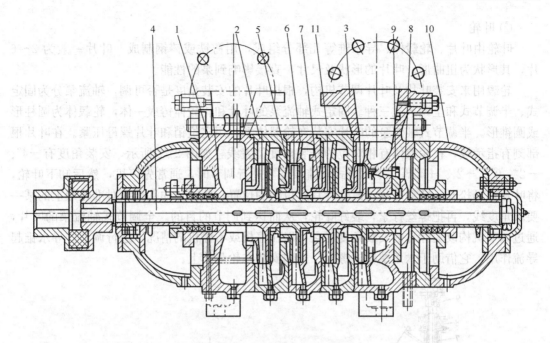

图 2-19　分段多级离心泵结构图

1—吸入段；2—中段；3—压出段；4—轴；5—叶轮；6—导叶；7—密封环；8—平衡盘；
9—平衡圈；10—轴承部件；11—穿杠

轮，依此类推。叶轮级数越多，水流得到的能量越大，扬程就越高。泵轴的两端设有轴封装置，水流通过回水管进入填料室，起水封作用。由于泵内各叶轮均为单侧进水，故轴向力很大，一般采用在末级叶轮后面装平衡盘来加以平衡。平衡盘用键固定在轴上，随轴一起旋转。分段式多级离心泵的特点是流量小，扬程高，结构较复杂，使用维护不太方便。

2）轴流泵

（1）轴流泵的工作原理

轴流泵基本构造如图 2-20 所示，它由叶轮、泵轴、喇叭管、导叶体和出水弯管等组成。立式轴流泵叶轮安装在进水池最低水位以下，当动力机通过泵轴带动叶片旋转时，淹没于水下的叶片对水产生推力（又称升力）使水得以提升，水流经导叶后沿轴向流出，然后通过出水弯管、出水管输送至出水池。

（2）轴流泵的构造

轴流泵的结构型式有立式、卧式和斜式三种，其中立式泵因其占地面积小，叶轮淹没在水中，启动方便，动力机安装在水泵上部，不易受潮等优点赢得广泛采用。轴流泵的外形呈圆筒状，如图 2-21 所示。

① 喇叭管

为了改善叶轮进口处的水力条件，一般采用符合流线型的喇叭管，大、中型轴流泵由进水流道代替喇叭管。

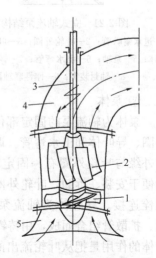

图 2-20　轴流泵基本构造简图

1—叶轮；2—导叶；3—泵轴；
4—出水弯管；5—喇叭管

② 叶轮

叶轮由叶片、轮毂体、导水锥等几部分组成，用铸铁或铸钢制成。叶片一般为2～6片，其形状为扭曲形。叶片的形状及尺寸，直接影响到泵的性能。

轮毂用来安装叶片及叶片调节机构，根据叶片的安装角度是否可调，轴流泵分为固定式、半调节式和全调节式三种。固定式轴流泵的叶片和轮毂体铸成一体，轮毂体为圆柱形或圆锥形。半调节式轴流泵的叶片安装在轮毂体上，用定位销和叶片螺母压紧。在叶片根部刻有指示线，在轮毂体有相对应的安装角度位置线，如图2-22所示，安装角度有−4°、−2°、0°、+2°、+4°等。半调节式轴流泵需要进行调节时，通常先停机，然后卸下叶轮，将叶片螺母松开，转动叶片，改变叶片定位销的位置，使叶片的基准线对准轮毂上的某一要求角度线，再把螺丝拧紧，装好叶轮，从而达到调节的目的。全调节式轴流泵的叶片，通过调节机构改变叶片的安装角度，它可以在停机或不停机的情况下进行调节。导水锥起导流作用，它借助于六角螺帽、螺栓、横闩安装在轮毂体上。

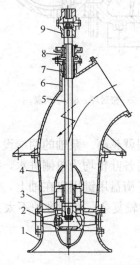

图 2-21　立式轴流泵结构图

1—进水喇叭管；2—叶轮外圈；3—叶轮；4—导叶体；5—泵轴；6—出水管；7—橡胶导轴承；8—轴封装置；9—刚性联轴器

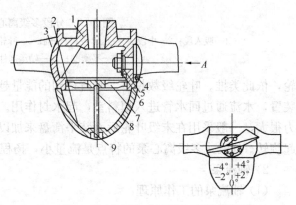

图 2-22　半调节叶片轴流泵的叶轮

1—轮毂；2—导水锥；3—叶片；4—定位销；5—垫圈；6—紧叶片螺帽；7—横闩；8—螺柱；9—六角螺帽

③ 泵体

泵体为轴流泵的固定部件，包括进水喇叭管、叶轮外圈、导叶体和出水弯管。调节叶片角度时，为保持叶片外缘与叶轮外圈有一固定间隙，叶轮外圈为圆球形。为便于安装、拆卸，叶轮外圈分半铸造，中间用法兰和螺栓连接。导叶体为轴流泵的压出室，由导叶、导叶毂、扩散管组合而成，用铸铁制造，如图2-23所示。导叶体的作用是把从叶轮流出的液体汇集起来输送到出水弯管，消除液体的旋转运动，把部分动能转变为压能。导叶体中的叶片一般为5～10片。

导叶体的出口接出水弯管，为使液体在弯管中的损

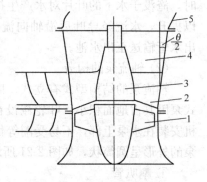

图 2-23　导叶轴面投影图

1—叶轮；2—导叶；3—导叶毂；4—扩散管；5—出水弯管

失最小，弯管通常为等断面，弯管转角通常为 $60°$，泵的底脚与出水弯管铸造在一起。水泵固定部件的全部重力、停泵时倒流水的冲击力全部由弯管上的底脚传递到水泵梁上，如图 2-21 所示。

④ 泵轴和轴承

泵轴用来传递扭矩，轴的下端与轮毂连接，上端用联抽器与传动轴连接。在全调节轴流泵中，为了布置叶片调节机构，泵轴为空心。

轴流泵的轴承按其功能有导轴承和推力轴承两种。导轴承用来承受泵轴的径向力，起径向定位作用。中、小型轴流泵大多数采用水润滑橡胶导轴承，在橡胶轴承内表面开有轴向槽道，使水能进入橡胶轴承与泵轴之间进行润滑和冷却，如图 2-24 所示立式轴流泵有上、下两只橡胶导轴承，下导轴承装在导叶毂内，上导轴承装在泵轴穿出出水弯管处。泵运行时导轴承利用泵内的水进行润滑。上导轴承一般高于进水池的水面，所以水泵启动前需引清水对橡胶导轴承进行润滑，待启动出水后，即可停止供水。为增强泵轴的耐磨性、抗腐蚀性而且便于磨损后更换，在泵轴轴颈处镀铬或喷镀一层不锈钢或镶不锈钢套。

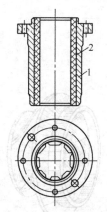

图 2-24 橡胶导轴承
1—轴承外壳；2—橡胶

在立式轴流泵中，推力轴承主要用来承受水流作用在叶片上的轴向水压力和机组转动部件的重力，并将这些力传到基础上。

⑤ 轴封装置

轴流泵的填料密封装置位于出水弯管的轴孔处，其构造与离心泵的填料密封相似。

轴流泵的特点是低扬程，大流量。立式轴流泵结构简单，外形尺寸小，占地面积小。立式轴流泵叶轮淹没于进水池最低水位以下，启动方便。

3）混流泵

混流泵中的液体受惯性离心力和轴向推力共同作用。

混流泵有蜗壳式和导叶式两种。蜗壳式混流泵有卧式和立式两种。中、小型泵多为卧式，立式用于大型泵。卧式蜗壳式混流泵的结构与单级单吸离心泵相似，如图 2-25 所示，只是叶轮形状不同。混流泵叶片出口边倾斜，叶片数较少，流道宽阔，如图 2-26 所示。

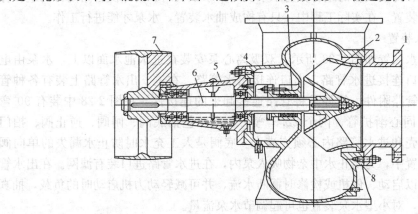

图 2-25 蜗壳式混流泵结构图
1—泵盖；2—叶轮；3—填料；4—蜗形体；5—轴承体；6—泵轴；7—皮带轮；8—双头螺丝

混流泵的流量一般较离心泵大，其蜗形体也较大，为了支承稳固，泵的基础地脚座均设在泵体下面，轴承体靠泵体支承。

导叶式混流泵有立式和卧式两种，其结构与轴流泵相似。立式导叶式混流泵的结构图如图 2-27 所示。按叶片角度调节方式可分为固定式、半调节式与全调节式。

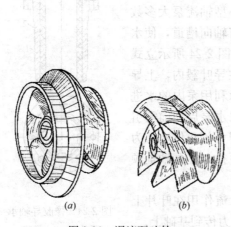 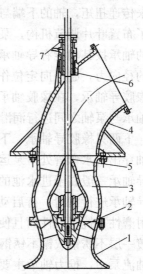

图 2-26　混流泵叶轮 　　　　图 2-27　立式导叶式混流泵结构图

（*a*）低比速叶轮　（*b*）高比速叶轮　　1—喇叭口；2—叶轮；3—导叶体；4—出水弯管；

　　　　　　　　　　　　　　　　5—泵轴；6—上导轴承；7—轴封装置

混流泵的特点是流量比离心泵大，比轴流泵小；扬程比离心泵低，比轴流泵高；泵的效率高，且高效区较宽广；流量变化时，轴功率变化较小，动力机可经常处于满载运行；抗汽蚀性能较好，运行平稳，工作范围广；中、小型卧式混流泵，结构简单，重量轻，使用维修方便。它兼有离心泵和轴流泵的优点，是一种较为理想的泵型。

3. 水泵装置及抽水过程

水泵、动力机、传动设备的组合称为水泵机组。水泵机组、管路及管路附件的组合称为水泵装置或抽水装置。在实际工程中，只有构成抽水装置，水泵才能进行工作。

1）离心泵抽水装置

卧式离心泵抽水装置如图 2-28 所示。双吸离心泵安装在进水池水面以上，水泵由电动机驱动。水泵进口连接进水管路，出口连接出水管路。在进、出水管路上装有各种管件、阀件，统称为管路附件。管件是将管路连接起来的连接件，在图 2-28 中装有 90°弯头、偏心渐缩管、同心渐扩管、两个 22.5°弯头。阀件包括底阀、闸阀、逆止阀、拍门等。水泵启动前泵壳和进水管路内必须充满水。底阀是人工充水时防止水漏失的单向阀门。在小型水泵装置中，为防止水中杂物吸入泵内，在进水管路进口装有滤网。在出水管路上装有闸阀，用以启动、停机或检修时截断水流，并可减轻动力机启动时的负载，抽真空时隔绝外界空气，对小型水泵装置也可起调节水泵流量。

水泵运行时，电动机通过联轴器带动水泵叶轮旋转，使水产生惯性离心力，进水池的水经进水管路吸入泵内，从叶轮甩出的水经出水管路流入出水池。停机时靠安装在出水管

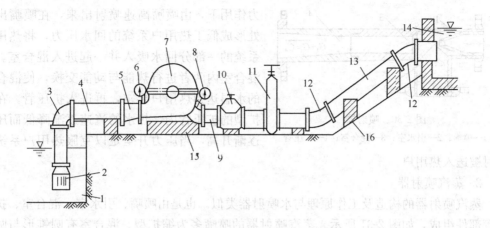

图 2-28 卧式离心泵抽水装置示意图

1—进水池；2—滤网与底阀；3—90°弯头；4—进水管；5—偏心渐缩管；6—真空表；7—水泵；8—
压力表；9—同心渐扩管；10—逆止阀；11—闸阀；12—弯头；13—出水管；14—出水池；15—水泵
基础；16—支墩

路出口处的拍门自动关闭，防止水倒流。

2) 轴流泵抽水装置

立式轴流泵抽水装置示意图如图 2-29 所示。立式轴流泵叶轮淹没于进水池最低水位以下，因此无需充水设备。电动机安装在水泵的上层，用联轴器与水泵直接连接。水泵出水弯管与出水管路相连。泵运行时，电动机通过联轴器带动叶轮旋转，进水池的水从喇叭管进入叶轮后，经导叶体、出水弯管和出水管路流入出水池。轴流泵不允许闭阀启动，因此轴流泵抽水装置中不设闸阀，停泵时采用拍门断流。

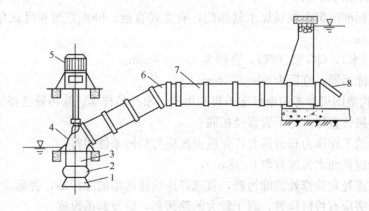

图 2-29 立式轴流泵抽水装置示意图

1—喇叭管；2—叶轮；3—导叶体；4—出水弯管；5—电动机；6—45°弯头；7—出水管；8—拍门

2.1.2.3 喷射器及除污器

1. 水喷射器

水喷射器也称混水器。它是由喷嘴、引水室、混合室和扩压管所组成，如图 2-30所示。

水喷射器的工作流体与被引射流体均为水。从热网供水管进入混水器的高温水在其压

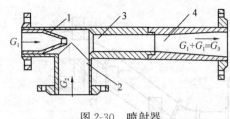

图 2-30　喷射器

1—喷嘴；2—引水室；3—混合室；4—扩压管

力作用下，由喷嘴高速喷射出来，在喷嘴出口处形成低于热用户系统的回水压力，将热用户系统的一部分回水吸入并一起进入混合室。在混合室内两者进行热能与动能交换，使混合后的水温达到热用户要求，再进入扩压管。在渐扩型的扩压管内，热水的流速逐渐降低而压力逐渐升高，当压力升至足以克服热用户系统阻力时被送入热用户。

2. 蒸汽喷射器

蒸汽喷射器的构造及工作原理与水喷射器类似。也是由喷嘴、引水室、混合室、扩压管等部件组成，如图 2-31 所示。蒸汽喷射器的喷嘴多为缩扩型。混合室有圆锥形与圆柱形两种。

蒸汽喷射器是使用蒸汽作为工作流体和动力，加热并推动采暖系统的循环水在系统内工作。

3. 除污器

用于清除热网系统中的杂质和污垢，保证系统内水质清洁，减少阻力，防止堵塞和保护热网设备，是供热系统中一个十分重要的部件。

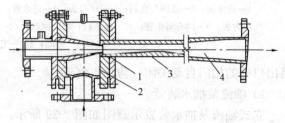

图 2-31　蒸汽喷射器构造图

1—喷管；2—引水室；3—混合室；4—扩压管

除污器一般放在热用户入口调压装置之前，集水器总回水管上或水泵入口处。

目前常用的除污器有以下三种：

1）按国家标准图集在现场加工制作的，有立式直通、卧式直通和卧式角通三种，直径为 40～450mm。

2）SG 型（水）、QG 型（汽），直径为 15～450mm。

3）旋流式除污器，直径为 40～500mm。

除污器的构造图可参考国家标准图集和生产厂家产品样本。除污器选择要点如下：

1）除污器接管直径可与干管直径相同；

2）除污器的工作压力和最高允许介质温度应与热网条件相符；

3）除污器横截面水流速宜取 0.05m/s；

4）安装在需经常检修处的除污器，宜选择连续排污型的除污器，否则应设旁通管；

5）除污器旁应有检修位置，对于较大的除污器，应设起吊设施。

2.1.2.4　调节控制设备

1. 常用阀门

阀门是用来开闭管路和调节输送介质流量的设备，其主要作用是：接通或截断介质；防止介质倒流；调节介质压力、流量等参数；分离、混和或分配介质；防止介质压力超过规定数值，以保证管路或容器、设备的安全。常用的有：

1）截止阀　在管路上起开启和关闭水流作用，但不能调节流量，截止阀关闭严密，缺点是水阻力大，安装时注意安装方向，如图 2-32 所示。

2) 闸阀 在管路中既可以起开启和关闭作用, 又可以调节流量, 对水阻力小, 缺点是关闭不严密。闸阀是给水系统使用最为广泛的阀门, 又有水门之称。闸阀结构如图 2-33 所示。

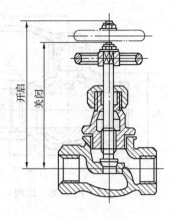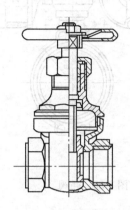

图 2-32 截止阀   图 2-33 闸阀

3) 止回阀 通常安装于水泵出口, 防止水倒流。安装时应按阀体上标注箭头方向安装, 不可装反。止回阀可分为多种, 如升降式止回阀、立式升降式止回阀、旋启式止回阀等。在系统有严重水锤产生时, 可采用微启缓闭止回阀, 该阀门结构和工作原理可参考相关厂家样本。图 2-34 所示为升降式、旋启式、立式升降式止回阀。

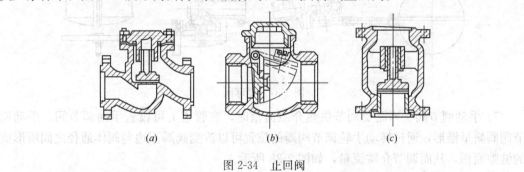

(a)   (b)   (c)

图 2-34 止回阀

(a) 升降式止回阀; (b) 旋启式止回阀; (c) 立式升降式止回阀

4) 蝶阀 具有开启方便, 结构紧凑、占用面积小的特点, 适宜在设备安装空间较小时采用。蝶阀如图 2-35 所示。

蝶阀的阀瓣绕阀座内的轴转动, 达到阀门的启闭。按驱动方式分手动、涡轮传动、气动和电动。蝶阀的结构简单, 外形尺寸小, 重量轻, 适合制造较大直径的阀门。手动蝶阀可以安装在管道的任何位置上。带传动机构的蝶阀, 应直立安装, 使传动机构处于铅垂位置。蝶阀适用于室外管径较大的给水管道上和室内消火栓给水系统的主干管上。

蝶阀的启闭件 (蝶板) 绕固定轴旋转。蝶阀具有操作力矩小、开闭时间短、安装空间小、重量轻等优点; 主要缺点是蝶板占据一定的过流断面, 增大阻力损失, 容易挂积纤维和杂物。

5) 球阀 在小管径管道上可使用球阀。球阀阀芯为球形, 内有一水流通道, 转动阀柄时, 则水流通道和水流方向垂直, 即关闭阀门, 反之开启, 如图 2-36 所示。

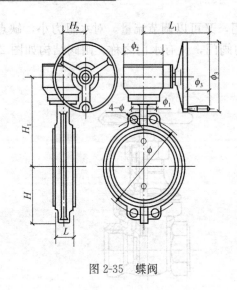

图 2-35　蝶阀

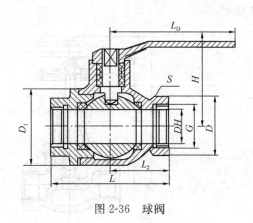

图 2-36　球阀

6）浮球阀　可自动进水自动关闭。多安装于水箱或水池上用来控制水位，当水箱水位达到设定时，浮球浮起，自动关闭进水口。水位下降时，浮球下落，开启进水口，自动充水，如此反复，保持液位恒定。浮球阀若口径较大，采用法兰连接，口径较小用丝接。图 2-37 所示为浮球阀。

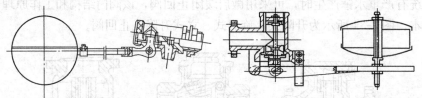

图 2-37　浮球阀

7）手动调节阀　当需要调节供热介质流量时，在管道上可设置手动调节阀。手动调节阀阀瓣呈锥形，通过转动手轮调节阀瓣的位置可以改变阀瓣下边与阀体通径之间所形成的缝隙面积，从而调节介质流量，如图 2-38 所示。

8）电磁阀　电磁阀是自动控制系统中常用的执行机构。它依靠电流通过电磁铁后产生的电磁吸力来操纵阀门的启闭，电流可由各种信号控制。常用的电磁阀有直接启闭式和间接启闭式两类。

图 2-39 为直接启闭式电磁阀，它由电磁头和阀体两部分组成。电磁头中的线圈 3 通电时，线圈 3 和衔铁 2 产生的电磁力使衔铁 2 带动阀针 1 上移，阀孔被打开。电流切断时，电磁力消失，衔铁 2 靠自重及弹簧力下落，阀针 1 将阀孔关闭。

直接启闭式电磁阀结构简单，动作可靠，但不宜控制较大直径的阀孔，通常阀孔直径在 3mm 以下。

图 2-40 为间接启闭式电磁阀，大阀孔常采用间接启闭式电磁阀。阀的开启过程分为两步：当电磁头中的线圈 1 通电后，衔铁 2 和阀针 3 上移，先打开孔径较小的操纵孔，此时

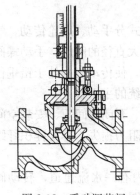

图 2-38　手动调节阀

浮阀 4 上部的流体从操纵孔流向阀出口，其上部压力迅速降低，浮阀 4 在上下压力差的作用下上升，于是阀门全开。当线圈 1 断电后，阀针 3 下落，先关闭操纵孔，流体通过平衡孔进入上部空间，使浮阀 4 上下压力平衡，而后在自重和弹簧力的作用下，再将阀孔关闭。

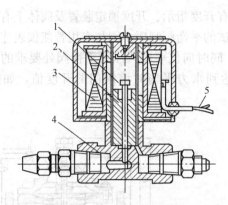

图 2-39　直接启闭式电磁阀
1—阀针；2—衔铁；3—线圈；
4—阀体；5—电源线

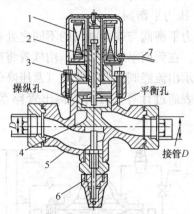

图 2-40　间接启闭式电磁阀
1—线圈；2—衔铁；3—阀针；4—浮阀；
5—阀体；6—调节杆；7—电源线

2. 平衡阀

平衡阀属于调节阀范畴，它的工作原理是通过改变阀芯与阀座的间隙（开度），来改变流经阀门的流动阻力，以达到调节流量的目的。

国内开发的平衡阀与平衡阀专用智能仪表已经投入市场应用了多年，如图 2-41 所示，可以有效地保证热网水力及热力平衡。实践证明，凡应用平衡阀并经调试水力平衡后，可以很好地达到节能目的。

平衡阀与普通阀门的不同之处在于有开度指示、开度锁定装置及阀体上有两个测压小阀。在热网平衡调试时，用软管将被调试的平衡阀测压小阀

图 2-41　平衡阀及其智能仪表

与专用智能仪表连接，仪表能显示出流经阀门的流量值（及压降值），经与仪表人机对话向仪表输入该平衡阀处要求的流量值后，仪表经计算、分析，可显示出管路系统达到水力平衡时该阀门的开度值。

平衡阀可安装在供水管上，也可安装在回水管上，每个环路中只需安装一处。对于一次环路来说，为了使平衡调试较为安全起见，建议将平衡阀安装在回水管路上，总管平衡阀宜安装在供水总管水泵后。

1）自力式调节阀

自力式调节阀就是一种无需外来能源，依靠被调介质自身的压力、温度、流量变化自动调节的节能仪表，具有测量、执行、控制的综合功能。广泛适用于城市供热、采暖系统及其他工业部门的自控系统。采用该控制产品，节能效果十分明显。

2）流量控制阀

流量控制阀又称定流量阀或最大流量限制器，如图 2-42 所示。在一定工作压差范围内，它可以有效地控制通过的流量。当阀门前后的压差增大时，阀门自动关小，它能够保持流量不增大；反之，当压差减小时，阀门自动开大，流量依然恒定；但是当压差小于阀门正常工作范围时，流量不能无限增大，失去控制功能。

3）压力平衡阀

压力平衡阀与普通阀门的不同之处在于有开度指示、开度锁定装置及阀体上有两个测压小阀。在管网平衡调试时，用软管将被调试的平衡阀测压小阀与专用智能仪表连接，仪表可显示出流经阀门的流量值（及压降值），同时向仪表输入压力平衡阀处要求的流量值后，仪表通过计算、分析，得出管路系统达到水力平衡时该阀门的开度值，如图 2-43 所示。

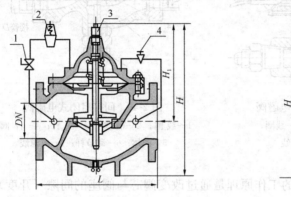

图 2-42 流量控制阀
1—小球阀；2—导阀；3—流量调节器；4—针型阀

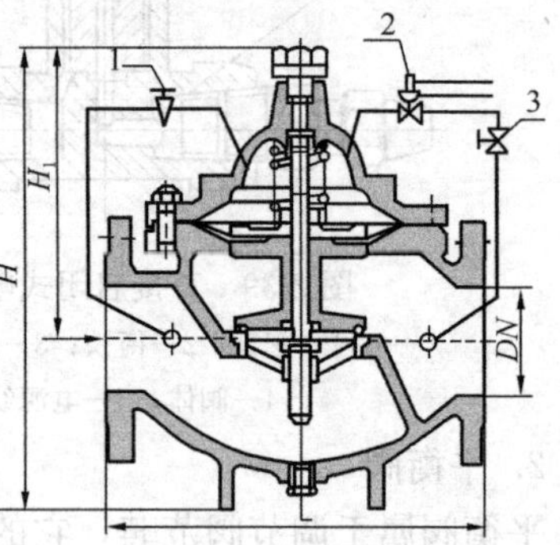

图 2-43 压力平衡阀
1—针型阀；2—导阀；3—球阀

压力平衡阀可安装于供水管上，也可安装在回水管上，每个环路中只需安装一处，用于消除环路剩余压头，限定环路水流量。其作用是用来平衡管网系统的阻力，达到各个环路阻力平衡。

2.2 换热站的运行管理

2.2.1 换热站运行前的准备

供热系统的换热站运行前应进行如下检查：

1. 换热站内所有阀门应开关灵活、无泄漏，附件齐全可靠，换热器、除污器经清洗无堵塞。

2. 换热站电气系统安全可靠。

3. 换热站仪表齐全、准确。

4. 换热站水处理及补水设备正常。

5. 水泵投入运行前，其出口阀门应处于关闭状态，并检查是否注满水；启动前必须先盘车，空负荷运行应正常。

2.2.2 换热站相关管理制度

2.2.2.1 巡视监控制度

1. 司炉工每隔 1h 巡视一次换热站，巡视部位包括：热交换器、辅机、水泵机组、电气控制系统及各种附属装置（闸阀、软化水装置、补水箱等）。

2. 巡视监控的主要内容如下：

1）观察各连接处是否有漏水现象。

2）是否有异常的声响或振动，是否有异常气味。

3）观察各阀门开启情况是否正常，压力显示是否正常。

4）观察各进出水温是否变化正常。

5）查看补水箱水位，检查软化水装置运转是否正常。

6）检查水泵机组：

（1）电机温度是否太高（烫手），风叶是否碰壳；

（2）水泵是否漏水成线；

（3）有无松弛的螺栓、螺母。

7）检查控制箱：

（1）各指示灯是否正常；

（2）各元器件是否动作可靠，有无烧伤、过热、打火现象。

3. 对于巡视中发现的异常情况，当值热力工应及时采取措施予以解决。处理不了的问题，当值热力工应及时详细地汇报给小区工程部主管，请求支援。整改时应遵守《换热站维修保养标准作业规程》。

4. 当值热力工应每日检查化验水质的状况，并将化验结果登记在《换热站运行日记》。并应将每日加碱、加盐的时间、数量记录在换热站运行日记。

5. 异常情况处置

1）当换热站房发生火灾时，按火警、火灾应急处理标准作业规程处理。

2）当换热站发生水浸时的处置：

（1）视进水情况关掉运行中锅炉，拉下总电源开关；

（2）堵住漏水源；

（3）如果漏水较大，应立即通知管理处维修部主管，同时尽力阻滞进水；

（4）漏水源堵住后，应立即排水；

（5）排干水后，应立即对湿水设备设施进行除湿处理。如用干的干净抹布擦拭、热风吹干、自然通风，更换相关管线等；

（6）确认湿水已消除，各绝缘电阻符合要求后，开机试运行；如无异常情况出现则可以投入正常运行。

2.2.2.2　安全保卫制度

1. 除换热站工作人员和有关领导、管理人员之外，其他人员未经批准不得入内。

2. 当班人员要坚守岗位、提高警惕，严格执行安全技术操作规程和巡回检查制度的各项要求。

3. 非当班人员未经同意严禁对各种管路阀门及电器开关进行操作。

4. 换热站内严禁存放易燃易爆品。

5. 消防器材保持常备，严禁随便移动或挪作他用。

6. 热力系统发生事故时，当班人员须迅速、准确采取措施，防止事故扩大，同时立即报告有关领导。

7. 保持换热站的清洁卫生，备件和工具按指定的地方摆放整齐。

2.2.2.3 交接班制度

1. 操作人员下班前必须做好设备和周围环境的清洁工作，并做好当班设备运行状况及日常巡检的原始记录，向接班人员交清本班运行及调节情况，严禁在接班人员未到岗之前离开值班岗位。

2. 接班人员发现上班工作未做好并无说明时，有权拒绝接班并向领导汇报。

3. 设备操作人员必须提前15min到岗接班，对本专业操作的设备进行全面检查，并查看上班运行记录和交接班记录，同时听取上班操作人员对设备状况的说明，并点清公用工具及用品。

4. 接班人员发现设备损坏或有异常情况时，接班人员应向当班者说明，并由双方排除故障，当班者做好故障处理记录。

5. 交接班双方在运行和交接班记录上签字后，双方即完成交接工作，当班人员应忠于职守，严禁脱岗。

6. 当班人员应加强本区域设备的巡视工作，通过眼看、手摸、耳听、鼻嗅、身体感觉等手段逐项检查，及时发现事故隐患，确保设备正常运行。

7. 当班人员应定期对设备进行除尘、防潮、防腐蚀的维护保养，做好清洁、润滑和紧固工作，及时消除跑、冒、滴、漏现象。

2.2.2.4 清洁卫生制度

为了搞好换热站的文明生产，改善换热站工作人员的工作环境，必须建立换热站内的清洁卫生制度，全体操作人员应严格遵守：

1. 要建立换热站卫生责任制，以利监督检查。（换热设备本体、辅助设备应保持其清洁及运行良好）。

2. 换热站机房门窗玻璃齐全、整洁，地面、设备、仪表、电器控制盘等必须每班清扫，做到表面无灰尘、地面无积水、无杂物。

3. 所有管道、阀门无积灰、油污、泄漏，做到班班清扫、擦拭。

4. 采取定期检查评比的办法，以督促全体人员搞好设备及环境卫生。

2.2.2.5 换热站的水质管理制度

换热站的水处理是使用中一个极其重要的工作，它直接关系到能源的消耗、系统安全运行和使用寿命。为此必须建立健全水处理管理制度。

1. 要配备专职水处理化验员，认真做好水质分析化验工作。若无专职人员，可培训在职人员兼职。

2. 原水的水质指标，包括硬度、pH值、氨根、溶解氯和悬浮物等，每周至少化验1次，有条件的单位做水质分析。

3. 用离子交换器处理的软化水，要控制水的指标如硬度、碱度、氯根、pH值、溶解氧等，至少每班应化验1次，在交换剂接近失效之前，应适当增加化验的次数。

4. 对每次化验的时间、数据及采取的措施等，均应详细地填写在水质化验报告或运行日志中。

5. 换热站的排污工作是控制水质的一个重要环节，所以在运行中的排污量及排污方法应在化验员对水质分析结果的指导下具体实施。

2.3　换热站的运行与维护

2.3.1　水泵的运行调节

水泵运行时的工况取决于水泵本身性能、抽水装置的管路系统及进、出水池的水位差，这三个因素中任何一个发生变化，水泵运行的工况均随之发生改变。当水泵运行的工况偏离设计工况较远时，将造成效率降低、运行不经济或者运行不安全。因此，掌握水泵运行工况点的确定方法，从而分析水泵机组选型、装置设计和运行的合埋性非常重要。同时要掌握水泵运行工况点的调节方法，这对泵站的设计及运行管理有着重要的意义。

2.3.1.1　水泵工况点的确定

通过水泵性能曲线可以看出每台水泵在一定转速下，都有自己的性能曲线，性能曲线反映了水泵本身潜在的工作能力，这种潜在的工作能力，在泵站的实际运行中，就表现为在某一特定条件下的实际工作能力。水泵的工况点不仅取决于水泵本身所具有的性能，还取决于进、出水池水位与进、出水管路的管路系统性能。因此，工况点是由水泵和管路系统性能共同决定的。

1. 管路系统特性曲线

水泵的管路系统，包括管路及其附件。由流体力学知，管路水头损失包括管路沿程水头损失与局部水头损失。

$$\Sigma h = \Sigma h_f + \Sigma h_j = \Sigma \lambda \frac{l}{d} \frac{v^2}{2g} + \Sigma \xi \frac{v^2}{2g} \tag{2-1}$$

式中　Σh——管路水头损失，m；

Σh_f——管路沿程水头损失，m；

Σh_j——管路局部水头损失，m；

λ——沿程阻力系数；

ξ——局部水头损失系数；

l——管路长度，m；

d——管路直径，m；

v——管路中水流的平均流速，m/s。

对于圆管 $v = \dfrac{4Q}{\pi d^2}$，则式（2-1）可写成下列形式

$$\Sigma h = \left(\Sigma \frac{\lambda l}{12.1 d^5} + \Sigma \frac{h_j}{12.1 d^4} \right) Q^2 = (\Sigma S_沿 + \Sigma S_局) Q^2 = S Q^2 \tag{2-2}$$

式中　$S_沿$——管路沿程阻力系数，s^2/m^5，当管材、管长和管径确定后，$\Sigma S_沿$ 值为一常数；

$S_局$——管路局部阻力系数，s^2/m^5，当管径和局部水头损失类型确定后，$\Sigma S_局$ 值为一常数；

S——管路沿程和局部阻力系数之和，s^2/m^5。

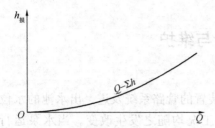

图 2-44　管路水头损失特性曲线

由式（2-2）可以看出：管路水头损失与流量的平方成正比，式（2-2）可用一条顶点在原点的二次抛物线表示，该曲线反映了管路水头损失与管路通过流量之间的规律，称为管路水头损失特性曲线，如图 2-44 所示。

在泵站设计和运行管理中，为了确定水泵装置的工况点，可利用管路水头损失特性曲线，并将它与水泵工作的外界条件联系起来。这样，单位重力液体通过管路系统时所需要的能量 $H_需$ 为

$$H_需 = H_{st} + \frac{v_出^2 - v_进^2}{2g} + \Sigma h \tag{2-3}$$

式中　$H_需$——水泵装置的需要扬程，m；

　　　　H_{st}——水泵运行时的净扬程，m；

$\dfrac{v_出^2 - v_进^2}{2g}$——进、出水池的流速水头差，m；

　　　　Σh——管路水头损失，m。

若进、出水池的流速水头差较小可忽略不计，则式（2-3）可简化为

$$H_需 = H_{st} + \Sigma h = H_{st} + SQ^2 \tag{2-4}$$

利用式（2-4）可以画出如图 2-45 所示的二次抛物线，该曲线上任意一点表示水泵输送某一流量并将其提升 H_{st} 高度时，管路中每单位重力的液体所消耗的能量。因此，称该曲线为水泵装置的需要扬程或管路系统特性曲线。

2. 水泵工况点的确定

水泵的 Q-H 曲线与管路系统的特性曲线 Q-$H_需$ 的交点称为水泵的工作状况点，简称工况点或工作点。

水泵工况点的确定方法有两种，一种是图解法；另一种是数解法。

1）图解法

将水泵的性能曲线 Q-H 和管路系统特性曲线 Q-$H_需$ 绘制在同一个 Q、H 坐标内，两条曲线相交于 A 点，则 A 点即为水泵运行的工况点，如图 2-46 所示。　A 点表明，当

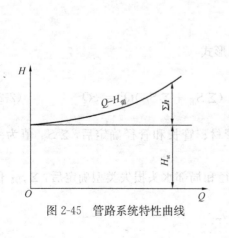

图 2-45　管路系统特性曲线

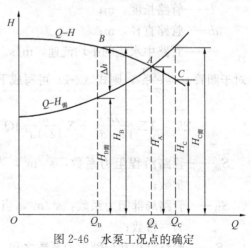

图 2-46　水泵工况点的确定

流量为 Q_A 时，水泵所提供的能量恰好等于管路系统所需要的能量，故 A 点为供需平衡点。若工况点不在 A 点而在 B 点，如图 2-46 所示可以看出，此时流量为 Q_B，水泵供给的能量 H_B 大于管路系统所需的能量 $H_{B需}$，供需失去平衡，多余的能量会使管中水流加速，流量加大，直到工况点移至 A 点达到能量供需平衡为止。反之，若工况点在 C 点，则水泵供给的能量 H_C 小于管路系统所需要的能量 $H_{C需}$，则能量供不应求，管中水流减速，流量减小，减至 Q_A 为止。因此，只要水泵性能、管路损失和进、出水池水位等因素不变，水泵将稳定在 A 点工作。工况点确定后，其对应的轴功率、效率等参数可从相应的曲线上查得。水泵运行时，水泵装置的工况点应在水泵高效区内，这样泵站工作最经济。

在净扬程变化较大的情况下，运用上述方法确定工况点需绘制一系列 $Q-H_{需}$ 曲线，比较繁琐。应用折引法求工况点，则方便得多。如图 2-47 所示，先在沿 Q 坐标轴的下面画出该管路水头损失特性曲线 $Q-\Sigma h$，再在水泵的 $Q-H$ 特性曲线上减去相应流量下的水头损失，得 $(Q-H)'$ 曲线。此 $(Q-H)'$ 曲线称为折引特性曲线。此曲线上各点的纵坐标值，表示水泵在扣除了管路中相应流量时的水头损失以后，尚剩余的能量。这部分能量仅用来改变被抽升水的位能，即它把水提升到 H_{st} 的高度上去。$(Q-H)'$ 曲线与净扬程 H_{st} 水平横线相交于

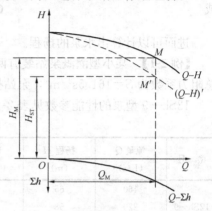

图 2-47 折引特性曲线法求工况点

M' 点，再由 M' 点向上引垂线与 $Q-H$ 曲线相交于 M 点，M 点称为水泵的工况点。其相应的工作扬程为 H_M，工作流量为 Q_M。

2) 数解法

水泵工况点的数解法，是由水泵 $Q-H$ 曲线方程式及管路系统特性曲线方程式联立解出流量 Q 及扬程 H 值。即由下列两个方程式求解 Q、H 值。

$$H = \int (Q) \tag{2-5}$$

$$H_{需} = H_{st} + SQ^2 \tag{2-6}$$

由式 (2-5)、式 (2-6) 两个方程式求解两个未知数是完全可以的，关键是如何确定水泵的 $H = \int (Q)$ 函数关系。

水泵的 $Q-H$ 曲线可近似用下列抛物线方程式表示：

$$H = H_0 + A_1 Q + B_1 Q^2 \tag{2-7}$$

式中　　H_0——正值系数；

A_1、B_1——系数，是正值还是负值，取决于水泵性能曲线的形状。

系数 H_0、A_1 和 B_1 值的确定可用选点法，即利用水泵性能表中的三组流量、扬程参数或在已知水泵的实验性能曲线上选取三个不同点，以其对应的 Q 和 H 值分别代入式 (2-7)，即可得三元一次方程组，进而计算出 H_0、A_1 和 B_1。

对离心泵来说，在 $Q-H$ 曲线的高效段，可用下面经验方程式表示：

$$H = H_\chi - S_\chi Q^2 \tag{2-8}$$

式中　　H_χ——水泵在 $Q=0$ 时所产生的虚总扬程，m；

S_χ——泵内虚阻耗系数，s^2/m^5。

式(2-6)是管路系统特性曲线方程，利用式(2-7)或式(2-8)就可以用数解法来确定水泵的工况点。

在工况点 $H = H_需$ 时，联解式(2-6)和式(2-7)或式(2-6)和式(2-8)，就可计算出工况点对应的流量

$$Q = \frac{-A_1 \pm \sqrt{A_1^2 - 4(B_1 - S)(H_0 - H_{st})}}{2(B_1 - S)} \tag{2-9}$$

或

$$Q = \sqrt{\frac{H_\chi - H_{st}}{S_\chi + S}} \tag{2-10}$$

进而可以计算出水泵的扬程。

【例 2-1】 某小型灌溉泵站装有两台 12Sh—9 型双吸离心泵，其中一台备用。管路的总阻力系数为 $S = 161.5 s^2/m^5$，泵站扬程 $H_{st} = 49.0m$，试求水泵的工况点。

12Sh—9 型泵的性能参数见表 2-1。

水泵的性能参数表 表 2-1

型　号	流量 Q (L/s)	扬程 H (m)	转速 n (r/min)	轴功率 N (kW)	效率 η (%)	允许吸上真空高度 H_s (m)
	160	65		127.5	80.0	
12Sh—9	220	58	1470	150.0	83.5	4.5
	270	50		167.5	79.0	

【解】 管路系统特性曲线方程为

$$H = 49 + 161.5Q^2$$

离心泵 Q-H 曲线高效段方程为

$$H = H_\chi - S_\chi Q^2$$

利用该泵性能表中数值来求解 H_χ 和 S_χ 值

$$S_\chi = \frac{65 - 58}{0.22^2 - 0.16^2} = 307.02$$

$$H_\chi = 65 + 307.02 \times 0.16^2 = 72.86$$

则 Q-H 曲线高效段方程可写成

$$H = 72.86 - 307.02Q^2$$

管路系统特性曲线与水泵 Q-H 曲线的交点即为水泵的工况点，则有

$$49 + 161.5Q^2 = 72.86 - 307.02Q^2$$

解得：

$$Q = 0.2257 m^3/s;$$

$$H = 57.22m$$

2.3.1.2　水泵的并联和串联运行

1. 水泵并联运行

当泵站的机组台数较多、出水管路较长时，为了节省管材，减小占地面积，降低工程造价，常采用两台或两台以上水泵共用一条出水管路，这种运行方式称为水泵的并联运行。

并联运行工况点的确定方法有图解法和数解法两种，这里只简要介绍两台水泵并联运行工况点确定的图解法。

1) 同型号、同水位、对称布置的两台水泵并联运行

当两台水泵的进水管相同，且进水管路的水头损失比出水管路小得多时，则进水管口至并联结点的管路水头损失可忽略不计。可近似地看成两台同型号水泵直接并联在 MC 段管路上，则单位重力的液体在管路中所需要的能量 $H_需$ 为

$$H_需 = H_{st} + S_{MC}Q_M^2 \tag{2-11}$$

因为两台水泵同型号，因此两台水泵的流量相等，通过 MC 管路的流量是两台水泵流量之和。由于忽略并联结点前管路水头损失，则两台水泵的扬程相等。并联运行的 Q-H 曲线为两单泵 Q-H 曲线横向叠加，即把并联的单台水泵的 Q-H 曲线在同一扬程下流量相加，如图 2-48 所示。并有 Q_1=Q_2、Q_1+Q_2=Q_M、H_1=H_2=H_M

管路系统特性曲线 R_{MC}、与并联运行的 Q-H 曲线相交于 M 点，M 点为并联运行时的工况点，如图 2-48 所示。从 M 点向左作水平线与每台水泵的 Q-H 曲线相交于 B 点，B 点对应的横坐标就是并联运行时每台水泵的流量 Q_B（等于 $Q_M/2$）。当只有一台水泵在并联装置中运行时，管路系统特性曲线 R_{MC} 与每台水泵的 Q-H 曲线相交于 B_1 点，B_1 点可近似看做一台水泵单独运行时的工况点。

如图 2-48 所示，两台水泵并联运行时，其流量与单泵运行时流量相比不是成倍增加的，当管路系统特性曲线越陡，且并联的水泵台数越多时，这种现象就更加突出。此外，轴功率 P_B<P_{B1}，即并联运行时各台水泵的轴功率小于各台水泵单独运行时的轴功率。为避免动力机超载，在选配动力机时要根据一台水泵单独运行时的轴功率配套。

如果考虑进水管路进口至并联点的管路水头损失，可把并联结点至水泵进水管路进口这段管路看成是单泵 I 本身的一部分，而形成虚拟泵 I'，然后采用扣损法求出虚拟泵 I' 的性能曲线 Q-H'，即从水泵性能曲线的纵坐标上减去并联结点前进水管路相应的水头损失 Σh，如图 2-49 所示。在 Q-H' 曲线上对应于同一扬程的流量相加，即得并联运行的 Q-H' 曲线。它与管路系统特性曲线 R_{MC} 的交点 A 就是并联运行的工况点。过 A 点作水平线与 Q-H' 曲线相交于 B' 点，再过 B' 点作垂线与 Q-H 曲线相交于 B 点，B 点即是两

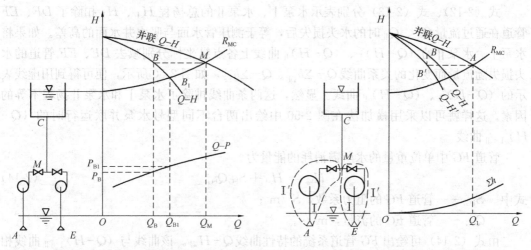

图 2-48 同型号、同水位、对称布置的两台并联水泵　　图 2-49 计入水头损失的两台并联水泵

台水泵并联运行时，其中一台水泵的工况点。

2）不同型号的两台水泵并联

由于两台水泵型号不同，两台水泵的性能曲线也就不同；由于管道布置不对称，并联节点 F 前管道 DF、EF 的水头损失不相等。两台水泵并联运行时每台水泵工作点的扬程也不相等。因此，并联后 Q-H 曲线的绘制不能直接采用横加法。

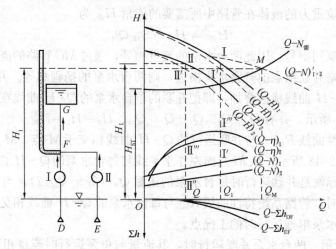

图 2-50　不同型号两台并联水泵

在并联节点 F 处安装一根测压管，如图 2-50 所示，当水泵 I 流量为 Q_I 时，则测压管水面与吸水井水面之间的高度差为 H_F。

$$H_F = H_I - \sum h_{DF} = H_I - S_{DF} Q_I^2 \tag{2-12}$$

式中　H_I——水泵 I 在流量为 Q_I 时的总扬程，m；

　　　S_{DF}——管道 DF 的阻力系数，S^2/m^5。

同理　　　　　　　$H_F = H_I - \sum h_{EF} = H_{II} - S_{EF} Q_{II}^2 \tag{2-13}$

式中　H_{II}——水泵 II 在流量为 Q_{II} 时的总扬程，m；

　　　S_{EF}——管道 EF 的阻力系数，S^2/m^5。

式（2-12）、式（2-13）分别表示水泵 I、水泵 II 的总扬程 H_I、H_{II} 扣除了 DF、EF 管道在通过流量 Q_I、Q_{II} 时的水头损失后，等于测压管水面与吸水井水面的高差。如果将水泵 I、水泵 II 的 $(Q$-$H)_I$、$(Q$-$H)_{II}$ 曲线上各点纵坐标分别减去 DF、EF 管道的水头损失随流量而变化的关系曲线 Q-$\sum h_{DF}$、Q-$\sum h_{EF}$，如图 2-50 所示，便可得到用虚线表示的 $(Q$-$H)'_I$、$(Q$-$H)'_{II}$ 曲线。显然，这两条曲线排除了水泵 I 和水泵 II 扬程不等的因素。这样就可以采用横加法在图 2-50 中绘出两台不同型号水泵并联运行时的 $(Q$-$H)'_{I+II}$ 曲线。

管道 FG 中单位重量的水所需消耗的能量为

$$H_{需} = H_{st} + S_{FG} Q_{FG}^2 \tag{2-14}$$

式中　S_{FG}——管道 FG 的阻力系数，S^2/m^5；

　　　Q_{FG}——管道 FG 的流量，m^3/s。

由式（2-14）可绘出 FG 管道系统的特性曲线 Q-$H_需$。该曲线与 $(Q$-$H)'_{I+II}$ 曲线相交于 M 点，M 点的流量 Q_M，即为两台水泵并联工作时的总出水量。通过 M 点向纵轴作

垂线与 $(Q-H)'_{\mathrm{I}}$ 及 $(Q-H)'_{\mathrm{II}}$ 曲线相交于 I' 及 II' 两点，则 Q_{I}、Q_{II} 即为水泵 I、水泵 II 在并联运行时的单泵流量，$Q_{\mathrm{M}}=Q_{\mathrm{I}}+Q_{\mathrm{II}}$；再由 I'、II' 两点各引垂线向上，与 $(Q-H)_{\mathrm{I}}$ 及 $(Q-H)_{\mathrm{II}}$ 曲线分别交于 I、II 两点。显然，I、II 两点就是并联运行时，水泵 I、水泵 II 各自的工况点，扬程分别为 H_{I} 及 H_{II}。由 I'、II' 两点各引垂线向下，与 $(Q-N)_{\mathrm{I}}$ 及 $(Q-N)_{\mathrm{II}}$ 曲线分别相交于 I'' 和 II'' 点，此两点的 N_{I} 及 N_{II} 就是两台水泵并联运行时，各台水泵的轴功率值。同样，其效率点分别为 I'''、II''' 点，其效率值分别为 η_{I}、η_{II}。随着并联水泵台数的增加，总流量也增加，但是每台水泵流量却减少，水泵的利用率逐渐降低；随着并联水泵台数的增加，水泵的效率一般也下降，故并联水泵的台数不宜太多，一般不超过 5 台，以避免水泵在高效区外运行。

2. 水泵串联运行

几台水泵顺次连接，前一台水泵的出水管路与后一台水泵的进水管路相接，由最后一台水泵将水送入输水管路，称为水泵串联运行。这种运行方式适用于扬程较高而一台水泵的扬程不能满足要求的供水场合，或用于远距离输水、输油管线上的加压。

水泵串联运行的基本条件是通过每台水泵和各管段的流量相等，而装置的总扬程为该流量下各台水泵的工作扬程之和，即

$$Q = Q_{\mathrm{I}} = Q_{\mathrm{II}} = \cdots = Q_{\mathrm{m}} \tag{2-15}$$

$$H = H_{\mathrm{I}} + H_{\mathrm{II}} + \cdots + H_{\mathrm{m}} \tag{2-16}$$

由此可见，水泵串联后的扬程应为同一流量下各台水泵的扬程之和。

如图 2-51 所示，两台不同型号水泵串联运行，用图解法求其工况点的方法如下：

1) 将两水泵的性能曲线 $(Q-H)_{\mathrm{I}}$ 和 $(Q-H)_{\mathrm{II}}$ 上同流量下的扬程相加，即可得串联运行的特性曲线 $(Q-H)_{\mathrm{I+II}}$。

2) 按 $Q-H_{\mathrm{需}}=H_{\mathrm{st}}+\Sigma h$ 作整个串联系统的需要扬程 $Q-H_{\mathrm{需}}$ 曲线，它与 $(Q-H)_{\mathrm{I+II}}$ 曲线交于 A 点，A 点即为串联运行的工况点。

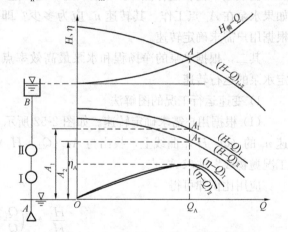

图 2-51　水泵串联运行工况点求解图

3) 过 A 点作垂线，分别与两水泵的性能曲线 $(Q-H)_{\mathrm{I}}$ 和 $(Q-H)_{\mathrm{II}}$ 交于 A_{I} 和 A_{II} 两点，这两点即为串联运行时单个水泵的工况点，两点的横、纵坐标分别为 (H_1,Q_{A}) 和 (H_2,Q_{A})。

两台同型号水泵串联运行时，因两台水泵的性能曲线相同，故串联运行时的特性曲线 $(Q-H)_{\mathrm{I+II}}$ 为单泵的 $Q-H$ 曲线上同流量下的扬程扩大两倍，其他步骤与不同型号水泵串联运行时相同。

采用数解法同样可以求得水泵串联运行时的工况点。

串联运行时应注意，参加串联运行的水泵额定流量应尽量相等或采用同型号水泵，否则，当水泵在后面一级时，小水泵会超载，或小水泵在前面一级时它会变成阻力，大水泵

发挥不出应有的作用，且串联后的水泵不能保证在高效区范围内运行。如果串联水泵的流量相差较大，应把流量较大的水泵放在前面一级，要求后面一级水泵的泵壳和部件强度要高，以免泵壳或部件受损。

随着水泵设计、制造水平的提高，目前生产的各种型号的多级泵基本上都能满足各类泵站工程的需要，所以现在一般很少采用串联运行方式。

2.3.1.3 水泵工况点的调节

如果水泵在运行中工况点不在高效区，或水泵的流量、扬程不能满足需要，可采用改变水泵性能或改变需要扬程曲线或两者都改变的方法来移动工况点，使其符合要求。这种方法称为水泵工况点的调节。常用的调节方法有变速调节、变径调节、变角调节、节流调节等。

1. 变速调节

改变水泵的转速，可以使水泵的性能发生变化，从而使水泵的工况点发生变化，这种方法称为变速调节。水泵变速调节最常遇到两种情况。

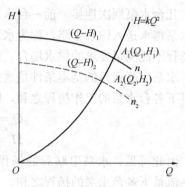

图 2-52 根据用户需要确定水泵转速

其一，已知水泵转速为 n_1 时的 $(Q-H)_1$ 曲线，如图 2-52 所示，所需的工况点，不在 $(Q-H)_1$ 曲线上，而在坐标点 A_2 $(Q_2，H_2)$ 处。这时，如果水泵在 A_2 点工作，其转速 n_2 应为多少？即应根据用户需求确定转速。

其二，根据水泵的净扬程和水泵最高效率点确定水泵的运行转速。

1) 变速运行工况的图解法

（1）根据用户需求确定转速。如图 2-52 所示，采用图解法求转速 n_2 值时，必须在转速 n_1 的 $(Q-H)_1$ 曲线上，找出与 A_2 $(Q_2，H_2)$ 点工况相似的 A_1 点。下面采用"相似工况抛物线"法求 A_1 点。

应用比例律可得

$$\frac{H_1}{H_2} = \left(\frac{Q_1}{Q_2}\right)^2$$

令

$$\frac{H_1}{Q_1^2} = \frac{H_2}{Q_2^2} = k$$

则有

$$H = kQ^2 \qquad (2-17)$$

式中 k——常数。

式 （2-17）表示通过坐标原点的抛物线簇方程，它由比例律推求得到，所以在抛物线上各点具有相似的工况，此抛物线称为相似工况抛物线。如果水泵变速前后的转速相差不大，则相似工况点对应的效率可以认为相等。因此，相似工况抛物线又称为等效率曲线。

将 A_2 点的坐标值 $(Q_2，H_2)$ 代入式 （2-17），可求出 k 值，相似工况抛物线 $H=kQ^2$ 与转速为 n_1 时的 $(Q-H)_1$ 曲线相交于 A_1 点，A_1 点与 A_2 点的工况相似。把 A_1 点和 A_2

点的坐标值代入比例律公式，可得

$$n_2 = \frac{n_1}{Q_1} Q_2 \qquad (2\text{-}18)$$

（2）根据水泵最高效率点确定转速。如图 2-53 所示，水泵工作时的净扬程力 H_{st}，水泵运行时的工况点 A_1 不在最高效率点，为了使水泵在最高效率点运行，可通过改变水泵的转速来满足要求。

通过水泵最高效率点 A（Q_A，H_A）的相似工况抛物线方程为

$$H = \frac{H_A}{Q_A^2} Q^2 \qquad (2\text{-}19)$$

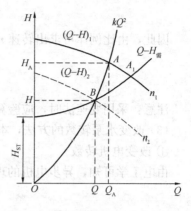

图 2-53　最高效率运行时确定转速

（2-19）所表示的曲线与管路系统特性曲线 $Q - H_需$ 的交点为 B（Q_B，H_B），A 点和 B 点的工作状况相似。则水泵的转速 n_2 为

$$n_2 = \frac{n_1}{Q_A} Q_B \qquad (2\text{-}20)$$

2）变速运行工况的数解法

（1）根据用户需求确定转速。如图 2-52 所示，相似工况抛物线 $H = kQ^2$ 与转速为 n_1 时的 $(Q-H)_1$ 曲线的交点 A_1（Q_1，H_1）与所需的工况点 A_2（Q_2，H_2）工作状况相似。求出 A_1 点的 $(Q_1$，$H_1)$ 值，即可应用比例律求出转速 n_2 值。

由式（2-8）及式（2-17）得

$$H = H_\chi - SQ^2 = kQ^2$$

即

$$Q = \sqrt{\frac{H_\chi}{S_\chi + k}} = Q_1 \qquad (2\text{-}21)$$

$$H = k \frac{H_\chi}{S_\chi + k} = H_1 \qquad (2\text{-}22)$$

式中　$k = \dfrac{H_2}{Q_2^2}$。

因此，由比例律可求出 n_2 值

$$n_2 = n_1 \frac{Q_2}{Q_1} = \frac{n_1 Q_2}{\sqrt{\dfrac{H_\chi}{S_\chi + k}}} = \frac{n_1 Q_2 \sqrt{S_\chi + k}}{\sqrt{H_\chi}} \qquad (2\text{-}23)$$

（2）根据水泵最高效率点确定转速。如图 2-53 所示，通过最高效率点 A（Q_A，H_A）的相似工况抛物线方程为

$$H = \frac{H_A}{Q_A^2} Q^2 \qquad (2\text{-}24)$$

式（2-24）与管路系统特性曲线方程 $H = H_{st} + SQ^2$ 联解，得到变速后水泵最高效率点的 Q、H 值为

$$Q = Q_A \sqrt{\frac{H_{ST}}{H_A - SQ_A^2}} \qquad (2\text{-}25)$$

$$H = H_A \frac{H_{ST}}{H_A - SQ_A^2} \tag{2-26}$$

因此，由比例律可求出转速 n_2 值

$$n_2 = n_1 \sqrt{\frac{H_{ST}}{H_A - SQ_A^2}} \tag{2-27}$$

注意：采用变速法时，应验算水泵是否超过最高允许转数和电机是否过载。

（3）改变水泵转数的方法，本书推荐如下几种：

① 改变电机转数

由电工学可知，异步电机的理论转数 n（r/min）为

$$n = \frac{60f}{P}(1-s) \tag{2-28}$$

式中　f——交流电频率（Hz）；我国电网 $f=50$Hz；

　　　P——电机磁极对（数）；

　　　s——电机转差率（其值甚小，一般异步电机在 $0 \sim 0.1$ 之间）。

从上式看出，改变转速可从改变 P 或 f 着手，因而产生了如下常用的电机调速法：

A. 采用可变磁极对（数）的双速电机

此种电机有两种磁极数，通过变速电气开关，可方便地进行改变极数运行，它的调速范围目前只有两级，故调速是跳跃式的（即从 3000r/min 跳至 1500r/min，1500r/min 跳至 1000r/min 或由 1000r/min 跳至 750r/min）。

B. 变频调速

变频调速是 20 世纪 80 年代的卓越科技成果。它是通过均匀改变电机定子供电频率 f 达到平滑地改变电机的同步转速的。只要在电机的供电线路上跨接变频调速器即可按用户所需的某一控制参量（如流量、压力或温度等）的变化自动地调整频率及定子供电电压，实现电机无级调速。不仅如此，它还可以通过逐渐上升频率和电压，使电机转速逐渐升高（电机的这种启动方式叫软启动），当水泵达到设定的流量或压力时就自动地稳定转速而旋转，又可使机器在超过市电频率下运转，从而提高机器的出力（即小马拉大车）。目前国内用于水泵调速的 XBT 系列变频调速电气控制柜已成批生产。

此外，采用可控硅调压实现电机多级调速装置，如上海产的 ZN 系列智能控制柜及适用于大中型机器的带内反馈晶闸管串级调速的 NTYR 系列三相异步电机进行无级调速。

② 其他变速调节方法：有调换皮带轮变速，齿轮箱变速及水力耦合器变速等。

水泵变转数调节方法，不仅调节性能范围宽，而且并不产生其他调节方法所带来的附加能量损失，是一种调节经济性最好的方法。

【例 2-2】　某泵站装有两台 12Sh-9 型双吸离心泵，其中一台备用。管路的阻力系数为 $S=161.5$s^2/m^5，静扬程 $H_{st}=49.0$m，试求当供水量减少 10% 时，为节电水泵的转速应降为多少？

12Sh—9 型泵的性能参数见表 2-1。

【解】　当供水量减少 10% 时，此时水泵的流量、扬程分别为

$$Q_2 = 0.2257 (1 - 10\%) = 0.2031 \text{m}^3/\text{s}$$

$$H_2 = 49 + 161.5 \times 0.2031^2 = 55.66 \text{m}$$

由式（2-17）得

$$k = \frac{H_2}{Q_2^2} = \frac{55.66}{(0.2031)^2} = 1349.35$$

代入式（2-23）可求得

$$n_2 = \frac{n_1 Q_2 \sqrt{S_\chi + k}}{\sqrt{H_\chi}} = \frac{1470 \times 0.2031 \sqrt{307.02 + 1349.35}}{\sqrt{72.86}} = 1424 \text{r/min}$$

2. 变径调节

叶轮经过车削以后，水泵的性能将按照一定的规律发生变化，从而使水泵的工况点发生改变。我们把车削叶轮改变水泵工况点的方法，称为变径调节。

1) 车削定律

在一定车削量范围内，叶轮车削前、后，Q、H、P 与叶轮直径之间的关系为

$$\frac{Q'}{Q} = \frac{D_2'}{D_2} \tag{2-29}$$

$$\frac{H'}{H} = \left(\frac{D_2'}{D_2}\right)^2 \tag{2-30}$$

$$\frac{P'}{P} = \left(\frac{D_2'}{D_2}\right)^3 \tag{2-31}$$

式中　D_2——叶轮未车削时的直径；

Q'、H'、P'——相应于叶轮车削后，叶轮外径 D_2' 时的流量、扬程、轴功率。

式（2-29）～式（2-31）称为水泵的车削定律。车削定律是在车削前、后叶轮出口过水断面面积不变、速度三角形相似等假设下推导得出的。在一定的车削量范围内，车削前、后水泵的效率可视为不变。

消去式（2-29）、式（2-30）中的 D_2'/D_2 就得到

$$\frac{H'}{(Q')^2} = \frac{H}{Q^2} = k' \tag{2-32}$$

则

$$H' = k'(Q')^2 \tag{2-33}$$

式（2-33）称为车削抛物线方程，它的形式与相似工况抛物线方程相似。

2) 车削定律的应用

车削定律应用时，一般可能遇到两类问题。一类是用户需要的流量、扬程不在叶轮外径为 D_2 的 $Q-H$ 曲线上，如采用车削叶轮外径的方法进行工况调节，与变速调节的计算方法类似，可以用车削抛物线和车削定律通过图解或数解法计算出车削后的叶轮直径 D_2'。另一类是用户需要的流量、扬程不在水泵的最高效率点，可根据净扬程和水泵最高效率点，利用车削抛物线和车削定律通过图解或数解法计算出车削后的叶轮直径 D_2'。

3) 车削叶轮应注意的问题

(1) 叶轮的车削量有一定限度，否则叶轮的构造被破坏，使叶片出水端变厚，叶轮与泵壳间的间隙增大，水泵的效率下降过多。叶轮的最大车削量与水泵的比转数有关，见表 2-2。从该表中可以看出，比转数大于 350 的水泵不允许车削叶轮。故变径调节只适用于

离心泵和部分混流泵。

叶片泵叶轮的最大车削量　　　　　　　　　　　　表 2-2

比转速	60	120	200	300	350	350 以上
允许最大车削量 $\dfrac{D_2 - D_2'}{D_2}$	20%	15%	11%	9%	1%	0
效率下降值	每车削 10% 下降 1%			每车削 4% 下降 1%		

（2）叶轮车削时，对不同的叶轮采用不同的车削方式，如图 2-54 所示。低比转数离心泵叶轮的车削量在前、后盖板和叶片上都相等；高比转数离心泵叶轮后盖板的车削量大于前盖板，并使前、后盖板车削量的平均值为 D'；混流泵叶轮只车削前盖板的外缘直径，在轮毂处的叶片不车削；低比转数离心泵叶轮车削后应将叶轮背面出口部分挫尖，可使水泵的性能得到改善，如图 2-55 所示。叶轮车削后应作平衡试验。

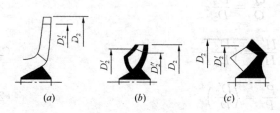

图 2-54　叶轮的车削方式

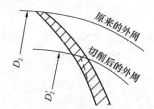

图 2-55　切削前、后的叶片

4）水泵系列型谱图

车削水泵叶轮是解决水泵类型、规格的有限性与用户要求的多样性之间矛盾的一种方

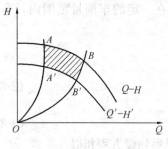

图 2-56　泵的工作范围

法，它使水泵的使用范围得以扩大。水泵的工作范围是由制造厂家所规定的水泵允许使用的流量区域，通常在水泵最高效率下降不超过 5%～8% 的范围内，确定出水泵的高效段，如图 2-56 所示的 AB 段。将水泵的叶轮按最大车削量车削。求出车削后的 Q'-H' 曲线，经过 A、B 两点作两条车削抛物线，交 Q'-H' 曲线于 A'、B' 两点。因为车削量较小时水泵的效率不变，所以车削抛物线也是等效率曲线。A'、B' 两点为车削后的水泵的工作范围。

A、B、B'、A' 组成的范围即为该水泵的工作区域。选水泵时，若实际需要的工况点落在该区域内，则所选水泵经济合理。实际上在离心泵的制造中，除标准直径的叶轮外，大多数还有同型号带 "A"（叶轮第一次车削）或 "B"（叶轮第二次车削）的叶轮可供选用。将同一类型不同规格的水泵即同一系列水泵的工作区域画在同一张图上，就得到水泵系列型谱图，如图 2-57 所示。这张图对选择水泵非常方便。

3. 变角调节

改变叶片的安装角度可以使水泵的性能发生变化，从而达到改变水泵工况点的目的。这种改变工况点的方式成为水泵的变角调节。

1）轴流泵叶片变角后的性能曲线

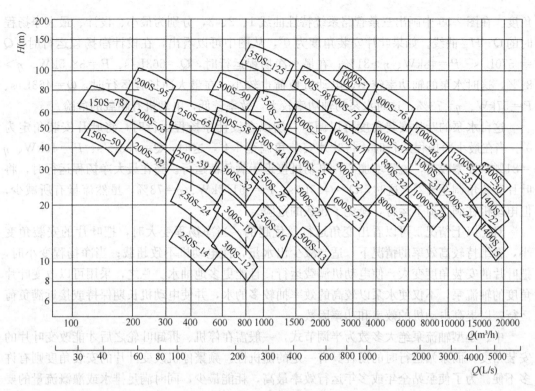

图 2-57 水泵系列型谱图

轴流泵在转速不变的情况下，随着叶片安装角度的增大，Q-H、Q-P 曲线向右上方移动，Q-η 曲线以几乎不变的数值向右移动，如图 2-58 所示。为便于用户使用，将 Q-P、Q-η 曲线用数值相等的等功率曲线和等效率曲线加绘在 Q-H 曲线上，称为轴流泵的通用特性曲线，如图 2-59 所示。

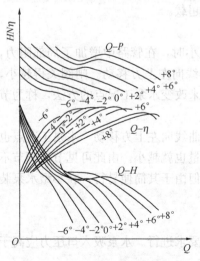

图 2-58 轴流泵变角性能曲线

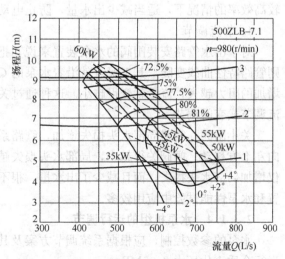

图 2-59 轴流泵的通用性能曲线

2) 轴流泵的变角运行

下面以 500ZLB-7.1 型轴流泵为例，说明按照不同扬程变化时，如何调节叶片的安装角度。在图 2-59 中画出三条管路系统特性曲线 1、2、3，分别为最小、设计、最大净扬程时的 Q-$H_{需}$ 曲线。如果叶片安装角度为 0°，从图中可以看出，在设计净扬程运行时，$Q = 570\text{L/s}$，$P=48\text{kW}$，$\eta>81\%$；在最小净扬程运行时，$Q=663\text{L/s}$，$P=38.5\text{kW}$，$\eta>81\%$，这时水泵的轴功率较小，电动机负荷也较小；在最大净扬程运行时，$Q=463\text{L/s}$、$P=57\text{kW}$、$\eta=73\%$，这时水泵的轴功率较大，效率较低，电动机有超载的危险。

这台水泵的叶片安装角度可以调节，所以在设计净扬程运行时，将叶片安装角定为 0°。当在最小净扬程运行时，将叶片安装角调至 +4°，这时，$Q=758\text{L/s}$，$P=46\text{kW}$，$\eta=81\%$，效率较高，流量增加了，电动机接近于满负荷运行。当在最大净扬程运行时，将叶片安装角调至 -2°，这时，$Q=425\text{L/s}$，$P=51.7\text{kW}$、$\eta=73\%$，虽然流量有所减少，但电动机在满负荷下运行，避免了超载的危险。

对比以上情况，可以看出变角运行是优越的。当净扬程变大时，把叶片的安装角变小，在维持较高效率的情况下，适当减少出水量，使电动机不致超载；当净扬程变小时，把叶片的安装角度变大，使电动机满载运行，且能更多地抽水。总之，采用可以改变叶片角度的轴流泵，不仅使水泵以较高的效率抽较多的水，并使电动机长期保持或接近满负荷运行，以提高电动机的效率和功率因数。

中、小型轴流泵绝大多数为半调节式，一般需在停机、拆卸叶轮之后才能改变叶片的安装角度。而泵站运行时的扬程具有一定的随机性，频繁停机改变叶片的安装角度则有许多不便。为了使泵站全年或多年运行效率最高，耗能最少，同时满足排水或灌溉流量的要求，可将叶片安装角调到最优状态，从而达到经济合理的运行。有些泵站在排水和灌溉时的扬程不同，这时可根据扬程的变化情况，采用不同的叶片安装角。如排、灌两用的泵站汛期排水时，进水侧水位较高，往往水泵运行时的扬程较低，这时可根据扬程将叶片的安装角调大，不但使泵站多抽水，而且电动机满负荷运行，提高了电动机的效率和功率因数；在灌溉时进水侧水位较低，往往水泵的扬程较高，这时可将叶片安装角调小，在水泵较高效率的情况下，适当减少出水量，防止电动机出现超载。

4. 节流调节

对于出水管路安装闸阀的水泵装置来说，把闸阀关小时，在管路中增加了局部阻力，则管路特性曲线变陡，其工况点就沿着水泵的 Q-H 曲线向左上方移动。闸阀关得越小，增加的阻力越大，流量就变得越小。这种通过关小闸阀来改变水泵工况点的方法，称为节流调节或变阀调节。

关小闸阀，管路局部水头损失增加，管路系统特性曲线向左上方移动，水泵工况点也向左上方移动。闸阀关得越小，局部水头损失越大，流量也就越小。由此可见节流调节不仅增加局部水头损失，而且减少了出水量，很不经济。但由于其简便易行，在小型水泵装置和水泵性能试验中应用较多。

2.3.1.4 水泵机组的运行调节

水泵的参数控制，应根据系统调节方案及其水压图要求进行。水泵吸入口压力应高于运行介质汽化压力 0.05MPa。

1. 试运行

对新安装或长期停用的水泵，在投入使用前，一般应进行试运行，以便全面检查泵站土建工程和机电设备是否正常，尽早发现遗漏的工作或工程和机电设备存在的缺陷，以便及早处理，避免发生事故。通过试运行，确认泵站土建和金属结构的制造、安装或检修质量。运行中不能有损坏或堵塞叶片的杂物进入水泵内，不允许出现严重的汽蚀和振动。进出水管道要求严格的密封，不允许有进气和漏水现象。水泵运行时，其断流设施的技术状态良好。当发生事故停泵时，其飞逸转速不应超过额定转速的 1.2 倍，其持续时间不得超过 2 小时。试运行过程中，必须按规定进行全面详细的记录，要整理成技术资料，在试运行结束后，交鉴定、验收、交接组织，进行正确评估并建立档案保存。

1) 试运行前的准备工作

试运行前要成立试运行小组，拟定试运行程序及注意事项，组织运行操作人员和值班人员学习操作规程、安全知识，然后由试运行人员进行全面认真的检查。

(1) 流道部分的检查

① 封闭进入孔和密封门。

② 在静水压力下，检查调整检修闸门的启闭。

③ 大型轴流泵应着重流道的密封性检查，其次是流道表面的光滑性。清除流道内模板和钢筋头。

④ 离心泵抽真空检查真空破坏阀、水封等处的密封性。

(2) 水泵部分的检查

① 检查转轮间隙，并做好记录。转轮间隙力求相等，否则易造成机组径向振动和汽蚀。

② 叶片轴处渗漏检查。

③ 全调节水泵要做叶片角度调节试验。

④ 技术供水充水试验，检查水封渗漏是否符合规定或橡胶轴承通水冷却或润滑情况。

⑤ 检查轴承转动油盆油位及轴承的密封性。

(3) 电动机部分的检查

① 检查电动机空气间隙。

② 检查电动机线槽有无杂物。

③ 检查转动部分螺母是否紧固。

④ 检查制动系统手动、自动的灵活性及可靠性。

⑤ 检查转子上、下风扇角度是否满足要求，以保证为电动机本身提供最大冷却风量。

⑥ 检查推力轴承及导轴承润滑油位是否符合规定。

⑦ 通冷却水，检查冷却器的密封件和示流信号器动作的可靠性。

⑧ 检查轴承和电动机定子温度是否均为室温，检查温度信号计整定位是否符合设计要求。

⑨ 检查核对电气接线，吹扫灰尘，对一次和二次回路作模拟操作，并整定好各项参数。

⑩ 检查电动机的相序。

⑪ 检查电动机一次设备的绝缘电阻，做好记录，并记下测量时的环境温度。

⑫ 同步电机检查碳刷与刷环接触的紧密性、刷环的清洁程度及碳刷在刷盒内动作的灵活性。

(4) 辅助设备的检查与单机试运行

① 检查油压槽、回油箱及贮油槽油位，同时试验液位计动作的正确性。

② 检查和调整油、气、水系统的信号元件及执行元件动作的可靠性。

③ 检查所有压力表计、真空表计、液位计、温度计等反应的正确性。

④ 逐一对辅助设备进行单机运行操作，再进行联合运行操作，检查全系统的协联关系和各自的运行特点。

2）机组空载试运行

（1）机组的第一次启动。

（2）机组停机试验。

（3）机组自动开、停机试验。

3）机组负荷试运行

（1）负荷试运行前的检查

① 检查上、下游渠道内及拦污栅前后有无漂浮，并应妥善处理。

② 打开平衡闸，平衡闸门前后的静水压力。

③ 吊起进出水侧工作闸门。

④ 关闭检修闸阀。

⑤ 油、气、水系统投入运行。

⑥ 操作试验真空破坏阀，要求动作准确，密封严密。

⑦ 将叶片调至开机角度。

⑧ 人员就位，抄表。

（2）负载启动

上述工作结束即可负载启动。负载启动用手动或自动均可，由试运行小组视具体情况而定。负载启动时的检查、监视工作，仍按空载启动各项内容进行。

4）机组连续试运行

在条件许可的情况下，经试运行小组同意，可进行机组连续试运行。其要求是：

（1）单台机组运行一般应在 7 天内累计运行 48h 或连续运行 24h（均含全站机组联合运行小时数）。

（2）连续试运行期间，开机、停机不少于 3 次。

（3）全站机组联合运行的时间不少于 6h。

机组试运行以后，并经工程验收委员会验收合格，交付管理单位。管理单位接管后，应组织管理人员熟悉安装单位移交的文件、图纸、安装记录、技术资料，学习操作规程，然后进行分工，按专业对设备进行全面检查，对电气做模拟试验。一切正常即可投入运行、管理、维护工作。

2. 运行方式

水泵机组的运行方式是决定水系统管理方式的重要因素。在任何情况下，决定运行操作方式以及操作方法，都必须根据水泵机组的规模、使用目的、使用条件及使用的频繁程度等确定，并使水泵机组安全可靠而又经济地运行。

究竟采用何种操作方式，必须从水系总体的管理方式出发，视其重要性、设施的规模、作用、管理体制等确定。运行方式有一般手动操作（单独、联动操作）和自动操作两大类。

1) 开机

对于离心泵为关阀启动。

对于轴流泵为开阀启动。

2) 运行

对于季节性运行的排灌泵站，投入运行时，应做好以下工作。

(1) 在机组投入正常的排灌作业前，要进行试运行，并应检查前池的淤积、管路支承、管体的完整以及各仪表和安全保护设施等情况。

(2) 开启进水闸门，使前池水位达设计水位，开启吸水管路上的闸阀（负值吸水时），或抽真空进行充水；启动补偿器或其他启动设备启动机组，当机组达到额定转速，压力超过额定压力后（指离心泵机组），逐渐开启出水管路上的闸阀，使机组投入正常运行。

(3) 观察机组运行时的响声是否正常。

(4) 经常观察前池的水位情况，清理拦污栅上堵塞的枯枝、杂草、冰屑等，并观测水流的含沙量与水泵性能参数的关系。

(5) 检查水泵轴封装置的水封情况。

(6) 检查轴承的温度情况。

(7) 注意真空表和压力表的读数是否正常。

(8) 机组运行时还应注意各辅助设备的运行情况，遇到问题应及时处理。

3) 运行中的维护及故障处理

机组运行中可能会发生故障，但是一种故障的发生和发展往往是多种因素综合作用的结果。要全面地、综合地分析，找出发生故障的原因，及时而准确地排除故障。水泵运行中，值班人员应定时巡回检查，通过监测设备和仪表，测量水泵的流量、扬程、压力、真空度、温度等技术参数，认真填写运行记录，并定期进行分析，为泵站管理和技术经济指标的考核提供科学依据。

4) 停机

停机前先关闭出水闸门，然后关闭进水管路上的闸阀（对离心泵而言）。对卧式轴流泵停机前应将通气管闸阀打开，再切断电源，并关掉压力表和真空表以及水封管路上的小闸阀，使机组停止运行。轴流泵关闭压力表后，即可停机。

2.3.2 换热站的运行调节

供热系统的换热站内应设下列图表：《换热站设备布置平面图》、《换热站系统图》、《换热站供热平面图》、《换热站供电系统图》、《温度调节曲线图表》。

换热站的运行调节应严格按调度指令进行。运行人员应掌握管辖范围的供热参数、换热站供热系统设备及附件的作用、性能、构造及其操作方法，并经技术培训考核合格，方可独立上岗。

供热系统的换热站内的管道应涂符合规定的颜色和标志，并标明供热介质流动方向。站内的供热设备管道及附件应保温。中继水泵的安全保护装置必须灵敏、可靠。

2.3.2.1 换热站的启动应符合下列规定

1. 直接连接供热系统

1) 热水系统：系统充水完毕，应先开回水阀门，后开供水阀门，并开始仪表监测；

2) 蒸汽系统：蒸汽应先送至换热站分汽缸，分汽缸压力稳定后，方可向各用汽点逐个送汽。

2. 混水系统

系统充水完毕，并网运行，启动混水装置，按系统要求调整混合比，达到正常运行参数。

3. 间接连接供热系统

1）水—水交换系统：系统充水完毕，调整定压参数，投入换热设备，启动二级循环水泵；

2）汽—水交换系统：汽—水交换设备启动前，应先将二级管网水系统充满水，启动循环水泵后，再开启蒸汽阀门进行汽—水交换。

4. 生活水系统

启动生活用水循环泵，并一级管网投入换热器，控制一级管网供水阀门，调整生活用水水温。

5. 软化水系统

开启间接取水水箱出口阀门，软化水系统充满水后，进行软水制备，启动补水泵对二级管网进行补水。

2.3.2.2 换热站的调节应符合下列规定

1. 对二级供热系统，当热用户未安装温控阀时宜采用质调节；当热用户安装温控阀或当热负荷为生活热水时，宜采用量调节，生活热水温度应控制在 $55\pm5℃$。

2. 在换热站进行局部调节时，对间接连接方式，被调参数应为二级系统的供水温度或供、回水平均温度，调节参数应为一级系统的介质流量；对于混水装置连接方式，被调参数应为二级系统的供水温度、供水流量，调节参数应为流量混合比。

3. 水—水交换系统不应采用一级系统向二级系统补水的方式；当必须由一级系统向二级系统补水时应按调度指令进行，并严格控制补水量。

4. 蒸汽供热系统宜通过节流进行量调节；必要时，可采用降温减压装置，改变蒸汽温度，实现质调节。

2.3.2.3 换热站的停止运行及保护

换热站的停止运行应符合下列规定：

1. 直供系统应随一级管网同时停运；

2. 对混水系统，应在停止混水泵运行后随一级管网停运；

3. 对间供系统，应在与一级管网解列后再停止二级管网系统循环水泵；

4. 对生活水系统，应与一级管网解列后停止生活水系统水泵；

5. 对软化水系统，应停止补水泵运行，并关闭软化水系统进水阀门；

6. 换热站停运后，应采用湿保护的供热系统，其保护压力宜控制在供热系统静水压力 $\pm0.02MPa$；

7. 换热站停运后，应对站内的设备、阀门及附件进行检查和维护。

2.3.3 水泵的维护保养

2.3.3.1 维护保养目的

水泵机组的维护是运行管理中的重要环节，是保证机组安全、可靠、经济运行的关键，必须认真对待。

为保证机组处于良好的技术状态，水泵机组必须进行正常的检查、维护和修理，更新那些难以修复的易损件，修复那些可以修复的零部件。通过维护修理可及时发现问题，消除隐患，预防事故，保证机组运行的可靠性、稳定性，提高设备的完好率和利用率，延长其使用寿命。

通过对机组的维护和检修，还可发现设计、制造中存在的问题，积累经验，提高水泵管理水平，为机组更新改造提供有益的资料和科学依据。

2.3.3.2 水泵维护保养

1. 离心泵的运行维护

1）离心泵开车前的准备工作

水泵开车前，操作人员应进行如下检查工作以确保水泵的安全运行。

（1）用手慢慢转动联轴器或皮带轮，观察水泵转动是否灵活、平稳、泵内有无杂物，是否发生碰撞；轴承有无杂音或松紧不匀等现象；填料松紧是否适宜；皮带松紧是否适度。如有异常，应先进行调整。

（2）检查并紧固所有螺栓、螺钉。

（3）检查轴承中的润滑油和润滑脂是否纯净，否则应更换。润滑脂的加入量以轴承室体积的 2/3 为宜。润滑油应在油标规定的范围内。

（4）检查电动机引入导线的连接，确保水泵正常的旋转方向。正常工作前，可开车检查转向，如转向相反，应及时停车，并任意换接两根电动机引入导线的位置。

（5）离心泵应关闭闸阀启动，启动后闸阀关闭时间不宜过久，一般不超过 3～5min，以免水在泵内循环发热，损坏机件。

2）离心式水泵运行中的注意事项

水泵运行过程中，操作人员要严守岗位，加强检查，及时发现问题并及时处理。一般情况下，应注意以下事项：

（1）检查各种仪表工作是否正常，如电流表、电压表、真空表、压力表等。如发现读数过大、过小或指针剧烈跳动，都应及时查明原因，予以排除。如真空表读数突然上升，可能是进水口堵塞或进水池水面下降使吸程增加；若压力表读数突然下降，可能是进水管漏气、吸入空气或转速降低。

（2）水泵运行时，填料的松紧度应该适当。压盖过紧，填料箱渗水太少，起不到水封、润滑、冷却作用，容易引起填料发热、变硬，加快泵轴和轴套的磨损。增加水泵的机械损失；填料压得过松，渗水过多，造成大量漏水，或使空气进入泵内，降低水泵的容积效率，导致出水量减少，甚至不出水。一般情况下，填料的松紧度以每分钟能渗水 20 滴左右为宜，可用填料压盖螺纹来调节。

（3）轴承温升一般不应越过 30～40℃，最高温度不得超过 60～70℃。轴承温度过高，将使润滑失效，烧坏轴瓦或引起滚动性破裂，甚至会引起断轴或泵轴热胀咬死的事故。温升过高时应马上停车检查原因，及时排除。

（4）防止水泵的进水管口淹没深度不够，导致在进水口附近产生漩涡，使空气进入泵内，应及时清理排污栅和进水池中的漂浮物，以免阻塞进水管口。上述两者均会增大进水阻力，导致进口压力降低，甚至引起汽蚀。

（5）随时注意是否有诸如出水量少、杂音和较大振动等不正常现象，一旦出现不正常现象应立即停车检查，及时排除故障，防止事故发生。

（6）先关闭出水管上的闸阀，然后停车。

3）离心泵的维护

（1）停车后，及时擦干水泵及管路上的水渍和油污，保持机组的清洁。

（2）定时更换轴承内的润滑油（脂），对于装有滑动轴承的新泵，运行100h左右，应更换润滑油，以后每运转300~500h应换油一次，但每半年至少换油一次。滚动轴承每运转1200~1500h应补充黄油一次，但至少每年换油一次，转速较低的水泵可适当延长。

（3）如较长时间内部继续使用或在冬季，应将泵内和水管内的水放尽，以防生锈或冻裂。

4）离心泵的常见故障和排除

离心泵的常见故障现象有水泵不出水或水量不足、电动机超载、水泵振动或有杂音、轴承发热、填料轴封装置漏水等多种。

发生故障的原因一般有以下几个方面，详见表2-3：

（1）不符合性能要求；

（2）零部件缺损或内部有异物；

（3）安装、使用不符合要求；

（4）进水条件不良。

离心泵的常见故障和排除方法

表 2-3

故障现象	原 因 分 析		排 除 方 法
水泵灌不满水	有零件缺损或内部有异物	1. 底阀已坏或密封不严 2. 底阀活门被异物卡住	1. 进行修理 2. 把杂物去掉
	安装、使用不符合要求	1. 水管漏水 2. 放水螺塞未旋紧 3. 进水管中空气跑不出去	1. 把法兰螺丝旋紧或重新加垫圈 2. 旋紧螺塞 3. 把放气孔打开或重新安装进水管路
启动后不出水或出水量少	不符合性能要求	1. 抽水装置总扬程超过水泵扬程过多 2. 吸水扬程过高 3. 淹没深度太浅，大量空气被吸入泵内 4. 水泵转速低于额定转速	1. 调换水泵或串联一台流量相同的水泵或二级提水 2. 降低吸水高度，减少管路损失 3. 在底阀（进水喇叭面）加一段短管或开大进水门，提高进水池水位 4. 调整转速
	零部件缺损或内部有异物	1. 底阀锈住 2. 水管或叶轮被杂草等堵住 3. 叶轮或口环损坏	1. 修理 2. 清除阻塞物 3. 更换叶轮或口环

故障现象	原 因 分 析		排 除 方 法
启动后不出水或出水量少	安装、使用不符合要求	1. 未加引水或引水未加满	1. 打开加水漏斗, 若水不流出, 应重新加引水
		2. 进水管漏气	2. 旋紧法兰螺丝, 重新加垫圈或焊补管子孔缝
		3. 叶轮或吸水管内聚集空气	3. 开启放气孔, 或重新安装水管, 使水平管路放平或向下倾斜
		4. 叶轮转向不符	4. 电动机带动的水泵, 可把三相电源的任意二相接线对换; 开口皮带传动机组可换成交叉皮带传动; 重新安装
		5. 几台水泵排列不当或过密发生"抢水"现象, 皮带过松或打滑	5. 重新安装, 调节中心距或截短皮带或装压紧轮
		6. 填料压盖太松, 填料磨损过大, 从而漏气、漏水	6. 拧紧填料压盖或更换填料, 并消除使填料磨损的原因
	进水条件不良	1. 进水池太小	1. 设法增大
		2. 进水形式不佳	2. 改变形式
		3. 进水池堵塞, 水流不畅	3. 清理
动力机超载	不符合性能要求	1. 装置扬程过低, 使工况点向大流量偏移, 泵轴功率增加, 使动力机超载	1. 降低转速或进水管充气或关小闸门; 调换水泵
		2. 转速过高	2. 降低转速
	零部件损坏	1. 泵轴弯曲	1. 校直泵轴或调换成新轴, 并避免弯曲
		2. 轴承损坏	2. 调换轴承
	安装、使用不符合要求	1. 动力机轴与水泵轴不同心	1. 检查与调整同心度
		2. 叶轮与泵壳摩擦	2. 可用拧紧叶轮螺母或在叶轮后面加垫圈的方法来调整叶轮位置, 使之不摩擦
		3. 填料过紧	3. 旋松压盖螺丝或重新填料
水泵振动或有异常声音	不符合性能要求	由于吸程太高, 淹没深度太浅等原因, 使水泵发生汽蚀	设法消除产生汽蚀的因素
	零部件损坏	1. 泵轴弯曲	1. 校直或调换
		2. 叶轮损坏或不平衡	2. 修理或调换
		3. 轴承损坏或润滑不良, 润滑油太脏	3. 调换轴承或清洗加注润滑油
	安装不符合要求	1. 地脚螺丝松动	1. 拧紧
		2. 动力机轴与泵轴不同心	2. 检查、调整同心度
		3. 叶轮与泵壳摩擦	3. 调整叶轮位置

续表

故障现象	原 因 分 析		排 除 方 法
轴承发热	零部件损坏	1. 轴承磨损太多 2. 泵轴弯曲	1. 调换 2. 校直或调换
	安装、使用不 符合要求	1. 润滑不良（润滑油加得太多 或太少） 2. 轴承未洗干净或润滑油质量 太差 3. 皮带太紧 4. 动力机轴与泵轴不同心 5. 轴承安装不当	1. 减少或注入一些 2. 把轴承洗净或调换润滑油 3. 加长皮带或缩短轮距 4. 检查调整同心度 5. 重新安装
填料涵漏水太多	零部件损坏	1. 由于轴弯曲、不同心，叶轮 不平衡，轴承损坏，填料压盖压 得太紧等原因，使填料磨损过多 2. 轴或轴套磨损过多 3. 填料发硬或规格不符	1. 修理或更换，并消除引起 的原因 2. 修理或更换 3. 更换
	安装、使用不 符合要求	填料压盖螺丝太松	旋紧一些

2. 轴流泵的运行维护

1）轴流泵开车前的准备工作

（1）检查泵轴和传动轴是否由于运输过程遭受弯曲，如有则需校直。

（2）水泵的安装标高必须按照产品说明书的规定，以满足汽蚀余量的要求和起动要求。

（3）水池进水前应设有拦污栅，避免杂物带进水泵。水经过拦污栅的流速以不超过0.3m/s为合适。

（4）水泵安装前需检查叶片的安装角度是否符合要求、叶片是否有松动等。

（5）安装后，应检查各联轴器和各地脚螺栓的螺母是否都旋紧。在旋紧传动轴和水泵轴上的螺母时要注意其螺纹方向。

（6）传动轴和水泵轴必须安装于同一垂直线上，允许误差小于0.03mm/m。

（7）水泵出水管路应另设支架支承，不得用水泵本体支承。

（8）水泵出水管路上不宜安装闸阀。如有，则起动前必须完全开启。

（9）使用逆止阀时最好装一平衡锤，以平衡门盖的重力，使水泵更经济地运转。

（10）对于用牛油润滑的传动装置，轴承油腔检修时应拆洗干净，重新注以润滑剂，其量以充满油腔的1/2～2/3为宜，避免运转时轴承温升过高。必须特别注意，橡胶轴承切不可触及油类。

（11）水泵起动前，应向上部填料涵处的短管内引注清水或肥皂水，用来润滑橡胶或塑料轴承，待水泵正常运转后，即可停止。

（12）水泵每次起动前应先盘动联轴器三四转，并注意是否有轻重不匀等现象。如有，必须检查原因，设法消除后再运转。

（13）起动前应先检查电机的旋转方向，使它符合水泵转向后，再与水泵连接。

2）轴流泵运行时注意事项

水泵运转时，应经常注意如下几点：

（1）叶轮浸水深度是否足够，即进水位是否过低，以免影响流量，或产生噪声。

（2）叶轮外圆与叶轮外壳是否有磨损，叶片上是否绕有杂物，橡胶或塑料轴承是否过紧或烧坏。

（3）固紧螺栓是否松动，泵轴和传动轴中心是否一致，以防机组振动。

3）轴流泵的常见故障及排除

详见表 2-4。

轴流泵的常见故障及排除方法　　　　　　　　　　表 2-4

故障现象	原因分析		排除方法
起动后不出水或出水量不足	不符合性能要求	1. 叶轮淹没深度不够，或卧式泵吸程太高 2. 装置扬程过高 3. 转速过低 4. 叶片安装角太小 5. 叶轮外圆磨损，间隙加大	1. 降低安装高度，或提高进水池水位 2. 提高进水池水位，降低安装高度，减少管路损失或调整叶片安装角 3. 提高转速 4. 增大安装角 5. 更换叶轮
	零部件损坏，内部有异物	水管或叶轮被杂物堵塞	清除杂物
	安装、使用不符合要求	1. 叶轮转向不符 2. 叶轮螺母脱落 3. 泵布置不当或排列过密	1. 调整转向 2. 重新旋紧。螺母脱落原因一般是停车时水倒流，使叶轮倒转所致，故应设法解决停车时水的倒流问题 3. 重新布置或排列
	进水条件不良	1. 进水池太小 2. 进水形式不佳 3. 进水池水流不畅或堵塞	1. 设法增大 2. 改变形式 3. 清理杂物
动力机超载	不符合性能要求	1. 因装置扬程过高、叶轮淹没深度不够、进水不畅等，水泵在小流量工况下运行，使轴功率增加，动力机超载 2. 转速过高 3. 叶片安装角过大	1. 消除造成超载的各项原因 2. 降低转速 3. 减小安装角
	零件损坏或内部有异物	1. 出水管堵塞 2. 叶片上缠绕杂物（如杂草、布条、纱布、纱线等） 3. 泵轴弯曲 4. 轴承损坏	1. 清除 2. 清理 3. 校直或调换 4. 调换

故障现象	原 因 分 析		排 除 方 法
动力机超载	安装、使用不符合要求	1. 片与泵壳摩擦 2. 安装不同心 3. 填料过紧 4. 水池不符合设计要求	1. 重新调整 2. 重新调整 3. 松填料压盖或重新安装 4. 池过小，应予以放大；两台水泵中心距过小，应予以移开；进水处有漩涡，设法消除；水泵离池壁或池底太近，应予以放大
水泵振动或有异常声音	不符合性能要求	1. 叶轮淹没深度不够或卧式吸程太高 2. 转速过高	1. 提高进水池水位或重新安装 2. 降低转速
	零部件损坏或内部有异物	1. 叶轮不平衡或叶片缺损或缠有杂物 2. 填料磨损过多或变质发硬 3. 滚动轴承损坏或润滑不良 4. 橡胶轴承磨损 5. 轴弯曲	1. 调整叶轮、叶片或重新做平衡试验或清除杂物 2. 更换或用机油处理使其变软 3. 调换轴承或清洗轴承，重新加注润滑油 4. 更换并消除引起的原因 5. 校直或更换
	安装、使用不符合要求	1. 地脚螺丝或联轴器螺丝松动 2. 叶片安装角不一致 3. 动力机轴与泵轴不同心 4. 水泵布置不当或排过密 5. 叶轮与泵壳摩擦	1. 拧紧 2. 重新安装 3. 重新调整 4. 重新布置或排列 5. 重新调整
	进水条件不良	1. 进水池太小 2. 进水池形式不佳 3. 进水池水流不畅或堵塞	1. 设法增大 2. 改变形式 3. 清理杂物

3. 潜水电泵的运行维护

1）影响潜水电泵正常运行的主要原因

潜水电泵，尤其是小型潜水电泵，工作地点是经常变动的，日常维护工作显得特别重要，否则将不能保证正常运行。一般情况下，影响潜水电泵正常运行的主要因素如下：

（1）漏电问题。因为潜水电泵是电动机和泵的统一体，并一起没入水中，所以漏电保护尤为重要。潜水电泵一般都有接地线，使用时务必认真识别、连接可靠；若将接地线和电源线相互错接，将会造成严重的人员伤亡事故。有条件的建议使用漏电保护器。此外，连接三相电源线插头时，切记不可将压线板有毛刺的一面用来压线或压得太紧而压破芯线绝缘层，引起电源芯线与接地芯线短路事故。所以使用潜水电泵时，检查电缆线的完好程度是很重要的。

（2）三相潜水电泵的两相运行或两相制动。对于三相潜水电泵而言，如果断了其中一相，潜水电泵便处于两相运行或两相制动状态。如果潜水电泵原来是停止的，称为两相制动。此时，在外加电压作用下，潜水电泵不会旋转。绕组内会产生近5倍于正常值的电流，在没有保护措施的情况下，潜水电泵将在短时间内烧坏。如果潜水电泵在运行过程中突然断了一相，阻力转矩小时，潜水电泵仍能继续运行，这种现象称为两相运行。一般潜水电泵在空载时还能维持两相运行，但一旦入水阻力矩加大，便产生两相制动，继而发生超电流和烧坏的情况。

（3）堵转。造成潜水电泵堵转的原因很多，如叶轮卡住、机械密封碎片卡轴、污物缠绕等。潜水电泵三相堵转时，定子绕组上也将产生5~7倍于正常满载电流的堵转电流，如无保护措施，潜水电泵很快烧毁。

（4）电源电压过低或频率太低。

（5）磨损和锈蚀。磨损将大大降低潜水电泵性能，流量、扬程及效率均随之降低，叶轮与泵盖锈住了还将引起堵转。潜水电泵经常处于潜水与半潜水交替状态下，将会加速锈蚀的过程，使用时应注意。

以上几个因素在运行维护时务必予以注意。

2）小型三相潜水电泵的运行维护

（1）使用以前的准备工作

① 检查电缆线有无破裂、折断现象。因为潜水电泵的电缆线要浸入水下工作，如果电缆线破裂、折断则极易造成触电事故。此外，有时电缆线外观并无破裂和折断现象，也有可能因为拉伸或重压造成电缆芯线折断现象，此时电泵运行时极有可能处于两相工作的状态，既不出水又易损坏电动机，所以使用前既要观察电缆线的外观，又要用万用表或兆欧表检查电缆线是否通路。电缆出线处不得有漏油现象。

② 用兆欧表检查电泵的绝缘电阻，当电泵的电动机绕组相对机壳的热态绝缘电阻值大于$1M\Omega$时才能安全使用。潜水电泵出厂时的绝缘电阻值在冷态测量时一般均超过$50M\Omega$。

③ 检查潜水电泵是否漏油。潜水电泵的可能漏油途径有电缆接线处、密封室加油螺钉处的密封及密封处O形封环。检查时要确定是否真漏油。造成加油螺钉处漏油的原因是螺钉没旋紧，或是螺钉下面的耐油橡胶衬垫损坏。如果确定O形封环密封处漏油，则多是因为O形封环密封失效，此时需拆开电泵换掉密封环。

④ 搬运潜水电泵时要小心，不要拉动电缆，不要磨破或扎伤电缆线。搬运电泵时要避免碰撞，应轻拿轻放，防止损坏部件，尤其是下盖和进水节等易损零件。

⑤ 潜水电泵必须与保护开关配套使用，正如前面所述，小型潜水电泵的运行条件比较复杂，两相运转、两相制动、低电压运转、流道杂物堵塞等恶劣工况常会遇到，如果没有保护开关，电机绕组极易受到损伤，严重时会烧坏，因此必须与保护开关配套使用。如果没有保护开关，则需在三相闸刀开关处加接熔断丝予以保护，此时熔断丝的额定电流应为电泵额定电流的2倍左右。熔断丝过粗，或用铜丝或铝丝等代用品，潜水电泵将得不到保护。

⑥ 要有可靠接地措施。潜水电泵由于其特定的工作环境（水中），必须要有可靠的接地措施，否则难以保证安全使用。对于三相四线制电源而言，只要将电泵的接地线与电源的接地线可靠地连接即可。电源如果没有接地线，则应在电泵附近的潮湿土地中埋入深

15m 以上的金属棒（管）当地线，然后与电泵的接地线连接。

⑦ 对于远离电源的电泵来说，应加粗电缆的截面，并且接头应尽可能少，使电缆线上电压降控制在 5% 的范围内，以保证电泵的正常运行。

⑧ 长期停用的潜水电泵再次使用前，应拆开最上一级泵壳，盘动叶轮后再行起动，防止部件锈死起动不出水而烧坏电动机绕组。这对充水式潜水电泵更为重要。

(2) 潜水电泵使用时的注意事项

① 在杂草、杂物多的地方使用潜水电泵时，外面要用竹篮或铁丝网罩住，以防止水草、杂物堵塞潜水电泵的格栅网孔。堵塞后将影响电泵的流量，严重时纤维状杂物会缠绕叶轮造成堵转现象。

② 潜水电泵使用时应安装在水的中间层，一般潜水深度为 0.5～3m 为佳。浅了潜水电泵抽水时可能吸入部分汽泡，太深了将影响电泵的机械密封，并且增加了出水管的长度。此时，中间层的水比较干净且散热效果最好，有利于延长电泵的使用寿命。

③ 潜水电泵安装完成后应合上电源观察出水情况，判断电泵的旋转方向正确与否。带有离心泵的电泵在正、反转情况下均能出水。但同样条件下，旋转方向正确者出水量大；反之则小，此时只需停车换接电缆中的两根电源线（非接地线）的任意两根即可。注意，电泵反向运转时，电流比正向运转时大，长期反向运转会引起电机绕组损坏或使保护开关跳闸。

④ 潜水电泵不能过于频繁开、停，否则将影响潜水电泵的使用寿命，其原因主要有二：电泵停止时，管路内的水产生回流，此时立即再起动则引起电泵启动时的负载过重，并承受不必要的冲击载荷；电泵过于频繁开、停将损坏承受冲击能力较差的零部件，并带来整个电泵的损坏。

⑤ 检查电泵时必须切断电源。

⑥ 潜水电泵工作时，不要在附近洗涤物品、游泳或放牲畜下水，以免电泵漏电时发生触电事故。

(3) 潜水电泵的维护和保养

① 经常加油，定期换油。潜水电泵每工作 1000h，必须调换一次密封室内的油，每年调换一次电动机内部的油液。对充水式潜水电泵还需定期更换上下端盖、轴承室内的骨架油封和锂基润滑油，确保良好的润滑状态。对带有机械密封的小型潜水电泵，必须经常打开密封室加油螺孔加满润滑油，使机械密封处于良好的润滑状态，使其工作寿命得到充分保证。

② 及时更换密封盒。如果发现漏入电泵内部的水较多时（正常泄漏量为每小时 0.1mL），应及时更换密封盒，同时测量电机绕组的绝缘电阻值。若绝缘电阻值低于 0.5MΩ 时，需进行干燥处理，方法与一般电动机的绕组干燥处理相同。更换密封盒时应注意外径及轴孔中 O 形封环的完整性，否则水会大量漏入潜水电泵的内部而损坏电机绕组。

③ 经常测量绝缘电阻值。用 500V 或 1000V 的兆欧表测量电泵定子绕组对机壳的绝缘电阻数值，在 1MΩ 以上者（最低不得小于 0.5MΩ）方可使用，否则应进行绕组维修或干燥处理，以确保使用安全性。

④ 合理保管。长期不用时，潜水电泵不宜长期浸泡在水中，应在干燥通风的室内保

管。对充水式潜水电泵应先清洗，除去污泥杂物后再放在通风干燥的室内。电泵的橡胶电缆保管时要避免太阳光的照射，否则容易老化，表面将产生裂纹，严重时将引起绝缘电阻的降低或使水通过电缆护套进入电泵的出线盒，造成电源线的相间短路或绕组对地绝缘电阻为零等严重后果。

⑤ 及时进行电泵表面的防锈处理。潜水电泵使用一年后应根据电泵表面的腐蚀情况及时地进行涂漆防锈处理。其内部的涂漆防锈应视泵型和腐蚀情况而定。一般情况下内部充满油时是不会生锈的，此时内部不必涂漆。

⑥ 潜水电泵每年（或累计运行 2500h）应维护保养一次，内容包括：拆开泵的电动机，对所有部件进行清洗，除去水垢和锈斑，检查其完好度，及时整修或更换损坏的零部件；更换密封室内和电动机内部的润滑油；密封室内放出的润滑油若油质浑浊且水含量超过 50ml，则需更换整体式密封盒或动、静密封环。

⑦ 气压试验。经过检修的电泵或更换机械密封后，应该以 0.2MPa 的气压试验检查各零件止口配合面处 O 形封环和机械密封的二道封面是否有漏气现象，如有漏气现象必须重新装配或更换漏气零部件。然后分别在密封室和电动机内部加入 N7（或 N10）机械油，或用 N15 机械油，缝纫机油，10 号、15 号、25 号变压器油代用。

(4) 常见故障分析与排除

小型三相潜水电泵的常见故障和排除方法详见表 2-5

小型三相潜水电泵的常见故障和排除方法　　　　　　表 2-5

故障现象	原因分析	排除方法
起动后不出水	1. 叶轮卡住 2. 电源电压过低 3. 电源断电或断相 4. 电缆线断裂 5. 插头损坏 6. 电缆线压降过大 7. 定子绕组损坏；电阻严重不平衡；其中一相或两相断路；对地绝缘电阻为零	1. 清除杂物，然后用手盘动叶轮看其是否能够转动。若发现叶轮的端面同口环相擦，则须用垫片将叶轮垫高一点 2. 改用高扬程水泵，或降低电泵的扬程 3. 逐级检查电源的保险丝和开关部分，发现并消除故障；检查三相温度继电器触点是否接通，并使之正常工作 4. 查出断点并连接好电缆线 5. 更换或修理插头 6. 根据电缆线长度，选用合适的电缆规格，增大电缆的导电面积，减小电缆线压降 7. 对定子绕组重新下线进行大修，最好按原来的设计数据进行重绕
出水量过少	1. 扬程过高 2. 过滤网阻塞 3. 叶轮流通部分堵塞 4. 叶轮转向不对 5. 叶轮或口环磨损 6. 潜水电泵的潜水深度不够 7. 电源电压太低	1. 根据实际需要的扬程高度，选择泵的型号，或降低扬程高度 2. 清除电泵格栅外围的水草等杂物 3. 拆开电泵的水泵部分，清除杂物 4. 更换电源线的任意两根非接地线的接法 5. 更换叶轮或口环 6. 加深潜水泵的潜水深度 7. 降低扬程

续表

故障现象	原 因 分 析	排 除 方 法
电泵突然不转	1. 保护开关跳闸或保险丝烧断，引起这一现象的原因可能如下： a. 对离心泵而言，使用扬程太低；对轴流泵而言使用扬程太高 b. 电泵电压较低，使电泵的运转电流超过额定电流较多 c. 电泵两相运转 d. 电泵反相运转 e. 输送液体密度增加，引起电流增加 f. 电泵发生机械故障 2. 电源断电或断相 3. 电泵的出线盒进水，连接线烧断 4. 定子绕组烧坏	1. 查明保护开关跳闸或保险丝烧断的具体原因，然后对症下药，予以调整和排除 2. 接通电线 3. 打开线盒，接好断线包上绝缘胶带，消除出线盒漏水原因，按原样装配好 4. 对定子绕组重新下线进行大修。除及时更换或检修定了绕组外，还应根据具体情况找到产生故障的根本原因，消除故障
定子绕组烧坏	1. 接地线错接电源线 2. 断相工作，此时电流比额定值大得多，绕组温升很高，时间长了会引起绝缘老化而损坏定子绕组 3. 机械密封损坏而漏水，降低定子绕组绝缘电阻而损坏绕组 4. 叶轮卡住，电泵处于三相制动状态，此时电流为六倍左右的额定电流如无开关保护，很快烧坏绕组 5. 定子绕组端部碰电泵外壳，而对地击穿 6. 电泵开、停过于频繁 7. 潜水电泵脱水运转时间太长	1. 正确地将电泵电缆线中的接地线接在电网的接地线或临时接地线上 2. 及时查明原因，接上断相的电源线，或更换电缆线 3. 经常检查潜水电泵的绝缘电阻情况，绝缘电阻下降时，及时采取措施维修 4. 采取措施防止杂物进入电泵卡住叶轮，注意检查电泵的机械损坏情况，避免叶轮由于某种机械损坏而卡住。同时，运行过程中一旦发现水泵突然不出水应立即关机检查，采取相应措施检修 5. 绕组重新嵌线时尽量处理好两端部，同时去除上、下盖内表面上存在的铁疙瘩，装配时避免绕组端部碰到外壳 6. 不要过于频繁地开、关电泵，避免电泵负载过重或承受不必要的冲击载荷，如有必要重新起动电泵则应等管路内的水回流结束后再起动 7. 运行中应密切注意水位的下降情况，不能使电泵长时间（大于 1min）在空气中运转，避免电泵缺少散热和润滑条件

3）单相潜水电泵的运行维护

（1）单相电泵使用时的注意事项　单相潜水电泵使用时应该注意的事项与三相潜水电泵大致相同，诸如检查电缆线的完好程度、电泵的绝缘电阻，根据使用要求选择合适的流量和扬程等。此外还应检查单相潜水电泵的起动开关的工作状态良好与否。接通电后，单相电泵进行试运转，在周围环境比较安静时应能听到电泵在起动和停机时各有一个开关动作的响声，如果启动时听到离心开关有不顺利的重复起动的声音，说明离心开关起动不良，此时应找出原因予以排除。

（2）常见故障分析与排除　单相潜水电泵的常见故障及诊断方法有许多和三相电泵相同，诸如电缆损坏、电泵的电动机腔进水、易损件损坏等，表 2-6 就单相潜水电泵特有的故障及排除方法予以说明。

单相潜水电泵的故障及排除方法　　　　　　　　　表 2-6

故 障 现 象	原 因 分 析	排 除 方 法
起动电容器损坏	1. 使用电压过低，电机起动时间超过限度，电容器过度发热而爆破 2. 电泵由于某种原因堵转，不能起动，造成电容器损坏	1. 更换电容器，如电容器爆破，内液外泄，则需清除干净 2. 确定电泵堵转原因并消除，然后更换电容器并清除其外泄的内液
离心开关损坏	1. 离心开关底板接触簧片断裂；底板接触簧片上铆钉磨损或脱落，造成离心器上的胶木活络套与接触簧片相擦；离心器胶木活络套碎裂；接触簧片上动触头或底板上定触头脱落 2. 离心开关上的触头由于经常拉弧氧化，致使触头接触不良或触点不通	1. 更换离心开关。更换底板时拆开端盖和内盖即可。更换离心器时须先用轴承拉脚把轴承与离心器支架拉掉，然后压入新的离心器 2. 用金砂纸轻轻擦擦触头上的氧化层，然后用酒精擦净
热保护器损坏	电泵过载发热导致热保护器动作，电泵因此断电冷却，稍后热保护器接通，电泵又进入过载运行过程，周而复始，约十几分钟一次，最终导致热保护器损坏，从而进一步使电机绕组烧坏	及时查清电泵过载原因并清除，然后检修或更换热保护器
潜水电泵运转时振动并有噪声	1. 电动机或水泵的轴承磨损，使轴在轴承内摆动，或轴弯曲造成偏磨。电流表读数增大，指针剧烈摆动 2. 叶轮紧固螺母松动，叶轮和导流壳产生碰撞或摩擦 3. 推力轴承磨损，使叶轮前盖板和导流壳发生摩擦，电流表指针剧烈摆动 4. 电动机转子或电泵叶轮本身平衡不合格	1. 立即停机，吊出水泵更换轴承或调直转轴 2. 停机，吊出水泵，拧紧叶轮螺母 3. 更换止推轴承或推力盘；叶轮磨损严重时同时更换叶轮 4. 取出电机转子或叶轮进行动、静平衡试验，并加以处理直到平衡为止，然后重新安装

4）井用潜水电泵的运行维护

（1）井用潜水电泵使用前的注意事项

① 检查井用潜水电泵的电动机内是否按规定充满液体，如果没有充满，则须按要求

补足。

② 在电泵的引出电缆接配带电电缆前，用 500V 兆欧表测量电动机绕组对机壳的绝缘电阻，其热态绝缘电阻不得低于 0.5MΩ。否则须对接线处进行检查，并排除造成绝缘电阻低的因素，若充油式电动机体绝缘电阻低，则须对绕组进行干燥处理，并更换电动机内的绝缘油。

③ 检查电动机与水泵的配套尺寸，严格控制电动机的窜动量（一般在 2mm 左右），并要求在联轴器处能盘动电泵的转动部分。

④ 电泵下井前应认真处理好电缆外接头的绝缘与密封。处理方法可参照使用说明书。

⑤ 使用电泵时要注意电泵应满足的条件：

A. 电泵应完全潜入水中；

B. 井水温度应不高于 20℃；

C. 水的酸度 pH 值为 6.5～8.5；

D. 水中氯离子含量不超过 400mg/L；

E. 水中含沙量（质量比）不超过 0.01%。

⑥ 与保护开关配套使用。电泵潜入井内水下工作，运行情况难以观察，电泵带故障运行时若无保护开关保护，则极易损坏电泵电机的绕组，一般情况下要求保护开关在电泵运行电流超过 1.05 倍额定电流时能在规定的时间内动作。电泵在制动状态下（7 倍额定电流时），保护开关的动作时间不得大于 5s。

⑦ 保证电泵三相绕组的端电压（扣除电缆线的压降后）在 342～418V 的范围。电压过高或过低都会影响电泵的正常使用，严重时会损坏电泵绕组。

⑧ 为保证电泵的可靠运转，充分发挥电泵的效能，水泵的额定扬程和实际扬程之差一般不要超过额定扬程的 20%，否则应拆掉一级叶轮（代之以一个高度与叶轮相等的轴套）或者关小出水阀门，使实际扬程接近泵的额定扬程。实际需要扬程按下式计算：

实际需要扬程＝井下扬程＋井上扬程＋损失扬程

⑨ 保护电缆完好。装卸井用潜水电泵时，不可拖拉电缆，以免拉坏电缆接头，引起漏水或漏电的事故。电缆也不能处于自由悬挂状态，以防电缆的自重导致电缆的过度拉伸或损坏。使用时应将电缆每隔 5～10m 固定在出水管上。

⑩ 电泵的潜水深度要适当，一般在 2～5m 为宜。

（2）井用潜水电泵使用时的注意事项

① 保证电泵的旋转方向正确。其方法与其他泵一样。

② 合上开关后，观察电流表读数和运行声音，判断电泵运行是否正常，如有异常情况必须立即停车检查。

③ 经常检查电泵的运转电压值，应保证在扣除电缆压降外，直接供给绕组上的电压值应在 342～418V 范围内。

④ 经常检查电流值。正常运转时电流值不得超过额定的电流值。

⑤ 定期测量电泵绕组对地的绝缘电阻。在接近工作温度时，绝缘电阻不得低于 0.5MΩ。

⑥ 电泵保护开关内的过电流继电器或过热继电器的动作电流应定期按规定予以校正，

以免误动作或失去过载保护作用。

⑦ 充油式电泵因贫油停转时，应及时吊出电泵补充绝缘油。当外泄的绝缘油较多并浮于水面时，应设法清除，以免腐蚀电缆。

⑧ 电泵不宜频繁开、停。

（3）井用潜水电泵的维护和保养

① 定期检查记录绝缘电阻，如果绝缘电阻低于规定值，则应及时查明原因，并予以排除。

② 井用潜水电泵中，机械密封起到防沙和密封作用，直接影响电泵的安全运行。当机械密封泄漏量超过规定时，必须及时进行检修。检修时除更换橡胶密封元件外，对动、静密封圈可视损坏情况进行更换或研磨处理。

③ 定期检查充油式潜水电泵的油囊。油囊的损坏是充油式潜水电泵下部渗漏油液的主要原因。

④ 井用潜水电泵一般每年（或运转 5000h）需对电泵的易损件进行一次维护保养工作。其工作步骤如下：

A. 拆下水泵部分，检查叶轮、口环、轴套、轴承套等水泵的易损件是否完好。必要时更新有关零部件。

B. 打开电动机内腔的加液螺钉，更换腔内的液体。若腔内放出的液体含杂质或水分过多，则须检查机械密封。

C. 检查电动机部分的上、下径向轴承及推力轴承，必要时更换新的轴承。

D. 检修后的电泵应该以 0.05MPa 的气压试验，检查各零件止口配合面处是否有漏气现象。如有漏气现象，则须重新装配或更换导致漏气的零部件。

E. 电泵装配好后，或长期停用再次使用前，首先应盘动其转动部分，确认没有问题后再行起动。

（4）常见故障分析与排除

井用潜水电泵的常见故障分析及其排除方法见表 2-7。

井用潜水电泵常见故障分析及其处理方法　　　　　　表 2-7

故障现象	原因分析	排除方法
电泵不能起动	1. 电源电压过低 2. 电缆线压降太大 3. 电源断相或断电（如电缆断裂、熔断器熔断、继电器热元件脱扣等） 4. 叶轮卡住	1. 调整电压到 342V 以上 2. 加大电缆线截面积 3. 修复断电处，排除故障 4. 拆开水泵叶轮部位，清除杂物
电泵绝缘电阻下降	1. 电缆外接头进水 2. 耐水绕组线绝缘损坏 3. 引出电缆损坏 4. 充油式电动机贫油进水或信号线绝缘电阻下降 5. 定子屏蔽套损坏 6. 引出电缆处静密封失效	1. 重新处理电缆外接头 2. 更换损坏的绕组线 3. 检查损坏处并加以密封 4. 当绝缘电阻小于 0.5MΩ 时应重新干燥绕组，更换绝缘油 5. 修复屏蔽套 6. 更换静密封零件

续表

故障现象	原 因 分 析	排 除 方 法
电泵过载跳闸	1. 两相运转（电动机起动后电源断一相）	1. 修复电源
	2. 电泵反转	2. 将电源线任意两根换接
	3. 水泵叶轮卡住或磨耗增大	3. 修理水泵，清除杂物
	4. 输电线长，线路压降大	4. 改善线路，提高供电质量
	5. 电源电压太高	5. 调整电源电压
	6. 继电器误动作（此时电流并未超过额定电流）	6. 校正继电器动作电流
	7. 水泵或电动机轴承部位发生咬轴现象	7. 拆检水泵或电动机的轴承部位，修复或更换轴承零件
	8. 实际扬程大大低于额定扬程，电泵轴上蹿	8. 调整电泵的实际使用扬程至接近于额定扬程
	9. 电泵推力轴承损坏	9. 更换推力轴承
电泵出水不连续，电流表指针摆动	水位已下降到泵的吸入口附近	适当关小闸门，减小电泵流量或适当增加电泵的潜水深度
充电式电泵油囊部位漏油	1. 油囊破裂 2. 油囊凸起端面未全部嵌入下端盖槽中 3. 电动机绕组烧坏，油压急剧增加，导致油囊胀坏	更换或重新装配油囊，然后打压检查油囊是否完好
充油电泵贫油期太短、不足 5000h	1. 机械密封装配时，工作表面留有杂质	1. 装配时注意工作表面的清理工作
	2. 动、静密封圈工作面已磨损或研磨的平直度、粗糙度不佳	2. 更换新密封圈或重新研磨工作面
	3. 转子窜动量太大，O形封环有抱轴现象，弹簧力不足以顶住动密封圈，引起大量泄漏	3. 合理选用调整垫圈，控制电动机部分的转子窜动量为 0.15~0.3mm
	4. 静密封损坏	4. 检查油囊及各静密封零件，损坏的应及时更换
	5. 动、静密封圈橡胶弹性元件硬度选用不当	5. 更换动、静密封圈的O形封环，压下密封圈后，观察弹簧力能否顶动密封圈，不允许有抱轴现象重新嵌线并按情况做相应检修
电泵绕组烧坏	1. 电泵过载或长期两相工作而开关保护失灵	1. 校正保护开关动作电流
	2. 机械密封失效，造成电泵绕组因渗水而匝间短路	2. 检修机械密封，保证机械密封的泄漏量小于技术要求的指标
	3. 耐水绕组线或接头绝缘损坏	3. 修复或更换绝缘损坏处
	4. 充油电泵贫油进水而贫油保护失灵	4. 检修贫油保护线路
	5. 电缆引出部分密封失效	5. 更换电缆引出部分的静密封零件
	6. 定、转子严重相擦，屏蔽套受到损伤	6. 检查并更换轴承部分的零件，使电动机的定、转子保持正常的间隙

2.3.4　换热器的维护保养

2.3.4.1　维护保养目的

换热器使用一段时间后，会形成一些污垢，污垢会影响换热器的换热效率，进而影响其出力。

1. 污垢的形成

所谓污垢是指在与流体周围接触的固体表面上逐渐积聚起来的一层固态或软泥状物质，它通常以混合物的形态存在。固体表面从洁净状态到被污垢覆盖的过程，就是污垢的积聚过程，人们常称之为结垢或污染。结垢是一种极为普遍的现象，它存在于自然界、日常生活和各种工业生产过程，特别是各种传热过程中。目前，对换热器的污垢，一个比较严格的定义是：换热面上妨碍传热和增加流体流过换热面时阻力的沉积物。这一定义突出了换热装置污垢的两个基本属性：1) 对传热的阻碍；2) 增加了换热流体的流动阻力。为了防止和尽量减小污垢对换热设备的上述不利影响，人们不得不采取一系列的防垢、抑垢和除垢措施，诸如定期清洗、进行致垢流体的处理等，这些对策虽然在相当程度上减轻了污垢的上述危害，但却加大了换热设备的初投资，增加了必要的清洗设备，加大了设备的维护费用，缩短了设备的正常运行周期；加之，频繁的起、停会在一定程度上影响设备的寿命。

污垢现象广泛存在于各种传热过程中，大多数换热器会遇到污垢问题。有资料显示，90%以上的换热器都存在不同程度的污垢问题。污垢的形成是一个复杂的过程，简单地说，污垢的产生包括两个过程：第一个过程是污垢沉积的过程，即污垢颗粒从主流液体向表面输送并逐渐成长的过程；第二个过程是沉淀物质形成粒状、粒子簇或片状后，由于流动剪应力或温差应力的作用从表面脱除的过程。上述两个过程竞争的结果就产生了各种形态的结垢。

2. 污垢的影响

污垢对换热器及其系统的影响主要有以下几点：

1) 污垢是热的不良导体，污垢沉积在设备表面影响了传热效果，降低了生产效率。从设计角度分析，换热器总传热系数 K 值随污垢热阻的增加而减少，清洁条件下的 K 值越高，则污垢热阻的影响就会越大。这样导致换热器设计时必须额外增加传热面积，以补偿污垢热阻的影响。

2) 污垢聚集在设备的表面，使局部腐蚀加剧，容易产生点腐蚀造成穿孔。

3) 污垢在换热管内沉积使管内流体的流通截面积变小，增大了流动阻力，导致泵的功率增大，造成设备运行总能耗增加。

4) 由于污垢而引起的停车清洗，降低了设备连续运转的周期，影响生产效益。甚至会降低产品质量。

2.3.4.2　换热器维护保养

1. 管壳式换热器的维护保养

1) 日常检查

日常检查的目的是及时发现设备存在的问题和隐患，采用正确的预防和处理措施，避免设备事故的发生。检查内容包括：定期检查设备流量、压力、温度等的操作记录；检查、判断设备是否存在泄漏；检查设备保温或保冷是否良好；检查无保温和保冷的设备局部有无明显的变形；检查设备基础或支吊架是否良好；利用现场仪表或总控仪表显示画面观察设备流量是否符合设计要求，设备是否存在超温超压等；对现场有安全附件的换热器，要检查安全附件是否良好；用听棒判断设备是否存在异常声响，确认设备内换热器是否存在相互摩擦和振动等。

（1）温度的检测

温度是换热器运行中主要的操控工艺指标，通过在线仪器检测及检查换热器中各流体的进出口温度的变化，可以分析、判断介质流量的大小及换热情况的好坏和是否存在内漏等。要防止温度的急剧变化，因温度剧变会造成换热器内件，特别是管束与管板的膨胀和收缩不一致，导致产生温差应力，从而引起管束与管板脱离或局部变形及裂缝，还会加快腐蚀及产生热疲劳裂纹。

用水作为冷却介质的，水的出口温度最好控制在 38℃ 以下，不宜超过 45℃。因为水温超过 38℃，微生物的繁殖会明显加速，腐蚀成分的分解加快，引起管子腐蚀穿孔。同时已溶于水的碳酸氢钙、碳酸氢镁会受热分解形成沉淀，使换热器结垢越来越严重，影响设备的换热能力。

通过对温度的检测和记录，可以计算传热系数。传热效率好坏主要表现在传热系数上，传热系数降低，则标志着换热器的效率降低。定期测量换热器两种介质的进出口温度、流量，计算出各时期的传热系数，并用坐标纸作出变化趋势图。它会是一条基本连续逐渐向下、切点斜率较小的平滑曲线。当传热系数低到不能满足工艺要求时，则应通过机械清洗或化学清洗来提高其传热系数，满足和维持工艺运行的需要。

（2）压力的检测

通过对流体压力及进出口压差的测定和检查，可以判断换热器是否结垢，是否存在堵塞引起的节流以及泄漏等。

在内漏中高压流体往往向低压流体中泄漏，使低压流体压力很快上升甚至超压，并可能损坏低压设备或该设备的低压部分，引起催化剂失效或污染其他系统等各种不良后果，对运行中的高压换热器应特别监视和警惕。

工艺操作中，若发现压力骤变，无论升高或降低，除应检查换热器本身外，还应检查系统内其他影响因素，例如系统阀门的损坏、输送流体的机械发生故障等，尽快查出压力骤变的原因。

（3）泄漏的检查

换热器存在的主要问题之一是泄漏。泄漏有内漏和外漏之分。

① 外漏的检查　外漏在运行生产中容易被检查发现。

A. 对于轻微的气体外漏，可以直接用抹肥皂水或其他发泡剂来检查，也可借助试纸变色来检查。

B. 对于酸性或碱性气体外漏可以凭视觉、嗅觉直接发现。

C. 检查换热器外壳体表面的涂料层或保温保冷层的剥落污染情况，也可确定壳体是否存在泄漏。

D. 若泄漏气体为可燃性气体，可以用安全专用仪器来检测。对于存在剧毒的气体，还可以在现场设置自动分析记录仪，发现泄漏自动进行声光报警。

E. 通过定期对壳体各连接处周围的空气取样分析，也能判断是否泄漏及泄漏程度。

② 内漏的检查　内漏是由于管束的泄漏，造成管程和壳程间的内部串漏。管束泄漏有两个部位：一是在管子与管板连接处，二是管子本身泄漏。对于内部泄漏，操作人员不易直接发现，但可以从介质异常的温度、压力、流量、异常声音、振动及其他异常现象来判断发现。

压力反应：例如，某一换热器管内是压力较高的气体，壳程是压力较低的液体，当管束中某一管子穿孔时，则管内的气体就串到管间（壳程）液体中，从液体压力表中即可反映出压力上升，这是因为气体串入液体，引起液体剧烈翻腾造成压力波动。

振动反应：用听音棒发现壳体内有异常响音，如有较多管子泄漏，用手摸壳体或液体出口管，会有震动的感觉。

取样分析：对一般换热器（不使用冷却水），在出口处对低压介质定期取样，可知有无泄漏，试验项目根据两介质的特性选取，如色相、密度、黏度和成分等。

综合现象：当发生泄漏时，换热器一定会出现换热器的冷却水压力波动大，管道和设备往往都有较大的异常声响和振动，冷却水管线上的防爆板会破裂漏水等，从而直接判断出该换热器泄漏。

其他方法：假若换热器管程走的是液体介质且压力较高时，还可以打开气体管线上的导淋，根据平常排导的情况亦可判断该换热器是否存在内漏；对于冷却器，可在冷却器出口阀前的管道上装取样接管，定期取样检查有无被冷却的介质混入。当被冷却的介质为气体时，可在冷却水出口管道的上部安装积气报警器报警，以此检测泄漏。

停车修理期间，管束泄漏检查可采用压力试验的方法，这种方法便于检查管子泄漏的具体情况。其做法是：把管束放入壳体，两端装上试验法兰和浮头试验环，壳侧通水，加压，保压，目测检查两端管板处管子的泄漏情况，对漏管作出标记。壳程不允许进水的换热器，可用气压试验。气压试验过程必须严格控制进气压力，首试压力应不大于0.1MPa，终试压力应不大于工作压力。查漏时用发泡液体顺序涂刷管板表面，仔细观察各管口。高压固定管板换热器由于管板与管箱制成一个整体，设计压力比壳程大很多，检查漏点时，可用渗透力非常强的混合气通入壳程，用酚酞溶液作试剂检查漏点。

（4）振动的检查

换热器内的流体一般具有较高的流速，流体的脉动和横向流动会引起换热器发生流体诱导振动。一般外部原因如输送流体的管道弹簧支吊架失效，换热器本身地脚螺栓松脱，设备的支承基础不稳固等都会造成设备振动发生。对设备存在的振动要进行密切监测，严格控制振动值不超过 $250\mu m$。超过此值时，则需要立即检查处理。

（5）保温或保冷层的检查

对于保温或保冷层，一般在设备的使用说明书上有具体要求。它的完好状态直接影响换热器的传热效率，属于节能降耗要求内容，关系到生产的经济运行。另外，保温或保冷层还有保护设备的作用，保温或保冷层一旦破损，在壳体外部积附水分，使壳体发生局部腐蚀，有的换热器还会因为保温保冷不符合要求发生泄漏。因此，发现保温或保冷层破损后应尽快修补，并要采取措施，防止水分进入保温或保冷层内。

（6）壁厚腐蚀减薄的检查

对于壳体会腐蚀、减薄的部位，可由外部测定壳体厚度。测定仪器有超声波测厚仪及其他非破坏性测厚仪器。

2）管壳式换热器的检修

（1）检修设备

此处以 U 形管式换热器为例，说明一般的检修过程。

① 设备安全交出停车后，应切断该设备所有与装置相连的管道、阀门，将设备内泄压，把介质排放干净，置换合格后加盲板，交付检修单位的该项项目负责人。

② 检修前的检查在拆卸前，有保温的设备要拆去保温，搭好检修用的脚手架和平台，并把跳板用铁丝固定好，若需要进一步确认漏点的地方，在拆卸前可用氮气从堵头或导淋处用临时接管试漏，找出漏点做好标记。在打开管箱法兰后，要详细观察管隔板的分程密封情况，管板上接管入口处有无异物堵住管口，以及有无垢层及腐蚀产物在箱内堆集，并做好记录。通知分析人员取样分析腐蚀物和结垢的化学组成，若工艺车间技术人员不在场时，还需要通知工艺技术人员到场，让其了解原因，以便工艺在运行中采取相应对策。要测量各部存在腐蚀地方的厚度，比较严重的地方需在本次检修中处理或下次检修中处理，必须绘草图详细记录或拍照记入设备检修档案。

对于换热器的管箱与壳体可以用测厚、探伤和肉眼检查各易产生腐蚀和泄漏的部位，也可利用拆卸前的气密试验确定壳体的泄漏部位。

（2）检修内容

① 换热器小修与中修的主要内容：

A. 拆卸换热器两端封头或管箱，清扫管程内部及头盖积垢；

B. 清洗、清扫管子内表面和壳体异物，检查换热器两端盖、管箱的腐蚀、锈蚀、裂纹、砂眼等缺陷；

C. 对管束和壳体进行试压和试漏。通过试压找出泄漏的管子和管口；对泄漏的管口进行补胀、补焊，对泄漏的管子用锥形堵头堵死；

D. 对管箱、后盖及出入口接管法兰换垫片并试压；

E. 部分螺栓、螺母的更换及壳体保温修补；

F. 检查保温、防腐。进行局部测厚；

G. 检查换热器各密封面情况，表面不应有划痕、凹坑和点蚀。

② 换热器大修主要内容有：

A. 包括中修内容；

B. 抽芯，使用专用抽芯机将管束从壳体里抽出；

C. 对管束进行清理、清扫、清洗，并检查换热管的变形和弯曲情况；

D. 检查隔板和拉杆螺栓的腐蚀及锈蚀情况；

E. 管、壳程清洗，这里管束清洗指的是管束抽出后，用高压水进行的彻底清洗，一般在专用场地进行。壳程相对管束清理要方便得多，一般在检修现场进行；

F. 管束回装，通过试压查漏，堵漏。管束回装一般使用抽芯机进行，$DN > 400$ 的换热器可用葫芦、钢丝绳操作；

G. 当管束堵管数达到管程单程管子 10% 以上时，管束应进行更新。

2. 板式换热器的维护保养

1）日常维护

日常维护应定时检查设备静密封的外漏情况，通过压力表或温度表监测流体进出口的压力、温度情况；无表记设备可通过红外线测温仪监测进出口温度。对设备的内漏，可通过流体取样分析或电导分析仪监测。

对于备用设备，若长期不使用时，应将拧紧螺栓放松到规定尺寸，以确保垫片及换热器板片的使用寿命，使用时再按要求夹紧。设备连续运行时，在信号孔发现介质流出时应进行分析，如是螺栓松动或由于长期热交换而伸长，在对其进行夹紧时应非常小心，因为板式换热器之所以具有较高的传热系数，其最主要原因是其板片波纹能使流体在较小的流速下产生湍流。非专业人员在夹紧时，极有可能对其产生不可恢复的损坏。当设备处于使用状态时，建议不要夹紧。若发现密封垫片老化应予更换。

板式换热器的易损部件主要是密封垫片，一般用三元乙丙胶垫，耐酸、耐碱、耐盐，适用于在有氯化物及有机溶剂等严重腐蚀的场合，工作温度一般在$-20\sim150℃$。实践证明，加了消泡剂的溶液将会出现胶垫溶胀现象。从目前运行情况分析，胶垫的最长使用寿命大约在$3\sim5$年。正确的操作对板式换热器的使用寿命有直接影响，因此在换热器运行时，应避免水锤等影响其性能的不正当操作，介质入口应加合适的过滤器。

2）板式换热器的检修

（1）检修前的准备

① 检修前各项技术准备充分，检修系统与装置总系统隔离，确认设备已置换到位。

② 检修人员、备件、材料到位，检修任务、进度明确。

③ 拆卸前应测量好两盖头间的长度尺寸，以便回装时参考。

（2）检修程序

① 拆卸板式换热器

拆卸前，应测量板束的压紧长度尺寸，做好记录。拆卸按照安装的逆序进行，零部件放置规范，做好标识，避免撞击、划伤。拆卸前应确认换热器冷热侧进出口阀门已关闭，且确认换热器内部已排空。若换热器温度过高，则应等温度降至40℃以下再行拆卸。

密封垫片若粘在两板片间的沟槽内，此时需用螺丝刀小心地将其分开，螺丝刀应先从易剥开的部位插入，然后沿其周边进行分离，切不可损坏换热器板片和密封垫片。

需要注意的是，拆卸钛材的板片时，严禁与明火接触，以防氧化。

② 清洗

A. 化学清洗　不拆设备进行化学清洗，清洗液通过进出口管导淋循环，试剂配制要求不腐蚀换热板及垫片；拆下的换热板也可在容器槽内进行化学浸泡清洗。清洗时，应监测溶液中 H^+、Ca^{2+}、Fe^{2+} 的浓度，当 Ca^{2+} 增长缓慢或 Fe^{2+} 有大的变化时停止化学清洗。溶液根据结垢成分配制，一般用 10％HCl 加 1％缓蚀剂。

B. 机械清洗　设备解体后，进行机械清洗。用高压水枪冲刷表面杂质，注意换热板放于平面上，以防高压水冲击使换热板变形。注意不要用硬钢丝刷清理表面，以防钢丝划伤换热板，加速换热板腐蚀。对于用水很难冲刷的沉积物，则可用软纤维刷子、鬃毛刷来洗刷。

③ 检修

A. 主要检修内容

中修：拆除进出口管清洗杂物；检查进出口管的橡胶内衬，不应有裂纹和破坏，否则应进行相关处理。检查测量螺栓预紧力和板片总体尺寸。

大修：包括中修内容；如换热器结垢，应解体清洗，或者另行配管在线化学清洗；用放大镜检查密封板条的弹性和压缩变形情况，必要时可以更换；检查换热板片变形情况；检查换热板片有无腐蚀、穿孔等缺陷。

B. 更换垫片

当设备发生内外漏现象时要严格检查垫片，检查密封垫片是否有老化、变质、裂纹等缺陷，禁用硬的物品在表面上乱划。检查换热板片是否有局部变形，超过允许值的，应进行修整或更换。如垫片损坏，必须更换垫片。从节约成本出发，换垫应有针对性，不必全部更换。根据外漏标识，取出该板更换垫片，其余板垫片不换。同样，对内漏，如明确漏点位置，也可不全部更换垫片，只换破损垫片。密封垫片与换热板片表面严禁积存固体颗粒，如沙子、铁渣等。更换新密封垫片时，需要用丙酮或其他酮类有机溶剂，将密封垫片沟槽擦净。再用毛刷将合成树脂黏结剂均匀涂在沟槽里。换垫困难时，可适当加热换热板背面，使胶脱离，注意换热板上密封面处应清理干净。

C. 更换换热板

换热器解体后，检查换热器板片是否有穿孔，一般用加倍的放大镜，有时也可用灯光或煤油渗透法等逐片检查。若换热板腐蚀严重或穿孔，在不能补焊处理时，应更换换热板。更换换热板时应注意换热板的奇偶性，垫片粘接符合奇偶性要求。

（3）重新组装

① 重装组件前，必须将合格的换热板片、密封垫片、封头（头盖）、夹紧螺栓及螺母等零件擦洗干净。

② 封垫片与沟槽粘接前，必须用丙酮或其他同类有机溶剂等溶化沟槽内残胶，再用细纱布擦净。

③ 用与密封垫片沟槽宽度相同的鬃毛刷子，将合成树脂胶粘剂涂在板片沟槽内，然后压入密封垫片，用平钢板压平，放置 48h 即可。

④ 用丙酮等有机溶剂，将被挤在沟槽外面的残胶粘剂料溶解，并清除干净。

⑤ 更换新密封垫片时，要仔细检查新密封垫片四个角孔位置，必须与旧密封垫片相同。

⑥ 平板换热器的一个板片损坏而无备件时，可将此板片和相邻的板片同时取下，再拧紧夹紧螺栓。

⑦ 应均匀、对称、交叉地拧紧夹紧螺栓，拧紧至板束长度达计算值尺寸时为止。

测量组装后板片总压缩量，一般可按下式计算：

$$L = (\delta_1 + \delta_2)n + \delta_2 \tag{2-34}$$

式中　L——拧紧后板束总长度，mm；

　　　δ_1——板片厚度，mm；

　　　δ_2——密封板条压缩后的厚度（一般为未压缩厚度的 80%，压缩量 20%，最大压缩量不能超过 35%），mm；

　　　n——换热板片数量。

为防止密封垫片与板片粘在一起，可在密封垫片上涂一层混合物。混合物所用的油、酒精、滑石粉的配比，按重量计为 1：1：2。

3）板片的清洗和保护

保持板片的清洁是板式换热器检修的主要内容，也是保持板式换热器无故障和具备高传热系数的重要条件之一。在板片间，介质是沿着狭窄曲折的流道运动的，即使产生不太厚的垢层，也将引起流道的变化，显著地影响流体的运动，使压降增大，传热系数下降，甚至将流道堵塞，使换热器无法继续运行。

（1）清洗方法

① 化学清洗法

这种方法是将一种化学溶液循环地通过换热器，使板片表面的污垢溶解、排出。此法不需要拆开换热器，简化了清洗过程，也减轻了清洗的劳动程度。由于板片波纹能促进清洗液剧烈湍流，有利于垢层溶解，所以化学清洗法是比较理想的方法。

化学清洗剂的选择，目前大多采用酸洗，它包括有机酸和无机酸。有机酸主要有草酸、甲酸等；无机酸主要有盐酸、硝酸等。清洗剂的选择应根据换热器结构、工艺、材质和水垢成分等因素确定。比如换热器流通面积小，内部结构复杂，清洗液若产生沉淀则不易排放；再如换热器材质为镍钛合金，使用盐酸为清洗液，容易对板片产生强腐蚀，缩短换热器的使用寿命等。通过反复试验发现：一般情况下，选择甲酸作为清洗液效果最佳。通过酸液浸泡试验，发现甲酸能有效地清除附在板片上的水垢，同时它对换热器板片的腐蚀作用也很小。在甲酸清洗液中加入缓蚀剂和表面活性剂，清洗效果更好，并可降低清洗液对板片的腐蚀。当换热器材质允许时，由于盐酸价格便宜、容易购置，仍大量采用盐酸作为清洗剂。

② 机械（物理）清洗法

机械清洗法一般采用喷水清洗。此法适用于化学清洗不能除去的碳化物垢层，其优点是对设备磨损率低，缺点是必须拆卸设备。除了喷水清洗，有时也将板片用刷子进行人工洗刷，从而达到清除板片表面污垢的目的。这种方法对较坚硬、较厚的垢层，不易清洗干净。

喷水清洗的水压选择很重要，常用压力为 50～70MPa。压力过低，清洗效果不好，压力过高可能损伤设备。因此在操作前应进行预试验，取得经验后再行操作。值得注意的是，对于不锈钢板式换热器，在进行喷水清洗时应控制水中氯离子含量。

③ 综合清洗法

对于污垢层比较坚硬又较厚的情况，单纯采用上述一种方法都难以清洗干净。综合法是先用化学清洗法软化垢层，再用机械（物理）清洗法除去垢层，以保持板片清洁干净。

（2）水垢清洗

① 清洗剂选择

一般情况下，选择甲酸作为清洗液效果最佳。盐酸价格便宜、容易购置。故盐酸是最常用的除垢剂，其除垢机理表现为以下几点：

A. 溶解作用　酸溶液容易与钙、镁、碳酸盐水垢发生反应，生成易溶化合物，使水垢溶解。

B. 剥离作用　酸溶液能溶解金属表面的氧化物，破坏与水垢的结合，从而使附着在金属氧化物表面的水垢剥离，并脱落下来。

C. 气掀作用　酸溶液与钙、镁、碳酸盐水垢发生反应后，产生大量的二氧化碳。二氧化碳气体在溢出过程中，对于难溶或溶解较慢的水垢层，具有一定的掀动力，使水垢从换热器受热表面脱落下来。

D. 疏松作用　对于含有硅酸盐和硫酸盐混合水垢，由于钙、镁、碳酸盐和铁的氧化物在酸溶液中溶解，残留的水垢会变得疏松，很容易被流动的酸溶液冲刷下来。

② 水垢清洗的工艺要求

A. 酸洗温度　提升酸洗温度有利于提高除垢效果，如果温度过高就会加剧酸洗液对换热器板片的腐蚀，通过反复试验发现，酸洗温度控制在 60℃ 为宜。

B. 酸洗液浓度　根据反复试验得出，酸洗液需按甲酸 81%、水 17%、缓冲剂 1.2%、表面活性剂 0.8% 的浓度配制，清洗效果极佳。

C. 酸洗方法及时间　酸洗方法应以静态浸泡和动态循环相结合的方法进行。酸洗时间为先静态浸泡 2h，然后动态循环 3～4h。在酸洗过程中应经常取样化验酸洗液浓度，当相邻两次化验浓度差值低于 0.2% 时，即可认为酸洗反应结束。

D. 钝化处理　酸洗结束后，板式换热器表面的水垢和金属氧化物绝大部分被溶解脱落，暴露出崭新的金属，极易腐蚀，因此在酸洗后，应对换热器板片进行钝化处理。

③ 水垢清洗的具体步骤

A. 酸洗前，先对换热器进行开式冲洗，使换热器内部没有泥、垢等杂质，这样既能提高酸洗的效果，也可降低酸洗的耗酸量。

B. 将清洗液倒入清洗设备，然后再注入换热器中。

C. 将注满酸溶液的换热器静态浸泡 2h，然后连续动态循环 3～4h，其间每隔半小时进行正反交替清洗。酸洗结束后，若酸液 pH 值大于 2，酸液可重复使用，否则，应将酸洗液稀释中和后排掉。

D. 酸洗结束后，用 NaOH、Na_3PO_4、软化水按一定的比例配制好，利用动态循环的方式对换热器进行碱洗，达到酸碱中和，使换热器板片不再腐蚀。

E. 碱洗结束后，用清洁的软化水，反复对换热器进行冲洗半小时，将换热器内的残渣彻底冲洗干净。

F. 清洗结束后，要对换热器进行打压试验，合格后方可使用。

注意：清洗过程中，应严格记录各步骤的时间，以检查清洗效果。图 2-60 为板式换热器的化学除垢清洗示意图。

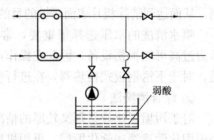

图 2-60　板式换热器除垢清洗示意图

（3）清洗时注意事项

① 化学清洗时溶液要保持一定的流速，一般为 0.8～1.2m/s。其目的在于增加溶液的湍流程度。

② 对于不同的污垢应采用不同的化学清洗液。除了经常采用的稀释纯碱溶液外，对于水垢可用 5% 的硝酸溶液。在纯碱生产中生成的垢，可用 5% 的盐酸溶液。但不得使用对板片产生腐蚀的化学洗剂。

③ 机械（物理）清洗时不允许用碳钢刷子刷洗不锈钢片，以免加速板片的腐蚀。同时不能使板片表面划痕、变形等。如果板片上有污点或铁锈时，建议用去污粉清除。

④ 清洗后的板片要用清水冲洗干净并擦干，放置时应防止板片发生变形。

（4）清洗过程

这里以板式换热器作水冷却器为例，说明清洗过程。清洗流程如图 2-61 所示，虚线为临时接管（101.6mm）。循环冷却水被隔离，化学清洗液从 S_4 进入从 S_2 流出。清洗程序分为试漏、冲洗、化学清洗、漂洗等步骤。清洗前对板式换热器进行试漏，检查有无内漏（介质由高压侧向低压侧渗漏）。

将板式换热器内侧介质排尽，对需要清洗的一侧充氮气至操作压力后保压，另一侧留一打开的导淋或排气孔。若压力不降，说明其密封性能很好。或检查板式换热器的各个有可能产生泄漏的地方，如果查明有内漏，则板式换热器板片需要修复或更换。

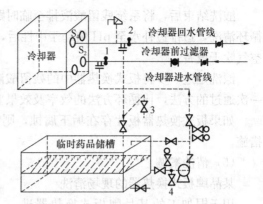

图 2-61　板式换热器化学清洗流程示意图
1—板式换热器过滤器后接永久性法兰，加盲板，盲板后接永久性 101.6mm 接口（带法兰），临时管线接该处；2—蝶阀前接永久性法兰连接，加盲板，盲板后接永久性 101.6mm 接口（带法兰），临时管线接该处；3—冲洗水排地沟；4—低点排放口

按照图 2-61 所示，对板式换热器进行热水（50℃左右）冲洗，控制清洗泵的出口压力及流量在板式换热器允许的条件下运行，尽可能冲洗出附着在板片上的垢，直到板式换热器出口的水无明显浑浊为止。用热水冲洗既有利于降低化学药剂的用量，也可缩短化学清洗的时间。

① 酸洗液配方　硝酸用量 3%～5%，缓蚀剂 LX9-001 用量 0.1%，温度为常温。

② 酸洗工艺条件及操作　在酸槽内加入循环冷却水和 LX9-001 缓蚀剂进行溶解。启动泵打循环，20min 后分次加入硝酸配约 3%～5% 酸洗液。同时在酸槽中挂入不锈钢挂片 3 块，以测定腐蚀速率。

③ 酸洗时间　酸洗时间以 2～3h 为佳，一般不超过 3h。终点的判断，若以碳酸钙为主的水垢，可视泡沫消失，槽中液面下降，浊度不再上升，酸液浓度稳定，则确定清洗终点。然后最好用碱液中和一下，最后用清水冲洗。

④ 化学清洗过程中的分析项目及频率　总铁：酸洗前分析 1 次，以后 2 次；酸浓度：2 次/h；浊度：2 次/h。清洗结束时应及时取出挂片观察腐蚀情况并计算平均腐蚀速率。详见表 2-8。

板式换热器清洗数据　　　　　　　　　　　　　表 2-8

时间	浊度（mg·L）	总铁（mg·L）	酸浓度%	流量（kg/h）
8∶30	690	800	4.15	150000
9∶00	706	—	4.04	150000
9∶30	701	828	4.02	150000
10∶00	696	—	4.00	150000
10∶30	691	830	4.00	150000
11∶00	691	—	4.00	150000

酸洗结束后，将系统残留酸液排至临时贮槽进行中和排放，向槽内加入大量清水进行循环清洗，边排边补水至 pH 值趋于中性后，停止补水及排放，酸洗完毕，用氮气或压缩空气吹干设备。

漂洗是进一步将板式换热器中的残留酸液置换出来。根据清洗流程图所示，漂洗采用一次通过的方法，比循环方法的效率及效果要好。

如果板式换热器板片存在垢下腐蚀，则需要进行系统评估，再确定清洗方案或其他措施。

(5) 清洗案例

某品牌板式换热器的现场清洗

用于铜加工的某品牌板式换热器进行现场清洗可不拆开换热器，用泵将水（或清洗溶液）输送入装置的内部即可。现场清洗是清洗板片的首选方式，尤其是当工艺液体带有腐蚀性时。图 2-62 为板式换热器现场清洗系统示意图。

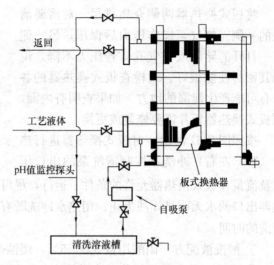

图 2-62　现场清洗系统示意图

① 现场清洗的原则

A. 当换热器尚热、带压、载液或正处于作业中时，决不要打开换热器。

B. 必须始终使用清水进行冲洗作业，清水中应不含盐、不含硫、不含氯或含铁离子浓度要低。

C. 如果用蒸汽作为杀菌介质，处理丁腈垫片的蒸汽温度不要超过 132℃、处理三元乙丙橡胶垫片的蒸汽温度不要超过 177℃。

D. 如果用含氯溶液作为清洗介质，应尽可能在最低的温度用最小的浓度的溶液。用这种溶液清洗板片的时间应尽可能缩到最短。溶液含氯的浓度不能超过 0.0001%，溶液的温度必须低于 37℃，板片与溶液接触的时间不能超过 10min。

E. 必须在水循环通过装置之前加浓缩的清洗溶液，决不要在水循环时注入这些溶液。

F. 必须用离心泵使清洗溶液保持循环。

G. 不要使用盐酸清洗板片。当污垢为硫酸钙、硅酸盐、氧化铝、金属氧化物时，可选择柠檬酸、硝酸、磷酸或氨基磺酸；当污垢为碳酸钙时，可选择 10% 硝酸。

H. 在用任何类型的化学溶液清洗板片后，都必须用清水将板片彻底冲洗干净。

② 现场清洗步骤

A. 将换热器两边进出管口内的液体排尽。如果排尽不了，可用水将工艺液体强行冲出。

B. 用大约 43℃ 的温水从换热器的两边冲洗，直到流出的水变得澄清且不含工艺流体。

C. 将冲洗的水排出换热器，连接就地清洗泵。

D. 要清洗彻底，就必须使就地清洗溶液从板片的底部向顶部流动，以确保所有的板片表面都用清洗溶液弄湿。

E. 最佳的清洗方案是：使用就地清洗溶液以最大流速冲洗，或以就地清洗喷嘴直径允许最大流速清洗（喷嘴直径 5cm 允许的最大流速为 $1.64\times10^{-2}\,m^3/s$，喷嘴直径 2.5cm 允许的最大流速为 $4.22\times10^{-3}\,m^3/s$）。如果能在彻底污染前，按照制定的定期清洗计划进行就地清洗作业，那么清洗效果会更好。

F. 用就地清洗溶液清洗完后，再用清水彻底冲洗干净。如果换热器是用盐水作为冷却介质，在清洗作业开展前，应先将盐水尽量排干净，然后用冷水将换热器冲洗一遍。如果在用热就地清洗溶液对换热器两边清洗之前，将所有的盐水彻底冲洗干净，对设备的腐蚀将最小。

通常，当换热器中有纤维状物及大颗粒物质存在时，对装置进行反冲洗的效果相当明显。用下列两种方式之一可达到反冲洗的目的：

A. 用清水与正常操作相反方向冲洗装置；

B. 布置管道并在管道上设置阀门，以便在固定的时间内在产品边以反向模式作业，这种特殊模式特别适合产品是蒸汽的换热器。

当水流中含有相当数量的固体或纤维物质时，建议在换热器前面的供水管线上装网式过滤器，这样可减少反向冲洗的次数。

4）板式换热器常见故障及处理方法，详见表 2-9

板式换热器一般故障及排除方法 表 2-9

故障现象	故障原因	故障处理方法
两种介质互串	1. 换热板片腐蚀穿透 2. 换热板片有裂纹	1. 更换换热板片 2. 修补换热板片或更换
换热板片压偏	1. 板束压紧值超过允许范围 2. 夹紧螺栓紧固不均匀 3. 换热板片变形太大 4. 密封垫片厚度相差太大 5. 换热板片挂钩损坏 6. 密封垫片沟槽深度偏差太大	1. 严格控制板束长度计算值，不得超过 2. 应对称、交叉、均匀拧紧夹紧螺栓 3. 更换换热板片 4. 应根据密封垫片技术要求，尤其不应有搭接或对接接缝 5. 更换板片挂钩 6. 更换密封垫片或更换板片
密封垫片断裂与变形	1. 介质温度长期超过允许值 2. 橡胶密封垫片老化 3. 密封垫片配方及硫化不佳 4. 密封垫片厚度不均 5. 密封垫片材质选择不对	1. 更换新的密封垫片 2. 更换新的密封垫片 3. 更换合格的密封垫片 4. 更换合格的密封垫片 5. 更换合格的密封垫片
压力降超值或压力突然猛增	1. 过滤器失效 2. 角孔处有脏物堵塞 3. 板片通道有污垢结疤 4. 压力表失灵 5. 介质入口管堵塞	1. 更换过滤器或清洗过滤器 2. 清理角孔处堵塞的脏物 3. 用化学或机械方法清除污垢结疤 4. 修理、校对或更换压力表 5. 清理入口短管脏物

续表

故障现象	故障原因	故障处理方法
传热效果差	1. 冷介质温度高 2. 换热板片污垢结疤 3. 水质污浊或油污、微生物过多 4. 超过清洗间隔期 5. 多板程中盲孔位置错误 6. 设备内空气未放净	1. 降低水温或加大水量 2. 清洗板片，去除污垢 3. 加强过滤、净化介质 4. 定期清洗并清扫过滤器 5. 重新组装 6. 排尽设备内部空气
换热器冷热不均	1. 开车时设备内空气未放净 2. 部分通道堵塞 3. 停车时介质未放净，尤其易结晶介质	1. 放净设备内空气 2. 加强清洗与过滤，疏通部分堵塞通道 3. 停车并放净设备内介质

3. 螺旋板式换热器的维护保养

1）日常维护

管理人员应定期检查设备运行情况，并根据温度、压力值确认运行情况是否正常。对于长时间停运的换热器，应将通道内介质排放干净，然后用压缩空气吹干，最好内充氧气并封闭进出口。外表擦洗干净，补刷防锈油漆，密封面涂黄干油防护。

流道内结垢后，可用酸洗清除污垢，并立即用碱溶液中和后进行充分清洗。对通道内的杂物可用蒸汽吹扫清除。严禁在带压运行时进行焊接等任何维修。

操作人员必须严格执行工艺操作规程，严格控制工艺条件，严防设备超温、超压。换热器在运行中，不允许带压紧固螺栓。

2）螺旋板式换热器的检修

（1）检修周期及其检修内容要求

① 中修检修要求

A. 检查端盖与壳体连接部位的密封情况，视情况修理或更换密封垫片；

B. 检查修理换热器进出口管道、阀门；

C. 检查换热器焊接部位的腐蚀情况；

D. 检查清理螺旋通道；

E. 检查、校验仪表及安全装置；

F. 检查各部位紧固螺栓，必要时更换；

G. 检查、修补绝热层和防腐层。

② 大修检修要求

A. 包括中修内容；

B. 修理或更换进出口管道阀门；

C. 检修或更换螺旋板式换热器，并试压检验；

D. 修理或更换各仪表、管线及安全装置；

E. 检查修理基础；

F. 进行防腐处理，更换绝热层。

（2）零部件检修与处理

① 壳体

A. 壳体表面应进行多点测厚，对局部减薄或烂蚀严重的应予焊补。

B. 壳体对接焊缝须经超声波或 X 射线检查，质量符合国家现行的有关标准。

② 螺旋体

A. 螺旋体应无明显变形、压瘪等现象，如有变形，应予修复。对变形、压瘪严重、修复困难的，应予更换。

B. 螺旋体焊缝须经 100% 无损探伤检查合格。

③ 密封结构

A. 对垫片密封结构，应检查垫片是否有变形、老化；垫片在换热器检修时一般应予更换。

B. 对焊接密封结构，应用磁粉或着色探伤检查，对存有裂纹等缺陷的应打磨干净，再进行焊补。

（3）强度试验和气密性试验

强度试验一般用液压试验，其试验压力为设计压力的 1.25 倍。当不能采用液压试验时，可采用气压试验，其试验压力为设计压力的 1.15 倍。采取气压试验时，必须采取严格的安全措施，并经技术负责人批准；试压时两通道要保持一定压差。

在整个试压过程中，注意观察有无渗漏现象，当试验压力高时，还应注意两端面的变形。气密性试验则在水压试验后，以操作压力的 1.05 倍进行试验。用肥皂溶剂检漏，不冒气泡为合格。已经做过气压试验，并经检查合格的，可免做气密性试验。

（4）试车与验收

① 试车前的准备工作

A. 完成全部检修项目，检修质量达到要求；检修记录齐全。

B. 清扫整个系统，设备管道阀门均畅通无阻。

C. 确认仪表及其他安全附件完整、齐全、灵敏、准确。

D. 拆除盲板，打开放空阀门，放净全部空气。

E. 清理施工场地，做到"工完、料净、场地清"。

F. 对易燃、易爆的岗位，要按规定备有合格的消防用具和劳保防护用品。

G. 排净设备内水、气，对易燃、易爆介质的设备，还应用惰性气体置换干净，保证运行安全。

H. 凡影响试车安全的临时设施，起重吊机具等一律拆除。系统中如无旁路，试车时宜增设临时旁路。

② 试车

A. 检查盲板是否拆除，检查管道、阀门、过滤器及安全装置是否符合要求。

B. 开车或停车过程中，应逐渐升温和降温，避免造成压差过大和热冲击。

C. 试车中应检查有无泄漏、异响，如未发现泄漏、介质互串、温度及压力在允许值内，则试车符合要求。

③ 验收试车后压力、温度、流量等参数符合技术要求，连续运转 24h 未发现任何问题，技术资料齐全，即可按规定办理验收手续，并交付生产。

3）常见故障及处理

螺旋板式换热器常见故障及处理方法见表 2-10。

螺旋板式换热器常见故障及处理方法　　　　　　　　表 2-10

现　象	原　因	处 理 方 法
传热效率低	1. 螺旋体通道结垢 2. 螺旋体局部腐蚀，使介质短路 3. 平板盖变形	1. 用酸洗或蒸汽吹洗 2. 修理或整台更换 3. 整形或更换端盖
连接处泄漏	1. 螺旋体两端面不平或有缺陷 2. 螺旋体端面与密封垫间有脏物 3. 螺栓受力不均	1. 修整或更换 2. 清除脏污脏物 3. 对称交叉均匀紧固螺栓
介质串混	1. 螺旋体腐蚀穿孔 2. 密封板变形	1. 更换设备 2. 更换密封板

2.3.5　软化系统的维护保养

2.3.5.1　日常维护

1. 每班记录软水定期检验参数；
2. 巡查盐水罐内盐的数量，不够时及时补充；
3. 巡查软水器进水阀门压力表数值、开启情况；
4. 巡查软水处理器控制器电源、设置、显示器显示是否正常；
5. 随时清理机械、容器、管道和四周杂物，保证设备、机房清洁卫生。

2.3.5.2　软化系统的保养

从目前状态看，许多换热站软化水设备购买后，总是只顾使用，却不注重保养，并且经常抱有"以修代养"这样的观念，其实这是非常不正确的。其具体保养内容如下：

1. 溶盐箱的使用和维护

溶盐箱其主要作用是再生，材料为 PE，亦可为其他材料，为保持清洁，应定期进行清洗，以备长期使用。

2. 软化器的使用和维护

在离子交换器工作一段时间后，每运转 4320h 左右（三班制半年左右），树脂的交换能力被水中的盐类阴阳离子所饱和时，离子交换树脂不再发生置换反应，离子交换器出口水质发生明显的变化，此时离子交换器就应停止运行，从而对离子交换树脂进行再生处理，以恢复树脂的交换能力。阳树脂用 NaCl 溶液再生。

3. 保管好离子交换树脂

1）防冻：树脂的保存环境需在周围环境＞40℃情况下，如果温度低于 5℃，为防止树脂结冰，可以把树脂放在食盐水溶液中。

2）防干：由于树脂在使用或储运中水份消失，导致树脂体积忽胀忽缩，从而造成树脂的破碎或机械强度降低，丧失或降低了离子交换能力。在发生此种情况时，切不可把树脂直接投落水中，而是先将其浸泡于饱和食盐水中，使其缓慢膨胀不致破碎。

3）防霉：离子交换树脂长期放置在交换器内不用，会造成青苔滋长和繁殖细菌，导致树脂发霉污染，必须定期进行换水和反冲洗。也可用 1.5% 的甲醛浸泡。

4）树脂使用 1~2 年后，用 50~80 目筛网筛选一次，使树脂保持顺位均匀，树脂装填高度应为软水器高度的 90% 左右。

2.3.5.3 常见故障及处理

软化装置常见故障与处理方法　　　　　　　表 2-11

序号	故障现象	故障原因	处理方法
1	周期制水量减少	1. 盐溶液浓度太低； 2. 再生盐量太少或再生用盐杂质太多； 3. 再生时盐液流速快，与树脂接触时间短； 4. 树脂被悬浮物污染；入口水中 Fe^{3+}、Al^{3+} 等阳离子含量多； 5. 树脂中毒； 6. 反洗强度不够、不彻底；正洗时间过长、水量过大； 7. 水源硬度增大	1. 提高食盐溶液浓度； 2. 可增加再生用盐量；用化学分析方法测定 NaCl 质量，必要时用 Na_2CO_3 软化盐液； 3. 减慢再生盐液流速； 4. 对于树脂污染或中毒的问题，通过对入口水过滤澄清，或在交换器内壁加防腐涂层，对生水预处理，降低 Fe^{3+}、Al^{3+} 含量的方法予以解决； 5. 若树脂已中毒，可用 5% HCl 清洗树脂，或用 pH 值为 3~5 的酸化食盐水清洗； 6. 如果是由于反洗或正洗效果不理想造成的，应加大反洗强度，调整反洗水流量和压力，减少正洗时间； 7. 要注意水源水质变化或更换水源
2	离子交换器流量不够	主要是因为交换剂层过高，或进水管道、排水系统的阻力过大（悬浮物污染，树脂颗粒破碎）引起的	可适当减少树脂层高度，或改变进水管道和排水系统，加强反冲
3	反洗过程中有正常树脂颗粒流失	1. 反洗强度过大； 2. 交换器截面上流速分布不均匀； 3. 树脂间有气泡； 4. 排水帽破裂	1. 降低反洗强度； 2. 检修进水系统，使变换器截面上水流分布均匀； 3. 排净树脂间的气泡； 4. 更换破裂的排水帽
4	离子交换器软水氯离子含量增大	由于操作失误，再生时开启运行罐盐水阀门或关闭不严，开启再生罐出水阀门或盐液阀门不严或出水阀门不严	应检查是否存在操作上的错误，并纠正错误操作；若是由于阀门不严引起的，应及时检修，更换阀门。但无论是操作问题还是设备缺陷，都应注意对锅水氯离子监测，加强排污
5	软水硬度达不到标准要求	1. 水源中钠盐浓度过大（一般含盐量大于 1000mg/L）； 2. 树脂颗粒表面被污染； 3. 盐水阀门不严，并联系统中正在再生的交换器出水阀门开启或不严； 4. 交换剂层不够高，或运行流速过大； 5. 水温过低（低于 10℃）	1. 可将原软化系统改为二级软化系统； 2. 减少水源和盐水中的杂质，加强反洗，以消除树脂被污染的问题； 3. 可修理、更换阀门或加装两道阀门； 4. 适当增加交换剂层高度或降低运行速度； 5. 应适当提高水源温度

2.3.6 常用阀门的维护保养

2.3.6.1 日常维护

操作人员应了解控制阀门的运行情况。定期检查控制阀门的各静、动密封点有无泄漏，检查控制阀门连接管线和接头有无松动或腐蚀，检查控制阀门有无异常声响和较大振动，侦听阀芯、阀座有无异常振动或杂音，定期对控制阀门外部进行清洁工作。对其填料函和其他密封部件进行调整，必要时应更换密封部件，保持静动密封点的密封性。定期对需润滑的部件添加润滑油。

2.3.6.2 阀门的维护保养

1. 使用维护

1）使用维护的目的，在于延长阀门寿命和保证启闭可靠。

2）阀杆螺纹，经常与阀杆螺母摩擦，要涂一点黄油、二硫化钼或石墨粉，起润滑作用。

3）不经常启闭的阀门，也要定期转动手轮，对阀杆螺纹添加润滑剂，以防咬住。

4）室外阀门，要对阀杆加保护套，以防雨、雪、尘土锈污。

5）如阀门系机械传动，要按时对变速箱添加润滑油。

6）要经常保持阀门的清洁。

7）要经常检查并保持阀门零部件完整性。如手轮的固定螺母脱落，要配齐，不能凑合使用，否则会磨圆阀杆上部的四方，逐渐失去配合可靠性，乃至不能开动。

8）不要依靠阀门支持其他重物，不要在阀门上站立。

9）阀杆，特别是螺纹部分，要经常擦拭，对已经被尘土弄脏的润滑剂要换成新的，因为尘土中含有硬杂物，容易磨损螺纹和阀杆表面，影响使用寿命。

2. 填料的维护保养

1）填料是直接关系着阀门开关时是否发生外漏的关键密封件，如果填料失效，造成外漏，阀门也就等于失效，特别是尿素管线的阀门，因其温度比较高，腐蚀比较厉害，填料容易老化。加强维护则可以延长填料的寿命。

2）阀门在出厂时，为了保证填料的弹性，一般以静态下试压不漏为准。阀门装入管线后，由于温度等因素的原因，可能会发生外渗，这时就要及时上紧填料压盖两边的螺母，只要不外漏即可，以后再出现外渗再紧，不要一次紧死，以免填料失去弹性，丧失密封性能。

3）有的阀门填料里装有二硫化钼润滑膏，当使用数月后，应及时加入相应的润滑油脂，当发现填料需要增补时，应及时增加相应填料，以确保其密封性能。

3. 传动部位保养

阀门在开关过程中，原加入的润滑油脂会不断流失，再加上温度、腐蚀等因素的作用，也会使润滑油不断干涸。因此，对阀门的传动部位应经常检查，发现缺油应及时补入，以防由于缺少润滑剂而增加磨损，造成传动不灵活或卡壳失效等故障。

4. 阀门注脂时的维护保养

1）阀门注脂时，常常忽视注脂量的问题。注脂枪加油后，操作人员选择阀门和注脂联结方式后，进行注脂作业。存在着两种情况：一方面注脂量少注脂不足，密封面因缺少润滑剂而加快磨损。另一方面注脂过量，造成浪费。以上都在于没有根据阀门类型类别，对不同的阀门密封容量进行精确的计算。可以以阀门尺寸和类别算出密封容量，再合理的注入适量的润滑脂。

2）阀门注脂时，常忽略压力问题。在注脂操作时，注脂压力有规律地呈峰谷变化。压力过低，密封漏或失效，压力过高，注脂口堵塞、密封内脂类硬化或密封圈与阀球、阀板抱死。通常注脂压力过低时，注入的润滑脂多流入阀腔底部，一般发生在小型闸阀。而注脂压力过高，一方面检查注脂嘴，如是脂孔阻塞判明情况进行更换；另一方面是脂类硬化，要使用清洗液，反复软化失效的密封脂，并注入新的润滑脂置换。此外，密封型号和密封材质，也影响注脂压力，不同的密封形式有不同的注脂压力，一般情况硬密封注脂压力要高于软密封。

3）阀门注脂时，注意阀门在开关位的问题。球阀维护保养时一般都处于开位状态，特殊情况下选择关闭保养。其他阀门也不能一概以开位论处。闸阀在养护时则必须处于关闭状态，确保润滑脂沿密封圈充满密封槽沟，如果开位，密封脂则直接掉入流道或阀腔，造成浪费。

4）阀门注脂时，常忽略注脂效果问题。注脂操作中压力、注脂量、开关位都正常。但为确保阀门注脂效果，有时需开启或关闭阀门，对润滑效果进行检查，确认阀门阀球或闸板表面润滑均匀。

5）注脂时，要注意阀体排污和丝堵泄压问题。阀门打压试验后，密封腔阀腔内气体和水分因环境温度升高而升压，注脂时要先进行排污泄压，以利于注脂工作的顺利进行。注脂后密封腔内的空气和水分被充分置换出来。及时泄掉阀腔压力，也保障了阀门使用安全。注脂结束后，一定要拧紧排污和泄压丝堵，以防意外发生。

2.3.6.3　常见故障及处理方法

阀门常见故障及处理方法　　　　　　　　　　　　表 2-12

常见故障	产生的原因	处理方法
阀体和阀盖的泄漏	1. 铸铁件铸造质量不高，阀体和阀盖本体上有砂眼、松散组织、夹碴等缺陷； 2. 天冷冻裂； 3. 焊接不良，存在着夹碴、未焊透、应力裂纹等缺陷； 4. 铸铁阀门被重物撞击后损坏	1. 提高铸造质量，安装前严格按规定进行强度试验； 2. 对气温在 0℃ 和 0℃ 以下的阀门，应进行保温或拌热，停止使用的阀门应排除积水； 3. 由焊接组成的阀体和阀盖的焊缝，应按有关焊接操作规程进行，焊后还应进行探伤和强度试验； 4. 阀门上禁止堆放重物，不允许用手锤撞击铸铁和非金属阀门，大口径阀门的安装应有支架
填料处的泄漏	1. 填料选用不对，不耐介质的腐蚀，不耐阀门高压或真空、高温或低温的使用； 2. 填料安装不对，存在着以小代大、螺旋盘绕接头不良、上紧下松等缺陷； 3. 填料超过使用期，已老化，丧失弹性； 4. 阀杆精度不高，有弯曲、腐蚀、磨损等缺陷；	1. 应按工况条件选用填料的材料和型式； 2. 按有关规定正确安装填料，盘根应逐圈安放压紧，接头应成 30° 或 45°； 3. 使用期过长、老化、损坏的填料应及时更换； 4. 阀杆弯曲、磨损后应进行矫直、修复，对损坏严重的应予更换；

常见故障	产 生 的 原 因	处 理 方 法
填料处的泄漏	5. 填料圈数不足,压盖未压紧;	5. 填料应按规定的圈数安装,压盖应对称均匀地把紧,压套应有 5mm 以上的预紧间隙;
	6. 压盖、螺栓和其他部件损坏,使压盖无法压紧;	6. 对损坏的压盖、螺栓及其他部件,应及时修复或更换;
	7. 操作不当,用力过猛等;	7. 应遵守操作规程,除撞击式手轮外,以匀速正常力量操作;
	8. 压盖歪斜,压盖与阀杆间隙过小或过大,致使阀杆磨损,填料损坏	8. 应均匀对称拧紧压盖螺栓,压盖与阀杆间隙过小,应适当增大其间隙;压盖与阀杆间隙过大,应予更换压盖
密封圈连接处的泄漏	1. 密封圈辗压不严;	1. 密封圈辗压处泄漏应注入胶粘剂或再辗压固定;
	2. 密封圈与本体焊接,堆焊质量差;	2. 密封圈应按施焊规范重新补焊,堆焊处无法补焊时应清除原堆焊层,重新堆焊和加工;
	3. 密封圈连接螺纹、螺钉、压圈松动;	3. 卸下螺钉、压圈清洗,更换损坏的部件,研磨密封与连接座密合面,重新装配。对腐蚀损坏较大的部件,可用焊接、粘接等方法修复;
	4. 密封圈连接面被腐蚀	4. 密封圈连接面被腐蚀,可用研磨、粘接、焊接方法修复,无法修复时应更换密封圈
密封面间嵌入异物的泄漏	1. 密封面上有异物;	1. 不常启、闭的阀门,在条件允许的情况下应经常启、闭一下,关闭时留一细缝,反复几次,让密封面上的沉积物被高速流体冲洗掉,然后按原开闭状态还原;
	2. 介质不干净,含有磨粒、铁锈、焊渣等异物;	2. 阀门前应设置排污、过滤等装置,或定期打开阀底堵头。对密封面间混入铁碴等物,不要强行关闭,应用开细缝的方法把这些异物冲走,对难以用介质冲走的较大异物,应打开阀盖取出;
	3. 介质本身具有硬粒物质	3. 对本身具有硬粒物质的介质,一般不宜选用闸阀,应尽量选用旋塞阀、球阀或密封面为软质材料制作的阀门
阀杆操作不灵活	1. 阀杆与它相配合件加工精度低,配合间隙过大,表面粗糙度差;	1. 提高阀杆与它相配合件的加工精度和修理质量,相互配合的间隙应适当,表面粗糙度符合要求;
	2. 阀杆、阀杆螺母、支架、压盖、填料等件装配不正,其轴线不在一条直线上;	2. 装配阀杆及连接件时应装配正确,间隙一致,保持同心,旋转灵活,不允许支架、压盖等有歪斜现象;
	3. 填料压得过紧,抱死阀杆;	3. 填料压得过紧后,应适当放松压盖,即可消除填料抱死阀杆的现象;

续表

常见故障	产 生 的 原 因	处 理 方 法
阀杆操作不灵活	4. 阀杆弯曲； 5. 梯形螺纹处不清洁，积满了脏物，润滑条件差； 6. 阀杆螺母松脱，梯形螺纹滑丝； 7. 转动的阀杆螺母与支架滑动部位磨损、咬死或锈死； 8. 操作不良，使阀杆和有关部件变形、磨损、损坏； 9. 阀杆与传动装置连接处松脱或损坏； 10. 阀杆被顶死或关闭件被卡死	4. 阀杆弯曲应进行矫正，对难以矫正者应予更换； 5. 阀杆、阀杆螺母的螺纹应经常清洗和加润滑油，对高温阀门应涂敷二硫化钼或石墨粉作润滑； 6. 阀杆螺母松脱应修复或更换； 7. 应保持阀杆螺母处油路畅通，滑动面清洁，润滑良好，对不常操作的阀门应定期检查、活动阀杆； 8. 正确操作阀门，关闭力要适当； 9. 阀杆与手轮、手柄以及其他传动装置连接正确，牢固，发现有松脱或磨损现象应及时修复； 10. 正确操作阀门；对于因关闭后阀件易受热膨胀的场合，间隔一定时间应卸载一次，即将手轮逆时针方向倒转一至两圈，以防止阀杆顶死。
垫片处的泄漏	1. 垫片选用不对，不耐介质的腐蚀，不耐高压或真空、高温或低温的使用； 2. 操作不平稳，引起阀门压力、温度上下传动、特别是温度的波动； 3. 垫片的压紧力不够或连接处无预紧间隙； 4. 垫片装配不当，受力不匀； 5. 静密封面加工质量不高，表面粗糙不平、模向划痕、密封副互不平行等缺陷； 6. 静密封面和垫片不清洁，混入异物等	1. 按工况条件正确选用垫片的材料和形式； 2. 精心调节，平稳操作； 3. 应均匀对称地拧螺栓，必要时应使用扭力扳手，预紧力应符合要求，不可过大或过小。法兰和螺纹连接处应有一定的预紧间隙； 4. 垫片装配应逢中对正，受力均匀，垫片不允许搭接和使用双垫片； 5. 静密封面腐蚀、损坏、加工质量不高，应进行修理、研磨，进行着色检查，使静密封面符合有关要求； 6. 安装垫片时应注意清洁，密封面应用煤油清洗，垫片不应落地

本 章 小 结

本章主要介绍换热站的分类与组成，换热站运行管理相关规章制度，阐述了水泵的运行调节方法，换热站运行调节方法，水泵、换热器、软化水器、常用阀门的运行维护目的、维护方法及常见故障处理方法。

复习思考题

1. 简述目前换热站有哪些分类?
2. 换热站一般由哪些设备组成?
3. 水泵维护保养的目的是什么?
4. 板式换热器应如何清洗?
5. 水泵机组运行调节应注意哪些问题?

3 供热系统的运行与维护

学习目标

通过本章学习，要求了解供热系统的分类与组成，供热系统形式，供热系统主要设备。掌握供热系统运行管理方法，供热系统初调节方法，热水供热系统、蒸汽供热系统、热计量热水系统的运行调节。掌握供热系统运行维护方法，供热系统常见故障及排除方法。

3.1 供 热 系 统 概 述

在冬季，为使室内空气的温度保持一定，就必须向室内供给一定的热量，以维持人们日常生活、工作和生产所需要的环境，这一热量称为供热负荷。利用热媒将热量从热源输送到各个热用户的系统，称为供热系统。

3.1.1 供热系统的组成与分类

3.1.1.1 供热系统的组成

供热系统一般是由热源、输热管网、热用户三部分组成。

热源主要是指是燃料燃烧产生热，将热媒加热成为热水或蒸汽的部分，如锅炉房、热电厂或换热站等。

输热管网主要解决从热源到热用户之间热能的输配问题，即热源向热用户输送和分配供热介质的管线系统。

热用户是指直接使用或消耗热能的室内采暖、通风空调、热水供应和生产工艺用热系统等，采暖系统是冬季消耗热能最大的用户之一。

3.1.1.2 供热系统的分类

1. 按热媒种类的不同划分

1）热水采暖是以热水作为热媒，一般认为，凡温度低于 100℃的水称为低温水；高于 100℃的水称为高温水。低温水采暖系统，供回水设计计算温度通常为 95～70℃；高温水采暖系统的供水温度，我国目前大多不超过 130～150℃，回水温度多为 70℃。低温热水采暖系统在工程实际中应用最为广泛。

2）蒸汽采暖是以水蒸气作为热媒，按蒸汽压力不同可分为低压蒸汽采暖，表压力低于或等于 70kPa；高压蒸汽采暖，表压力高于 70kPa；真空蒸汽采暖，压力低于大气压力。

3）热风采暖是以热空气作为热媒，即把空气加热到适当的温度（一般为 35～50℃）直接送入房间。例如暖风机、热风幕就是热风采暖的典型设备。

4）烟气采暖是直接利用燃料在燃烧时所产生的高温烟气，在流动过程中向房间散出热量，以满足采暖要求。如火炉、火墙、火炕等形式都属于这一类。

2. 根据采暖系统服务的区域划分

1）局部采暖系统是指热源、供热管道、用热设备构成整体的采暖系统。如火炉采暖、电热供热、煤气红外线辐射器等等。

2）集中采暖是指热源和散热设备分别设置，由热源通过管道向几幢建筑物供给热量的采暖方式。

3）区域采暖是由区域锅炉房或热电厂向一个区域内的许多建筑物供热的系统方式。

3. 按采暖时间划分

1）连续采暖：对于全天使用的建筑物，为使其室内平均温度全天均能达到设计温度的采暖方式。

2）间歇采暖：对于非全天使用的建筑物，仅使室内平均温度在使用时间内达到设计温度，而在非使用时间内可自然降温的采暖方式。

3）值班采暖：在非工作时间或中断使用的时间内，为使建筑物保持最低室温要求（以免冻结）而设置的采暖方式。

另外还可按散热器的散热方式、热源的种类及室内系统的形式等不同的方式加以分类，这里就不一一介绍了。

3.1.2 供热系统的形式

3.1.2.1 热水供热系统的形式

热水供热系统按照循环动力可分为自然循环和机械循环两种形式。

1. 自然循环热水供热系统

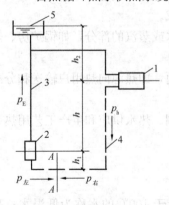

图 3-1　自然循环热水
采暖系统原理图

1—散热器；2—热水锅炉；3—供水
管路；4—回水管路；5—膨胀水箱

1）自然循环供热系统的工作原理

图 3-1 是自然循环热水供热系统工作原理图。自然循环热水供热系统由锅炉、散热设备、供水管道、回水管道和膨胀水箱组成。膨胀水箱设在系统最高处，以容纳系统受热后膨胀的水体积，并排除系统中的空气。系统充水后，水在锅炉中被加热密度减小，沿供水干管上升进入散热设备，在散热设备中放热后，水温降低密度增加、沿回水管流回锅炉后再次加热。水在系统内连续不断地流动中被加热和散热。这种仅依靠供回水密度差产生动力而循环流动的系统称为自然（或重力）循环热水供热系统。

2）自然循环热水供热常用的系统形式

自然循环热水供热系统主要分双管和单管两种形式，如图 3-2 所示。图 3-2 (a) 为双管上供下回式系统，图 3-2 (b) 为单管上供下回顺流式系统。

上供下回式自然循环热水供热系统管道布置的一个主要特点是：系统的供水干管必须有向膨胀水箱方向上升的流向。其反向的坡度为 0.5%～1.0%，散热器支管的坡度一般取 1%。这是为了使系统内的空气能顺利地排除，因系统中若积存空气，就会形成气塞，影响水的正常循环。在自然循环系统中，水的流速较低，水平干管中流速小于 0.2m/s；干管中空气气泡的浮升速度为 0.1～0.2m/s，而在立管中约为 0.25m/s。因此，在上供下回自然循环热水供热系统充水和运行时，空气能逆着水流方向，经过供水干管聚集到系统的最高处，通过膨胀水箱排除。

为使系统顺利排除空气和在系统停止运行或检修时能通过回水干管顺利地排水。回水干管应有使水流流向锅炉方向的坡度。

在双管系统中，由于各层散热器与锅炉的高差不同，虽然进入和流出各层散热器的供、回水温度相同（不考虑管路沿途冷却的影响），也将形成上层作用压力大，下层压力小的现象。在设计中虽选用不同的管径仍不能使各层阻力损失达到平衡，由于流量分配不均，必然要出现上热下冷的垂直失调现象。楼层数越多，上下层的作用压力差值越大，垂直失调就会越严重。

单管式与双管式系统相比的优点是系统简单，节省管材，造价低，安装方便，不会产生垂直的热力失调；其缺点是顺流式不能进行个体调节。

自然循环热水供热系统热媒流动不需要消耗电能，运行管理比较方便，作用压力小，管内流速低，管径相对较大，自然循环热水供热系统作用半径受到限制，一般作用半径不超过50m。

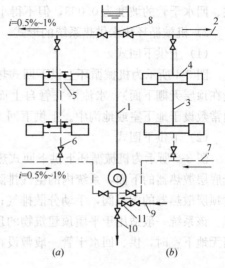

图 3-2 自然循环采暖系统
(a) 双管上供下回式采暖系统；
(b) 单管上供下回式（顺流式）采暖系统
1—总立管；2—供水干管；3—供水立管；
4—散热器供水支管；5—散热器回水支管；
6—回水立管；7—回水干管；8—膨胀水箱
连接管；9—充水管；10—泄水管；11—止回阀

2. 机械循环热水供热系统形式

机械循环热水采暖系统是依靠水泵提供的动力使热水流动循环的供热系统。它的作用压力比自然循环供热系统大得多，所需管径小，供热系统形式多样，供热半径不受限制。

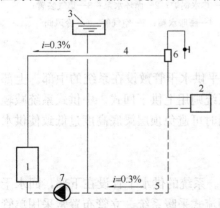

图 3-3 机械循环热水采暖系统工作原理
1—热水锅炉；2—散热器；3—膨胀水箱；
4—供水路；5—回水管路；6—集气罐；
7—循环水泵

1）机械循环热水供热系统的工作原理

机械循环热水供热系统是依靠水泵的机械力，使水在系统中强制循环。由于水泵所产生的作用力很大，因而供热作用范围增大。机械循环热水供热系统工作原理，如图 3-3 所示。

与自然循环热水供热系统比较具有如下特点：

（1）循环动力不同　机械循环以水泵作为循环动力，属于强制流动。

（2）膨胀水箱同系统连接点不同　机械循环采暖系统膨胀管连接在循环水泵吸入口一侧的回水干管上，而自然循环采暖系统多连接在热源的出口供水立管顶端。

（3）排气方法不同　机械循环热水供热系统常利用专门的排气装置（如集气罐）排气，为更好地排除系统内的空气，通常供水干管沿水流方向逐渐上升，在系统的最高点设置排气装置，供、回水干管的坡度为 0.003，但不得小于 0.002。

2）机械循环热水供热系统的形式

（1）上供下回式

图 3-4 所示为机械循环上供下回式热水供热系统。供水干管位于顶层散热器之上（多设在顶层天棚下面），水流沿立管自上而下流过散热器，回水干管位于底层散热器之下，通常敷设于地下室或地沟中。上供下回式系统管道布置合理，是最常用的一种布置形式。

（2）下供下回式

图 3-5 所示为机械循环下供下回式热水供热系统。该系统供水干管和回水干管均敷设于底层散热器的下面，系统内的空气排除较为困难。排气方法主要有两种方法：一种是通过顶层散热器的跑风阀，手动分散排气；另一种是通过专设的空气管，手动或集中自动排气。该系统一般适用于平屋顶建筑物的顶层难以布置干管的场合，以及有地下室的建筑。当无地下室时，供、回水干管一般敷设在底层地沟内。

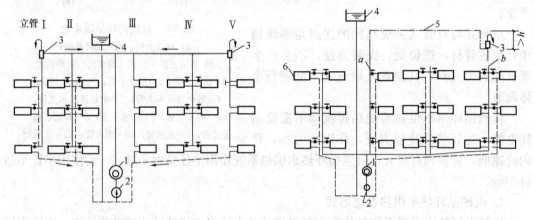

图 3-4　机械循环上供下回式热水采暖系统
1—热水锅炉；2—循环水泵；
3—集气装置；4—膨胀水箱

图 3-5　机械循环下供下回式热水采暖系统
1—热水锅炉；2—循环水泵；3—集气装置；
4—膨胀水箱；5—空气管；6—冷风阀

（3）中供式

图 3-6 所示为机械循环中供式热水供热系统。水平供水干管敷设在系统的中部。上部系统即可用上供下回式，也可用下供下回式，下部系统则用上供下回式。中供式系统减轻了上供下回式楼层过多而易出现垂直失调的现象，同时可避免顶层梁底高度过低致使供水干管挡住顶层窗户而妨碍其开启。

（4）下供上回式

图 3-7 所示为机械循环下供上供式热水供热系统。系统的供水干管设在下部，回水干管设在上部，水在立管中自下而上流动，故亦称作倒流式采暖系统。立管布置常采用单管顺流式。这种系统具有以下特点：

①水的流向与空气流向一致，都是由下而上。上部设有膨胀水箱，排气方便，可取消集气罐，同时还可提高水流速度，减小管径。

②散热器内热媒的平均温度几乎等于散热器的出水温度，传热效果低于上供下回式；在相同的立管供水温度下，散热器的面积要增加。

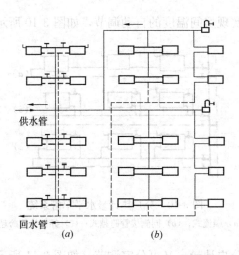

图 3-6　机械循环中供式热水供暖系统
(a) 上部系统—下供下回式双管系统；
(b) 下部系统—上供下回式单管系统

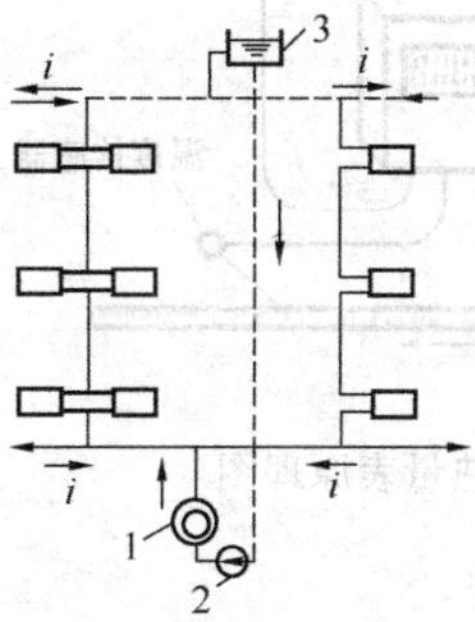

图 3-7　机械循环下供上
回式热水供暖系统
1—热水锅炉；2—循环水泵；3—膨胀水箱

（5）水平式

图 3-8 所示为机械循环水平式热水供热系统。水平支管采暖系统构造简单，施工简便，节省管材，穿楼板次数少。适用于对各层有不同使用功能和不同温度要求的建筑物，便于分层调节和管理。

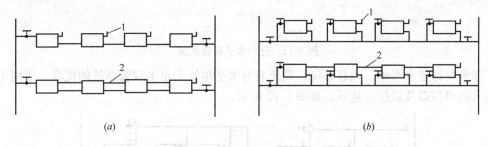

图 3-8　水平式单管采暖系统
(a) 水平单管顺流式采暖系统；(b) 水平单管跨越式采暖系统
1—放气阀；2—空气管

（6）分户计量

采暖分户计量是供热节能的重要手段之一，分户热计量采暖系统应便于分户管理及分户分室控制、调节供热量。系统的特点在每一户管路的起止点安装关断阀和在起止点其中之一处安装调节阀，新建住宅热水集中采暖系统应设置分户热计量和室温调控装置。流量计或热表装在用户出口管道上时，水温低，有利于延长其使用寿命，但失水率将增加，因此，热表一般装在用户入口管道上。热量表原理如图 3-9 所示。

分户计量供热系统有水平单管系统、水平双管系统、水平单双管系统、水平放射式系统。

①分户计量水平单管系统　系统可分为水平顺流式和水平跨越式系统。顺流式系统可以分户计量、分户调节，但不能分室调节；跨越式系统既可进行分户计量、分户调节，同

时可以分室调节，必要时可以安装温控阀，实现房间温度的自动调节，如图 3-10 所示。

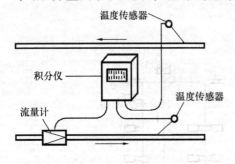

图 3-9 热量表原理图

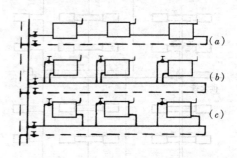

图 3-10 分户热计量水平单管系统
(a) 顺流式；(b) 同侧接管跨越式；(c) 异侧接管跨越式

②分户计量水平双管系统 该系统既可分户计量，又可分室调节。如图 3-11 所示。

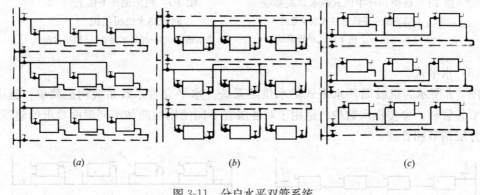

图 3-11 分户水平双管系统

③分户计量水平单、双管系统 系统兼有水平单管和水平双管系统的优点，适用于面积较大的户型以及跃层式建筑，如图 3-12 所示。

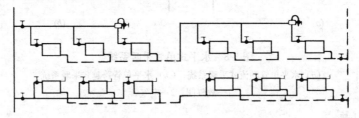

图 3-12 分户水平单、双管系统

④分户计量水平放射式系统 系统在每户的供热管道的入口处设置小型分水器和集水器，每组散热器并联设置，从分水器引出的散热器支管是以辐射状埋地敷设（又称章鱼式）至各组散热器。该系统可分户计量，分室调节。必要时安装温控阀自动控制室温，但排气不易，如图 3-13 所示。

3.1.2.2 异程式与同程式系统

按各并联环路水的流程可将供热系统划分为异程式系统与同程式系统。

1. 异程式系统

通过各个立管循环环路管线总长度并不相等的系统称为异程式系统。如图 3-14 所示。

图 3-14 中Ⅰ、Ⅱ、Ⅲ、Ⅳ四根立管的循环环路的总长度以Ⅰ管环路最短，Ⅱ、Ⅲ管环路次之，Ⅳ管环路最长，所以，当管径、流量等条件相同的条件时，通过各个立管环路的阻力损失很难平衡，有时靠近总立管最近的立管，即使选用了最小的管径，仍有很多剩余压力。初调节不当时，就会出现近处立管流量超过要求，而远处立管流量不足。在远近立管处出现流量失调而引起水平方向冷热不均的现象，称为系统的水平失调。

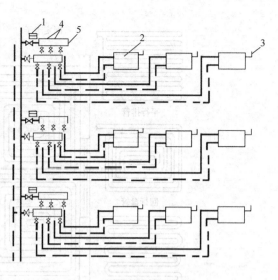

图 3-13　分户水平放射式采暖系统示意图
1—热表；2—散热器；3—放气阀；
4—分、集水器；5—调节阀

2. 同程式系统

通过各个立管循环环路管线总长度基本相等的系统称为同程式系统。在图 3-15 中通过最近立管Ⅰ的循环环路与通过最远处立管Ⅳ的循环环路的总长度均相等。因而压力损失易于平衡。由于具有上述优点，在较大的建筑物中，常采用同程式系统，但同程式系统的管道的用量多于异程式系统。

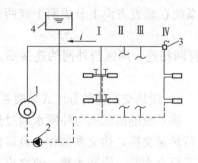

图 3-14　异程式系统
1—热水锅炉；2—循环水泵；
3—集气罐；4—膨胀水箱

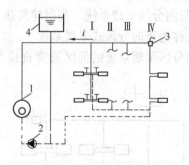

图 3-15　同程式系统
1—热水锅炉；2—循环水泵；
3—集气罐；4—膨胀水箱

3.1.2.3　低温热水地板辐射采暖系统

地面辐射供热分为低温热水地面辐射采暖、低温辐射电热膜采暖和发热电缆地面辐射采暖。低温热水地面辐射供热是以温度不高于 60℃ 的热水为热媒，在加热管内循环流动，加热地板，通过地面以辐射和对流的传热方式向室内供热的一种供热方式。

系统具有舒适性强、节能、方便实施按户热计量，便于住户二次装修等特点，还可以有效地利用低温热源如太阳能、地下热水、采暖和空调系统的回水、热泵型冷热水机组、工业与城市预热和废热等。发热电缆地面辐射供热是以低温发热电缆为热源，加热地板，通过地面以辐射和对流的传热方式向室内供热的一种供热方式。低温地板热水辐射采暖系统如图 3-16 所示。

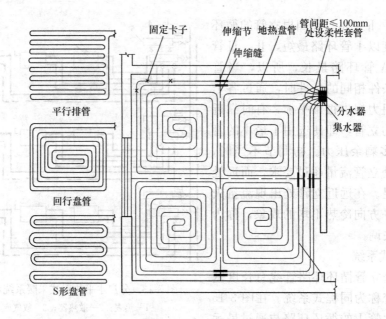

图 3-16　低温热水地板辐射采暖环路布置示意

3.1.2.4　高层建筑常用供热系统形式

在高层建筑采暖系统设计中，一般其高度超过 50m，建筑采暖系统的水静压力较大。由于建筑物层数较多，垂直失调问题也会很严重。宜采用的管路布置形式有以下几种：

1. 竖向分区采暖系统　高层建筑热水采暖系统在垂直方向上分成两个或两个以上的独立系统称为竖向分区式采暖系统。

竖向分区采暖系统的低区通常直接与室外管网相连，高区与外网的连接形式主要有两种：

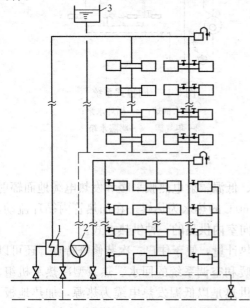

图 3-17　设热交换器的分区式热水采暖系统
1—热交换器；2—循环水泵；3—膨胀水箱

1）设热交换器的分区式采暖系统

该系统的高区水与外网水通过热交换器进行热量交换，热交换器作为高区热源，高区又设有水泵、膨胀水箱，使之成为一个与室外管网压力隔绝的、独立的完整系统。该方式是目前高层建筑采暖系统常用的一种形式，适用于外网是高温水的采暖系统。如图3-17 所示。

2）设双水箱的分区式采暖系统

该系统将外网水直接引入高区，当外网压力低于该高层建筑的静水压力时，可在供水管上设加压水泵，使水进入高区上部的进水箱。高区的回水箱设溢流管与外网回水管相连，利用进水箱与回水箱之间的水位差 h 克服高区阻力，使水在高区内自然循环流动。该系统适用于外网是低温水的采暖系统。如图 3-18 所示。

2. 双线式采暖系统

高层建筑的双线式采暖系统有垂直双线单管式采暖系统（如图 3-19）和水平双线单管式采暖系统（如图 3-20）。

双线式单管采暖系统是由垂直或水平的"∩"形单管连接而成的。散热设备通常采用承压能力较高的蛇形管或辐射板。

1）垂直双线式采暖系统

散热器立管是由上升立管和下降立管组成，各层散热器的热媒平均温度近似相同，这有利于避免垂直方向的热力失调。但由于各立管阻力较小，易引起水平方向的热力失调，可考虑在每根回水立管末端设置节流孔板以增大立管阻力，或采用同程式采暖系统减轻水平失调现象，如图 3-19 所示。

2）水平双线式采暖系统

水平方向的各组散热器内热媒平均温度近似相同，可避免水平失调问题，但容易出现垂直失调现象，可在每层供水管线上设置调节阀进行分层流量调节，或在每层的水平分支管线上设置节流孔板，增加各水平环路的阻力损失，减少垂直失调问题，如图 3-20 所示。

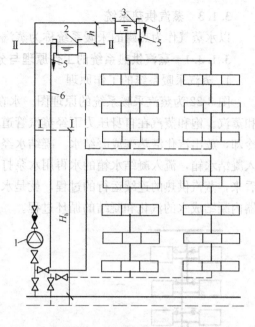

图 3-18 双水箱分区式热水采暖系统

1—加压水泵；2—回水箱；3—进水箱；4—进水箱溢流管；5—信号管；6—回水箱溢流管

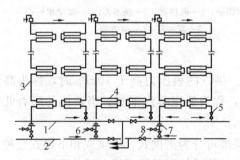

图 3-19 垂直双线单管式采暖系统

1—供水干管泵；2—回水干管；3—双线立管；4—散热器或加热盘管；5—截止阀；6—排气阀；7—节流孔板；8—调节阀

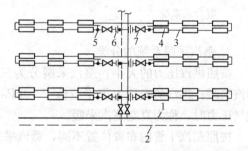

图 3-20 水平双线单管式采暖系统

1—供水干管泵；2—回水干管；3—双线水平管；4—散热器；5—截止阀；6—节流孔板；7—调节阀

3. 单、双管混合式系统

若将散热器沿垂直方向分若干组，在每组内采用双管式，而组与组之间则用单管连接，这就组成了单、双管混合式系统，如图 3-21 所示。

这种系统的特点是：既避免了双管系统在楼层数过多时出现的严重竖向失调现象，同时又能避免散热器支管管径过大的缺点，而且散热器还能进行局部调节。

3.1.3 蒸汽供热系统

以水蒸气作为热媒的采暖系统称为蒸汽采暖系统。

3.1.3.1 蒸汽供热系统的工作原理与分类

1. 蒸汽采暖系统的工作原理

图 3-22 为蒸汽采暖系统的原理图。水在蒸汽锅炉内被加热，产生具有一定压力的饱和蒸汽。饱和蒸汽在自身压力下经蒸汽管道流入散热器。饱和蒸汽在散热器里被室内空气冷却，放出汽化潜热变成凝结水。凝结水经过疏水器依靠重力沿凝结水管道流入锅炉或流入凝结水箱，流入凝结水箱的水再用水泵打入锅炉，最后又被加热成新的饱和蒸汽。由此看来，蒸汽供热的连续运行的过程，就是水在锅炉里被加热成饱和蒸汽，饱和蒸汽在散热器内凝结成水的汽化和凝结的循环过程。

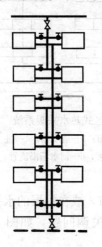

图 3-21　单、双管
　　　　混合式系统

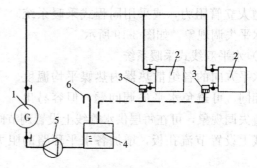

图 3-22　蒸汽采暖系统原理图
1—蒸汽锅炉；2—散热器；3—疏水器；4—凝结水管；
5—凝水泵；6—空气管

2. 蒸汽采暖系统的分类

按照供汽压力的大小，蒸汽采暖分为三类：供汽的表压力高于 70kPa 时，称为高压蒸汽采暖；供汽的表压力等于或低于 70kPa 时，称为低压蒸汽采暖；当系统的压力低于大气压力时，称为真空蒸汽采暖。

按照蒸汽干管的布置位置不同，蒸汽采暖系统可分为上供式、中供式和下供式三种。

按照立管的布置特点，蒸汽采暖系统可分为双管系统和单管系统。目前我国的蒸汽采暖系统，绝大多数为双管采暖系统。

按照凝结水的流动动力，蒸汽采暖系统可分为重力回水和机械回水两种蒸汽采暖系统。

3.1.3.2 蒸汽采暖系统的基本形式

低压蒸汽采暖系统一般都采用开式系统，根据凝结水回收的动力分为重力回水和机械回水两大类。供汽干管位置可分为上供下回式、下供下回式和中供式。低压蒸汽采暖系统一般适用于有蒸汽汽源的工业辅助建筑和厂区办公楼。

1. 重力回水低压蒸汽采暖系统

重力回水低压蒸汽采暖系统的主要特点是供汽压力小于或等于 0.07MPa，以及凝结水在有一定坡度的管道中依靠其自身的重力回流到热源，如图 3-23 所示。

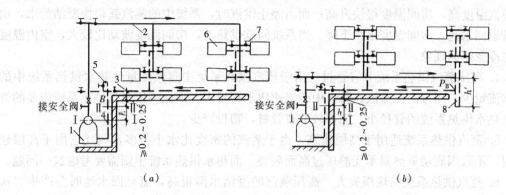

图 3-23　重力回水低压蒸汽采暖系统
(a) 上供式；(b) 下供式
1—锅炉；2—蒸汽管；3—干式自流凝结水管；4—湿式凝结水管；
5—空气管；6—散热器；7—截止阀；8—水封

重力回水低压蒸汽采暖系统简单，不需要设置凝结水箱和凝结水泵，节省了电能，供汽压力低。只要初调节好散热器入口处的阀门，原则上可以不装疏水器，以降低系统造价。一般重力回水低压蒸汽采暖系统的锅炉位于一层地面以下。该系统宜在小型系统中采用。

2. 机械回水低压蒸汽采暖系统

机械回水系统不同于连续循环重力回水系统，机械回水系统是一个"断开式"系统。凝水不直接返回锅炉，而是首先进入凝水箱，然后用凝水泵将凝水送回热源重新加热，在低压蒸汽供热系统中，凝水箱布置应低于所有散热器和凝水管，是从散热器流出的凝水靠重力自流进入凝水箱。为使系统内的空气经凝水干管流入凝水箱，再经凝水箱上的空气管排往大气中，凝水干管同样应按干式凝水管设计。

机械回水系统的最大优点是扩大了供热范围，因而应用最为普遍。

3.1.3.3　蒸汽采暖系统的特点

由于蒸汽与热水在物理性质上有很大的差别，因此蒸汽供热系统有其自身的特殊性质。蒸汽供热系统的特点如下：

1. 蒸汽供热系统的散热器表面温度高　散热器中热媒的平均温度越高，相应的散热器表面温度也越高，房间所需的散热器面积就越少，因此蒸汽供热要比热水供热节省散热器材。

但是，散热器表面温度高也带来一定的问题。散热器上的灰尘被加热时，会分解出带有臭味的气体（有机物的"升华"），对人体健康不利；同时散热器表面温度过高，也会烫伤人和造成房间燥热，卫生效果差。

2. 蒸汽供热系统比机械循环热水供热系统节省能源　蒸汽供热系统是靠蒸汽本身压力来输送热媒，几乎不需要电力，仅在机械回水时需使用水泵；而且在热负荷相同的情况下，蒸汽供热系统所需的热媒量比热水供热系统少很多，因而蒸汽供热系统一般比机械循环热水供热系统要节省能源。

3. **蒸汽供热系统的热惰性小** 蒸汽供热系统在启动时，蒸汽很快充满系统，同时由于蒸汽温度高，房间温度很快升高；而当停止供汽时，系统中的蒸汽就很快凝结为水，由水管返回水池，房间温度很快下降。当系统间歇供热时，房间温度波动比较大，室内温度有忽冷忽热的现象。

4. **高压蒸汽供热系统节省管材** 由于蒸汽供热系统中蒸汽流量比热水供热系统中的热水流量少，而且高压蒸汽在管道中的流速比水高很多，因此高压蒸汽供热系统需要的管径比热水供热系统的管径小，因而较节省管材，初投资少。

5. **蒸汽供热系统适用于高层建筑** 由于蒸汽的密度比水小很多，因此它用于高层建筑时，不致因底层散热器承受静压过高而破裂。而热水供热系统中则需要考虑这一问题。

6. **蒸汽供热系统的热损失大** 高压蒸汽的凝结水温很高，流至回水池时会产生二次蒸汽，系统间歇调节时会使管道骤冷骤热、剧烈胀缩，容易使管件连接处损坏，造成漏水漏汽（即出现"跑、冒、滴、漏"现象），导致热损失较大。

7. **蒸汽供热的回水管使用年限短** 蒸汽供热系统一般采用"干式回水"，凝结水不充满回水管，管中存在着大量空气，容易腐蚀管壁，使回水管容易损坏。

3.1.4 供热系统的主要设备

3.1.4.1 散热器

散热器是安装在供热房间内的一种散发热量的设备，其功能是将供热系统的热媒所携带的热量通过散热器壁面传给房间。对散热器应具备的条件：价格低金属耗量少；制造材料来源广泛；能够承受热媒输送系统的压力；具有良好的传热和散热能力；制造、安装方便；外形美观、卫生；使用寿命长。

1. 散热器的种类

散热器按其制造材质分为铸铁、钢制和其他材质（铝、混凝土等）的散热器。

按其结构形状分为管型、翼型、柱型、平板型等。

按其传热方式分为对流型（对流换热占60%以上）和辐射型（辐射换热占60%以上）。

1) 铸铁散热器

铸铁散热器长期以来被广泛应用。因为它具有结构比较简单、防腐性好、使用寿命长以及热稳定性好的优点；但是它的突出缺点是金属耗量大，制造安装和运输劳动繁重，生产制造过程中对周围环境造成污染。我国工程中常用的铸铁散热器有翼型和柱型两种。

(1) 翼型散热器

它分为圆翼型和长翼型两种。它是在一根管外加有许多圆形肋片的铸件，其规格用内径表示，有D50（内径50mm，肋片27片）和D75（内径75mm，肋片47片）两种，每根管长750mm或1000mm，管子两端配置法兰，当需要散热面积大时，可把若干根连起来成为一组。

长翼型散热器，也叫60型散热器。它的外表面具有许多竖向肋片，外壳内部为一扁盒状空间，其规格用高度表示，如60型散热器的高度是60cm；又根据散热器每片长度的不同，长度为280mm（14个翼片）称大60，长度为200mm（10个翼片）称小60。它们可以单独悬挂或互相搭配组装。

翼型散热器承压能力低，外表面有许多肋片，易积灰，难清扫，外形不美观，不易组成所需散热面积，不节能。适用于散发腐蚀性气体的厂房和湿度较大的房间，以及工厂中面积大而又少尘的车间。

（2）柱型散热器

柱型散热器是呈柱状的单片散热器。外表光滑，无肋片。每片各由几个中空的立柱相互连通。根据散热面积的需要，可把各个单片组对在一起形成一组。但每组片数不宜过多，片数多，则相互遮挡，散热效率降低，一般二柱不超过 20 片，四柱不超过 25 片。我国常用的柱型散热器有四柱、五柱和二柱 M-132。

M-132 型散热器宽度为 132mm，两边为柱状，中间有波浪形的纵向肋片。四柱和五柱型散热器规格是按高度表示。如四柱 813 型，其高度为 813mm。它有带脚与不带脚两种片型，用于落地或挂墙安装。

柱型散热器与翼型散热器相比，传热系数高，外形美观，易清除积灰，容易组成需要的散热面积，被广泛应用于住宅和公共建筑中。主要缺点是制造工艺复杂。

2）钢制散热器

目前我国生产的钢制散热器主要有闭式钢串片散热器、板型散热器、钢制柱型散热器以及扁管型散热器四大类。

（1）闭式钢串片式散热器

闭式钢串片式散热器由钢管、钢片、联箱和管接头组成，钢管上的串片采用薄钢片，串片两端折边 90°形成封闭形。形成许多封闭垂直空气通道，增强了对流放热量，同时也使串片不易损坏。闭式钢串片式散热器规格以"高×宽"表示，其长度可按设计要求制作。

钢串片对流散热器的优点是体积小、占地少、质量轻、省金属、承压高、制造工艺简单。缺点是用钢材制作，造价较高，水容量小，易积灰尘。

钢串片对流散热器宜用于承受压力较高的高温水供热系统和高层建筑供热系统中。

（2）钢制板型散热器

钢制板型散热器由面板、背板、进出水口接头、放水门、固定套和上下支架组成，面板、背板多用 1.2～1.5mm 厚的冷轧钢板冲压成型，在面板上直接压出呈圆弧形或梯形的散热器水道。水平联箱压制在背板上，经复合滚焊形成整体。为增大散热面积，在背板后面可焊上 0.5mm 厚的冷轧钢板对流片。

板式散热器主要有两种结构形式：一种是由面板和背板复合成形的，叫单板板式散热器；另一种是在单板板式散热器背面加上对流片的，叫单板带对流片板式散热器。板式散热器规格：高度有 480、600mm 等几种规格，长度有 400～1800mm 等多种。板式散热器适用于热水供热系统。

（3）钢制柱型散热器

钢制柱型散热器的构造与铸铁柱型散热器相似，每片也有几个中空立柱，这种散热器采用 1.25～1.5mm 厚冷钢板冲压延伸形成片状半柱型。将两个片状半柱型经压力滚焊复合成单片，单片之间经气体弧焊连接成散热器。

钢制柱式散热器传热性能好，承压能力高，表面光滑美观。但制造工艺复杂，造价高，对水质要求高，易腐蚀，相对铸铁散热器而言使用年限短。

（4）扁管散热器

扁管散热器是采用52mm×11mm×1.5mm（宽×高×厚）的水通路扁管作为散热器的基本模数单元，然后将数根扁管叠加焊接在一起，在两端加上断面35mm×40mm的联箱就形成了扁管单板散热器。

扁管散热器外形尺寸是以52mm为基数，根据需要，可叠加成416mm（8根管）、520mm（10根管）和624mm（12根管）三种高度。长度起点为600mm，以200mm迭进至2000mm，共八种不同长度。

扁管散热器的板型有单板、双板、单板带对流片和双板带对流片四种结构形式，由于单、双板扁管散热器两面均为光板，板面温度较高，有较大的辐射热。对带有对流片的单、双板扁管散热器，由于在对流片内形成了许多对流空气柱，热量主要是以对流方式传递的。

3）铝制散热器

铝制散热器的材质为耐腐蚀的铝合金，经过特殊的内防腐处理，采用焊接方法加工而成。铝制散热器重量轻，热工性能好，使用寿命长，可根据用户要求任意改变宽度和长度，其外形美观大方，造型多变，可做到采暖装饰合二为一，但铝制散热器对采暖系统用水水质要求较高。

4）铜铝复合散热器

采用最新的液压胀管技术将里面的铜管与外部的铝合金紧密连接起来，将铜的防腐性能和铝的高效传热性能结合起来，这种组合使得散热器的性能更加优越。

此外，还有用塑料等制造的散热器。塑料散热器可节省金属、耐腐蚀，但不能承受太高的温度和压力。各种散热器的热工性能及几何尺寸可查厂家样本或设计手册。

2. 散热器的布置

散热器的布置原则是：应力求使室内温度均匀，较快地加热由室外深入房间的冷空气，并且尽量少占用室内有效空间。常见的布置位置和要求：

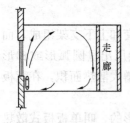

图 3-24　散热器布置示意图

1）散热器宜安装在外墙的窗台下，这样，沿散热器上升的对流热气流能阻止和改善从玻璃窗下降的冷气流和玻璃冷辐射的影响，有利人体舒适。当安装或布置管道有困难时，也可靠内墙安装，如图3-24所示。

2）为防止冻裂散热器，两道外门之间的门斗内不应设置散热器。楼梯间的散热器宜分配在底层或按一定比例分配在下部各层。

3）散热器宜明装。内部装修要求较高的民用建筑可采用暗装，暗装时装饰罩应有合理的气流通道和足够的通道面积，并方便维修。幼儿园的散热器必须暗装或加防护罩，以防烫伤儿童。

4）在垂直单管或双管热水采暖系统中，同一房间的两组散热器可以串联连接；储藏室、盥洗室、厕所和厨房等辅助用室及走廊的散热器可同邻室串联连接。两串联散热器之间的串联管直径应与散热器接口直径相同，以便水流畅通。

5）铸铁散热器的组装片数不宜超过下列数值：粗柱型（包括柱翼型）——20片；细柱型——25片；长翼型——7片。

3.1.4.2　膨胀水箱

膨胀水箱是热水供热系统的重要附属设备之一。膨胀水箱的主要作用就是容纳系统的膨胀水，在自然循环上供下回系统中，起到排气的作用。膨胀水箱的另一个作用是恒定供热系统的压力。

膨胀水箱一般用钢板制成，通常是圆形或矩形，膨胀水箱在采暖系统中的位置及与系统的连接如图 3-25 所示，膨胀水箱的配管有膨胀管、循环管、溢流管、信号管、排水管等管路，膨胀水箱的配管如图 3-26 所示。

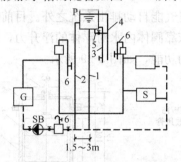
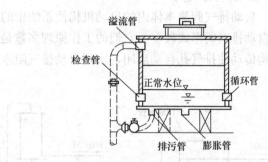

图 3-25　膨胀水箱与系统连接示意图
1—膨胀管；2—循环管；3—信号管；
4—溢流管；5—排水管；6—放气管

图 3-26　膨胀水箱配管示意图

3.1.4.3　排气设备

在热水采暖系统中，积存的空气若得不到及时排除，就会破坏系统内热水的正常循环，因此必须及时排除空气，这对维护热水采暖系统的正常运行是至关重要的。

热水采暖系统排气设备有手动放气阀、集气罐、自动排气阀等。

1. 手动放气阀

手动放气阀又称冷风阀，多用在水平式或下供下回式系统中，外形尺寸如图 3-27 (a) 所示，手动排气阀多为钢制，用于热水系统时，应装在散热器上部丝堵的顶端。用于低压蒸汽系统时，则应装在散热器下部 1/3 高度处，如图 3-27 (b) 所示，以便散热器内的空气能顺利地排出，以达到如图 3-27 (c) 散热器正常的工作状态。

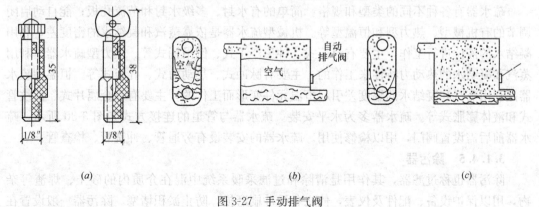

(a)　　　　　　　　　　*(b)*　　　　　　　　　*(c)*

图 3-27　手动排气阀

2. 集气罐

集气罐一般是用直径 100～250mm 的钢管制成，分为立式和卧式两种。集气罐顶部连接直径 15 的排气管，排气管应引至附近的排水设施处，排气管另一端装有阀门，排气阀应设在便于操作处。

集气罐一般设于系统供水干管末端的最高处。见图 3-28 所示。供水干管应向集气罐方向设上升坡度以使管中水流方向与空气气泡的浮升方向一致，以利于空气聚集到集气罐的上部，定期排除。当系统充水时，应打开排气阀，直至有水从管中流出时方可关闭排气阀。系统运行期间，应定期打开排气阀排除空气。

3. 自动排气阀

自动排气阀靠本体内的自动机构使系统中的空气能自动排出系统之外。目前国内生产的自动排气阀形式较多。它们的工作原理多数是依靠阀体内水对浮体的浮升力，通过杠杆机构传动使排气孔自动启闭，实现自动排气阻水的功能，如图 3-29 所示。

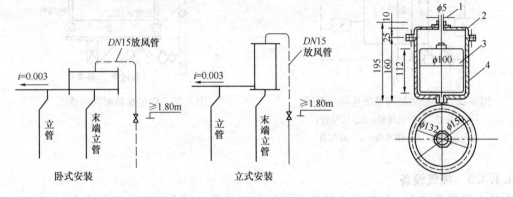

图 3-28　集气罐安装示意图　　　　　　图 3-29　自动排气阀

1—排气孔；2—上盖；3—浮漂；4—外壳

3.1.4.4　疏水器

疏水器是蒸汽供热系统中的重要设备，其作用是能自动阻止蒸汽逸漏、并迅速排出用热设备及管道中的凝水，同时能排除系统中积留的空气和其他不凝性气体。它的工作状况对系统运行的可靠性和经济性影响极大。在蒸汽供热系统水平干管位差变化的低点处、室内每组散热器的凝水出口处、上供下回式系统的每根立管下部必须装设疏水器。

疏水器有各种不同的类型和规格。简单的有水封、多级水封和节流孔板；能自动启闭调节的有机械型、热力型和恒温型等。机械型疏水器是依靠蒸汽和凝结水的密度差，利用凝结水的液位进行工作，主要有浮筒式、钟形浮子式、倒吊桶式等。热力型疏水器是利用蒸汽和凝结水的热动力特性来工作的，主要有脉冲式、热动力式、孔板式等。恒温型疏水器是利用蒸汽和凝结水的温度差引起恒温元件变形而工作的，主要有双金属片式、波纹管式和液体膨胀式等。疏水器多为水平安装。疏水器与管道的连接方式如图 3-30 所示。疏水器前后需设置阀门，用以检修使用。疏水器的安装设有旁通管、冲洗管、检查管。

3.1.4.5　除污器

除污器也称过滤器，其作用是清除和过滤采暖系统中混在介质内的砂土、焊渣等杂物，用以保护设备、配件及仪表，使之免受冲刷磨损，防止淤积堵塞。除污器一般设置在供热系统入口调压装置前、锅炉房循环水泵的吸入口前和换热设备入口前。除污器的型式有立式直通、卧式直通和卧式角通三种。

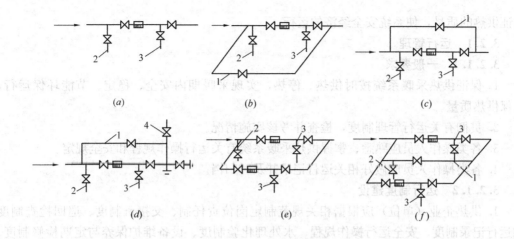

图 3-30　疏水器的安装方式

(*a*) 不带旁通管水平安装；(*b*) 带旁通管水平安装；(*c*) 带旁通管垂直安装；
(*d*) 带旁通管水平安装；(*e*) 不带旁通管并联安装；(*f*) 带旁通管并联安装；
1—旁通管；2—冲洗管；3—检查管；4—单向阀

除污器前后应装有阀门，并设有旁通管以供定期排污和检修，采暖系统常用的立式直通除污器。除污器工作时，水从进水管进入除污器，因流速突然降低使水中的污物沉淀到筒底，较洁净的水经过设有过滤小孔的出水管 1 流出。除污器不允许反装。

3.1.4.6　减压阀

减压阀靠启闭阀孔对蒸汽进行节流达到减压的目的。减压阀应能自动地将阀后压力维持在一定范围内、工作时无振动、完全关闭后不漏汽。由于供汽压力的波动和用热设备工作情况的改变，减压阀前后的压力是可能经常变化的。使用节流孔板和普通阀门也能减压，但当蒸汽压力波动时需要专人管理来维持阀后需要的压力不变，显然这是很不方便的。因此，除非在特殊情况下，例如：供热系统的热负荷较小、散热设备的耐压程度高，或者外网供汽压力不高于用热设备的承压能力时，可考虑采用截止阀或孔板来减压；在一般情况下应采用减压阀。目前国产减压阀有活塞式、波纹管式及薄膜式等。图 3-31 为减压阀与管道连接安装图。

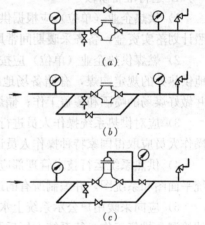

图 3-31　减压阀接管安装图

(*a*) 活塞式减压阀旁通管垂直安装
(*b*) 活塞式减压阀旁通管水平安装
(*c*) 薄膜式或波纹式减压阀安装

3.2　供热系统的运行管理

为了保证供热系统的功能及设备发挥作用，安全可靠而又经济地使用热量，不仅要求设计先进合理，施工安装质量完好，而且还必须对系统进行科学的运行管理。供热系统运行时，必须配备维护管理人员，同时还应建立各项操作规程，以便经常进行检查、维护，保证供热的质量，使系统安全经济的运行。

3.2.1 运行管理

3.2.1.1 一般要求

1. 保证供热采暖系统按时供热、停热，实现采暖期内安全、稳定、节能环保运行，确保供热质量。

2. 贯彻有关运行管理制度，检查并考核实施情况。

3. 各类操作人员应熟悉、掌握供热采暖系统有关运行操作规程和安全规定。

4. 各类操作人员应做好相关运行记录并及时归档。

3.2.1.2 运行制度建设

1. 供热企业（单位）应根据相关规范制定岗位责任制、交接班制度、巡回检查制度和运行记录制度、安全运行操作规程、水处理化验制度、设备维护保养与定期检修制度、锅炉安全技术资料档案管理制度和事故报告制度。

2. 结合本企业（单位）实际情况建立各项规章制度的检查和考核办法，监督规章制度的实施。

3.2.1.3 运行技术管理

1. 运行准备阶段

1）供热企业（单位）应根据供热能力制定整个采暖期的燃料及物资储备计划，并按照计划落实资金，备齐采暖期间常用的消耗物料和设备易损件。

2）燃煤供热企业（单位）应按照大宗物资比质比价的原则签订购煤合同，并按照当地供热办的规定购煤，有储备场地的在采暖期前半个月（15 天）应完成需煤量的 60%，并做好煤场的喷洒和覆盖工作；储煤场地不足的，应签订并执行购销合同。

3）应对供热系统操作人员进行培训，考核合格后，方可从事相应的操作。特种设备操作人员应取得国家特种操作人员证书方可从事相应的操作。

4）供热系统运行技术管理部应根据实际需要绘制供热调节曲线图表、供热及供电系统平面图和系统图，并编制所有的运行记录文件及报表。

5）应向采暖用户公示系统上水时间、报修、服务电话，做好系统的上水工作和管网的检漏、排气工作，待系统上压后及时进行冷态试运转。

6）正式供热 7 日前，城市热网热力站、管线应按相关规范的要求进行全面检查并做好记录；锅炉供热应按相关规范的要求，完成对供热采暖系统的全面检查和维修，并按规范的要求对锅炉本体、辅助设备、安全附件和电气设备等进行最后的全面检查和处理，记录检查出的问题和处理结果。

7）在规定的采暖期开始前 7 日内，应按当地供热办的要求点火、升温，并做好系统的热态试运行。

8）试运行期间，应加强系统调节，解决热网水力失调及局部不热的问题。

2. 运行阶段

1）供热单位应掌握每天的气象资料，根据气象变化对各项运行参数进行及时、科学的调整并记入运行日志，保持运行工况和用户室温的稳定。

2）对锅炉及辅助设备的自控系统和仪表进行检查、调试，使其达到正常运行和指示状态，对运转和指示不正常的应及时处理。

3）锅炉及供热系统采用计算机监控的，应定期进行校验，保证其正确、灵敏、可靠，计算机应配有性能可靠的停电保护装置、连锁装置、手动和自动转换装置。

4）城市热网运行、调节和检修应有调度指令，调度指令在执行过程中应由运行人员、调度员、运行维修管理负责人和主管领导签字。

5）供热期间，每周对供热管网至少检查一次，检查时不得少于两人。

6）发生故障时，按应急预案及时组织抢修并合理调配负荷。

7）供热采暖系统的年度普查工作，应按当地供热行政管理部门规定的要求完成，并做好年度设备检修和更新改造计划的编制工作。

8）供热系统停运时，应严格按照停运方案或调度指令进行各项操作，并及时完成停炉后的现场清扫整理、能源计量统计和人员安排等收尾工作。

3. 运行总结阶段

1）完成采暖期能耗分析。

2）完成采暖期设备及系统运行状况分析。

3）整理采暖期运行记录及各种资料，立卷归档。

4）每年采暖期结束后 30 天内完成采暖期供热运行阶段总结报告。

3.2.1.4 运行节能管理

1. 供热企业（单位）应建立运行节能管理制度和能耗统计分析管理体系，并组织培训和实施。

2. 供热企业（单位）应根据系统运行情况采用适宜的节能技术措施（如气候补偿技术、余热回收技术、锅炉集中控制技术、水泵风机变频技术、分时分区控制技术、水力平衡调试技术和室温调控技术等），实现系统节能降耗。

3. 耗能设备应全部选用节电设备，推广使用节水新技术、新产品，合理选用水泵、风机和阀门等。

4. 应对锅炉房和换热站的能耗进行单独计量，并统计、分析、复核能耗水平。

5. 用水设备宜采用循环水，减少直接排放。

6. 新建居住建筑应在锅炉房出口以及热力站换热器的二次水出口设置计量总输出热量的热量表，在各楼栋设楼栋热量表并设置分户热量分摊装置或方法。在供热开始和结束时准确读取相关数据并进行统计分析，实行能耗统计管理。对既有居住建筑的供热采暖系统实施节能改造时，其热计量应按当地规范的要求执行。

7. 应按照 DB11/T 466 的要求，对热计量装置进行维护、保养、检修和检验，并建立管理档案。

8. 应对各种能耗进行统计分析，自行检查本供热采暖系统实际的能效水平，评价节能潜力，提出整改措施，进行节能改造。

3.2.2 维修管理

1. 维修管理工作应实现供热采暖系统完好，确保供热安全运行和节能环保达标。

2. 一般要求及维修制度建设、维修技术管理、维修施工管理、维修物资管理、维修档案管理等工作要求，均应按当地规定的要求执行。

3.2.3 质量管理

1. 供热企业（单位）应严格执行有关供热质量管理规定，根据供热规模设置供热室温监测点，定期测温，做测温记录，检验供热质量。

2. 供热企业（单位）应建立、健全质量保证体系，对供热质量、用户室温和维修服务等环节实行岗位自查、供热企业（单位）检查和用户评价。

3.2.4 安全管理

3.2.4.1 安全制度建设

1. 供热企业（单位）应掌握国家有关法律、法规，认真贯彻执行有关安全生产的规定和要求。

2. 编制适合本企业（单位）情况的各项安全保卫的规章制度及各工种的安全操作规程、应急事故处置预案，建立供热安全保障体系，不断改善员工的工作条件，保证安全文明生产。

3. 组织对重大安全事故或事故隐患的调查分析，并提出处理意见。

3.2.4.2 安全监督和检查

1. 建立安全管理的专职机构和专职人员，制定安全生产检查制度。

2. 定期组织安全生产检查，发现事故隐患及时排除。

3.2.4.3 岗位安全教育

1. 采取措施，使供热系统管理人员熟悉、掌握有关安全规定及相关法律、法规，并认真贯彻执行。

2. 在供热系统运行前，应对操作人员进行安全教育，保证其具备必要的安全操作知识，熟练掌握供热系统的操作规程和有关的安全规章制度，对新到岗人员应加强安全培训，考核通过后方可正式上岗。

3. 供热系统运行期间，应对操作人员随时进行岗位培训，确保安全操作运行。

3.2.4.4 事故处理与应急预案

1. 供热企业（单位）应制定事故处理应急预案，并进行供热应急预案演练。必要时及时修订事故处理应急预案。

2. 供热企业（单位）应建立抢险队伍，落实抢险人员、抢险物资及设备，做好处理突发事件的应急准备工作。一旦发生供热事故，应做到迅速到位，及时抢修。

3. 发生供热事故，应依据相关法律和规定及时向相关职能部门报告。

3.2.4.5 档案信息管理

1. 供热企业（单位）应按相关规定及时进行信息采集、报送和存档，并按档案信息管理制度严格执行。

2. 供热企业（单位）应对用户服务档案、成本核算档案、财务档案、工程设备设施及维修档案、供热系统运行档案和数据库及数据统计资料进行管理。

1）应对服务人员上岗凭证、供用热服务合同、测温记录、报修记录、回访记录、投诉记录和供热费收缴记录等用户服务档案信息进行管理。

2）应对供热企业（单位）有关运行、维修、技改等成本信息资料进行管理。

3）应对各项财务报表、凭证和发票等财务档案信息进行管理，并按照有关财务管理规章制度实施。

4）应对供热系统设备设施全套施工及竣工图纸和有关验收资料、供热工程设计合同、工程施工合同、产品购销合同、工程预算书、工程验收记录、工程结算书、工程审核意见、工程结算协议、各种合同和检测报告等工程设备设施及维修档案信息进行管理。

5）应对设备运行记录、交接班记录、设备保养抢修记录、单位主管和管理人员检查记录、巡视检查记录、事故记录和系统能耗统计记录等供热系统运行档案信息进行管理，并准确掌握本企业（单位）的用户供热面积、用热特点等基本档案信息。

6）应对有关主管部门要求上报的统计内容，对收集、录入、统计、查询、分析、上报的供热系统各项数据信息，及由此产生的相关信息资料、数据库及数据统计资料进行管理。

3. 档案信息管理应制定完善的档案信息管理制度、档案借阅制度、档案信息安全保密制度、档案鉴定销毁制度、档案移交制度、档案人员岗位责任制，以及文书、科技、财务、实物档案分类方案和保管期限。

4. 对于新接用户，应做好相应档案信息资料的交接管理工作。

3.2.5 岗位职责

3.2.5.1 总负责人职责

1. 贯彻执行国家的各项方针、政策和标准规范，遵守法律、法规，执行相关职能部门的规定和文件。

2. 主持供热企业（单位）的全面工作，实现供热采暖系统管理工作总体目标。

3. 负责岗位职责、规章制度建设和标准化管理、计量管理、职工培训和班组建设等基础工作。

4. 负责组织、协调、检查供热运行管理、维修管理、质量管理、安全管理、服务管理、经营管理和档案信息管理等业务工作。

3.2.5.2 运行维修管理负责人职责

1. 在总负责人领导下，负责本企业（单位）运行、维修、节能、环保、水质、热计量和供热质量等管理工作。

2. 负责制定专业人员和操作人员岗位责任制，以及运行、维修、节能、环保、水质、热计量和供热质量等各项规章制度，并组织培训。

3. 对相关规章制度的贯彻执行情况进行检查和考评。

4. 负责与相关职能部门的联系、技术支持工作。

5. 负责贯彻执行供热采暖系统运行及维修中的相关安全管理制度。

6. 负责执行本企业（单位）安全管理部门制定的事故应急预案。

7. 协助本企业（单位）安全管理部门查明供热运行事故原因，及时处理并进行事故分析，提出解决办法及改进措施。

3.3　供热系统的运行调节

为了保证供热系统的供热质量、安全可靠同时又经济有效地向各用户供应热能，除要求设计合理、施工安装质量完好外，还必须对供热系统进行供热系统的调节。供热系统的运行调节包括初调节和运行调节两种。

3.3.1　供热系统的初调节

对于任何一个供热系统施工完毕，投入运行时，不可避免地会存在用户的实际流量与设计流量不一致的水力失调现象。因此，必须通过系统中安装的各种调节与控制装置，对系统各个环路的流量进行调节。这种在供热系统运行前的调节称为初调节（有时又称为安装调节）。

供热系统初调节分为室外管网和室内管网两部分；根据热媒情况，又可分为热水供热采暖管网的初调节和蒸汽供热采暖管网的初调节；根据调的方法的不同可分为，阻力系数法、预定计划法、比例法、补偿法、计算机法、模拟分析法、自力式调节法及简易快速法等，这些方法在供热系统中均得到了不同程度的实际应用。下面就上述各种初调节的方法分别进行简单介绍。

3.3.1.1　供热系统运行前的工作

1. 运行前的准备工作

1）在供热系统安装竣工后，要根据施工图纸和技术变更、材料变更、项目增减等核定手续对照工程进行检查，看是否相符。

2）以国家施工验收规范及质量评定标准等有关文件为准则，由建设、设计、施工三方面人员共同鉴定验收。

3）要逐项地对整个系统进行　次全面仔细的外部检查，主要包括：

（1）系统管道和附件是否良好，有无损坏、缺损，保温层是否完好；

（2）阀门操作是否灵活，压力表是否正常；

（3）散热设备有无缺陷、是否有损坏，手动放风阀操作是否灵活；

（4）检查恒压设备、膨胀水箱和膨胀管是否完好；

（5）用户入口装置、设备和管道配件安装是否正确；

（6）检查有无丢项、漏项，施工安装质量是否符合要求。

4）水压试验合格后方可进行试运行。

2. 热水供热系统的通热

1）系统的冲洗

系统通热前要进行冲洗。系统的冲洗通常分为粗洗和精洗两个阶段。粗洗时用自来水或者用水泵将水注入管网。冲洗后的污水从系统的最低点排掉。当排出的水不再混浊，显得清净时，粗洗即告完成。精洗的目的是为了清除系统内较大的砂砾、焊渣等杂质，因此要提高水的流速。在冲洗过程中，水通过除污器时，水中杂质便沉淀在除污器内，应不断从其底部泄水管把沉淀物清出。冲洗水变得清洁时精洗结束。

2）供热系统的充水

充水是供热系统运行的头道工序，系统充水应为软化水，充水温度应为 $65 \sim 70℃$ 的热水。小型管网可一次充水，大型管网宜分段充水，由近及远，逐段进行。外部网路充满水并通过外网循环管开始循环后，即可关闭管网循环管，由远及近、由大及小逐个向各用户系统充水。用户系统充水时，对上分式系统应从回水管向系统充水，对下分式系统应从供水管向系统充水，以利于系统空气的排除。充水时，应开启用户系统顶部的放气阀，冲水速度不宜过快，以便空气顺利排出。整个系统充满水后，把系统阀门打开，用循环泵进行循环，同时逐渐增大循环水泵的流量，并在工作压力下仔细检查管网的严密状况。充水后，注意检查系统有无渗漏，如有应及时修复。

3）供热系统的通热

供热管网及用户系统充满水后，并经检查正常后即可开始通热。首先关闭各用户系统的供、回水管阀门．打开供热管网循环管阀门，接通热源，先向供热管网送热。此时热媒升温不宜过高（控制在 60～70℃以内），待循环正常管网首末管道温度均匀后，逐渐升高至设计温度。外网循环正常后，关闭循环管，由远及近，由大用户到小用户逐个开放热用户。用户系统通热时，应首先开放系统最不利环路，直至最不利环路通热循环正常，所连接的散热器均已通热后，再由远到近逐个开放各立管，使各并联管路通热。以上各用户及用户内各并联环路通热时，阀门均应处于最大开启状况，以待调节。

3. 蒸汽供热系统的通汽

同热水供热系统基本一样，工程竣工后，首先检查系统的外部安装情况，然后进行水压试验和冲洗，无渗漏和堵塞即可通汽。先通室外管网，无问题时再由远而近向各个用户室内系统通汽。蒸汽管网通汽时，应先打开启动疏水装置，以免堵塞系统的永久疏水装置。待系统凝结水干净后，再关闭启动疏水装置，利用永久疏水装置疏水。

3.3.1.2　供热系统的初调节方法

初调节是利用各热用户入口及系统中安装的流量调节装置进行的。目前用手工进行初调节已有多种方法，如阻力系数法、预定计划法等，但因计算工作量、实地调节工作量较大，除只有几个热用户的供热系统外，一般难以实际采用。近几年来国内外有关专家和工程技术人员为解决工况失调问题，相继提出了比例法、补偿法、计算机法、模拟分析法、自力式调节法及简易快速法等多种调节方法，这些方法在供热系统中均得到了不同程度的实际应用。下面对上述各种初调节方法分别作一简单介绍。

1. 阻力系数法

阻力系数法就是将各热用户的启动流量和热用户局部系统的压力损失调整到一定比例，使其阻力系数达到正常工作时的理想值的一种初调节方法。

在该调节方法中，热用户局部系统的阻力系数可按下式进行计算：

$$S = \frac{\Delta p}{G^2} \tag{3-1}$$

式中　S——热用户局部系统的阻力系数，$Pa/(m^3 \cdot h^{-1})^2$；

　　Δp——热用户局部系统的压力损失，Pa；

　　G——热用户的理想流量，m^3/h。

由上式可以看出，只要测得热用户的流量和压力损失，即可计算出用户系统的阻力系数。

该调节方法基本原理虽然简单，但实际操作并不容易，因为阻力系数值不能直接测量，需根据（3-1）式计算求得，所以要想把某个热用户的局部阻力系数 S 调到理想值，就必须反复调节有关阀门，反复测量其流量和压力损失，同时根据式（3-1）反复计算，直到系统阻力系数 S 达到理想值。这种调试方法属于试凑法，现场操作繁琐、费事，实用性不大。因此除非只有几个热用户的供热系统外，在实际中一般不采用。

2. 预定计划法

预定计划法是预先计算出热用户的启动流量，在调节前关闭所有用户入口处阀门，使系统处于停运状态。然后按照一定顺序（从离热源最远端或最近端开始），依次开启热用户入口阀门，开启热用户入口阀门的同时，采用测流量的仪器在现场一面检测流量，一面调节热用户入口阀门，使通过热用户的流量等于预先计算出的流量，该流量既不应是理想流量，也不应是设计流量，而应称之为启动流量。

采用该调节方法的关键是各热用户启动流量的计算，各热用户在一定顺序下按启动流量全部开启后，供热系统就能在理想流量下运行，从而完成初调节任务。

下面以具体实例来说明预定计划法的调节原理。

【例 3-1】 如图 3-32 所示，供热系统有4 个热用户，热源循环水泵的扬程为 5m，热用户 1、2、3、4 的设计流量均为 100 m³/h，压力降分别为 400kPa、300kPa，200kPa、100kPa。管段 AB、BC、CD、DE 的压力损失均为 100kPa，试计算各热用户的启动流量。

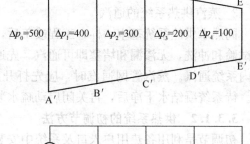

【解】 首先计算各管段及各热用户的阻力系数，然后按照从离热源最远的 4 用户开始，依次开启用户 4、3、2、1 进行调节，并计算其启动流量。

（一）各管段及各用户阻力系数的计算

图 3-32 供热系统预定计划法简图

1. 计算各管段的设计流量

管段 DE：$G_{DE} = G_4 = 100 \text{m}^3/\text{h}$

管段 CD：$G_{CD} = G_3 + G_4 = 100 + 100 = 200 \text{m}^3/\text{h}$

管段 BC：$G_{BC} = G_2 + G_3 + G_4 = 100 + 100 + 100 = 300 \text{m}^3/\text{h}$

管段 AB：$G_{AB} = G_1 + G_2 + G_3 + G_4 = 100 + 100 + 100 + 100 = 400 \text{m}^3/\text{h}$

2. 计算各管段及用户的阻力系数

对于管段 DE，根据公式（3-1）得阻力系数：

$$S_{DE} = \frac{\Delta p_{DE}}{G_{DE}^2} = \frac{100 \times 10^3}{100^2} = 10 \text{Pa}/(\text{m}^3 \cdot \text{h}^{-1})^2$$

管段 AB、BC、CD 及用户 1、2、3、4 的阻力系数的计算方法同上，计算结果见表 3-1。

阻力系数计算表　　　　　　　　　　　　　　　　表 3-1

管段及热用户编号		热量 G'（m³/h）	压力损失 Δp（kPa）	阻力系数 $S[\text{Pa}/(\text{m}^3 \cdot \text{h}^{-1})^2]$
管段	AB	400	100	0.63
	BC	300	100	1.11
	CD	200	100	2.5
	DE	100	100	10
热用户	1	100	400	40
	2	100	300	30
	3	100	200	20
	4	100	100	10

（二）各热用户启动流量的计算

开启热用户 4

当开启热用户 4 时，热网及用户 4 的总阻力系数为：

$$S_0 = S_{AB} + S_{BC} + S_{CD} + S_{DE} + S_4$$
$$= 0.63 + 1.11 + 2.5 + 10 + 10$$
$$= 24.24 \text{Pa}/(\text{m}^3 \cdot \text{h}^{-1})^2$$

热网的总流量为：$G_0 = \sqrt{\dfrac{\Delta P_0}{S_0}} = \sqrt{\dfrac{500 \times 10^3}{24.24}} = 144 \text{m}^3/\text{h}$

用户 4 的启动系数为：$\alpha_4 = G/G_4 = 144/100 = 1.44$

用户 4 的启动流量为：$G_4 = \alpha_4 G_4' = 1.44 \times 100 = 144 \text{m}^3/\text{h}$

表 3-2 是该供热系统按照热用户 4、3、2、1 的调节顺序进行调节时，各热用户启动流量的计算值。

热用户启动流量计算表　　　　　　　　　　　　　　　　　　　　表 3-2

顺序	数值名称	计算过程
	开启热用户 4	
1	热网及用户 4 的总阻力系数/ $[\text{Pa}/(\text{m}^3 \cdot \text{h}^{-1})^2]$	$S_0 = S_{AB} + S_{BC} + S_{CD} + S_{DE} + S_4$ $= 0.63 + 1.11 + 2.5 + 10 + 10 = 24.24$
2	热网的总流量/(m^3/h)	$G_0 = \sqrt{\Delta p_0/S_0} = \sqrt{500 \times 10^3/24.24} = 144$
3	用户 4 的启动系数	$\alpha_4 = G_0/G_4' = 144/100 = 1.44$
4	用户 4 的启动流量/(m^3/h)	$G_4 = \alpha_4 G_4' = 1.44 \times 100 = 144$
	开启热用户 3	
1	用户 3 后的热网总阻力系数/ $[\text{Pa}/(\text{m}^3 \cdot \text{h}^{-1})^2]$	$S_{3-4} = \Delta p_3/G_{CD}^2 = 200 \times 10^3/200^2 = 5$
2	热网及用户 3、4 的总阻力系数/ $[\text{Pa}/(\text{m}^3 \cdot \text{h}^{-1})^2]$	$S_0 = S_{AB} + S_{BC} + S_{CD} + S_{3-4}$ $= 0.63 + 1.11 + 2.5 + 5 = 9.24$
3	热网的总流量/(m^3/h)	$G_0 = \sqrt{\Delta p_0/S_0} = \sqrt{500 \times 10^3/9.24} = 233$
4	用户 3 的启动系数	$\alpha_3 = G_0/(G_3' + G_4') = 233/(100 + 100) = 1.16$
5	用户 3 的启动流量/(m^3/h)	$G_3 = \alpha_3 G_3' = 1.16 \times 100 = 116$
	开启热用户 2	
1	用户 2 后的热网总阻力系数/ $[\text{Pa}/(\text{m}^3 \cdot \text{h}^{-1})^2]$	$S_{2-4} = \Delta p_2/G_{BC}^2 = 300 \times 10^3/300^2 = 3.33$
2	热网及用户 2、3、4 的总阻力系数/ $[\text{Pa}/(\text{m}^3 \cdot \text{h}^{-1})^2]$	$S_0 = S_{AB} + S_{BC} + S_{2-4} = 0.63 + 1.11 + 3.33 = 5.07$
3	热网的总流量/(m^3/h)	$G_0 = \sqrt{\Delta p_0/S_0} = \sqrt{500 \times 10^3/5.07} = 314$
4	用户 2 的启动系数	$\alpha_2 = G_0/(G_2' + G_3' + G_4') = 314/(100 + 100 + 100) = 1.05$
5	用 2 的启动流量/(m^3/h)	$G_2 = \alpha_2 G_2' = 1.05 \times 100 = 105$

顺序	数值名称	计算过程
		开启热用户 1
1	用户 1 后的热网总阻力系数/ $[Pa/(m^3 \cdot h^{-1})^2]$	$S_{1\text{-}4} = \Delta p_1 / G_{AB}^2 = 400 \times 10^3 / 400^2 = 2.5$
2	热网及用户 1 的总阻力系数/ $[Pa/(m^3 \cdot h^{-1})^2]$	$S_0 = S_{AB} + S_{1\text{-}4} = 0.63 + 2.5 = 3.13$
3	热网的总流量/(m^3/h)	$G_0 = \sqrt{\Delta p_0/S_0} = \sqrt{500 \times 10^3/3.13} = 400$
4	用户 1 的启动系数	$\alpha_1 = G_0/(G_1' + G_2' + G_3' + G_4')$ $= 400/(100 + 100 + 100 + 100) = 1.0$
5	用户 1 的启动流量/(m^3/h)	$G_1 = \alpha_1 G_1' = 1.0 \times 100 = 100$

由启动流量的计算过程可以发现，预定计划法的计算工作量是很大的。当供热系统较大时，即热用户数量较多时，采用手工方法计算启动流量是难以实现的，这是该调节方法在实际工程中使用价值不大的主要原因。这种调节方法的另一不足之处是，调节前必须关闭所有热用户阀门，这就限制该调节方法只能在供热系统投入运行前进行，不能在运行过程中进行，这种局限性是由于热用户启动流量难以计算的缘故。

3. 比例法

由于上述方法的缺陷，从 20 世纪 70 年代以来，各国十分重视这方面的研究。为适应初调节的需要，瑞典 TA 公司研制了平衡阀和智能仪表（微信息处理机），两者配套使用，这样不但可以直接测量平衡阀前后压差，而且还可以直接读出平衡阀中通过的流量。与此同时，相应提出了比例法和补偿法等初调节方法。

比例法的基本原理是当各热用户系统阻力系数一定时，系统上游端的调节将引起各热用户流量成比例地变化。也就是说，当各热用户阀门未调节时，系统上游端的调节将使各热用户流量的变化遵循一致等比失调的规律。

采用比例法进行初调节，需要在供热系统中安装平衡阀，如图 3-33 所示供热系统，在各支线回水管上及用户入口处、热源出口处均安装平衡阀，利用智能仪表直接测量平衡

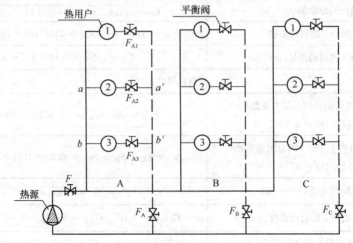

图 3-33 供热系统比例法调节简图

阀前后压差及通过平衡阀的流量，计算出水力失调度。根据比例法的调节原理，调节平衡阀，从而解决供热系统水力失调的问题。比例法的具体调节步骤如下：

1）调节支线的选择

（1）系统中的所有平衡阀全部打开，使系统在超流量的工况下运行；

（2）利用平衡阀和智能仪表测量各支线回水管道上平衡阀前后的压差，并由智能仪表上直接读出通过各平衡阀的流量，即各支线流量 G_s；

（3）计算各支线的流量比值，即水力失调度 x

$$x = \frac{G_s}{G} \tag{3-2}$$

式中　G_s——测量出来的支线实际流量，m^3/h；

　　　G——支线的设计流量，m^3/h。

（4）选择流量比值（水力失调度）最大的支线为调节支线。按照支线流量比值的大小顺序排列，即为只限一次调节的先后顺序，一般情况下，热源近端支线流量比值偏大，因此往往先从近端支线开始调节。

例如图 3-33 所示，假定通过平衡阀 F_A 的支线流量比值最大，则该支线即定为调节支线。

2）支线上各热用户的调节

（1）利用智能仪表测出调节支线上各热用户入口处通过平衡阀的流量，计算各热用户其水力失调度 x，以水力失调度最小的用户为参考用户。若以 A 支线为调节支线，在支线 A 上的三个用户中，若用户 2 的水力失调度最小，即用户 2 的失调度 $x_2 = G_{s2}/G_2$，因此选用户 2 可以作为参考用户。

（2）从调节支线的最末端用户 1 开始调节，利用与平衡阀配套的智能仪表测出通过平衡阀 F_{A1} 的流量，并计算其水力失调度 x_1，调节平衡阀 F_{A1} 直到 $x_1 \approx 0.95x_2$ 为止。

（3）按支线上从远到近的顺序依次调节其他热用户，如 3 用户上的平衡阀 F_{A3}。按调节平衡阀 F_{A1} 的方法调节平衡阀 F_{A3}，直到 $x_3 = x_1$ 为止。

（4）按支线上水力失调度从大到小的顺序，依次按上述方法调节其他支线上的热用户。

3）干线上各支线间的调节

（1）用智能仪表测出各支线通过平衡阀的流量，如图 3-33 中 F_A、F_B、F_C 的流量 G_{SA}、G_{SB}、G_{SC}，并计算出其水力失调度 x_A、x_B、x_C，以水力失调度最小值的支线阀门为参考阀门的比值。例如以 F_B 平衡阀为参考阀门。

（2）从最远支线的平衡阀开始调节，即调节平衡阀 F_C，使支线 C 的水力失调度调节为支线参考值的 95%，即 $x_C = 0.95x_B$。

（3）按照从远到近的顺序依次调节其他支线上的平衡阀，如 F_A 平衡阀，直到 $x_A = x_B$ 为止。

4）干线调节（全网调节）

调节热源处总平衡阀 F（既可安装在供水管道上，也可安装在回水管道上），使最末端支线 C 的水力失调度 $x_C = 1$。

根据一致等比失调原理，经上述步骤调节后，各支线、各热用户水力失调度均等于

1，这样使各支线、各热用户均能在设计流量状况下运行。至此全网初调节结束。

比例调节法原理简单，效果良好，适用于较大型、较复杂供热系统的调试，但是该调试方法繁琐，且必须使用两套智能仪表，配备两组测试人员，通过报话机进行信息联系，平衡阀重复测量次数过多，调节过程费时费力。但是从整体上讲，由于有平衡阀、智能仪表作为依托，这种方法是初调节在实际工程中的应用有了可能性。

4. 补偿法

补偿法是依靠供热系统上游端平衡阀的调节，来补偿下游端因调节而引起系统阻力的变化。也就是说，当下游端热用户的流量经平衡阀调至设计流量时，锁定其开度。而调节其他热用户平衡阀时，必然要影响已调节好的下游端热用户的流量，因而要想保证下游端已经调好的热用户流量不变，就必须保持其压力不变。办法是调试其他平衡阀时，用改变其上一级平衡阀的开度来保持已调试好的平衡阀的压降不变，但决不能改变已调好的阀门开度。

补偿法调节的主要步骤如下：

1）支线上各热用户的调节

（1）任意选择待调节的支线，确定调节支线上局部系统阻力最大的热用户（未含平衡阀阻力）。为保证智能仪表的测量精度，一般规定安装在局部系统阻力最大的热用户处的平衡阀的最小压力降（阀门全开时）不得小于 3kPa。若小于此数，智能仪表测出的流量值可能失真。

局部系统阻力最大热用户的确定方法有以下几种方法：

①当各热用户局部系统阻力相等时，取末端用户；

②当各热用户局部系统阻力不相等但均为已知时，则取最大值；

③当各热用户局部系统阻力不相等且未知时，先将调节支线上所有平衡阀打开，然后逐个关闭热用户的平衡阀，并测出各热用户的总压降（含平衡阀）Δp_i，再分别调节各热用户的平衡阀至设计流量，测出此时各热用户的总压降 $\Delta p_i'$，有 $\Delta p_i - \Delta p_i'$ 最大值的用户即为阻力最大的热用户。

例如图 3-33 中的供热系统，假定通过平衡阀 F_A 的支线为调节支线，其支线上用户 2 为局部系统阻力最大的热用户。

（2）调节支线上最末端用户 1 的平衡阀 F_{A1}，其开度为设计流量 G_1 后锁定平衡阀 F_{A1}。而平衡阀 F_{A1} 在设计流量下前后压差 Δp_{A1} 可通过查平衡阀线算图求得。

当设计流量 G_1 已确定，要想确定平衡阀开度，关键是求阀 F_{A1} 前后压差 Δp_{A1}。假定调节支线上 $a-1-a'$ 压降 $\Delta p'$（不含平衡阀 F_{A1}）及 $a-2-a'$ 压降 $\Delta p''$（不含平衡阀 F_{A2}）为已知，则根据 $\Delta p' + \Delta p_{A1} = \Delta p'' + 0.3$ 即可求出平衡阀 F_{A1} 前后压差 Δp_{A1}。

（3）将智能仪表接至平衡阀 F_{A1} 上测出其实际流量。若实际流量偏离设计流量，则调节上一级平衡阀 F_A，直至通过平衡阀 F_{A1} 前后压差等于 Δp_{A1} 为止。

（4）将另一台智能仪表接至其上游端用户 2 的平衡阀 F_{A2} 上，调节阀 F_{A2}，直至通过的流量达设计流量。同时，通过第一台智能仪表监测通过阀 F_{A1} 流量的变化，调节平衡阀 F_A，使通过阀 F_{A1} 的流量达设计值。

（5）采用同样的方法调节用户 3 平衡阀 F_{A3}，直至通过其的流量达设计流量。

（6）按照以上方法依次调节其他支线上的热用户。

2）干线上各支线间的调节

（1）调节末端支线平衡阀 F_C，使通过的流量达到设计流量，然后将其锁定。

（2）依次调节其他支线上平衡阀 F_B、F_A，使其流量达到设计值，同时要监测末端支线上通过平衡阀 F_C 的流量的变化。

（3）调节热源处总平衡阀 F，使末端支线上的流量始终保持在设计流量值。

由以上调节方法中可以看出，采用补偿法进行初调节准确、可靠，而且每个热用户的平衡阀只测量一次，因而节省人力。另外由于平衡阀是在允许的最小压降下调节的，因此降低了供热系统循环水泵的扬程，节省了运行费用。但是该方法在调节的同时需要两台智能仪表、二组操作人员，通过报话机进行信息联系．当仪表、人力有限时，操作有一定困难。该调节方法准确、可靠，在欧洲一些国家使用相当普遍。

5. 计算机法

计算机法是借助于平衡阀以及智能仪表配套使用来完成的。该方法与比例法、补偿法所不同的是将用户平衡阀开度的计算过程编为程序后固化在智能仪表中，借助平衡阀和智能仪表得出各热用户平衡阀的局部阻力及开度，并在现场进行调节。

该方法适用于系统较简单的小区供热管网系统的平衡调试，为了计算平衡阀的开度，我们对管网系统图 3-34 做如下假设：

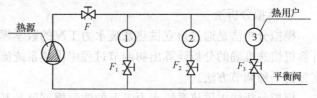

图 3-34　供热系统计算机调节法简图

首先，对某一用户平衡阀调试时，该用户系统的其他部分看作一个阻力，用阻力系数 S' 表示。

其次，调节某一用户平衡阀任意两个开度过程，S' 保持不变，而且该用户系统总压降 Δp 不变。

在以上两点假设条件下，就可以得到任一热用户系统总压降等于该用户系统其余部分压降与调试平衡阀压降之和，即：

$$\Delta p = \Delta p' + \Delta p_F \quad \text{kPa} \tag{3-3}$$

式中　Δp ——用户系统总压降，kPa

$\Delta p'$ ——用户系统其余部分压降，kPa；

Δp_F —— 调试平衡阀压降，kPa。

对该平衡阀作两次开度调节，可获得如下两个方程式：

$$\Delta p = S' G_1^2 + S_{F1} G_1^2 = S' G_1^2 + \Delta p_{F1} \tag{3-4}$$

$$\Delta p = S' G_2^2 + S_{F2} G_2^2 = S' G_2^2 + \Delta p_{F2} \tag{3-5}$$

由式（3-4）、（3-5）可得：

$$S' G_1^2 + \Delta p_{F1} = S' G_2^2 + \Delta p_{F2} \tag{3-6}$$

将智能仪表与所调试平衡阀阀体上的两个测压小阀连接后，即可测得 G_1、G_2、Δp_{F1}、Δp_{F2} 值，将 G_1、G_2、Δp_{F1}、Δp_{F2} 代入（3-6）式就可以计算出 S'。

由用户设计流量及设计压降求出用户系统总阻力系数 S，再由该用户系统总阻力系数 S 及用户系统其他部分阻力系数 S' 求出调试平衡阀的阻力系数 S_F，即：

$$S_F = S - S' \tag{3-7}$$

根据平衡阀阻力系数及性能曲线，可知平衡阀的开度值 K_s。

将上述计算过程编为程序，固化在智能仪表中，并将平衡阀的性能曲线储存在智能仪表中。这样就使计算变得比较方便，下面以图 3-34 为例，将该方法的具体操作过程简述如下：

1）调节热源出口处总平衡阀 F，将智能仪表与平衡阀 F 相连，改变两次阀门的开度，然后向智能仪表输入系统总设计流量，由智能仪表读出该平衡阀开度值，将该平衡阀调至开度值后锁定平衡阀。

2）调节剩余压头最大的用户平衡阀，一般在最有利环路上，如用户 1。采用上述方法调节好平衡阀 F_1，并将其锁定。

3）按上述方法依次由最有利到最不利用户进行调节，即依次调节用户 2、3，直至结束。

用计算机法进行初调节，其特点是计算工作量较小，操作方法也较简单。但不足之处是在编程计算过程中把平衡阀两次不同开度下用户总压降视为相等，这与实际工况不符，尤其是当安装平衡阀的用户热力入口与系统干、支线分支点相距较远时，将会产生较大误差。

6. 模拟分析法

模拟分析法是通过建立供热系统水力工况的数学模型，将整个计算过程编成程序，由计算机快速准确的分析计算出初调节过程中供热系统流量、压力的变化情况，然后在现场实施的一种调节方法。

模拟分析法中供热系统水力工况的数学模型就是基于基尔霍夫电流、电压定律和流体力学中的伯努利方程建立的。上述定律完全适用于供热系统。

基尔霍夫电流定律是指对于任何一个集中供热系统，所有流入或流出任一节点的流量，其代数和为零。

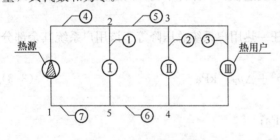

图 3-35 供热系统简图

基尔霍夫压力降定律是指对于任何一个集中供热系统，任何一个回路，其中各管段的压降代数和为零。因此依据基尔霍夫定律及伯努利方程即可建立供热系统水力工况数学模型。以图 3-35 为例将该方法的操作步骤介绍如下：

如图 3-35 所示供热系统有三个热用户，由 7 个管段组成，管段编号分别为 ①、②、③、④、⑤、⑥、⑦，在此供热系统中，有 5 个分支节点，其编号分别是 1，2，3，4，5。各管段对应的流量分别为 G_1、G_2、G_3、G_4、G_5、G_6、G_7；各管段的压降分别为 Δp_1、Δp_2、Δp_3、Δp_4、Δp_5、Δp_6、Δp_7，各分支节点相对基准面的位置高度分别为 Z_1、Z_2、Z_3、Z_4、Z_5，循环水泵的扬程为 H。

根据基尔霍夫电流定律，若流入节点的流量为负，流出节点的流量为正，则通过节点 2、3、4、5 的流量应分别满足下列方程式。

$$\begin{cases} G_1 + G_5 - G_4 = 0 \\ G_2 + G_3 - G_5 = 0 \\ G_6 - G_2 - G_3 = 0 \\ G_7 - G_1 - G_6 = 0 \end{cases} \tag{3-8}$$

根据基尔霍夫电压定律，任一回路各管段压降的代数和为零，因此回路 1-2-Ⅰ-5-1、1-2-3-Ⅱ-4-5-1、1-2-3-Ⅲ-4-5-1 分别满足下列方程式：

$$\begin{cases} \Delta p_4 + \Delta p_1 + \Delta p_7 - H\rho g = 0 \\ \Delta p_4 + \Delta p_5 + \Delta p_2 + \Delta p_6 + \Delta p_7 - H\rho g = 0 \\ \Delta p_4 + \Delta p_5 + \Delta p_3 + \Delta p_6 + \Delta p_7 - H\rho g = 0 \end{cases} \tag{3-9}$$

根据伯努利方程可得各管段分别满足下列方程式：

$$\begin{cases} \Delta p_1 = S_1 G_1^2 + (Z_5 - Z_2)\rho g \\ \Delta p_2 = S_2 G_2^2 + (Z_4 - Z_3)\rho g \\ \Delta p_3 = S_3 G_3^2 + (Z_4 - Z_3)\rho g \\ \Delta p_4 = S_4 G_4^2 + (Z_2 - Z_1)\rho g - H\rho g \\ \Delta p_5 = S_5 G_5^2 + (Z_3 - Z_2)\rho g \\ \Delta p_6 = S_6 G_6^2 + (Z_5 - Z_4)\rho g \\ \Delta p_7 = S_7 G_7^2 + (Z_1 - Z_5)\rho g \end{cases} \tag{3-10}$$

将方程组（3-8）、（3-9）、（3-10）联立，即得到供热系统水力工况数学模型，即方程组（3-11）。

$$\begin{cases} G_1 + G_5 - G_4 = 0 \\ G_2 + G_3 - G_5 = 0 \\ G_6 - G_2 - G_3 = 0 \\ G_7 - G_1 - G_6 = 0 \\ \Delta p_4 + \Delta p_1 + \Delta p_7 - H\rho g = 0 \\ \Delta p_4 + \Delta p_5 + \Delta p_2 + \Delta p_6 + \Delta p_7 - H\rho g = 0 \\ \Delta p_4 + \Delta p_5 + \Delta p_3 + \Delta p_6 + \Delta p_7 - H\rho g = 0 \\ \Delta p_1 = S_1 G_1^2 + (Z_5 - Z_2)\rho g \\ \Delta p_2 = S_2 G_2^2 + (Z_4 - Z_3)\rho g \\ \Delta p_3 = S_3 G_3^2 + (Z_4 - Z_3)\rho g \\ \Delta p_4 = S_4 G_4^2 + (Z_2 - Z_1)\rho g - H\rho g \\ \Delta p_5 = S_5 G_5^2 + (Z_3 - Z_2)\rho g \\ \Delta p_6 = S_6 G_6^2 + (Z_5 - Z_4)\rho g \\ \Delta p_7 = S_7 G_7^2 + (Z_1 - Z_5)\rho g \end{cases} \tag{3-11}$$

式中　$Z_1 \sim Z_5$——1～5 各节点的实际位置高度（m）；

　　　　ρ——水的密度（kg/m³）；

　　　　g——重力加速度，$g = 9.81 \text{m/s}^2$。

在上述水力工况的数学模型中，独立的方程数有 14 个，正好等于系统管段数的 2 倍。当供热系统比较大时，其管段数越多，建立的数学模型方程数也就越多，手工计算就越难以完成，为此将整个计算过程编为程序，由计算机求解。通常我们将上述水力工况模型进行简化，从图 3-35 可以看出，管段④、⑤、⑥、⑦的流量均可用三个热用户的流量表示，即：

$$\begin{cases} G_4 = G_7 = G_1 + G_2 + G_3 \\ G_5 = G_6 = G_2 + G_3 \end{cases} \tag{3-12}$$

分别将方程组（3-10）、（3-12）代入方程组（3-9）化简后得：

$$\begin{cases} S_1 G_1^2 + (S_4 + S_7)(G_1 + G_2 + G_3)^2 - 2H\rho g = 0 \\ S_2 G_2^2 + (S_4 + S_7)(G_1 + G_2 + G_3)^2 + (S_5 + S_6)(G_2 + G_3)^2 - 2H\rho g = 0 \\ S_3 G_3^2 + (S_4 + S_7)(G_1 + G_2 + G_3)^2 + (S_5 + S_6)(G_2 + G_3)^2 - 2H\rho g = 0 \end{cases} \tag{3-13}$$

方程组（3-13）为简化后的供热系统水力工况的数学模型，简化后方程组的个数正好等于热用户的个数（如热用户Ⅰ、Ⅱ、Ⅲ），将计算过程编为程序，由计算机求解。若假定各管段的阻力数为已知，则从上述分析中可以看出供热系统流量分配即水力工况取决于系统管段的阻力状况。当系统阻力状况发生变化后，其流量状况也必然要发生变化。因此，通过调节各用户阀门改变其阻力系数，可使各热用户流量达到设计流量。

整个调节过程先在计算机内进行模拟后，再在现场实施。下面，我们用具体的实例来说明该方法的操作步骤。

【**例 3-2**】 如图 3-36 所示，循环水泵扬程为 500kPa，各热用户的设计流量分别为 100m³/h，实际运行中的各个热用户流量分别为 $G_1 = 140$m³/h，$G_2 = 120$m³/h，$G_3 = 80$m³/h，$G_4 = 60$m³/h。在理想工况下，Ⅰ、Ⅱ、Ⅲ、Ⅳ热用户的压降分别为 400kPa、300kPa、200kPa、100kPa，其余管段压降均为 50kPa。试用模拟分析法进行初调节。

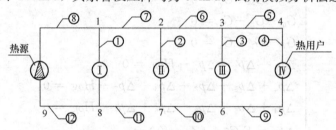

图 3-36 供热系统模拟分析法简图

【**解**】 步骤一：确定实际工况

1）利用超声波流量计和普通弹簧式压力表在现场进行实际测量，得到各热用户及管段的实际运行流量 G_s 和各管段的实际压降 Δp_s，将实测结果填入表 3-3 中。

2）根据（3-1）式中的 G_s 和 S_s 值及式 $S = \Delta p / G^2$ 计算各管段的实际阻力系数 S_s，将计算结果填入表 3-3。

3）在测量过程中，应记录供热系统循环水泵的运行台数及其型号，并应将系统空气排尽，以保证系统平稳运行，提高测量精度。

实 际 工 况 表 3-3

管段号	1	2	3	4	5	6	7	8	9	10	11	12
流量 G_s （m³/h）	140	120	80	60	60	140	260	400	60	140	260	400
压降 ΔP_s 10^3（Pa）	400.0	324.9	275.9	239.9	18.0	24.5	37.7	50.0	18.0	24.5	37.7	50.0
阻力系数 S 10^3[Pa/(m³·h⁻¹)²]	2.0 ×10⁻²	2.3 ×10⁻²	4.3 ×10⁻²	6.7 ×10⁻²	5.0 ×10⁻³	1.3 ×10⁻³	5.6 ×10⁻⁴	3.1 ×10⁻⁴	5.0 ×10⁻³	1.3 ×10⁻³	5.6 ×10⁻³	3.1 ×10⁻⁴

步骤二：计算理想工况

1）将各热用户的设计流量输入计算机，运行（3-13）方程组的求解程序，求得Ⅰ、Ⅱ、Ⅲ、Ⅳ热用户理想工况下的阻力系数 S_{L1}、S_{L2}、S_{L3}、S_{L4}，并将其分别填入表3-3中。

2）通常情况下，供热系统供、回水干管可不进行调节。因此，供、回水干管各管段理想工况下的阻力系数即为实测阻力系数，如表3-4中所示。

理 想 工 况 表3-4

管段号	1	2	3	4	5	6	7	8	9	10	11	12
流量 G_L（m³/h）	100	100	100	100	100	200	300	400	100	200	300	400
压降 $\Delta P_L 10^3$（Pa）	400	300	200	100	50	50	50	50	50	50	50	50
阻力系数 S $10^3[\text{Pa}/(\text{m}^3\cdot\text{h}^{-1})^2]$	4.0 ×10⁻²	3.0 ×10⁻²	2.0 ×10⁻²	1.0 ×10⁻²	5.0 ×10⁻³	1.3 ×10⁻³	5.6 ×10⁻⁴	3.1 ×10⁻⁴	5.0 ×10⁻³	1.3 ×10⁻³	5.6 ×10⁻³	3.1 ×10⁻⁴

步骤三：制定调节方案

调节方案的制定，实质上就是在计算机上对供热系统进行模拟调节。

1）以实际工况为起始工况按照离热源由近到远的顺序，逐个将热用户的理想阻力系数 S_L 代替各自的实际阻力系数 S_s。

2）每调节一个用户后，要运行方程组（3-13）的求解程序，得到一个调节后的流量分配新工况，即过渡流量。

3）根据模拟调节的计算结果，将制定的调节方案列入表3-5中。

调 节 方 案 表3-5

	管段号	1	2	3	4	5	6	7	8	9	10	11	12
起始工况（实际工况）	阻力系数 S $10^3[\text{Pa}/(\text{m}^3\cdot\text{h}^{-1})^2]$	2.0 ×10⁻²	2.3 ×10⁻²	4.3 ×10⁻²	6.7 ×10⁻²	5.0 ×10⁻³	1.3 ×10⁻³	5.6 ×10⁻⁴	3.1 ×10⁻⁴	5.0 ×10⁻³	1.3 ×10⁻³	5.6 ×10⁻³	3.1 ×10⁻⁴
	流量 G（m³/h）	140	120	80	60	60	140	260	400	60	140	260	400
	压降 ΔP 10^3Pa	400.0	324.9	275.9	239.9	18.0	24.5	37.7	50.0	18.0	24.5	37.7	50.0
调节用户 Ⅰ	阻力系数 S $10^3[\text{Pa}/(\text{m}^3\cdot\text{h}^{-1})^2]$	4.0 ×10⁻²	2.3 ×10⁻²	4.3 ×10⁻²	6.7 ×10⁻²	5.0 ×10⁻³	1.3 ×10⁻³	5.6 ×10⁻⁴	3.1 ×10⁻⁴	5.0 ×10⁻³	1.3 ×10⁻³	5.6 ×10⁻³	3.1 ×10⁻⁴
	流量 G（m³/h）	101.96	122.35	81.56	61.17	61.17	142.74	265.09	367.42	61.17	142.74	265.09	367.04
	压降 ΔP 10^3Pa	415.8	337.7	286.8	249.4	18.7	25.5	39.0	42.1	18.7	25.5	39.0	42.1
调节用户 Ⅱ	阻力系数 S $10^3[\text{Pa}/(\text{m}^3\cdot\text{h}^{-1})^2]$	4.0 ×10⁻²	3.0 ×10⁻²	4.3 ×10⁻²	6.7 ×10⁻²	5.0 ×10⁻³	1.3 ×10⁻³	56 ×10⁻⁴	3.1 ×10⁻⁴	5.0 ×10⁻³	1.3 ×10⁻³	5.6 ×10⁻³	3.1 ×10⁻⁴
	流量 G（m³/h）	102.58	107.96	82.99	62.24	62.24	145.24	253.19	355.77	62.24	145.24	253.19	355.74
	压降 ΔP 10^3Pa	420.9	349.7	296.9	258.2	19.4	26.4	35.6	39.6	19.4	26.4	35.6	39.6

管段号		1	2	3	4	5	6	7	8	9	10	11	12
调节用户Ⅲ	阻力系数 S $10^3[\mathrm{Pa}/(\mathrm{m}^3\cdot\mathrm{h}^{-1})^2]$	4.0 $\times10^{-2}$	3.0 $\times10^{-2}$	2.0 $\times10^{-2}$	6.7 $\times10^{-2}$	5.0 $\times10^{-3}$	1.3 $\times10^{-3}$	5.6 $\times10^{-4}$	3.1 $\times10^{-4}$	5.0 $\times10^{-3}$	1.3 $\times10^{-3}$	5.6 $\times10^{-4}$	3.1 $\times10^{-4}$
	流量 G （m³/h）	101.42	104.47	122.86	57.65	57.65	170.51	274.99	376.41	57.65	170.51	274.99	376.41
	压降 ΔP 10^3Pa	411.5	327.4	254.7	221.5	16.6	36.3	42.0	44.3	16.6	36.3	42.0	44.3
调节用户Ⅳ	阻力系数 S $10^3[\mathrm{Pa}/(\mathrm{m}^3\cdot\mathrm{h}^{-1})^2]$	4.0 $\times10^{-2}$	3.0 $\times10^{-2}$	200 $\times10^{-2}$	1.0 $\times10^{-2}$	5.0 $\times10^{-3}$	1.3 $\times10^{-3}$	5.6 $\times10^{-4}$	3.1 $\times10^{-4}$	5.0 $\times10^{-3}$	1.3 $\times10^{-3}$	5.6 $\times10^{-4}$	3.1 $\times10^{-4}$
	流量 G （m³/h）	100	100	100	100	100	200	300	400	100	200	300	400
	压降 ΔP 10^3Pa	400	300	200	100	50	50	50	50	50	50	50	50

步骤四：现场实施调节方案

现场实施调节时，其方案可以按表 3-5 的调节方案进行，顺序按用户Ⅰ、Ⅱ、Ⅲ、Ⅳ的顺序逐一调节。

1）调节用户Ⅰ阀门

因为Ⅰ用户 $S_{\mathrm{L}1}=40[\mathrm{Pa}/(\mathrm{m}^3\cdot\mathrm{h}^{-1})]^2$ 大于 $S_{\mathrm{s}1}=20[\mathrm{Pa}/(\mathrm{m}^3\cdot\mathrm{h}^{-1})]^2$，所以在调节用户Ⅰ阀门时，应将阀门逐渐关小，以增大Ⅰ用户阻力，直到其实际阻力系数 $S_{\mathrm{s}1}=S_{\mathrm{L}1}=40[\mathrm{Pa}/(\mathrm{m}^3\cdot\mathrm{h}^{-1})]^2$ 为止。由于阻力系数不能直接测量，所以在调节用户Ⅰ阀门时，同时要监测Ⅰ用户流量，当流量等于方案中制定的对应过渡流量时，即 $G_1=101.96\mathrm{m}^3/\mathrm{h}$，就可断定用户Ⅰ的阻力系数已由实际值达到了理想值。

2）按照上述方法，根据表 3-5 的调节方案，依次关小用户Ⅱ阀门、开大用户Ⅲ、Ⅳ阀门、直到过渡流量分别为 $G_2=107.96\mathrm{m}^3/\mathrm{h}$，$G_3=122.86\mathrm{m}^3/\mathrm{h}$，$G_4=100\mathrm{m}^3/\mathrm{h}$ 时，即用户Ⅱ、Ⅲ、Ⅳ调到理想阻力系数。

3）所有用户按上述方法调节完毕后，整个供热系统必然是在理想流量工况下运行，即 $G_1=G_2=G_3=G_4=100\mathrm{m}^3/\mathrm{h}$，而原有的水力失调消除，实现了初调节的目的。

由上述操作方法可以看出，由于该方法所建立的数学模型已考虑了供热系统调节过程中各热用户间的相互影响，反映了实际的运行情况，而且整个计算过程由计算机来完成。因此，该方法比前述调节方法更为准确、快速、节省人力，对量测仪表有较强的适应性，同时不论热态、冷态，在任何运行工况下都能实施调节，特别是在多热源共网的供热系统中，更能有效地制定理想运行方案，实现尖峰热源、中间泵站的切换。

7. 自力式调节法

自力式调节法的主要特点是依靠自力式调节阀，自动进行流量的调节与控制以达到初调节的目的。自力式流量调节阀的种类分别是散热器恒温调节阀和限流阀。

1）散热器恒温调节阀

散热器恒温调节阀的阀体上部囊箱中装有受热蒸发的液体。该调节阀一般装在房间散热器的入口一侧，当室内温度 t_n 超过设计要求时，囊箱中的液体受热蒸发，囊箱压力增高，顶压阀杆，带动阀芯关小，流量自动减小，达到室内降温目的，反之亦然。

这种散热器恒温调节阀小巧、美观，不靠任何外来能耗，即能自动调节流量，实现恒温控制，既能提高室内热环境的舒适度，又能达到节能的目的，同时室内要求温度可以人为设定，比较简便、省力。但缺点是：初投资较高；为散热器恒温调节阀的安装、使用，系统均需采用双管系统、单管跨越式系统或水平跨越式系统；当热源供热量不足时，会出现互相抢水的现象，甚至使所有散热器温控阀均开到最大，也会形成新的冷热不均的失调现象。因此，国外通常将散热器恒温调节阀与供热系统的其他自动控制装置相结合，配套使用。

2）限流阀

限流阀实质上是一种压差调节阀。它的功能是限制通过的流量不能超过给定的最大值。当流量超过给定最大值时，其阀前、阀后的压差增大，超过膜盒给定的压差值，促使阀芯关小，达到限流作用。

采用限流阀调节流量时，限流阀应安装在所有用户入口处，逐个调整用户流量达到设计流量，并将其锁定。通过自动调节流量达到消除供热系统冷热不均的目的。

采用限流阀的主要特点：对消除系统冷热不均现象立竿见影，无需对限流阀进行手工调节，因此简单易行。不足的是初投资较高，不宜在变流量供热系统中使用，当供热系统总流量减少时，各用户要求的限定流量也将相应减少。但限流阀的给定流量是通过手工操作进行的，因而不能随着总流量的变化而频繁变化，在这种情况下，限流阀为维持原有的限定流量，阀芯将有开大的趋势，结果将失去调节的作用，重新出现冷热不均的现象。

该调节方法用在大型管网上时，可以使流量分配变得简单便捷，尤其是多热源管网，热源切换运行时不会对用户流量产生影响。

8. 简易快速法

由于各热用户使用条件的差异，很难找出一种最优的调节方法，为此，在长期实践的基础上专家们提出了一套简单易行的快速调节法。其具体的调节步骤如下：

1）监测供热系统总流量，改变系统循环水泵的运行台数或调节系统供、回水总阀门，使系统总过渡流量控制在总设计流量的 120% 左右。

2）按照离热源由近及远的顺序，逐个调节各支线、各用户，同时监测其流量，使流量达到以下要求：

（1）最近的支线、用户的流量应调至其设计流量的 80%～85%；

（2）较近的支线、用户的流量应调至其设计流量的 85%～90%；

（3）较远的支线、用户的流量应调至其设计流量的 90%～95%；

（4）最远的支线、用户的流量应调至其设计流量的 95%～100%。

3）当供热系统分支线较多时，应在分支线上安装调节阀。此时，调节应按上述方法调节，即按由近及远的原则，先调支线再调各支线上的用户，过度流量的确定方法同上。

4）在调节过程中，如遇到某支线或某用户在调节阀全开时仍未达到要求的过度流量，这时可先跳过该支线或该用户，按既定顺序继续调节。等最后用户调节完毕后再复查该支线或该用户的运行流量。若与设计流量偏差超过 20% 时，应检查、排除有关故障。

采用该方法调节时，可安装各种类型的调节阀（包括平衡阀、调配阀）。流量的测量既可以利用平衡阀、智能仪表配套使用，也可以利用超声波流量计配合普通调节阀。采用简易快速调节方法调节供热管网，供热量的最大误差不超过 10%。

3.3.2 热水供热系统的运行调节

热水供热系统的热用户主要有供热、通风、热水供应和生产工艺用热系统等。这些用热系统的热负荷并不是恒定的，如供热、通风热负荷随室外气象条件（主要是室外气温）变化，热水供应和生产工艺随使用条件等因素变化。为了保证供热质量，满足使用要求，并使热能制备和输送经济合理，就要对热水供热系统进行运行调节。

3.3.2.1 运行调节的概念

供热系统经过初调节，可以在运行开始阶段，使各用户或各散热器的流量达到设计要求，但在供热系统运行期间，由于室外气温的变化及其他因素（如太阳辐射热、风向、风速等）的影响，房间耗热量（热负荷）是不断变化的，这就要求系统在运行过程中，根据室外气温等因素的变化情况，调节采暖房间的供热量，才能使房间始终保持设计要求的室内温度，避免热力失调和热能的浪费。这种在使用过程中的调节称为运行调节。

3.3.2.2 运行调节的分类

热水供热系统的运行调节方式按调节地点分为：集中（中央）调节（在热源处进行）、局部调节（在热力站或用户入口处进行）、个体调节（在散热设备上进行）。按改变带热流体参数分为：质调节（改变水温，不改变流量）、量调节（只改变流量不改变水温）、分阶段改变流量的质调节、分阶段改变供水温度的量调节、间歇调节（改变每天供热时数）。

集中供热调节容易实施，运行管理方便，是主要的供热调节方法。但即使对只有单一供热热负荷的供热系统，也需要对个别热力站或用户进行局部调节。对有多种热负荷的热水供热系统，通常根据供热热负荷进行集中供热调节，而对于其他热负荷（如热水供应、通风等热负荷），由于变化规律不同于供热热负荷，则需要在热力站或用户处配以局部调节，以满足其要求。对多种热用户的供热调节，通常也称为供热综合调节。

3.3.2.3 运行调节的必要性

供热系统如果不进行运行调节，恒定的按设计的热媒参数和流量运行，可以有两种结果，一种是供热效果不能满足要求，另一种是供热能耗增大。如热水供热系统，若系统恒定按设计供水温度和设计水流量运行，在室外气温高于供热设计室内温度的时间里，散热器的供热量大于供热房间的热负荷。室外空气温度高于室内设计温度，使人感觉不舒适。另外室内温度高于设计室温会导致供热能耗增加，运行费用增加，室内温度太高时部分用户会采用打开窗户等人为的措施降温，更造成能源的浪费。所以，为了保证供热质量，满足使用要求，并使热能制备和运输经济合理，在保证供热质量的前提下得到最大限度节能，供热运行调节是非常必要的。

3.3.2.4 集中供热系统运行调节

热水供热系统的集中运行调节是指在集中热水锅炉房或集中热力站的运行调节，由于室内供热系统与热源的连接方式不同，即有直接连接与间接连接，所以，连接方式不同供热系统的调节方法也不同。

1. 运行调节的基本公式

供热系统运行调节的目的是保证供热房间室内设计温度稳定。当热水管网在稳定状态下运行时，若不考虑管网沿途热损失，则管网的供热量应等于供热用户系统散热设备的放热量，同时也等于供热热用户的热负荷。如图 3-37 所示为供热系统热平衡示意图，在设计与非设计工况下，供热房间的热负荷、散热设备散热量要达到这一目的，供热系统运行时要处于这样一种状态，即供热热用户的热负荷应等于用户内散热设备的散热量，同时也应等于热水网路热媒的供热量（如不考虑管网沿途热损失）。如图 3-38 供热系统在设计工况下，供热

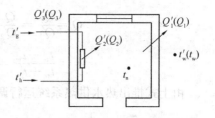

图 3-37 热平衡示意图

房间的热负荷 Q'_1 应与散热设备的散热量 Q'_2 相等，同时也与供热管网热水的供热量 Q'_3 相等。供热系统在非设计工况下，即室外气温 $t_w > t'_w$ 时。通过运行调节也要使供热房间的热负荷 Q_1 与散热设备的散热量 Q_2，以及供热管网热水的供热量 Q_3 相等。

在设计与非设计工况下，供热房间的热负荷、散热设备散热量、供热管网的供热量间的关系式如下：

设计工况下：

$$Q'_1 = q'V (t_n - t'_w) \quad (\text{W}) \tag{3-14}$$

$$Q'_2 = KF (t_{pj} - t_n) = \alpha F \left(\frac{t'_g + t'_h}{2} - t_n \right)^{1+b} \quad (\text{W}) \tag{3-15}$$

$$Q'_3 = G'c \frac{t'_g - t'_h}{3600} = 4187G' \frac{t'_g - t'_h}{3600} \quad (\text{W}) \tag{3-16}$$

$$= 1.163G' (t'_g - t'_h)$$

非设计工况下：

$$Q_1 = qV (t_n - t_w) \quad (\text{W}) \tag{3-17}$$

$$Q_2 = \alpha F \left(\frac{t_g + t_h}{2} - t_h \right)^{1+b} \quad (\text{W}) \tag{3-18}$$

$$Q_3 = 1.163G (t_g - t_h) \quad (\text{W}) \tag{3-19}$$

式中 q'、q——分别为设计与非设计工况下建筑物的体积热指标，W/(m³·℃)；

       V——建筑物的外部体积，m³；

       t_n——供热室内计算温度，℃；

       t'_w、t_w——分别为供热室外计算温度和任意室外温度，℃；

       α、b——散热器传热系数实验公式 $K = \alpha (t_{pj} - t_n)^b$ 中的系数与指数；

       K——散热器在设计工况下的传热系数，W/(m²·℃)；

       F——散热器的散热面积，m²；

       c——热水的比热容，$c=4187$J/(kg·℃)；

       t_{pj}——散热器内热媒的平均温度，℃；

       t'_g、t'_h——热媒设计工况下的供、回水温度，℃；

       t_g、t_h——热媒非设计工况下的供、回水温度，℃；

       G'、G——热媒在设计与非设计工况下的流量，kg/h。

令 $\overline{G} = \dfrac{G}{G'}$，$\overline{Q} = \dfrac{Q}{Q'}$，并认为 $q = q'$，

则相对供热热负荷比

$$\overline{Q} = \frac{Q_1}{Q_1'} = \frac{Q_2}{Q_2'} = \frac{Q_3}{Q_3'}$$

$$= \frac{t_n - t_w}{t_n - t_w'} = \frac{(t_g + t_h - 2t_n)^{1+b}}{(t_g' - t_h' - 2t_n)^{1+b}} = \overline{G} \frac{t_g - t_h}{t_g' - t_h'} \tag{3-20}$$

由上式推出热水供热系统运行调节的基本公式：

$$t_g = t_n + \frac{1}{2}(t_g' - t_h' - 2t_n)\left(\frac{t_n - t_w}{t_n - t_w'}\right)^{\frac{1}{1+b}} + \frac{1}{2\overline{G}}(t_g' - t_h')\frac{t_n - t_w}{t_n - t_w'} \quad (\text{℃}) \tag{3-21}$$

$$t_h = t_n + \frac{1}{2}(t_g' - t_h' - 2t_n)\left(\frac{t_n - t_w}{t_n - t_w'}\right)^{\frac{1}{1+b}} - \frac{1}{2\overline{G}}(t_g' - t_h')\frac{t_n - t_w}{t_n - t_w'} \quad (\text{℃}) \tag{3-22}$$

式中　$\overline{G}$——相对流量，$\overline{G} = G/G'$。

公式（3-21）、（3-22）给出供热系统在一定流量下，一级热网供回水温度与室外气温的变化关系，供热系统就是根据上述关系式进行调节的，所以公式（3-20）或其变换式（3-21）、（3-22）称为热水供热系统运行调节的基本公式。

为便于分析计算，假设供热热负荷与室内外温差变化成正比，即把供热热指标视为常数。若将式（3-20）代入式（3-21）、（3-22），则有：

$$t_g = t_n + \frac{1}{2}(t_g' + t_h' - 2t_n)\overline{Q}^{\frac{1}{1+b}} + \frac{1}{2}(t_g' - t_h')\overline{Q}/\overline{G}$$

$$= t_n + \Delta t_s'\overline{Q}^{\frac{1}{1+b}} + \frac{1}{2}\Delta t_j'\overline{Q}/\overline{G} \quad (\text{℃}) \tag{3-23}$$

$$t_h = t_n + \frac{1}{2}(t_g' + t_h' - 2t_n)\overline{Q}^{\frac{1}{1+b}} - \frac{1}{2}(t_g' - t_h')\overline{Q}/\overline{G}$$

$$= t_n + \Delta t_s'\overline{Q}^{\frac{1}{1+b}} - \frac{1}{2}\Delta t_j'\overline{Q}/\overline{G} \quad (\text{℃}) \tag{3-24}$$

式中　$\Delta t_s'$——用户散热器的设计平均计算温差，$\Delta t_s' = \frac{1}{2}(t_g' + t_h' - 2t_n)$，℃；

　　　$\Delta t_j'$——用户的设计供、回水温度差，$\Delta t_j' = t_g' - t_h''$，℃。

温差　　　　$t_g - t_h = (t_g' - t_h')\frac{\overline{Q}}{\overline{G}} = \triangle t_j' \cdot \frac{\overline{Q}}{\overline{G}} \quad (\text{℃}) \tag{3-25}$

在公式中带右上角标"′"的参数为设计工况下的参数，不带上角标的为任意 t_w 温度下的参数。

在某一室外温度 t_w 时，如果保持室温 t_n 不变，求解公式（3-23）、（3-24）时必须知道 $\overline{Q}$、$\overline{G}$ 之一，因此需要引进补充条件。而补充的条件取决于我们将要选定的调节方法。

2. 直接连接系统的集中运行调节

1）质调节

在热水供热系统运行期间，保持系统循环水量不变，即 $G' = G$ 或 $\overline{G} = 1$，只改变系统供、回水温度的调节称为质调节。

（1）对无混水装置的直接连接的热水供热系统

因为质调节 $\overline{G} = 1$，所以，对于无混水装置的直接连接散热器的供热系统，将 $\overline{G} = 1$ 代入（3-21）、（3-22）式中，可求出质调节的供、回水温度的计算式。

$$\tau_g = t_g = t_n + \frac{1}{2}(t_g' + t_h' - 2t_n)\left(\frac{t_n - t_w}{t_n - t_w'}\right)^{\frac{1}{1+b}} + \frac{1}{2}(t_g' - t_h')\frac{t_n - t_w}{t_n - t_w'} \quad (\text{℃}) \tag{3-26}$$

$$\tau_h = t_h = t_n + \frac{1}{2}(t'_g + t'_h - 2t_n)\left(\frac{t_n - t_w}{t_n - t'_w}\right)^{\frac{1}{1+b}} - \frac{1}{2}(t'_g - t'_h)\frac{t_n - t_w}{t_n - t'_w} \quad (℃) \quad (3-27)$$

或写成下式

$$\tau_g = t_g = t_n + \Delta t'_s \overline{Q}^{\frac{1}{1+b}} + \frac{1}{2}\Delta t'_j \overline{Q} \quad (℃) \tag{3-28}$$

$$\tau_h = t_h = t_n + \Delta t'_s \overline{Q}^{\frac{1}{1+b}} - \frac{1}{2}\Delta t'_j \overline{Q} \quad (℃) \tag{3-29}$$

式中 τ_g、τ_h——某一室外温度 t_w 条件下，室外供热管网的供、回水温度，℃；

$\quad\quad t_g$、t_h——某一室外温度 t_w 条件下，供热用户的供、回水温度，℃；

$\quad\quad t'_g$、t'_h——供热室外计算温度 t_w 条件下，供热用户的设计供、回水温度，℃；

$\quad\quad t_n$——供热室内计算温度，℃；

$\quad\quad \overline{Q}$——相对热负荷比。

（2）对带混水装置的直接连接的热水供热系统

对于有混水装置（如喷射器、混水泵）的直接连接散热器的供热系统，如图 3-38 所示，运行调节的基本公式（3-26）、（3-27）只给出混水装置后的运行参数，混水装置之前热网的供水温度 τ_g，需要通过混水装置的混合比 μ 求出。

在图 3-38 中，当 G_0 为混水装置之前热网供水流量，G_h 为进入混水装置的回水流量，由热平衡的原理可知，在混水装置中，热网供水流量 G_0 放出的热量应等于进入混水装置 G_h 吸收的热量，即

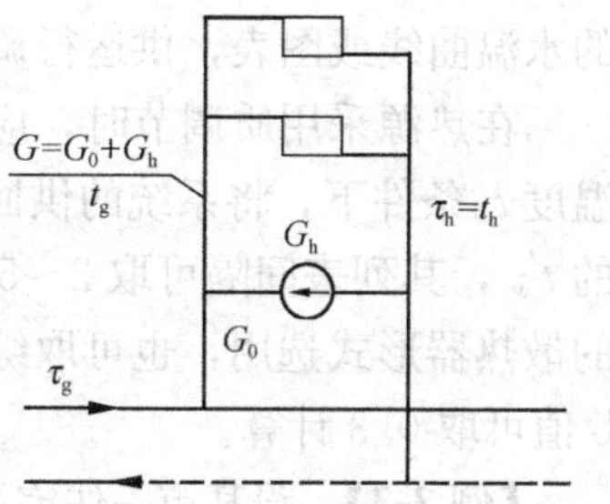

图 3-38 带混合装置的直接连接

热平衡 $\quad\quad G_0 \cdot c \cdot (\tau_g - t_g) = G_h \cdot c \cdot (t_g - t_h)$

则混合比为： $\quad\quad \mu = \dfrac{G_h}{G_0} = \dfrac{\tau_g - t_g}{t_g - t_h} \tag{3-30}$

式中 c——热水比热，$c = 4.187\text{kJ/kg} \cdot ℃$。

$\quad\quad \tau_g$——热网的供水温度℃。

若在供热室外计算温度 t'_w 下的混合比

$$\mu' = \frac{\tau'_g - t'_g}{t'_g - t'_h} \tag{3-31}$$

只要没有改变供热用户的总阻力数 S 值，网路的流量分配比例就不会改变，则混合比 μ 也不会改变，仍与设计工况下的混合比 μ' 相同，即：

$$\mu = \mu' = \frac{\tau_g - t_g}{t_g - t_h} = \frac{\tau'_g - t'_g}{t'_g - t'_h} \tag{3-32}$$

则外网供水温度 $\quad\quad \tau_g = t_g + \mu(t_g - t_h) \quad (℃) \tag{3-33}$

又因为 $\quad\quad \overline{Q} = \dfrac{t_g - t_h}{t'_g - t'_h}$

所以 $\quad\quad \tau_g = t_g + \mu\overline{Q}(t'_g - t'_h) \quad (℃) \tag{3-34}$

根据式（3-33），即可求出在热源处进行质调节时，网路的供水温度 τ_g 随室外温度 t_w（即 Q）变化的关系式。将式（3-26）和（3-31）代入式（3-34）中，可得出有混水装置的

直接连接供热系统在热源处的质调节的基本公式：

$$\tau_g = t_g = t_n + \frac{1}{2}(t'_g + t'_h - 2t_n)\left(\frac{t_n - t_w}{t_n - t'_w}\right)^{\frac{1}{1+b}} + \left(\frac{1}{2} + \mu\right)(t'_g - t'_h)\frac{t_n - t_w}{t_n - t'_w} \quad (℃)$$

$$(3\text{-}35)$$

$$\tau_h = t_h = t_n + \frac{1}{2}(t'_g + t'_h - 2t_n)\left(\frac{t_n - t_w}{t_n - t'_w}\right)^{\frac{1}{1+b}} - \frac{1}{2}(t'_g - t'_h)\frac{t_n - t_w}{t_n - t'_w} \quad (℃) \quad (3\text{-}36)$$

或写成下式

$$\tau_g = t_g = t_n + \Delta t'_s \overline{Q}^{\frac{1}{1+b}} + (\Delta t'_w + 0.5\Delta t'_j)\overline{Q} \quad (℃) \tag{3-37}$$

$$\tau_h = t_h = t_n + \Delta t'_s \overline{Q}^{\frac{1}{1+b}} - 0.5\Delta t'_j \overline{Q} \quad (℃) \tag{3-38}$$

式中 $\Delta t'_w$——网路与用户系统的设计供水温度差，即 $\Delta t'_w = \tau'_g - t'_g$ ℃。

依据公式 (3-26)、(3-27)(3-35)、(3-36)，热源处就可以根据室外天气的变化，求得任意室外温度 t_w 下，热网的供、回水温度 τ_g、τ_h 或系统供、回水温度 t_g、t_h，从而调节锅炉的燃烧工况，以满足供热系统对供回水温度的要求。同时可以绘制出热水系统质调节的水温曲线或图表，供运行调节使用。

在热源采用质调节时，应根据自身供热系统的情况，在整个采暖期期间按不同的室外温度 t_w 条件下，将系统的供回水温度列表计算。列表计算时，t_w 取值范围为 +5℃ 至当地的 t'_w，其列表间隔可取 2~5℃；与散热器种类有关的指数 b，可按绝大多数用户所采用的散热器形式选用，也可取综合值，如用户有的用 M132 型散热器，有的用柱型散热器，b 值可取 0.3 计算。

【例 3-3】 设某市一住宅小区集中锅炉房热水供热系统，当地供热室外计算温度 $t'_w = -19℃$，大多数供热房间要求室内温度 $t_n = 18℃$，散热器采用普通四柱 760 型铸铁散热器，b 取值为 0.3。试列表计算下列两种情况下，质调节的供回水温度，并画出质调节水温曲线。

1. 无混水装置直接连接方式，热源处设计供回水温度分别为 $t'_g = 95℃$、$t'_h = 70℃$；

2. 有混水装置直接连接方式，热源处设计供回水温度 $\tau'_g = 130℃$，混水器混水后设计供水温度 $t'_g = 95℃$，设计回水温度 $t'_h = 70℃$。

【解】 1. 无混水装置直接连接方式时，热源处设计参数 95/70℃，根据式 (3-26)、(3-27) 计算；有混水装置直接连接方式时，热源处设计参数 130/95/70℃，根据式 (3-31)、(3-35)、(3-36) 计算

无混水装置时：

$$\tau_g = t_g = t_n + \frac{1}{2}(t'_g + t'_h - 2t_n)\left(\frac{t_n - t_w}{t_n - t'_w}\right)^{\frac{1}{1+b}} + \frac{1}{2}(t'_g - t'_h)\frac{t_n - t_w}{t_n - t'_w}$$

$$\tau_h = t_h = t_n + \frac{1}{2}(t'_g + t'_h - 2t_n)\left(\frac{t_n - t_w}{t_n - t'_w}\right)^{\frac{1}{1+b}} - \frac{1}{2}(t'_g - t'_h)\frac{t_n - t_w}{t_n - t'_w}$$

有混水装置时：

$$\tau_g = t_g = t_n + \frac{1}{2}(t'_g + t'_h - 2t_n)\left(\frac{t_n - t_w}{t_n - t'_w}\right)^{\frac{1}{1+b}} + \left(\frac{1}{2} + \mu\right)(t'_g - t'_h)\frac{t_n - t_w}{t_n - t'_w}$$

$$\tau_h = t_h = t_n + \frac{1}{2}(t'_g + t'_h - 2t_n)\left(\frac{t_n - t_w}{t_n - t'_w}\right)^{\frac{1}{1+b}} - \frac{1}{2}(t'_g - t'_h)\frac{t_n - t_w}{t_n - t'_w}$$

其中 $\frac{1}{2}(t'_g + t'_h - 2t_n) = \frac{1}{2}(95 + 70 - 2 \times 18) = 64.5$

$$\left(\frac{t_n - t_w}{t_n - t'_w}\right) = \left(\frac{18 - t_w}{18 - (-19)}\right) = \left(\frac{18 - t_w}{37}\right)$$

$$1/(1+b) = 1/(1+0.3) = 0.77$$

$$\frac{1}{2}(t'_g - t'_h) = 0.5(95 - 70) = 12.5$$

$$\left(\frac{1}{2} + \mu\right)(t'_g - t'_h) = \left(\frac{1}{2} + \frac{\tau'_g - t'_g}{t'_g - t'_h}\right)(t'_g - t'_h) = \left(0.5 + \frac{130 - 95}{95 - 70}\right)(95 - 70) = 47.5$$

将上列数据代入上述式中，得

无混水装置时：$\tau_g = 18 + 64.5\left(\frac{18 - t_w}{37}\right)^{0.77} + 12.5\left(\frac{18 - t_w}{37}\right)$

$$\tau_h = 18 + 64.5\left(\frac{18 - t_w}{37}\right)^{0.77} - 12.5\left(\frac{18 - t_w}{37}\right)$$

有混水装置时：$\tau_g = 18 + 64.5\left(\frac{18 - t_w}{37}\right)^{0.77} + 47.5\left(\frac{18 - t_w}{37}\right)$

$$\tau_h = 18 + 64.5\left(\frac{18 - t_w}{37}\right)^{0.77} - 12.5\left(\frac{18 - t_w}{37}\right)$$

按上述公式计算的结果列于表 3-6。

质调节时热源处的调节供回水温度表　　　　　　　　　　　　表 3-6

	室外温度 t_w（℃）		5	3	1	−1	−3	−5	−7	−9	−11	−13	−15	−17	−19
无混水时	95/70℃ 四柱型散热器	τ_g	51	55	59	63	67	71	74	78	81	85	88	92	95
		τ_h	43	45	48	50	53	55	57	59	62	64	66	68	70
有混水时	130/95/70℃ 四柱型散热器	τ_g	64	70	76	81	87	92	98	103	108	115	119	121	130
		τ_g	51	55	59	63	67	71	74	78	81	85	88	92	95
		τ_h	43	45	48	50	53	55	57	59	62	64	66	68	70

2. 依据表 3-2 中计算的结果绘制质调节水温曲线，如图 3-39。

根据例题 3-2 的计算及绘图的热水供热系统值调节水温曲线结果分析，热水供热系统集中质调节时随着室外温度 t_w 的升高，系统所需的供回水温度随之降低，其温差也相应减小，而且对应的供回水温差之比等于在该室外温度下相对应的供热量之比 $\overline{Q}$。

（3）对间接连接供热系统

对间接连接供热系统，当热水网路（一级网）同时也采用质调节时，引入补充条件 $\overline{G} = 1$，可得出供热质调节的计算公式：

$$\overline{Q} = \frac{\tau_g - \tau_h}{\tau'_g - \tau'_h} = \frac{t_g - t_h}{t'_g - t'_h} \tag{3-39}$$

$$\overline{Q} = \frac{(\tau_g - t_g) - (\tau_g - t_g)}{\Delta t' \cdot \ln\dfrac{\tau_g - t_g}{\tau_h - t_h}} \tag{3-40}$$

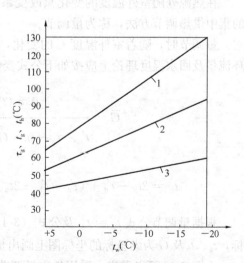

图 3-39　热水供暖系统质
调节水温曲线图
1—τ_g 水温曲线；2—t_g 水温
曲线；3—t_h 水温曲线

式中　$\overline{Q}$——在室外温度 t_w（运行工况）时的相对供热热负荷比；

　　τ_g'、τ_h'——网路（一级网）的设计供、回水温度，℃；

　　τ_g、τ_h——网路在室外温度 t_w 时的供、回水温度，℃；

　　$\Delta t'$——设计工况下，水—水换热器的对数平均温差，℃。

$$\Delta t' = \frac{(\tau_g' - t_g') - (\tau_h' - t_h')}{\Delta t' \cdot \ln \dfrac{\tau_g - t_g'}{\tau_h - t_h'}} \quad (℃)$$

在某一室外温度 t_w 下，式（3-37）、（3-38）中的 $\overline{Q}$、$\Delta t'$、一级网 τ_g'、τ_h' 为已知值，t_g 及 t_h 值可由质调节的计算公式（3-26）、（3-27）确定。通过联立求解，即可求出热水网路采用质调节相对应的 τ_g、τ_h 值。

热水供热系统热源的集中质调节的实现，要根据锅炉房的自动化控制装备程度不同，采用不同的方法。自动化程度低的锅炉房的质调节只能由司炉工根据室外温度的变化，手工调整锅炉的燃烧工况，从而调节供水温度实现质调节；安装有气候补偿器的锅炉房，气候补偿器及其控制系统可按照预先设定好的调节曲线，自动控制供水温度实现质调节。

集中质调节由于只需在热源处调节供热系统的供水温度，且运行期间循环水量保持不变，因而其运行管理简便、系统水力工况稳定，是目前采用最广泛的供热调节方式。对于热电厂热水供热系统，由于供水温度随室外温度的升高而降低，可以充分利用汽轮机的低压抽气，从而有利于提高热电厂的经济性，节约燃料。但这种调节方法也存在明显不足：因循环水量始终保持最大值（设计值），消耗电能较多。同时，若热水供热系统有多种热负荷，如果仍然按质调节进行供热，在室外温度较高时，网路和供热系统的供、回水温度就会较低，这往往难于满足其他热负荷用户的要求，需采用其他调节方式。

2）量调节

在热源处随室外温度的变化只改变系统循环水量，而保持供水温度不变（ $t_g = t_g'$ ）的集中供热调节方法，称为量调节。

量调节时，随着室外温度 t_w 的变化，由调节的基本公式可知，热源处的热水供热循环流量及回水温度理论上应按如下公式变化或进行调节：

$$\overline{G} = \frac{0.5\,(t_g' - t_h')\left(\dfrac{t_n - t_w}{t_n - t_w'}\right)}{t_g' - t_n - 0.5\,(t_g' - t_h' - 2t_n)\left(\dfrac{t_n - t_w}{t_n - t_w'}\right)^{\frac{1}{1+b}}} \tag{3-41}$$

$$t_h = 2t_n - t_g' + (t_g' - t_h' - 2t_n)\left(\frac{t_n - t_w}{t_n - t_w'}\right)^{\frac{1}{1+b}} = 2t_n - t_g' + 2\Delta t_s' \overline{Q}^{\frac{1}{1+b}} \tag{3-42}$$

根据量调节公式 $t_g = t_g'$ 及公式（3-41）、（3-42）三个调节公式，可以在以 t_w 为横坐标，t_g、t_h 及 $\overline{G}$ 为纵坐标的坐标图上画出量调节的调节曲线图。

由图 3-40 可以看出，采用集中量调节时，当室外温度升高，供热系统循环流量应迅速减少，回水温度也将迅速下降，按公式（3-41）、（3-42）计算时，室外气温较高的供热初期和即将停止的供热末期，系统循环水量和回水温度甚至小到无法实现的程度。如仍以例题 3-3 为例，设计供回水温度为 95/70℃。采用四柱 760 型散热器，进行集中量调节，当室外温度为5℃时，其系统循环流量只有设计流量的9.11%，即$\overline{G} = 0.091$，相应回水温度$t_h = -1.35℃$。

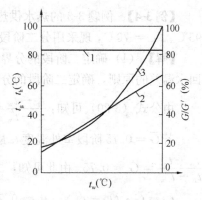

图 3-40 对流散热器量调节曲线
1—供水温度曲线；2—回水温度曲线；3—相对流量变化曲线

进行集中量调节时，可以通过采用变速水泵实现供热系统循环流量的无级调节。循环水泵的变速，可通过变频器、可控硅直流电机和液压耦合等方式来实现，目前当水泵电动机功率相对较小时，一般采用变频控制达到水泵的变速。

集中量调节的最大优点是节省电能。缺点是操作较复杂，需要采用无级调速的热网循环水泵，目前这种类型的水泵价格较高；当循环流量过小时。系统将发生严重的水力失调以导致热力失调；热水供热的系统在供热期开始和结束阶段，调节要求的流量太小，回水温度太低，以致到了不合理和难以实现的程度。

3）分阶段改变流量的质调节

分阶段改变流量的质调节是在供热系统整个运行期间，按室外气温的高低分成几个阶段，在室外温度较低的阶段中，保持设计最大流量；而在室外温度较高的阶段中，保持较小的流量。在每一个阶段内，系统循环流量始终保持不变而只改变供水温度的质调节。

分阶段改变流量的质调节在每个阶段中，由于网路循环水量不变，即令相对流量$\phi = \overline{G} = $常数，将$\phi$代入公式（3-20）式中，可求出

（1）对无混合装置的直接连接的热水供热系统

$$\tau_g = t_g = t_n + 0.5 \left(t'_g + t'_h - 2t_n\right) \overline{Q}^{\frac{1}{1+b}} + 0.5 \left(\frac{t'_g - t'_n}{\phi}\right) \overline{Q} \quad (℃) \qquad (3\text{-}43)$$

$$\tau_h = t_g = t_n + 0.5 \left(t'_g + t'_h - 2t_n\right) \overline{Q}^{\frac{1}{1+b}} - 0.5 \left(\frac{t'_g - t'_n}{\phi}\right) \overline{Q} \quad (℃) \qquad (3\text{-}44)$$

（2）对带混水装置的直接连接热水供热系统

$$\tau_g = t_g = t_n + 0.5 \left(t'_g + t'_h - 2t_n\right) \overline{Q}^{1/1+b} + \left[\left(\tau'_g - t'_g\right) + 0.5 \left(t'_g - t'_h\right)\right] \frac{\overline{Q}}{\phi} \quad (℃)$$
$$\qquad (3\text{-}45)$$

$$\tau_h = t_h = t_n + 0.5 \left(t'_g + t'_h - 2t_n\right) \overline{Q}^{1/1+b} - 0.5 \left(t'_g - t'_h\right) \frac{\overline{Q}}{\phi} \quad (℃) \qquad (3\text{-}46)$$

式中符号意义同前。

在中小型热水供热系统中，一般可选用两组（台）不同规格水泵。如其中一组（台）循环水泵的流量按设计值100%选择，另一组（台）按设计值的70%~80%选择。在大型热水供热系统中，也可考虑选用三组不同规格的水泵。由于水泵扬程与流量的平方成正比，水泵的电功率N与流量的立方成正比，节约电能效果显著。因此，分阶段改变流量的值调节的供热调节方式，在区域锅炉房热水系统中，得到较多的应用。

对直接连接的供热用户系统方式时，应注意不要使进入供热系统的流量过少。通常不应小于设计流量的60%，即$\phi = \overline{G} \geqslant 60\%$。如流量过少，对双管供热系统，由于各层的重力循环作用压头的比例差增大，引起用户系统的垂直失调。对单管的供热系统，由于各层散热器传热系数K值变化程度不一致的影响，也同样会引起垂直失调。

【例 3-4】 例题 3-3 的热水供热系统，系统与用户为无混水装置的直接连接方式，$t'_g = 95℃、t'_h = 70℃$，现采用分二阶段的变流量质调节运行。试绘制其水温调节曲线图。

【解】 (1) 确定二阶段的分界线。按各阶段最低室外温度下的供回水温度均为设计供回水温差的原则，确定二阶段的分界线。

由公式 (3-20) 可知：$\dfrac{t_n - t_w}{t_n - t'_w} = \overline{G}\,\dfrac{t_g - t_h}{t'_g - t'_h}$

若 $\overline{G} = 0.75$ 阶段室外温度 t_w 最低时的供回水温差 $t_g - t_h$ 为设计供回水温差 $t'_g - t'_h$，则 $\dfrac{t_n - t_w}{t_n - t'_w} = \overline{G} = 0.75$。由此可知，二阶段分界的室外温度值

$$t_w = \overline{G} \cdot (t_n - t'_w) - t_n = 0.75 \times [18 - (-19)] - 18 = -9.75\ (℃)，取 -9℃。$$

(2) 确定各阶段的质调节公式，列表计算各阶段各室外温度下的 t_g、t_h 值。经化简：

大流量阶段的质调节公式为：$t_g = 18 + 64.5\left(\dfrac{18 - t_h}{37}\right)^{0.77} + 12.5\left(\dfrac{18 - t_w}{37}\right)$

$$t_h = 18 + 64.5\left(\dfrac{18 - t_h}{37}\right)^{0.77} - 12.5\left(\dfrac{18 - t_w}{37}\right)$$

小流量阶段的质调节公式为：$t_g = 18 + 64.5\left(\dfrac{18 - t_h}{37}\right)^{0.77} + 16.67\left(\dfrac{18 - t_w}{37}\right)$

$$t_g = 18 + 64.5\left(\dfrac{18 - t_h}{37}\right)^{0.77} - 16.67\left(\dfrac{18 - t_w}{37}\right)$$

将按上面公式计算的结果列于表 3-7 中。

各阶段供回水温度计流量 表 3-7

室外温度 t_w (℃)	5	3	1	−1	−3	−5	−7	−9	−11	−13	−15	−17	−19
95/70℃ t_g	53	57	61	65	69	73	77	80/78	81	85	88	92	95
四柱型散热器 t_h	41	43	46	48	50	52	54	56/59	62	64	66	68	70
各阶段相对流量 $\overline{G}$ (%)					0.75					1.0			

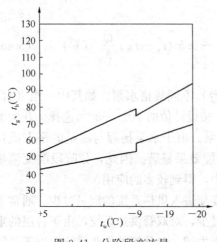

图 3-41 分阶段变流量
质调节水温曲线

(3) 根据上表计算结果，绘制质调节水温曲线，如图 3-41。

分阶段改变流量质调节的调节方法是质调节和量调节方法的结合，其分别吸收了两种调节方法的优点，又克服了二者的不足。适用于还未推广变速水泵的中小型供热系统。

4) 分阶段改变供水温度的量调节

在热水供热系统的整个运行期间，随着室外温度的提高，分几个阶段改变供水温度，在同一阶段内供水温度保持不变，实行集中量调节。即在室外温度较低的阶段中保持一定的较高的供水温度，在室外温度较高的阶段中保持一定的较低的供水温度，而在每一阶段内供热调节采用改变

系统流量的量调节，这就是分阶段改变供水温度的量调节。

该调节方法中阶段的划分，也同样要根据供热系统的规模大小确定，供热系统规模较大时，一般可划分为三个不同供水温度的阶段，室外温度低的供热阶段，系统供水温度为设计温度，即 $\phi=1$；室外温度较低的供热阶段，系统供水温度一般为设计供水温度的 95%，即 $\phi=0.95$；室外温度较高的供热阶段，系统的供水温度一般为设计供水温度的 85%，即 $\phi=0.85$。供热系统规模较小时，一般可划分为二个不同供水温度的阶段，室外温度较低的供热阶段，系统供水温度为设计供水温度 85%（$\phi=0.85$）。

由运行调节的基本公式和该调节方法特征，可知分阶段改变供水温度的量调节各阶段的调节基本公式

$$t_{\mathrm{g}} = \phi t'_{\mathrm{g}} \tag{3-47}$$

$$\overline{G} = \frac{0.5\,(t'_{\mathrm{g}} - t'_{\mathrm{h}})\left(\frac{t_{\mathrm{n}} - t_{\mathrm{w}}}{t_{\mathrm{n}} - t'_{\mathrm{w}}}\right)}{\phi t'_{\mathrm{g}} - t_{\mathrm{n}} - 0.5\,(t'_{\mathrm{g}} + t'_{\mathrm{h}} - 2t_{\mathrm{n}})\left(\frac{t_{\mathrm{n}} - t_{\mathrm{w}}}{t_{\mathrm{n}} - t'_{\mathrm{w}}}\right)^{\frac{1}{1+b}}} \tag{3-48}$$

$$t_{\mathrm{h}} = 2t_{\mathrm{n}} - \phi t'_{\mathrm{g}} + (t'_{\mathrm{g}} + t'_{\mathrm{h}} - 2t_{\mathrm{n}})\left(\frac{t_{\mathrm{n}} - t_{\mathrm{w}}}{t_{\mathrm{n}} - t'_{\mathrm{w}}}\right)^{\frac{1}{1+b}} \tag{3-49}$$

将供热系统的已知条件代入 (3-47)、(3-48)、(3-49) 三个调节公式，进行计算，根据计算结果仍可在以 t_{w} 为横坐标，t_{g}、t_{h}、G、为纵坐标的直角坐标图上画出分阶段改变供水温度的量调节曲线。

【例 3-5】 例题 3-3 的热水供热系统，系统与用户为无混水装置的直接连接方式，现该系统采用分三阶段改变供水温度的量调节运行，试绘制其调节曲线图。

【解】 (1) 确定分三个阶段的室外温度分界线。按各阶段室外温度最低开始时的供回水温度差为设计温差，确定三个阶段的室外温度分界线。为设计供水温度的 85% 阶段的系统供水温度取定为 80℃。所以，$t_{\mathrm{g}}=90℃$、$t'_{\mathrm{g}}=95$℃阶段和 $t_{\mathrm{g}}=80℃$、$t'_{\mathrm{g}}=90$℃阶段的分界室外温度可按公式 (3-49) 计算。

将 $t_{\mathrm{h}}=t_{\mathrm{g}}-25=90-25$，$t_{\mathrm{n}}=18℃$，$t'_{\mathrm{w}}=-19℃$，$\phi t'_{\mathrm{g}}=90℃$，$t'_{\mathrm{g}}=95℃$，$t_{\mathrm{h}}=70℃$ 代入公式 (3-49) 可求得 $t_{\mathrm{g}}=90℃$ 与 $t'_{\mathrm{g}}=95℃$ 二阶段的分界室外温度为 -15.3℃，取 -15℃。

同样，将 $t_{\mathrm{h}}=t_{\mathrm{g}}-25=80-25$，$\phi t'_{\mathrm{g}}=80℃$，以及其他已知条件代入公式 (3-49) 可求得 $t_{\mathrm{g}}=80℃$ 与 $t'_{\mathrm{g}}=90℃$ 二阶段的分界室外温度为 -8.2℃，取 -7℃。

(2) 将已知条件代入公式 (3-48)、(3-49) 列表计算各阶段室外温度下的 $\overline{G}$ 和 t_{h}，计算结果见表 3-8。

各阶段供回水温度及流量 表 3-8

室外温度(℃)	5	3	1	-1	-3	-5	-7	-9	11	-13	-15	-17	-19
供水温度(℃)	80	80	80	80	80	80	90/80	90	90	90	95/90	95	95
回水温度(℃)	14	20	27	33	39	45	41/51	47	53	58	59/64	64	70
$\overline{G}$	0.13	0.17	0.21	0.27	0.35	0.45	0.35/0.59	0.43	0.53	0.67	0.62/0.86	0.78	1

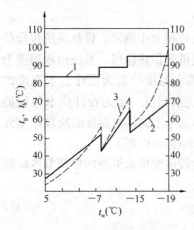

图 3-42　分阶段改变供水温度量调节曲线图
1—供水温度曲线；2—回水温度曲线；3—流量变化曲线

（3）用表 3-9 的计算结果，在以 t_g、t_h、$\overline{G}$ 为纵坐标，t_w 为横坐标的坐标图上作图，即为分阶段改变供水温度量调节的调节曲线图，如图 3-42。

分阶段改变供水温度的量调节也是质调节与量调节的结合，与单纯量调节方法相比，在室外温度较高的供热阶段，通过降低供水温度。从而提高回水温度，增大了系统循环流量。该方法供水温度的分阶段变化靠热源处的气候补偿控制，系统流量的变化靠热源循环水泵的变速运行实现。

5）间歇调节

在供热期内，当室外温度较高时，供热系统不改变循环水量和供水温度，只减少每天供热小时数的调节方式称为间歇调节。

间歇调节在室外温度较高的供热初期和末期，可以作为一种辅助调节措施采用。当采用间歇调节时，供热系统的流量与供水温度保持不变，每天供热的小时数随室外温度的升高而减少。日供热小时数可按下式计算：

$$n = 24 \frac{t_n - t_w}{t_n - t''_w} \tag{3-50}$$

式中　n——每天的供热小时数，h/d；

　　　t_n——室内设计温度，℃；

　　　t_w——间歇运行时的某一室外温度，℃；

　　　t''_w——开始间歇调节时的室外温度（在质调节水温曲线图上与采用的供水温度对应的室外温度），℃。

【例 3-6】　例题 3-3 的热水供热系统中，系统与用户为无混水装置的直接连接方式，现该系统采用质调节加间歇调节的调节方式运行，当供水温度大于 70℃ 时，系统为质调节运行，当质调节供水温度为 70℃ 时，采用间歇调节。试确定室外温度为 5℃ 时，供热系统的每天供热小时数。

【解】　（1）计算质调节时，$t_g = 70$ ℃ 对应的室外温度 t'_w。将各已知条件代入公式（3-26）简化后可得：

$$70 = 18 + 64.5 \left(\frac{18 - t'_w}{37} \right)^{\frac{1}{1+0.3}} + 12.5 \frac{18 - t'_w}{37}$$

从例题 3-3 中供水温度随室外温度变化的计算结果表 3-6 可知，$t_g = 70$ ℃时，$t'_w = -5$。

（2）根据公式（3-50）计算 $t_w = 5$ ℃时的间歇调节供热小时数 n。

$$n = 24 \frac{t_n - t_w}{t_n - t'_w} = 24 \times \frac{18 - 5}{18 - (-5)} = 13.57 \quad \text{（h/d）}$$

间歇调节时，热源循环水泵每次启动运行后，系统远端用户水升温的时间总比近端用户滞后，若使远近端的热用户通过热水的小时数接近，应在区域锅炉房锅炉压火后，使循环水泵继续运转一段时间，这段时间的长短要相当于热水从离热源最远的热用户到最近的热用户所需的时间。为此，循环水泵的实际工作小时数应比由公式（3-50）计算值大一些，以保证远端用户的供热时数。

3.3.2.5 间接连接热水供热系统的集中供热调节

热水网路与供热用户系统采用间接连接，如图 3-43 所示，随室外温度 t_w 的变化，为保证供热效果，须同时对热水网路和供热用户进行供热调节。通常对供热用户按质调节的方式进行供热调节，以保证供热用户系统的水力工况稳定。供热用户质调节时的供、回水温度 t_g、t_h，可按（3-26）、（3-27）公式确定。

热水网路进行供热调节时，热水网路的供、回水温度 τ_g 和 τ_h 取决于一级网路采用的调节方式和水-水换热器的热力特性，通常可采用集中质调节或质量—流量的调节方法。

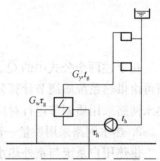

图 3-43 间接连接供暖系统 与热水网路的连接

1. 室外一级热水网路采用质调节

当热水网路采用质调节时，引入补充条件 $\overline{G}_y = 1$。

根据网路供给热量的热平衡方程式，得

$$\overline{Q}_y = \overline{G}_y \cdot \frac{\tau_g - \tau_h}{\tau_g' - \tau_h'} = \frac{\tau_g - \tau_h}{\tau_g' - \tau_h'} \tag{3-51}$$

根据用户系统入口水—水换热器放热的热平衡方程式，可得

$$\overline{Q} = \overline{K} \cdot \frac{\Delta t}{\Delta t'} \tag{3-52}$$

$$\Delta t' = \frac{(\tau_g' - t_g') - (\tau_h' - t_h')}{\ln \dfrac{(\tau_g' - t_g')}{(\tau_h' - t_h')}} \tag{3-53}$$

$$\Delta t = \frac{(\tau_g - t_g) - (\tau_h - t_h)}{\ln \dfrac{(\tau_g - t_g)}{(\tau_h - t_h)}} \tag{3-54}$$

式中　$\overline{Q}$——在室外温度 t_w 时的相对供热热负荷比；

τ_g'、τ_h'——在室外供热计算温度 t_w 条件下网路的供、回水温度，℃；

τ_g、τ_h——在运行工况时的室外温度 t_w 条件下网路的供、回水温度，℃；

$\overline{K}$——水-水换热器的相对传热系数比，即在运行工况时的室外温度 t_w 条件下，水-水换热器的传热系数 K 值与设计工况时的传热系数 K' 的比值；

$\Delta t'$——在设计工况下。水-水换热器的对数平均温差，℃；

Δt——在运行工况下。水-水换热器的对数平均温差，℃；

水-水换热器的相对传热系数 $\overline{K}$ 值，取决于选用的水-水换热器的传热特性，可由实验数据整理得出。对壳管式水-水换热器，$\overline{K}$ 值可近似地由下列公式计算，即

$$\overline{K} = \overline{G}_y^{0.5} \overline{G}_{er}^{0.5} \tag{3-55}$$

式中　$\overline{G}_y$——水-水换热器中，加热介质的相对流量比，此处也是热水网路的相对流量比；

$\overline{G}_{\text{er}}$ ——水-水换热器中，被加热介质的相对流量比，此处也就是供热用户系统的相对流量比。

当热水网路和供热用户系统均采用质调节，即：$\overline{G}_y = 1$，$\overline{G}_{\text{er}} = 1$ 时，可近似认为两工况下水-水换热器的传热系数相等，即：

$$\overline{K} = 1 \tag{3-56}$$

将式（3-53）、（3-55）、（3-56）代入式（3-54），可得出热水网路供热质调节的基本公式：

$$\overline{Q} = \frac{\tau_g - \tau_h}{\tau_g' - \tau_h'} = \frac{t_g - t_h}{t_g' - t_h'} \tag{3-57}$$

$$\overline{Q} = \frac{(\tau_g - t_g) - (\tau_h - t_h)}{\Delta t' \ln \dfrac{\tau_g - t_g}{\tau_h - t_h}} \tag{3-58}$$

在上述两个公式中的 $\overline{Q}$、$\Delta t'$、τ_g'、τ_h' 为供热室外计算温度 t_w' 条件下的已知值，t_g 及 t_h 值可由供热系统质调节计算公式确定。未知数仅为 τ_g 及 τ_h，通过联立方程求解，即可确定热水网路采用质调节运行对应的供、回水温度 τ_g 和 τ_h 值。

2. 热水网路采用质量—流量调节

供热用户系统与室外热水网路间接连接，用户和网路的水力工况互不影响。热水网路可考虑采用同时改变供水温度和流量的供热调节方法，即质量—流量调节。

质量—流量调节方法就是调节流量随供热热负荷的变化而变化，使热水网路的相对流量比等于供热用户的相对热负荷比，也就是人为增加了一个补充条件，进行供热调节。即

$$\overline{G}_y = \overline{Q} \tag{3-59}$$

同样，根据网路和水—水换热器供热和放热的热平衡方程式，得

$$\overline{Q} = \overline{G}_y \frac{\tau_g - \tau_h}{\tau_g' - \tau_h'}$$

$$\overline{Q} = \overline{K} \frac{\Delta t}{\Delta t'}$$

又根据相对传热系数比 $\overline{K}$ 值

$$\overline{K} = \overline{G}_y^{0.5} \overline{G}_{\text{er}}^{0.5} = \overline{Q}^{0.5}$$

可得

$$\tau_g - \tau_h = \tau_g' - \tau_h' = \text{常数} \tag{3-60}$$

$$\overline{Q}^{0.5} = \frac{(\tau_g - t_g) - (\tau_h - t_h)}{\Delta t' \ln \dfrac{\tau_g - t_g}{\tau_h - t_h}} \tag{3-61}$$

在上述两个公式中的 $\overline{Q}$、$\Delta t'$、τ_g'、τ_h' 为供热室外计算温度 t_w' 条件下的已知值，t_g 及 t_h 值可由供热系统质调节计算公式确定。未知数仅为 τ_g 及 τ_h，通过联立方程求解，就可确定热水网路按 $\overline{G}_y = \overline{Q}$ 规律进行质量—流量调节时的供、回水温度 τ_g 和 τ_h 值。

采用质量—流量调节方法，网路的流量随供热热负荷的减少而减少，同时可大大节省网路循环水泵的电能消耗。但系统中需设置变速循环水泵和相应的自控设施（如控制网路供、回水温差为定值，控制变速水泵的转速等措施），才能达到满意的运行效果。

分阶段改变流量的质调节和间歇调节，也可用在间接连接的供热系统上。

3.3.3 蒸汽供热系统的运行调节

蒸汽供热系统对各种热负荷种类有较强的适应能力。通常除用于供热、通风、空调制

冷和热水供应外，主要用于工业中生产工艺热负荷：主要包括蒸发、干燥、加热与蒸汽动力——作功或发电以及热电联合生产。

蒸汽供热系统与热水系统比较，其中一个突出的特点是易于调节控制，针对蒸汽介质的特点，选择合理的调节控制方法，蒸汽供热系统不但能消除工况失调，达到预期的供热效果，而且还能有效的实现热量的梯级利用，以获得最大的经济效益。本节介绍蒸汽供热系统常用的几种调节方法。

3.3.3.1 供热负荷对蒸汽质量的要求

蒸汽供热系统对蒸汽介质（热媒）不仅有数量上的要求，而且有质量上的要求。所谓蒸汽质量，是指蒸汽的温度、压力、过热度等参数以及含水量、含盐量、含气量为标志的清洁度。对于不同种类的供热负荷，应有不同梯级的蒸汽质量要求。根据确定的蒸汽质量要求，选择合适的调节控制方法。

1. 动力装置用汽

蒸汽用于动力装置中，主要是作为热电厂中汽轮机组的新蒸气，也可用于拖动汽锤或汽泵。为了提高热能利用率和运行可靠性，一般需要压力、温度较高的过热蒸汽，并且要求有较高的清洁度，即较低的含水量、含盐量和含气量。

在发电过程中，蒸汽的热力循环遵循朗肯循环，一般热效率很低，不超过20%。为了提高热效率，通常将饱和蒸汽进行过热、再热，以及用汽轮机的抽汽对锅炉给水进行回热。

作为汽轮新汽，要求有较高清洁度。一是不应有含水量，否则会降低过热器后的蒸汽热度，甚至发生新汽带水，引起蒸汽管道温度的剧烈变化，使管道破裂。二是要严格控制蒸汽含盐量，防止盐分在过热器中析出，进而堵塞过热器、主汽阀和汽轮机叶片，造成事故。

2. 换热过程用汽

除动力装置用汽外，大量的供热、通风、空调制冷和生活热水供应以及生产工艺负荷，基本上都是换热过程用汽；前者靠蒸汽绝热膨胀作功（热能变为电能或机械能），需要高参数，后者主要利用蒸汽提供的热量。蒸汽参数的确定，应根据不同热负荷及不同工艺过程进行。

以换热为主的供热负荷，一般不需要较高的蒸汽参数。按照工艺过程要求，供热蒸汽可分为三种，供热温度在150℃以下时称为低温供热，一般要求的蒸汽参数为0.4～0.6MPa（绝对）；供热温度在150～250℃范围内时称为中温供热，要求蒸汽参数0.8～1.3MPa（绝对），可由热电厂汽轮机抽汽或工业蒸汽锅炉提供；供热温度在250℃以上时称为高温供热，一般由大型锅炉房或电站锅炉通过蒸汽的减压减温提供。采用饱和蒸汽进行换热，其热利用率最大；相反，采用过热蒸汽进行换热，其热利用率最差。通常在满足供热温度的情况下，蒸汽压力愈低愈好，能用饱和蒸汽就不用过热蒸汽。

当蒸汽输送管道较长时，由于管道散热损失，沿途凝水增加，降低了蒸汽清洁度，为提高蒸汽干度，常常输送过热蒸汽，由过热度的降低补偿了管道散热损失，使到达热设备处的蒸汽成为饱和蒸汽。根据同样原因，应尽量减少蒸汽中的空气含量，以提高换热效果。

3.3.3.2 量调节

由蒸汽表得知，压力为0.4MPa（绝对）的饱和蒸汽的焓值为（饱和温度143.6℃）

2737.6kJ/kg，压力为 1.5MPa（饱和温度 198.3℃）的饱和蒸汽焓值为 2789.9kJ/kg，压力提高了 1.1MPa，蒸汽焓值只增加了 1.9%。压力为 0.4MPa，温度为 200℃的过热蒸汽焓值为 2860.4kJ/kg，即过热度为 56.4℃时焓值只增加 4.5%；压力为 1.5MPa，温度为 300℃的过热蒸汽焓值为 3038.9kJ/kg，即过热度为 101.7℃时的焓值增加 8.9%。由此看出，在供热温度的范围内（130~300℃），蒸汽压力、温度的变化，对其焓值的影响不超过 10%，若只靠质调节（只改变蒸汽压力、温度，而不改变蒸汽流量），对换热量的调节幅度很小，难以满足热负荷的变化要求。因此，对于蒸汽供热系统来说，适应热负荷变化的基本运行调节方式为量调节。

1. 集中量调节

在区域锅炉房蒸汽供热系统中，蒸汽流量按下式计算

$$G = \frac{3.6Q}{\gamma} \quad \text{kg/h} \tag{3-62}$$

式中　G——所需蒸汽流量，kg/h；

　　　Q——供热系统热负荷，W；

　　　r——蒸汽的汽化潜热，kJ/kg。

当供热系统热负荷发生变化时，一般在用热设备处通过阀门调节改变蒸汽流量，以适应热负荷的变化。由于系统负荷的变化，区域锅炉中的锅炉蒸汽压力也将随着发生变化。当热负荷减小时，锅炉蒸汽压力要升高；热负荷增大时，锅炉蒸汽压力降低。此时由于锅炉本体金属蓄热以及锅筒中水侧、汽侧的蓄热将影响汽压变化的速度。对于不同容量的锅炉，其热负荷变化引起压力的最大变化速度分别为：

低压锅炉：$(\mathrm{d}p/\mathrm{d}\tau)_{zd} = 3 \sim 4$　kPa/s；

中压锅炉：$(\mathrm{d}p/\mathrm{d}\tau)_{zd} = 10 \sim 30$　kPa/s；

高压锅炉：$(\mathrm{d}p/\mathrm{d}\tau)_{zd} = 40 \sim 50$　kPa/s；

也可按下式进行近似计算：

$$(\mathrm{d}p/\mathrm{d}\tau)_{zd} = (0.002 - 0.005)p \quad \text{kPa/s} \tag{3-63}$$

式中　$(\mathrm{d}p/\mathrm{d}r)_{zd}$——单位时间汽压的最大变化速度，kPa/s；

　　　p——蒸汽的工作压力，kPa。

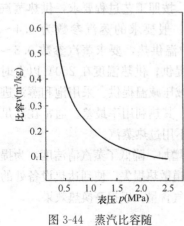

图 3-44　蒸汽比容随
压力变化的关系

锅炉的集中量调节，就是通过锅炉的给水量 D_s（kg/h）的调节和锅炉燃料量 B（kg/h）的调节，使锅炉蒸汽压力维持工作压力 p 不变的条件下，改变锅炉的产气量 D_q（一般为饱和蒸汽），以满足热负荷的变化。

图 3-44 给出了蒸汽压力与蒸汽比容的关系曲线。可以看出，当蒸汽压力 $p \leqslant 0.5$MPa 时，蒸汽比容的变化倍率极大。如果锅炉蒸气压力在这个范围内运行，当供热负荷变化时，锅炉锅筒内蒸汽压力将会急剧波动，水位也将大幅度浮动，进而增加蒸汽含水量，降低蒸汽品质。因此，蒸汽锅炉一般都应在额定压力下运行，即使在负荷波动大的情况下，也不希望蒸汽压力降至 0.8MPa 以下运行，如有需要宁可通过减压装置降压。

2. 局部量调节

从热源生产的蒸汽经热管网输送至热用户先要进入引入口装置，见图 3-45。蒸汽先送到高压汽缸 1，对于生产工艺、通风空调和热水供应负荷可直接从高压分汽缸引出。对于供热用汽，则需从高压分汽缸引出后，先通过减压阀 3 减压，再进入低压分汽缸 2，然后送至室内供热系统中去。各系统凝水集中至入口装置中的凝水箱 8，再用凝水泵 9 将凝水送至凝水干管，流回热源总凝水箱。

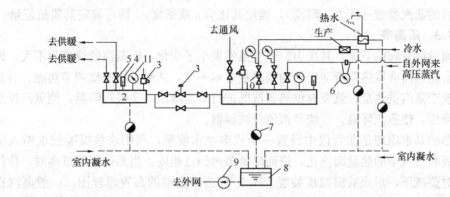

图 3-45　用户蒸汽引入口装置示意图

1—高压分汽缸；2—低压分汽缸；3—减压阀；4—压力表；5—温度表；6—流量计；
7—疏水器；8—凝水箱；9—凝水泵；10—调节阀；11—安全阀

各种热负荷的变化，通过开大或关小减压阀或调节阀 10 进行局部量调节，以蒸汽流量的变化适应热负荷的需求。

减压阀或调节阀，是通过改变阀体流通截面积的大小来进行节流降压实行蒸汽流量调节的。蒸汽流经阀门的节流前后，散热损失很小，可忽略不计，因此，节流作用实际上是属于等焓过程。在供热用的蒸汽压力范围内，高压的饱和蒸汽节流后一般成为低压的过热蒸汽；高压的湿饱和蒸汽节流后成为低压的干饱和蒸汽。

通过节流，蒸汽压力、温度虽然发生变化，但从换热的角度观察，其焓值未变，能提供的热量维持固定。这就是说，蒸汽经过节流，虽然蒸汽参数（温度、压力）有了改变但供热量未变，未体现质调节的功能，而真正引起供热量的变化，是由节流蒸汽流量而实现的，因此，节流是一种局部量调节的方法。

根据热力学、流体力学的基本理论，可以很方便地计算蒸汽管道节流前后蒸汽流量的变化。与热水管道一样，蒸汽管道压力降可用下式进行计算：

$$\Delta H = SG^2 \quad \text{Pa}$$

$$S = 6.88 \times 10^{-9} \cdot \frac{K^{0.25}(l+l_\text{d})\rho}{d^{5.25}} \tag{3-64}$$

式中　ΔH——管道蒸汽压降，Pa；

　　　G——蒸汽体积流量，m^3/h；

　　　S——管道阻力特性系数，$\text{Pa}/(\text{m}^3 \cdot \text{h}^{-1})^2$；

　　　K——管道绝对粗糙度，m，蒸汽管道一般取值 0.0002m；

　　　l——管道长度，m；

l_d——管道局部阻力当量长度，m，由有关设计手册查取；

d——管道直径，m；

ρ——蒸汽密度，kg/m³，饱和蒸汽压力在 0.18～1.5MPa 范围内，密度在 1.0～7.6kg/m³ 之间。

对于某一减压阀或调节阀，若预先测出阀的开度与其阻力系数 S 的关系曲线，则可以根据阀的开度即阻力系数 S 和节流前后压差，按上式算出调节后的蒸汽体积流量，再根据节流后的蒸汽参数（压力、温度），确定其比容 v 或密度 ρ，即可确定其质量流量。

3.3.3.3 质调节

蒸汽通过调节阀的节流，其压力、温度虽然发生了变化，但蒸汽的焓变化不大，即蒸汽通过汽水换热器或散热器所能提供的换热量基本不变，从而未体现质调节功能。若要通过质调节改变蒸汽供热量，就要对供热蒸汽既进行节流降压，又进行降温，使蒸汽流经减压阀即可降压，使蒸汽降温，应使蒸汽流经减温器。

减温器的基本原理是在管段中设置一个或多个水喷嘴，利用这些喷嘴把水喷入蒸汽中，使水吸收蒸汽中的热量而汽化，进而降低蒸汽的过热度。当蒸汽温度过高时，往往在减温的同时要减压，形成减温减压装置。图 3-46 为减温器的布置原理图。一般蒸汽在进入减温器 2 时，先要经过减压控制阀 1。减温器出口的蒸汽温度通常由冷却水的喷水量控制。来自温度回路 4 的温度传感器把减温器出口的蒸汽温度信号反馈到冷却水量调节阀 7 的膜片上，根据给定蒸汽温度（调节定位器 8），自动调节冷却水量调节阀。通过喷水量的变化，保证减温器出口的蒸汽温度维持在给定值。

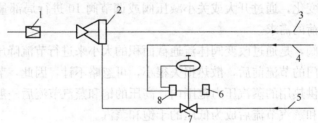

图 3-46　小型减温器布置图

1—减压控制阀；2—小型减温器；3—已减温的蒸汽；4—温度回路；5—进水；6—过滤器；7—控制阀；8—定位器

3.3.4　热计量热水供热系统的运行调节

热计量供热系统与传统供热系统相比，除了需要依据季节、天气变化等调节供热量外，热用户因有了一定的自主调节手段，从而使系统的流量、供回水温度具有波动与变化性。因此，更有必要关注供热系统的控制与调节，以保证管网的水力平衡、热用户的调节可靠性以及各热用户的供热效果。

3.3.4.1　热计量热水供热系统的运行特点及热力工况与调节特性分析

1. 热计量热水供热系统的运行特点

热计量热水供热系统，由于采用计量收费使热量成为一种商品，各组散热器一般均装设温控阀以及对使用房间考虑了户间传热等因素，散热器数量一般配置得较多，在正常情况下，供热余量较大。所以，热计量供热系统在运行上与传统供热系统相比有如下一些特点：

1）散热器的循环流量是随时变化的

由于散热器上的温控阀的自主及自动调节，使得热计量供热系统散热器的循环流量随时变化，最终导致供热系统负荷侧是变流量运行。为了保证热水锅炉的循环流量，热源侧一般是定流量运行。

2）当室外温度较高时温控阀可能失去调节功能

由于考虑了户间传热等因素，供热房间散热器一般配置得多，在正常条件下，供热余量较大，为了维持设定的室温，散热器所配温控阀的开度就较小，调节功能变差，在这种情况下，当室外温度较高，供热负荷较小时，温控阀有可能失去调节功能，使室温过高，既不舒适又浪费能源。

3）供热公司要保证在任何时候有足够的资用压力和热量满足热用户

在实行计量收费的供热系统中，采用计量收费使热量成为一种商品，用户有权决定自己购买多少热量，供热公司作为热量供应商应充分保证足够的热量供应用户，为保证热量的充分供应，就要保证在任何时候用户都有足够的资用压力。因此，热网的运行调节的原则是在保证充分供应的基础上尽量降低运行成本，实现节能、高效。

2. 散热器热力工况分析

散热器是户内供热系统的基本设备，散热器的热力工况直接影响到热用户的舒适性，同时也与热力管网的调节特性关系密切。在计量供热系统中用户是通过调节散热器的散热量来改变室温的，因此更应重视散热器的热力工况，使其在满足热舒适要求的同时，达到热计量供热系统节能的目的。

1）对流散热器与辐射散热器热特性的比较

对外传输热量以对流为主的散热器称为对流散热器，对外传输热量以辐射方式为主的散热器称为辐射散热器。通过大量实验数据的积累，得出了按散热器实验确定的传热系数计算公式中的 b 值来大致界定两类散热器的分类方法。一般而言，对流散热器的 b 值在 $0.37\sim0.42$，而辐射散热器的 b 值较小，在 $0.17\sim0.32$ 之间。

为了进行两种散热器的热特性比较，在室温为 18℃ 时，做出了不同供水温度下，对流散热器和辐射散热器流量变化时其散热量的变化曲线图，如图 3-47、图 3-48。

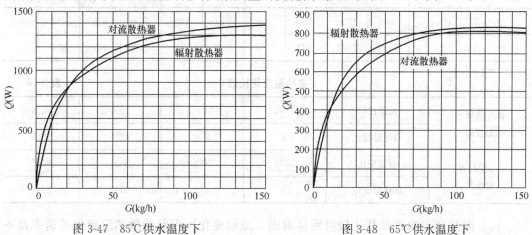

图 3-47　85℃供水温度下
流量—散热量调节曲线

图 3-48　65℃供水温度下
流量—散热量调节曲线

从图 3-47、图 3-48 中可以看出，随着通过散热器水流量的变化，对流散热器的散热量变化率要略大于辐射散热器的变化率，即散热量随流量变化的曲率要大一些。对于热计量系统来说，用户自主调节温控阀，改变散热器流量以改变散热量，最终目的是调节室内的温度。所以，流量变化能引起较大的散热量变化的散热器较适用于热计量供热系统：

通过两图的比较可以看出：不同的供水温度下，散热器随供水温度的调节特性是不同的，供水温度越高，散热器的调节性能越好。这就说明采用热计量技术以后，宜尽量保证有较高的供水温度，以便使用户自主调节能够产生较大的室内温度变化。

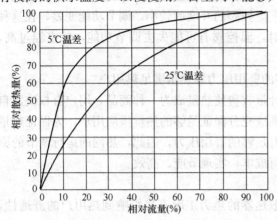

图 3-49　不同的供回水温差下
某型散热器的调节曲线

从上面两个图中还可以看出，只有在通过散热器的流量较小时才能有较好的调节性，此时曲线坡度较大；当流量较大时，改变流量对散热量的影响并不明显。然而在热计量供热系统中，希望改变调节阀使得流量变化的同时，散热器散热量也应有大的变化，最终要相应的有明显的室温变化，所以要合理选用调节阀：

2）不同的供回水温差对于散热器热特性的影响

为了说明不同供回水温差对于散热器热特性的影响，图 3-49 给出了以相对流量为横坐标、相对散热量为纵坐标的散热器调节特性曲线。为了更明显地比较，将图 3-49 所示的情况列表比较，表 3-9 为不同供回水温差下，流量变化对应的散热量变化；表 3-10 为不同供回水温差下，流量变化对应的散热量变化比较。

流量变化对应的散热量变化　　　　　　　　　　　表 3-9

散热量（W）　温差（℃）	相同流量								
	100%	90%	80%	70%	60%	50%	40%	30%	20%	0%
25℃	1089	1055	1015	968	910	840	751	636	482	0
5℃	1089	1081	1071	1059	1043	1021	990	941	856	

散热量变化比较　　　　　　　　　　　表 3-10

25℃供回水温度差	流量比较	10%	20%	50%	80%
	散热量变化	3.3%	7%	23%	56%
5℃供回水温度差	流量变化	10%	20%	50%	80%
	散热量变化	1%	2%	66%	21%

从上面的调节曲线及其比较可明显看出，流量变化所引起的散热量变化的速率是不相同的。供回水温差大则散热量变化大，温差小则散热量变化小。另外，当供回水温

差为 5℃时，流量在 0 到 20% 的范围内变化，调节曲线的斜率很大，散热量从 0 变化到 80%，而流量在 20% 到 100% 的这段范围内变化时，散热量的变化只有 20%，这充分说明小温差系统的调节性不好。当系统在小温差大流量下运行时，即使流量改变很大，也不能改变多少散热量，散热器的供回水温差越大，流量变化引起的散热量变化越明显。在采用热计量的供热系统中，希望用户自主调节好性能，所以尽量避免大流量小温差运行。

3) 不同供水温度、流量对于散热量的影响

为了考察不同供水温度对于散热器散热量的影响，以某种型号的散热器为例进行计算得出不同散热器供水温度下的调节曲线，如图 3-50 所示。

从图中可看出，供水温度高时散热器的调节性能好。随着供水温度的降低，调节曲线越来越平缓，说明调节性能变差。当通过散热量的流量大于设计流量的 20% 以后，不同供水温度的散热器的调节曲线趋近于平行，变化率基本相同。

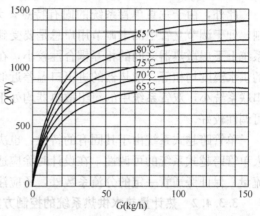

图 3-50 某型号散热器在不同供水温度下的散热量调节曲线

通过上面多方面的分析比较可以看出，散热器的散热量随温度的变化不仅与供水温度有关，还与散热器的形式、水流量、供回水温差等诸多因素有关。同时系统的水力失调必然会引起用户散热器的流量变化，而流量变化将导致用户的热力失调，但是水力失调引起热力失调的程度与上述的诸多因素有关。一般来说，在散热器流量较小时，水力失调引起的热力失调程度较大，而在流量较大时，引起的热力失调的程度较小。

3. 室内供热系统的调节特性

1) 供热系统可调性的概念

供热系统中某热用户调节机构阀杆的位移能够引起热媒流量发生均匀变化，称该热用户具有可调节性。热用户的可调节性可用下式表示：

$$\frac{V}{V'} = \sqrt{\frac{S_a/S_k'+1}{S_a/S_k'+S_k/S_k'}} \tag{3-65}$$

式中　V——调节阀在某一开度下，用户装置的热媒流量，m^3/h；

　　　V'——调节阀完全开启时，用户装置的热媒流量，m^3/h；

　　　S_a——用户装置的阻力值，$Pa/(m^3/h)^2$；

　　　S——调节阀某一开度下的阻力值，$Pa/(m^3/h)^2$；

　　　S_k'——调节阀完全开启时的阻力值，$Pa/(m^3/h)^2$。

用户的可调节性取决于用户局部系统的阻力值与调节阀在完全开启时阻力值的比值 S_k/S_k'，以及阀杆行程中调节机构阻力值变化特征 S_k/S_k'。所以减少用户装置的阻力值，或增大调节阀全开时的阻力值，可增强用户的可调节性。

2）单、双管供热系统的可调性比较

单管系统与双管系统相比较，系统的可调性存在很大差别。在单管系统中，一方面由于进水温度逐层降低，可调节性变差；另一方面，为保证散热器使用的经济性，散热面积在一定范围内也不宜增加许多，故对下层散热器而言，由于供水温度降低减少了的散热量，必然要通过增加进流量来补充，然而进流量增加又会进一步减弱散热器的可调节性。

此外，由于垂直单管系统的固有特点，无论热力入口采用定流量控制还是定压差控制，处于调节立管中的未调节用户总是要受到其他用户调节行为的影响。与之相比，双管系统上下层散热器之间的相互耦合性较小，在忽略立管温降的情况下可以认为每层散热器的供水温度均相等，散热器的进出口温差近似于系统温降，一定热负荷下的进流量比单管串联系统小，双管系统中的每组散热器均处于高供水温度和小流量的工况下工作，系统的可调性较好。

单管跨越式系统由于其固有的特性，也决定了其可调性较双管系统要差。为尽可能增大单管跨越式系统的可调性，在设计时除应适当加大散热器的进出口温差．减少散热器进流量，保证旁通管 定的分流系数外，还应注意温控阀的合理选择和热力入口的控制。

3.3.4.2 热计量热水供热系统的控制方案

热计量热水供热系统，由于热用户的散热器上装有温控阀且供热按热量收费，所以主动调节温控阀以节省热量将成为热用户的自觉行为，由此产生的室内系统的变化，使供热系统由原来的定流量系统变成了变流量系统。外网若仍然采用原有的定流量控制方式，显然不能满足要求，必须进行相应改进。更具体地说，对于一个用户内控制设备完善的供热系统（安装了温控阀与热量表），没有相应的户外控制，很难保证户内设备正常地工作。如果户外水力工况严重失调，温控阀不能在正常工况下工作，就会导致阀门频繁的开关甚至产生噪声，或导致流量不足、室内温度偏低，热量表也可能工作在有效标定流量之外，造成测量不准确。因此户内系统采取了节能手段，户外系统必须采取配合措施，否则会引起管网水力工况和热力工况的失调，节能这一根本目的就无法实现。所以，好的户内控制一定要与户外控制相结合。

1. 用户入口控制方法及其控制调节模拟分析

1）用户入口的控制方法

由于散热器温控阀的主动调节，室内热水供热系统压力、流量随时发生变化，为保证用户质量，应在用户入口采用相应控制装置。入口控制方法主要有以下几种：

（1）用户入口不加任何控制装置

如图 3-51 所示，用户入口不加任何控制装置是指自力式压差或流量控制阀，入口只设开关用的普通阀门和静态调节用的手动平衡阀。

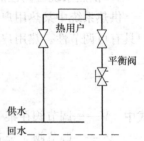

图 3-51　用户入口不加控制

（2）用户入口加差压控制阀

用户入口加差压控制阀，即入口加自力式差压控制阀控制入口压差，控制方法主要有：差压控制阀与用户串联，见图3-52；差压控制阀与用户并联，见图3-53；控制节点压差，见图 3-54。

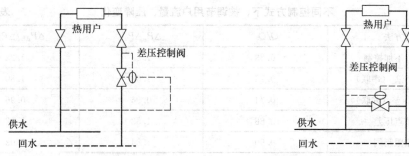

图 3-52　差压控制阀与用户串联　　　　　图 3-53　差压控制阀与用户并联

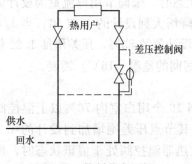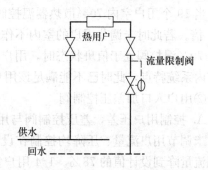

图 3-54　控制节点压差　　　　　　　　图 3-55　加流量限制阀

（3）用户入口加流量限制阀

用户入口加流量限制阀，即入口加自力式流量限制阀，其示意图如图 3-55 所示。

2）不同入口控制方法的模拟分析

下面以热源为集中式热力站或锅炉房的供热系统为例，分别模拟分析室内供热系统为单管跨越管系统和双管系统时，各种控制方式的调节控制效果和适用性。

（1）室内供热系统为单管跨越式系统

以一个有 20 个用户入口的供热系统为例进行模拟分析，每个用户入口及采暖面积均相同。当 19 个用户的 70%散热器温控阀处于值班状态时，不同控制方式下，未调节用户流量、压降的变化如表 3-11。当 1/4 用户（即 5 个用户）的 70%散热器温控阀处于值班状态时，不同控制方式下，被调节用户流量、压降的变化见表 3-12。

不同控制方式下，未调节用户流量、压降变化　　　　　　　　表 3-11

控制方式	未调节用户			外网流量变化
	Q/Q_0	$\Delta P/\Delta P_0$	$\Delta P_{AB}/\Delta P_{AB0}$	
用户入口不加控制	1.27	1.61	1.61	0.99
控制用户压差（串联）	1.01	1.03	4.51	0.78
控制用户压差（并联）	0.96	0.92	0.92	1.0
控制节点压差	1.16	1.34	0.97	1.0
加流量限制阀	0.99	0.98	1.20	1.0

注：Q/Q_0 为用户调节后流量与其设计流量的比值；

　　$\Delta P/\Delta P_0$ 为用户调节后压降与其设计压降的比值；

　　$\Delta P_{AB}/\Delta P_{AB0}$ 为用户调节后节点压降与其设计值的比值。

不同控制方式下，被调节用户流量、压降变化　　　表 3-12

控制方法	Q/Q_0	$\Delta P/\Delta P_0$	$\Delta P_{AB}/\Delta P_{AB0}$
用户入口不加控制	0.83	1.22	1.22
控制用户压差（串联）	0.76	1.03	1.80
控制用户压差（并联）	0.74	0.96	0.96
控制节点压差	0.88	1.53	1.02
加流量限制阀	0.90	1.84	1.02

①用户入口不加任何控制装置

当 19 个用户室内 70％散热器温控阀处于值班状态时，未调节用户流量为设计流量的 1.27 倍。若此时未调节用户的室内不作调解，其压降增大到设计的 1.61 倍；当 1/4 用户室内 70％温控阀处于值班状态时，用户流量已降为设计值的 83％，压差增加 1.22 倍。根据室内系统特点，此时已不能满足该用户内未调节房间的室温（16℃）需要。

②用户入口加差压控制阀

A. 控制用户压差，差压控制阀与用户串联。当 19 个用户室内 70％以上温控阀值班时，未调节用户流量、压降均控制在设计值，相应其节点压差则增加到设计的 4.51 倍，外网流量降到设计值的 78％。1/4 用户室内 70％散热器温控阀处于值班状态时，用户流量将为设计的 76％，根据室内系统特点，此时已不能满足要求。

B. 控制用户压差，差压控制阀与用户并联。当 19 个用户室内 70％以上温控阀值班时，未调节用户流量、压降、节点压差均基本控制在设计值。1/4 用户室内 70％散热器温控阀处于值班状态时，被调节用户压降、节点压差控制在设计值，而流量降为设计的 74％，根据室内系统特点，此时已不能满足要求。由于差压控制器的旁通作用，外网流量不变。

C. 控制节点压差。当 19 个用户室内 70％以上温控阀值班时，节点压差控制在设计值，未调节用户流量、压降略有增加。1/4 用户室内 70％散热器温控阀处于值班状态时，被调节用户流量将为设计值的 0.88 倍，压差增加为 1.53 倍。

③用户入口加流量限制阀

当 19 个用户室内 70％温控阀值班时，未调节用户流量、压降均控制在设计值，其相应节点压差略有增加。对被调节用户而言，由于流量限制阀定流量作用，1/4 用户内 70％温控阀处于值班状态时，用户流量、节点压差均保持设计值，用户压差增到 1.84 倍，满足室内用户要求。

通过上述分析可见：当热源为集中热力站或锅炉房时，对于室内为单管跨越式的供热系统，为同时满足未调节用户和被调节用户的流量要求，用户入口应加自力式流量限制阀控制以保证流量恒定。但单管跨越式系统要求准定流量的特点，将增加水泵电耗。加差压控制器，被调节用户流量比不加任何控制时要小。

（2）室内供热系统为双管系统

仍以一个有 20 个用户入口的供热系统为例（每个用户入口采暖面积均为 2400m²）。

仍以一个有 20 个用户入口的供热系统为例。当 19 个用户的 50％以上散热器温控阀处于值班状态时，不同控制方式下，未调节用户流量、压降的变化如表 3-13。当 5 个用户的 50%散热器温控阀处于值班状态时，不同控制方式下，被调节用户流量、压降的变化如表 3-14。

未调节用户流量、压降变化 表 3-13

控制方法	被调节用户			外网流量变化
	Q/Q_0	$\Delta P/\Delta P_0$	$\Delta P_{AB}/\Delta P_{AB0}$	
用户入口不加控制	1.52	2.32	2.32	0.83
控制用户压差（串联）	1.00	1.02	1.17	0.53
控制用户压差（并联）	0.90	1.02	1.01	1.0

被调节用户流量、压降变化 表 3-14

控制方法	被调节用户			外网流量变化
	Q/Q_0	$\Delta P/\Delta P_0$	$\Delta P_{AB}/\Delta P_{AB0}$	
用户入口不加控制	0.9	1.14	1.14	1.0
控制用户压差（串联）	0.86	1.02	1.17	0.97
控制用户压差（并联）	0.85	1.02	1.02	1.0

若入口不加控制，当 19 个用户的 50%以上散热器的温控阀作值班调节时，未调节用户流量增至 1.52 倍，压降增加至 2.32 倍。当调节程度加大时，散热器温控阀处压差将过大而产生噪声。当 50%散热器温控阀处于值班状态时，被调节用户流量、压差将大于设计值。

采用差压控制阀，用户流量、压降均可保证为设计值要求。当 19 个用户的 50%以上散热器温控阀作值班调节时，差压控制阀与用户串联时，外网流量降为设计流量的 0.53；并联时，由于差压控制阀的旁通作用，外网流量仍为设计值。可见，对于变流量系统，差压控制阀与用户串联的方式比并联方式要节能。

通过上述分析可见：当热源为集中热力站或锅炉房时，对于室内为双管的供热系统，为同时满足未调节用户和被调节用户的要求，应在用户入口处设自力式差压控制阀，且应选择自力式差压控制阀与用户串联的控制方式。循环水泵应采用变频控制，水泵变频后，各用户流量、压降均达到设计要求，且降低了节点压力，同时水泵转速的大幅度降低，充分体现了变流量系统的节能效益。

2. 热源及热力站的集中控制方法

热计量供热系统中，热源及热力站的控制在全系统的运行调节过程中是不容忽视的重要环节，其控制的优劣直接关系到用户调节的特性及效果。

1）热源的集中控制方法

（1）热源与热用户直接连接的系统

热源与热用户直接连接的供热系统，有一次泵系统与二次泵系统。下面为一、二次泵供热系统的控制方法。

①一次泵系统

如图 3-56 所示，一次泵系统也称为单级泵系统，是传统一般供热系统中较常采用的系统形式。该系统中在供回水干管之间设旁通管，通过室外温度传感器、由供水温度传感器的信息反馈，控制旁通管上电动阀的开度。锅炉的供水温度可视为室外温度的单值函数，依靠气候补偿器，根据室外气候温度的变化以及用户对室内温度的要求，按照设定的曲线求出适当的供水温度，在热源处控制供水温度，对系统进行质调节。另外，通过压差控制阀控制旁通管流量，从而保证热用户有足够的资用压差，并可以对系统实施适当的流量调节。

②二次泵系统

图 3-57 所示为二次泵系统的直接连接方式。在该供热系统中，锅炉供出的热水进入混水器 3 中与二次网的回水混合，调节二次网的供水温度。二次循环泵 4 控制二次网的流量；通过室外温度传感器 9 与供水温度传感器 10 的反馈，由气候补偿器 8 传输给锅炉 1 的控制装置对锅炉的供水温度进行调节，从而控制二次网的供水温度。

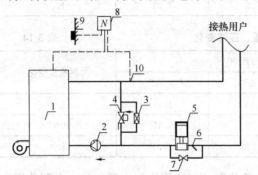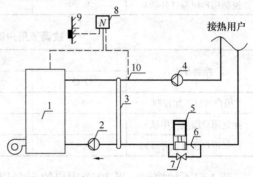

图 3-56　一次泵系统

1—锅炉；2—循环水泵；3—压差控制阀；4—电动阀；
5—热量计；6—过滤器；7—旁通阀；8—气候补偿器；
9—室外温度传感器；10—供水温度传感器

图 3-57　采用混水器的二次泵系统直接连接系统

1—锅炉；2——次水循环泵；3—混水器；4—二次
水循环泵（可变频）；5—热量计；6—过滤
器；7—旁通阀；8—气候补偿器；9—室外温度
传感器；10—供水温度传感器

（2）热源与热用户间接连接的系统

热源与热用户间接连接的系统又分为集中设置换热器的间接连接系统和分散设置换热器的间接连接系统。

①集中设置换热器的间接连接系统

图 3-58 为集中设置换热器间接连接系统的图示。该系统热源处集中控制的方法，也

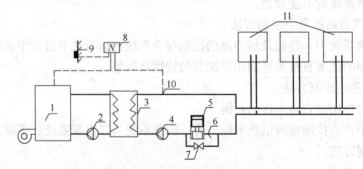

图 3-58　集中设置换热器的间接连接系统

1—锅炉；2——次水循环泵；3—换热器；4—二次水循环泵；
5—热量计；6—过滤器；7—旁通阀；8—气候补偿器；9—室
外温度传感器；10—供水温度传感器；11—热用户

是通过室外温度传感 9 与二次水供水温度传感器 10 的反馈，由气候补偿器 8 传给锅炉 1 的控制装置对锅炉供水温度进行调节，从而控制二次水的供水温度。

②分散设置换热器的间接连接系统

分散设置换热器的间接连接系统，一般宜在供热建筑物底层或地下室内一定位置布置热交换器、水泵，相当于用户入口设一个小型热力站，如图 3-59 所示。

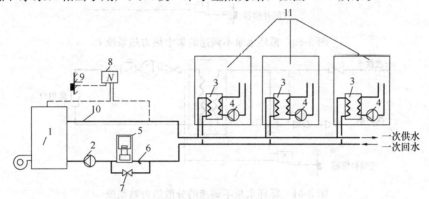

图 3-59　分散设置换热器的间接连接系统

1—锅炉；2——一次水循环泵；3—热交换器；4—二次水循环泵；5—热量计；6—过滤器；
7— 旁通阀；8—气候补偿器；9—室外温度传感器；10—供水温度传感器；11—热用户

这种系统热源处的集中控制，主要是通过室外的温度传感器 9 和热源供水温度传感器 10 的信息反馈，由气候补偿器 8 传给锅炉 1 的控制装置，对锅炉的燃烧工况进行调节，从而调节锅炉供水温度。

2）热力站的集中控制方法

热力站作为连接一、二次网的关键设备，其功能不再只是一个热交换与分配站。对一次网来说，热源从热力站处获取需求信息，然后综合调配各站的供热量，调节自身出力，满足总热负荷变化，热力站从中起一个"下情上达"的作用。对于二次网来说，热力站的合理控制是保证热计量供热系统正常运行的重要环节。目前热力站大多采用间接连接形式，所以在热计量供热系统中，应采用质、量并调的控制方式，循环水泵宜采用变频调速控制，以保证用户的可调节性。

（1）循环水泵不调速的热力站

图 3-60 所示为循环水泵不调速的间接连接集中热力站系统。该系统的控制方法是：通过调节一次网回水管上的电动二通阀改变一次水流量，保证二次供水点 A 的温度不变。气候补偿器根据室外温度调节二次网回水管上的电动三通阀，改变二次网供水点 B 的温度，以满足用户需求。

对于一些分散设置在各热用户的小型间接连接的热力站（如图 3-61 所示），其控制方法是：在一次水的回水管上装设差压控制阀，保证一次水系统正常运行；气候补偿器根据室外温度，调节一次回水管上的电动两通阀，保证供水温度满足设定值。

（2）循环水泵调速的热力站

循环水泵调速的热力站，除了控制二次水的供水温度外，还要根据外网设定的压差（压力）控制点的压差（压力）信号对二次水循环泵进行调速，如图 3-62 所示。

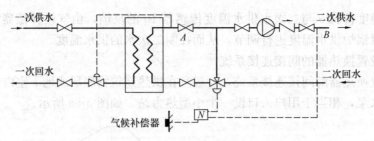

图 3-60　循环水泵不调速的集中热力站系统

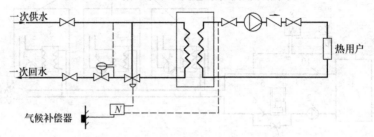

图 3-61　循环水泵不调速的分散热力站系统

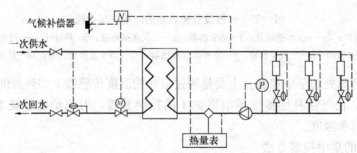

图 3-62　循环水泵调速的热力站系统

3）热源或热力站循环水泵的调速控制

在采用热计量的热力供热系统中，系统控制的目的是使水温及流量随时能自动地适应需求。要使系统的流量随时变化，对循环水泵必须做变频调速控制，调速控制可以采用以下两种控制方法：

（1）供回水采用定压差控制

这种控制方法是把热网某处管路上的供回水压差作为压差控制点，该点的供回水压差始终保持不变。例如，当用户进行调节，使热网流量减小，压差控制点的压差必然下降，改变变频水泵的转速，使该点的压差又恢复到原来的设定值，从而保持压差控制点的压差不变。其基本原理如图 3-63 所示。

采用压差控制时压差控制点的压差由压差传感器测量，控制点位置的选择一般是：当各用户需要的资用压头相同时，压差控制点可以选在最远用户处，即图 3-63 中的 P 点；当各用户所要求的资用压头不相同时，

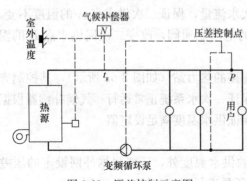

图 3-63　压差控制示意图

压差控制点应选在要求资用压头最大的用户处，其压差设定值为所要求的最大资用压头。这种控制方法即为控制最不利环路压差的变流量调节方法。

（2）供水采用定压力控制

将热网供水管上的某一点选为压力控制点，在运行时保证该点的压力保持不变的控制方法即为供水采用定压力控制。这种控制方法的重点是保证控制点的压力保持不变。例如，当用户调节导致热网流量增大后，压力控制点的压力必然下降，这时调高热网循环水泵的转速，使该点的压力又恢复到原来的设定值，从而保证压力控制点的压力不变。其基本原理如图 3-64 所示。

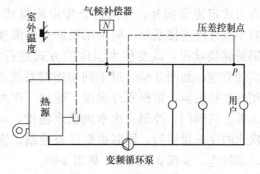

图 3-64　压力控制基本原理图

采用压力控制方法时，又可区分为以下两种情况：

①各个用户所要求的资用压头相同

为保证在任何时候都能满足所有用户的调节要求，把压力控制点确定在最远用户 n 的供水入口处，该用户供水入口处的压力设定值 P_n 为：

$$P_n = P_0 + \Delta P_r + \Delta P_y \tag{3-66}$$

式中　P_0——热源恒压点的压力值，设恒压点在循环水泵入口；

ΔP_r——设计工况下从用户 n 到热源定压点的压降；

ΔP_y——用户的资用压头。

②各热用户要求的资用压头不相同

这种情况下压力控制点的选择比较复杂，从理论上讲应根据上面的公式计算出各用户供水入口的压力，选其中具有最大压力的供水入口处为压力控制点。但由于热网施工安装，阀门开度大小等实际因素的影响，管路的实际阻力系数并不等于设计值，因此计算所求出的最大值并非实际上最大的数值。一般来讲，如果最远用户所要求的资用压头最大，则把最远用户供水入口处作为压力控制点；可以把压力控制点设置在主干管上离循环水泵出口约 2/3 附近的用户供水入口处，其设定值大小为设计工况下该点的供水压力值，这是一种经验性的确定方法。

控制点位置及设定值大小的选择主要是考虑降低运行能耗和保证热网调节性能的综合效果。在设定值大小相同的条件下，控制点的位置离热网循环泵的位置越近，调节能力越强，但越不利于节约运行费用；离热网循环水泵出口越远，则情况正好相反。在控制点位置确定的条件下，控制点的压力（压差）设定值选取得越大，越能保证用户在任何工况下都有足够的资用压头，但运行能耗及费用也相应增加；反之，如取值过低，运行能耗及费用虽然较低，但有可能在某些工况下无法满足用户的要求。

3. 适合热计量的室外供热系统控制方案

供热系统集中控制方案的确定应立足于国情，立足于室内供热系统的特点，要根据具体的情况选择不同的控制方案。

1）定流量供热系统的控制方案

对于各热用户室内供热系统为单管跨越式系统的集中热水供热系统，由于各室内系统自身的特点，决定了其定流量或准定流量的特性，为了满足用户的要求，除在其热用户入口处加设自力式定流量阀外，外网适合作定流量式调节。对小型直接连接系统，应采用根据室外温度控制锅炉燃烧状况，改变供水温度的方式进行调节，实现节能，如图 3-65。对于间接连接系统，应利用气候补偿器，根据室外温度，通过一次水侧回水管上的阀门，控制二次水侧供水温度，实现一次水的变流量运行，同时根据压差控制二次水循环泵转速，实现节能运行，如图 3-66。

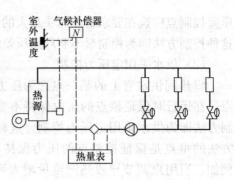

图 3-65 定流量供热系统控制方案的直接连接系统

2）变流量供热系统的控制方案

对于各热用户室内供热系统为传统垂直上下贯通式双管系统，以及适应按户设热表的新双管系统的集中供热系统，由于各用户之间及户内各散热器之间成并联状态，在各用户入口定压差的情况下，是理想的变流量系统，外网应采用相应变流量控制方式，即在采用质调节的同时，应采取控制水泵转速的方法，使供热系统实现无级的变流量运行。如图 3-67 所示的系统，气候补偿器根据室外气温，通过一次水侧回水管上的阀门，控制二次水侧的供水温度，实现一次水的变流量运行，同时，二次水循环泵通过最不利环路的压差控制进行无级变流量运行。

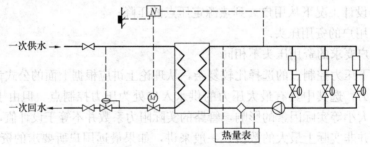

图 3-66 定流量供热系统控制方案的间接连接系统

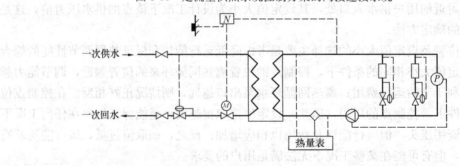

图 3-67 变流量供热系统控制方案（控制最不利环路压差）

3.3.5 循环水泵的变流量运行调节

热计量热水供热系统中，循环水泵的变流量运行是保证系统的最佳调节工况的必要条件之一，也是系统节能的主要措施。所以，在供热系统设计过程中，要重点考虑循环水泵的设置与变流量运行调节方案。

3.3.5.1 循环水泵的设置形式及其节电分析

1. 循环水泵的设置形式

对于二次网热水供热系统，在运行期间，换热器对循环流量大小无严格限制。因此，二次网系统采用一级泵系统即换热站循环泵与热用户循环泵合二为一的方式为宜。

对于热源为锅炉房的一次网热水供热系统，锅炉循环流量一般不应小于额定量的70%，这是因为：

（1）流量过小，会引起锅炉加热管水量分配不均，出现热偏差，导致锅炉爆管等事故；

（2）流量过小，会导致回水温度过低，造成锅炉尾部腐蚀。为克服这一矛盾，一次网循环水泵常采用双级泵系统，即一级泵为锅炉循环泵，二级泵为热网循环泵。具体形式如图 3-68 所示：

2. 节电分析

对于图 3-68 中 A 型双级泵系统，一般热源循环泵 0，采用定流量运行，而热网循环泵 1 采用变流量运行。这种双级泵变流量系统与传统的一级泵系统相比较，节电效果明显。

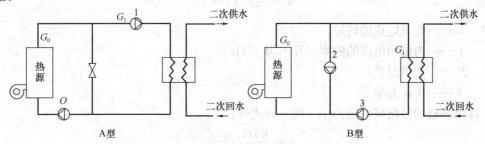

图 3-68 循环水泵设置形式

对于图 3-68 中 B 型双级泵系统，运行中循环泵 2、循环泵 3 都可以进行变流量调节，设 G_0 为通过锅炉的循环流量，一般运行期间保持定流量不变。

显而易见，无论 A 型和 B 型双级泵系统，锅炉循环泵的额定扬程皆取锅炉房的设计压降为宜。而 B 型双级泵的热网循环泵的额定扬程则是锅炉房和热网设计压降的总和，大于 A 型双级泵系统的热网循环泵的额定扬程（后者额定扬程为热网设计压降）。无论哪一种循环泵，额定流量都是设计流量。因此，从初投资考虑，B 型双级泵系统要大于 A 型双级泵系统。但通过计算，B 型双级泵系统运行中的节电效果好于 A 型双级泵系统，实际工程选用哪一种方案，需通过经济比较确定。

但经过粗略计算，对于二次管网，在循环水泵采用变流量调节时，当平均运行流量是设计流量的 80% 时，节电约 49%；平均运行流量是设计流量的 70% 时，节电 66%。对于一次管网，选用 A 型双级泵系统，在热网泵平均流量是设计流量的 70% 时，节电 44%；平均流量是设计流量的 50% 时，节电 57%。

3.3.5.2 循环泵的调节方法

对于大功率的循环泵，由于投资原因，宜采用液力耦合方式调速。在功率小于150kW 以下的循环泵，皆可采用变频调速。变频调速与其他调速方法相比，最大的优点是调速过程转差率小，转差损耗小，能使电机实现高效调速。在变频的同时，电源电压可以根据负载大小作优化调节。在调频过程中，能使功率因素保持在 80% 以上。此外，还可以在额定电流下启动电机，从而降低配电变压器的容量。变频器体积小巧，运行平稳，可靠性高。变频调速应用于循环水泵的变流量调节，已逐渐被人们所认识。

对于多台泵并联的循环水泵，可以采用每台泵皆由变频器调速控制，也可采用其中的一台循环泵实行变频调速，其他各台循环泵都为定流量运行。采用后一种调速控制方案时，变频调速泵，起着峰荷的调节作用。当热负荷较小时，只有变频调速泵运行，随着负荷的增大，变频控制柜可自动启动第二台、第三台……并联循环泵的满负荷运行；当热负荷减少时，定流量循环泵依次可自动停运。在电机功率为 75kW 以下时，循环泵的启动可由变频控制柜直接启动；当电机功率超过 75kW 以上时，采用降压启动。

3.3.5.3 循环水泵变频调速的变流量调节

1. 变频技术基本原理简介

所谓变频技术，就是在交流电动机和电网电源之间，装一个频率可变化的装置，它的输出频率可随着生产机械的需要而变化。即频率 f 不再是电网电源的固有频率 50Hz 或者 60Hz，而是可变的，交流异步电动机的输出转速的公式为：

$$n = \frac{60f}{P}(1-s) \tag{3-67}$$

式中　n ——交流电机的转速；

　　　f ——为电网电源的频率（我国为 50Hz）；

　　　P ——为极对数；

　　　s ——为转差率。

将变频器的输出频率记为 f_b，代入公式得：

$$n = \frac{60f_b}{P}(1-s) \tag{3-68}$$

在转差率 s 变化不大时，交流电机的转速和 f_b 成正比。当 f 发生变化后，根据电磁感应原理，经整理可得到定子电路的电势方程：

$$u \approx 4.44 f_b \Phi \beta \omega \kappa \tag{3-69}$$

式中　u ——施加于电机定子电压；

　　　f_b ——电源频率；

　　　Φ ——磁通；

　　　ω ——绕组匝数；

　　　κ ——绕组系数。

在变频调速时，只要磁通保持不变，励磁电流和功率因素就能基本保持不变。如果磁通增加，会引起磁路过分饱和，并进入铁芯磁滞曲线的平缓区，励磁电流就会增加，功率因素降低。相反，则会使电动机的输出转矩 M 下降。从上式可见，在电源的 f 变为 f_b 后，只要电机的电压相应成比例地由 u 变为 u_b，那么电机就能正常运行。另外根据电机的最大转矩公式：

$$M_{max} = \frac{m_1}{\omega} u^2 / 2 \left(\sqrt{r_1 + (x_1 + x'_2)2} + r_1 \right) \tag{3-70}$$

式中　M_{max} ——最大转矩；

　　　m_1 ——定子绕组相数；

ω——角频率；

r_1——定子绕阻电阻；

x_1——定子绕组的漏阻抗；

x'_2——经过折算的转子绕阻的漏阻抗。

上式化简后，整理得：

$$M_{\max} \approx c \left(\frac{u^2}{f} \right)^2 \tag{3-71}$$

式中 ι 为常数。

引入过载倍数 $\lambda = \dfrac{f}{u^3}$，额定转矩为 M_e 代入上式得：

$$M_e = c \frac{u}{\lambda f} \tag{3-72}$$

由上分析可知，只要 u_b/f_b 为定值，即可保证在调速过程中转矩不变。如果属于恒转矩调速，其过载能力保持不变，磁通 Φ 也不变。同理也可证明，如果满足 u_b/f_b 为定值，系统则为恒功率调速。所以采用变频技术，将变频器和交流电动机组合后接入电网中，可以达到改变机械设备转速的目的。

2. 变频技术的优点

变频技术作为现代电力电子的核心技术之一，集现代电子、信息和智能技术于一体。针对工频（我国为 50Hz）并非是所有用电设备的最佳工作频率，因而导致许多设备长期处于低效率、低功率因数运行的现状，变频控制提供了一种成熟、应用面广的高效节能新技术。机械、电子设备采用该技术可实现：

节省有功电能，如风机、泵类变量设备的有功功耗随频率的立方近似成正比地大幅度降低；

节省峰值电能；

节省无功电能；

节约燃料，如火焰设备实现变频调速与优化控制可提高燃烧效率，从而降低能耗并减轻污染；

节约原材料，如电磁设备的重量和体积随频率的算术平方根近似成反比减少；

延长设备的使用寿命，如旋转设备的易损件的使用寿命随频率的指数近似成反比延长。

变频技术通过对电能的电压、电流、频率、相位进行变换，尤其是以大功率的频率变换为对象。变频装置是一种静止的、高效的变频与控制设备。共有四种变频类型（交—直、直—直、直—交、交—交），五种变频形式（其中直—交变频分为有源和无源两种变频形式）。

交—直变频方式：交—直变频技术即整流技术，通过二极管整流，二极管续流或晶闸管、功率晶体管可控整流实现交—直功率转换。

直—直变频方式：直—直变频技术即载波技术，通过改变功率半导体器件的通断时间，改变脉冲的频率（定宽变频），或改变脉冲的宽度（定频调宽），达到调节直流平均电压的目的；

直—交变频方式：直—交变频技术在电子学中称振荡技术，在电力电子学中称逆变技术。振荡器利用电子放大器将直流电变成不同频率的交流电乃至电磁波。逆变器利用功率开关将直流电变成不同频率的交流电。如输出交流电的频率、相位、幅值与输入的交流电相同，则称有源变频技术；否则为无源变频技术；

交—交变频方式：交—交变频技术即移相技术。它通过控制功率半导体器件的导通与关断时间，实现交流无触点开关、调压、调光、调速等目的。

3. 变频水泵技术

常用的水泵电机调速方式可分为两大类：一类是滑差调速型，如液力耦合、电磁转差、液力离合和转子串阻调速等；另一类是高效调速型，如变极调速、串级调速和变频调速等。不同的调速方法，在不同流量变化范围内，其调速效率是不一样的。因此，各种调速装置的适用范围也有所不同。当流量调节范围在 90% 以上时无需采用电机调速。可以采用节流调速；当流量调节范围为 100%～75% 时，以采用有转差损耗的调速装置为佳；当流量调节范围在 75% 以下时，才采用高效调速装置，如变频调速。

变频调速是 20 世纪 80 年代迅速发展起来的一种新型高效调速技术，它是由半导体电子元器件构成的电力变换器和三相交流电动机组成。变频调速技术的发展大致经历了以下几个阶段：

20 世纪 30 年代就有人提出交流变频调速理论，并有机械旋转式变频机组的尝试；

20 世纪 60 年代由于 SCR（晶闸管）等电力电子器件的发展，促进了变频调速技术向实用方向发展；

20 世纪 70 年代变频技术投入力度加大，使电力电子变频调速技术有了很大发展并得到了推广应用；

20 世纪 80 年代自关断器件大功率双极性晶体管 GTR 和可关断晶闸管 GTO 的出现，使调频调速设备产品化，显示了交流调频调速技术的优越性，并广泛应用于工业部门；

20 世纪 90 年代 MOS 化场控绝缘栅晶体管 IGBT 出现，它具有开关频率高、并联容易，易于高电压大容量化、便于控制等特点，被广泛用作变频器的功率变换器件。

变频调速在计量供热系统中的应用，以恒定供水压力为例，在输送管网的供水管上装设一个压力传感器，用来检测该点的供水压力，并把压力信号转换成 4～20mA 或 0～10V 标准信号送到变频器的模拟量输入端口，经变频器内的数据处理系统计算，并与设定压力值比较后，给出比例调节（PID）后的输入频率，以改变水泵的电机转速，来达到控制管道压力的目的，形成一个完整的闭环控制系统。当用户需求负荷增大时，用户处调节阀开大，引起系统循环水量增加、管网供水压力下降。此时，控制系统指令变频器动作，使输入频率上升，电机转速随之提高，供水压力随即回升；反之，频率降低，管道压力相应回落，最终达到供水压力的恒定。

系统组成如图 3-69 所示，包括以 CPU 为主的主控制器，交流变频器、水泵、接触器、继电器等。设定压力数值并启动后，控制器根据水压给定值和实际值的偏差发出控制指令，该命令送住变频器的电压外给定端子，作为变频器外部给定值，驱动变频器对调速电机进行速度控制。调速泵 A 将进水管的水吸入供水管道送往用户，若用户用水量大，则引起出水管压力下降。出水管压力由压力变送器送给控制器，控制器输出相应控制信号，使变频器带动调速电机开动泵 A，泵 A 将更多的水送往用户。若调速电机已调到最大，出水管道压力仍低于给定值，则控制器命令一个继电器吸合接触器，再开动一台电机和水泵 B 供水。若此泵工作后出水管水压仍低于给定值，控制器再启动水泵 C 供水，使出水管水压达到要求。反之，当出水管水压大于给定值时，恒流泵 B、C 相继自动关闭和调速泵转速减小，使供水量减小，供水压力维持正常状态，从而完成供水全过程。该系统能使整个系统的供水压力稳定，调节过程快，动态偏差、静态偏差小。

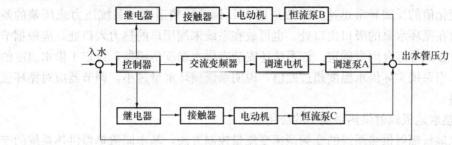

图 3-69　控制系统原理图

总之，变频控制技术的应用，可使传动的电力、电子设备工作在最佳状态，使设备处于高效节能的工作状态，延长设备的使用寿命，真正体现科技以人为本的宗旨。目前，变频器正朝着数控化、高频化、数显化、高集成化、强适应性的方向发展，将掀起新一轮的技术革命。

4. 变频调速在供热系统中的应用示例

前面已提到了热水供热系统循环水泵的调速控制方法，下面介绍一些交频调速在热水供热系统中的具体应用。

1) 散热器供热系统中的应用

图 3-70 给出了散热器供热系统循环水泵变频调速变流量控制的原理图。该系统的控制参数为系统的供回水压差或供水压力。控制过程是，由室外温度传感器测出室外温度（根据系统滞后特点，需对瞬时室外温度测量值进行数据处理）按照相关公式计算出室外温度的对应系统循环流量值，再遵循有关水力工况的计算方法，确定出相对应的系统供回水压差（或供水压力）作为控制设定值，通过变频控制柜中的调节器对该值与系统压差

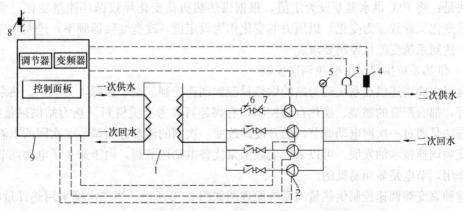

图 3-70　散热器供热循环水泵调频变流量控制系统原理图

1—换热器；2—循环水泵；3—压力传感器；4—水温传感器；5—弹簧压力表；
6—止回阀；7—关断阀；8—外温传感器；9—调频控制柜

（或压力）实测值（由压力传感器测出）的比较，指令变频器进行变频，进而实现变流量的控制。

这里需要指出的是压力（或压差）设定值是变动的，它是系统循环流量和室外温度的函数，对于具体的工程，调节器应能通过软件进行实地计算。由于采用压力或压差作为控制参数，其变化值的反映异常迅速，一般采用 PID 调节比较适宜。系统压力或压差的测定位置，可放在循环水泵的吸口出口处，也可放在系统末端用户的热力入口处，应根据节电效果与运行方式等综合因素确定。该系统还安装有供水温度传感器，设定了供水温度的最高限定值，当系统实际供水温度超过此值，说明系统循环水量过小，调节器应对循环流量作适当调整。

2）低温热水地板辐射供热系统中的应用

低温热水地板辐射供热系统的变频调速变流量控制方法，基本同散热器供热系统的变流量控制方法，其系统原理图见图 3-71 所示。

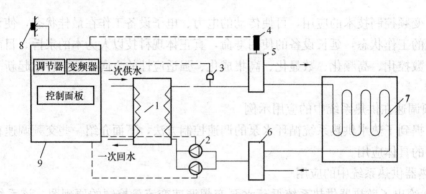

图 3-71　低温热水地板辐射供暖变频变流量控制原理图

1—热源；2—循环水泵；3—压力传感器；4—水温传感器；5—分水器；

6—集水器；7—地板辐射层；8—外温传感器；9—变频控制柜

该供热系统的供水温度一般不超过 65℃，供回水温差以 10℃ 为宜。系统的变流量控制方法是：将 10℃ 供水温差设为定值，根据供热热负荷变化导致循环流量变化，系统循环流量变化又导致压力变化，以压力的变化作为设定值，改变变频器频率，进而改变电机转速，达到系统变流量控制要求。

3）供热系统供热量的变频调速控制

这里主要讲述供热系统热力站的供热量变频调速控制。至于热源，如锅炉、热泵、直燃机等，都有配套的燃烧、换热自动控制，有兴趣可参考有关资料。热力站供热量控制，传统方法是通过一次网电动调节阀的开度即改变一次网的流量进而调节二次网的水温来实现。变频调速技术的发展，可以采用变频水泵代替电动调节阀，由于避免了电动调节阀的节流作用，节电是显而易见的。

这种靠变频调速控制供热量的系统原理图如图 3-72 所示。当二次网采用热计量收费，循环流量进行变流量自动控制时，供热量的控制选择的调节参数应为二次网供水温度。按照质量并调的原理，给出二次网供水温度与室外温度变化的对应关系值作为调节器的设定值，由变频器调节一次网加压泵的转速，以改变一次网流量，使二次网供水温度维持设定值。因二次网流量已调节为设定值，则此时热力站供出的热量一定为要求的供热量。因二次网供水温度属于瞬时变化参数，采用传统的 PID 调节即可。

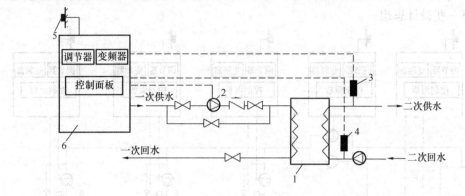

图 3-72 变频调速控制热力站供热量的系统原理图
1—换热器；2—加压泵；3—供水温度传感器；4—回水温度传感器；
5—室外温度传感器；6—变频控制柜

当二次网未采用热计量收费，循环流量未进行变流量调节时，在我国二次网的实际循环流量与设计值差别很大，有时甚至能高出几倍，在这种情况下，只控制二次网供水温度，达不到控制供热量的目的，因为只控制二次网供水温度，暗含二次网循环流量是设计值或设定值；当二次网实际流量大于设计值或设定值时，供热量必然供大于求。在这种情况下，调节参数应采用二次网供、回水温度的平均值。因为二次网供回水温度的平均值是室外温度的单值函数，与二次网的循环流量无关，只要将二次网供回水平均温度控制为设定值，则供热量必然满足用户要求。但控制二次网供回水平均温度，要比只控制二次网供水温度要困难得多。由于二次网当前的回水温度并不反映瞬时的实际值，为了真实估算回水温度，传统的 PID 的调节已不适用，宜采用采样调节、自适应等控制方法。

需要指出，采用变频增压泵代替电动调节阀是有条件的，其一次网热力站入口的供回水压差必须小于资用压头才有可能，因此，供热系统需要特殊设计。

4）供热系统分布式变频调速

在我国传统的供热系统设计中，习惯于在热源处设置一级循环水泵（可能是多泵并联），其功能既是热源循环水泵又是热网循环水泵。在循环水泵的设计选型时，循环流量等于系统设计流量，扬程等于热源阻力损失、热网阻力损失和最末端热用户的资用压头（一般为 $5\sim10\mathrm{mH_2O}$）之和。常常为了消除冷热不均，采用大流量方式运行循环水泵的选型，还要给出相当大的富余。对于这种传统的大循环水泵的设计方案，在实际运行时，靠近热源近端和中端的热用户，往往有过多的富余资用压头需要采取加设流量调节阀进行节流，以实现流量的均匀调节，否则出现了水力工况失调，影响供热效果。这种大循环水泵的供热系统设计方案，是人为的加大了系统的热媒输送电量，又人为的用各种调节手段把多余的电能损耗掉了，这是传统设计方法的主要弊端。

这种设计方案，在调节手段应用不合理的情况下，往往出现系统末端供回水没有压差的现象。为了改善这种工况，曾经在各地盛行过末端增设加压泵的措施，但由于加压泵不能变频调速，致使系统工况更为恶化。

现在随着水泵变频调速技术的日益成熟，供热系统的设计更新提到议事日程上了。图3-73给出的分布式变频调速供热系统，就是一种新的尝试。这一供热系统的设计方案体现了以下一些设计思想。

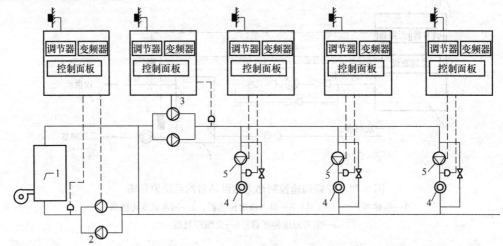

图 3-73　分布式变频调速供热系统原理图

1—热源；2—热源变频循环泵；3—热网变频循环泵；4—热用户；5—热用户变频混水增压泵

（1）将传统的单级循环泵供热系统改为双级泵供热系统，即将热源循环泵和热网循环泵分开；当热源与热网对循环流量的变化规律不一致时，便于变流量的调节。当供热规模较大时，热网循环泵可分设几级，由热网加压泵分担热网循环泵的功能，其目的可以降低热网循环泵的设计扬程和设计流量，进而减少多级热网循环水泵的总电功率。

（2）尽量加大供热系统的设计供回水温差，亦即减少系统设计循环水量，在热网管径不变或热网比摩阻不变的情况下，可以明显降低循环水泵的设计流量和设计扬程，如果再考虑热网循环泵不承担提供最末端用户的资用压头，则热网循环泵的设计扬程可进一步降低，这样，热源循环泵、热网循环泵和热网加压泵的电功率能更进一步的下降。

（3）每一个热用户入口增设混水加压泵，其作用有三：一是提供热用户要求的资用压头，对于近、中端的热用户可避免用调节阀节流多余的资用压头，防止这部分电能的浪费；二是经混水，增加进入热用户的循环流量以满足设计要求；三是通过混水，调节热用户的进口水温度，以便控制供热量。

（4）整个系统所有水泵都实行变频调速控制。热源循环泵和热网循环泵、热网加压泵靠设定压力调节循环水量。热用户混水加压泵靠设定的热入口供水温度，改变其转速，调节热用户的循环流量和供热量。

（5）根据上述设计思想进行的设计，能明显降低热网输送热量时水泵的设置电功率；在系统运行时，水泵全部实施变频变流量调节，节电明显；避免了以往必不可少的节流引起的节能浪费。根据上述三方面的原因，节电是非常显著的。对于一个热源设计供水温度为 95～60℃，热用户设计供回水温度为 80～60℃ 的供热系统来说，如果采用这种分布式变频调速系统，总设备（水泵）的电功率只有传统设计方案的 30%，再加上变流量运行中的节电不少于 50%，其经济效益是非常可观的。

3.4 供热系统运行维护

3.4.1 供热管网运行维护管理的目的

供热管网运行维护管理包括按调度指令对各条管线进行启动、停运、停放水、灌水、调节等操作及监测管网及管网设备的运行状态，目的是保持供热系统的水力、热力平衡，及时发现并处理管网故障、隐患、保证供热。

3.4.2 供热管网的运行管理

热水管网的运行管理由如图 3-74 所示的管网启动前检查、管网充水、管网启动、管网运行调节、管网停运五部分组成。

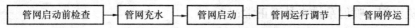

图 3-74 热水管网的运行管理

蒸汽管网的运行管理由如图 3-75 所示的管网启动前检查、管网暖管、管网启动、管网运行调节、管网停运五部分组成。

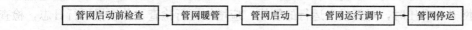

图 3-75 蒸汽管网的运行管理

1. 供热管网启动前的检查

供热管网启动前的检查应编制运行方案，并对系统进行全面检查，检查包括以下内容：

1）有关阀门开关是否灵活，操作是否安全，有无跑汽、跑水可能，泄水及排空气阀门应严密，系统阀门状态应符合运行方案要求；

2）供热管网仪表应齐全、准确，安全装置必须可靠有效；

3）供热管网水处理及补水设备应具备运行条件；

4）新建、改建固定支架、卡板、井室爬梯应牢固可靠；

5）蒸汽管段内积水是否排净，有无其他影响启动的缺陷，对存在的问题作处理后方能执行下步操作。

2. 供热管网灌水、暖管

供热管网灌水、暖管应注意以下几点：

1）管线灌水应根据热源厂的补水能力充水，严格控制阀门开度，按调度指定水量允水，充水应由热源厂等向回水管内充水，回水管充满后，通过连通管向供水管充水；

2）在灌水过程中应随时排气，待空气排净后，将排气阀门关闭；

3）在整个灌水过程中，应随时检查有无漏水现象；

4）蒸汽管道根据季节、管道敷设方式及保温状况，用阀门开度大小严格控制暖管流速，暖管时要及时排出管内冷凝水，管内冷凝水放净后，及时关闭泄水阀门，暖管的恒温时间不应小于1h，当管内充满蒸汽且未发生异常现象才能逐渐开大阀门。

3. 供热管网的启动

供热管网的启动应注意以下几点：

1）管线充满水后，由热源厂启动循环水泵或开启供水阀门，开始升压。每次升压不得超过 0.3MPa，每升压一次应对热管网检查一次，重点检查设备及新检修、维护的管段。经检查无异常情况后方可继续升压；

2）热水供热管网升温，每小时不应超过 20℃。在升温过程中，应检查供热管网及补偿器、固定支架等附件的情况；

3）蒸汽管道或热水管道投入运行后，应对系统进行全面检查，检查包括以下内容：

（1）供热管网热介质有无泄漏；

（2）补偿器运行状态是否正常；

（3）活动支架有无失稳、失跨，固定支架有无变形；

（4）阀门有无串水、串汽；

（5）疏水阀、喷射泵排水是否正常；

（6）阀门、套筒压兰、法兰等连接螺栓是否进行热拧紧。

4. 供热管网的运行调节

供热管网的运行调节包括以下内容：

1）蒸汽管线及热水管线在使用期应每周运行检查两次，在非使用期应每周一次。在雨季、管网升温升压时，对新投入运行的管线，应增加运行检查，并填报运行日志，检查主要有下列要求：

（1）供热管道、设备及其附件不得有泄漏；

（2）供热管网设施不得有异常现象；

（3）小室不得有积水、杂物；

（4）外界施工不应妨碍供热管网正常运行及检修。

2）供热管网上阀的操作及其开度应按调度指令执行。

5. 供热管网的停运

供热管网的停运要注意以下要求：

1）供热管网停运前，应编制停运方案；

2）供热管网停运的各项操作，应严格按停运方案或调度指令进行；

3）供热管网停运，应沿介质流动方向依次关闭阀门，先关闭供水、供汽阀门，后关闭回水阀门；

4）停运后的蒸汽管道应将疏水阀门保持开启状态，再次送汽前，严禁关闭；

5）冬季停运的架空管道、设备及附件应做防冻保护；

6）热水管道的停运期间，应进行防腐保护，且应每周检查一次。

3.4.3 供热系统的维护管理

供热系统的维护管理包括运行前、运行期间和停运后的维护管理，以及系统的防垢与防腐。

3.4.3.1 运行前的维护管理

供热系统在每年运行期来临之前，需要检修所有的热力管道与散热设备，清洗内部污垢和表面污垢。并对系统进行试水，检查、修补漏点，保证系统能正常投入运行。

3.4.3.2 运行期间的维护管理

供热系统的维护管理应根据各单位具体情况制定巡回检查制度，做好运行记录，目的是为了掌握系统的运行工况，防漏、防冻，发现问题，及时解决。特别应注意以下几个问题。

1. 检查中要做到"四勤"

1）"勤看"：看系统的管件有无损坏或渗漏。

2）"勤摸"：摸散热器有无不热的现象。

3）"勤放"：热水供暖系统，特别是末端要常放气。

4）"勤修"：检查中有问题要及时修理。

2. 运行维护管理的重点

1）电机、水泵运行是否正常。

2）各种仪表（压力表、温度计、流量计）指示是否正常。

3）系统中所有的疏水阀、排气装置、各种调节阀及安全装置等的作用是否正常。

4）室内供暖温度与热风出口温度是否正常。

5）围护结构保温及门窗关闭情况。

6）热管道地沟的检查井盖子是否盖好，沟中有无积水；架空管道绝热层及保护层是否完好。

7）在当地气温最低时要加强检查，防止冻坏事故发生，尤其是热水系统。

8）蒸汽管道在正常供汽时，如有"水击"声，应及时检查管道坡度和疏水阀是否正常，发现不正常现象要及时排除。

9）管路和用户经调试后的阀门开度要做好标记，以便动用后（或有人乱动被发现后）恢复。

在系统运行中发现问题应及时调整或修理。隐蔽的管道、阀门及附件要定期检修。当锅炉房因故停止供热时，应视时间的长短，排除系统内的冷水，防止结冻。所有系统上的除污器、过滤器及水封底部等处的污物，要定期清除。

3. 可以给用户制定使用供暖设备的注意事项

1）用户不能任意开大或关小阀门。

2）用户不允许放水、放汽或使用供暖热水。

3）不得随便蹬踏、敲打供暖管道和散热器。

4）不得在散热器缺水时打开放汽阀，防止系统发生倒空现象。

5）用户发现散热器不热或有滴漏时，要及时报告维修人员。

3.4.3.3 停运后的维护管理

停运后的维护有双重意义：一是为检修做好准备；二是为来年的供热打好基础。维护主要是检查系统，检查最好在停运后着手进行，检查的主要内容如下：

1. 停运后，对所有管道要进行仔细的检查，对腐蚀严重的管道，应进行更换；多年运行，而又几次更换的管道，应做水压试验，进行检查。

2. 停运后，对所有控制件，包括各处阀门以及蒸汽系统的减压阀、疏水阀要进行二级保养，拆下来解体清洗。对确实难拆的，可拆部分零件，进行检查并清洗。

3. 热水系统停运后，应将系统的水全部放掉，用水清洗，最后用合格的水充满（一定要充满），防止系统内有空气而腐蚀管道。

4. 清洗完系统，最后要清洗除污器，使除污器经常保持清洁状态。

5. 清洗附件时，要认真仔细，要用煤油浸泡，然后擦拭干净，外部与内部零件最好用黄油或机油封好，外壳部分要刷漆防腐，经常活动的部位，注意更换新的填料和进行油封。

6. 对有不严、失灵等缺陷的控制件，要按规定进行研磨、更换等。

7. 检查并清理膨胀水箱和凝结水箱，必要时擦拭干净，做防腐处理。

3.5 供热系统常见故障及排除方法

造成供热系统不热的原因很多，归纳起来主要有三个方面：一是由于设计上的缺陷造成的不热；二是由于施工不合理造成的不热；三是由于运行管理不当造成的不热。这三个方面任何一方面出了问题都会导致系统不热。在这里主要分析第三方面的原因，并提出解决问题的办法。

供热系统设计上的缺陷主要是采用了不切合实际的系统形式，造成垂直失调或水平失调，另外设计中犯了一些错误，如并联环路在设计流量下阻力不平衡，集气罐位置错误，管线坡度坡向不对等，造成系统不热。

供热系统施工不合理主要体现在以下几个方面：一是散热器、管道安装时没有清理干净内部污物，运行时会形成堵塞；二是由于各种原因形成管道反坡向，系统聚气形成气囊；三是安装缺陷造成系统故障，如有方向性的阀门装反，干管与立管连接时开孔过小等；四是管道绝热质量太差，造成过大的热损失。

从整个供热系统来看，运行管理主要包括锅炉房、室外管网、热用户三个方面。只有在三个方面都正常时，才能保证供热系统的供热效果。

3.5.1 锅炉房的缺陷引起的系统不热

1. 锅炉出力不够

除了锅炉选型太小的原因外，在实际运行中由于煤质差、司炉水平较低、供热面积增加等原因都会造成供水温度太低而导致系统不热的现象。对这些实际情况，应进行认真核算，准确得出供热系统和锅炉的第一手资料，如确属锅炉出力问题，有条件的可增加锅炉运行台数，如无锅炉可增，应实行连续运行制度，情况将有所改善；调进优质煤，提高司炉水平，暂时渡过"难关"，待停火后增大锅炉容量。

另外锅炉内部结垢、受热面积灰、漏风量大也能造成锅炉出力不足的现象。这时要加强水质处理和排污，使水质达到标准；定期吹灰和向炉膛内投放清灰剂；堵漏风。

2. 循环水泵不合理

循环水泵流量不够，使回水温度降低，供、回水温差过大，热量不能正常被输送出去；循环水泵流量过大会导致供、回水温差过小，影响锅炉升温，也会造成系统不热。因此，循环水泵选型一定要合理。当系统流量过大时，可适当关小用户引入口处的阀门或循环泵出口阀门。

3. 鼓、引风系统有问题

鼓、引风机风量不够，原因是风机性能减退或传动皮带松了，应及时更换风机或皮带。风管、风道不严应及时进行修补并注意保养维护，风管上的碟阀出了问题要及时检修或更换。为了预防风管腐蚀漏风，应做好风管的防腐。

冷空气进入烟管、烟道和烟囱会引起烟气系统引力的减少，可用点燃的火苗在怀疑漏风处检查，在漏风处，火苗向里倾斜或被熄灭。对漏风点应用硅酸铝制品或掺有石棉纤维的耐火泥加以修补。

烟管、烟道和烟囱中有堵塞物使风量减少，应定期检查，及时清理。

3.5.2　由于排气不当引起的系统不热

热水供热系统中空气始终是有害的，它影响水循环，产生腐蚀和噪声，系统运行中必须重视排气的问题。

1. 间歇供热初运行时系统充满了空气。在实际中应用较多的上供下回系统中，应从回水管充水，空气将会顺利地从排气装置被排出系统。若从供水管充水，空气将被憋在系统中，运行时造成系统不热。

2. 冷水被加热时，水中的空气逐渐被分离出来，正常情况下将从集气罐排出。当集气罐故障时，空气系统会发出较大的水流声，局部区域将达不到供热效果。这时应对集气罐进行检修或更换。

3. 在实际运行中，由于管理上的疏忽，系统出现跑、冒、滴、漏或管道被破坏等情况造成大量跑水及人为的泄水，使系统进入大量空气，不仅影响系统运行，而且会缩短使用寿命。故在运行中要加强管理，及时补漏，做好运行记录。

3.5.3　由于室外管网引起的系统不热

1. 管道绝热层脱落或地沟进水淹没管道，使管网热损失增加。解决办法：修补绝热层和地沟。

2. 系统失水量太大，补水量明显增加。解决办法：经常检查系统，发现漏点，及时修补。

3. 网路有新增用户，原来的平衡被破坏。解决办法：重新调整系统。

4. 管道支架损坏，管道塌腰变形，影响水循环。解决办法：修复支架，修复或更换管道，找正坡度。

5. 运行调节受到人为破坏，管网失调。解决办法：热网安装调节后，固定（或标记）阀门开启度，保护好阀门，避免人为破坏。

6. 管道有堵塞或冻结现象。解决办法：清理除污器，并在网路泄水点排放污物，严重堵塞时，迅速查清原因，必要时拆管维修；冻结一般出现在管网末端，要加强管网末端水循环。

3.5.4　热用户自身原因引起的系统不热

1. 用户从跑风、水嘴放水，造成系统缺水，供水温度降低，使系统不热。解决办法：拆掉不必要的放气装置和水嘴。

2. 系统中空气不能及时排出，形成气塞，破坏水循环。解决办法：检查跑风、集气罐是否失灵，进行检修或更换。

3. 人为关小立管阀门使部分用户不热。当出现上热下冷现象时，上层用户可能会关小立管阀门。解决办法：适当减少上层散热器片数，增加下层散热器片数（或开大上层跨越管阀门开启度）。

4. 阀芯脱落堵塞管道，锈块（片）堵塞阀门使系统不热。解决办法：检修或更换阀门；反复开关阀门挤碎锈块（片）让水冲走。

5. 散热器积灰太厚，钢串片散热器钢串片松动，导致散热效果下降。解决办法：及时清理灰尘，维修或更换钢串片散热器。

3.5.5 蒸汽供热系统的故障及排除方法

1. 热源出力不足，供汽参数偏低，供汽时间短，新增用户太多使系统不热。解决办法：若无条件增加热源出力，可提高司炉水平，延长供汽时间，对系统进行重新调整，最大限度满足用户需求。

2. 个别环路散热器不热。原因：入口处阀门开启度不够或新增用户后未进行调节。解决办法：检查并开大入口阀门，重新对系统进行调整。

3. 网路末端散热器不热或热得慢。原因：入口处阀门开启度不够，管道漏气，绝热层脱落，系统内有空气。解决办法：开大入口阀门，检修管道，修补管道绝热层，排出系统内空气。

4. 疏水阀堵塞，回水管阀门开度小，回水管堵塞。解决办法：检修疏水阀，开大回水阀门，疏通回水管易堵塞的地方（如阀门、弯头等处）。

5. 个别立管不热。原因：立管阀门开度小或立管堵塞。解决办法：开大立管阀门，检查立管，必要时拆开检修。

6. 发生水击现象。原因：管道弯曲太多，有反坡度，设备中有积水。解决办法：调直管道，调整坡度坡向，排除空气和积水，并缓慢送汽。

7. 系统跑、冒、滴、漏。原因：管道连接不合格，阀件质量差，没解决好管道热膨胀问题，送汽时阀门开得过急。解决办法：检修管道连接点，维修或更换阀件，合理解决管道热膨胀的补偿问题，送汽时缓慢开启阀门。

3.5.6 供热管道的维修

热力管道常出现的问题有：管子破裂（超压胀裂、冻裂），管道腐蚀，管子和接口处的漏水漏汽以及管道绝热结构的脱落等。

3.5.6.1 管道裂缝和腐蚀的维修

1. 管道裂缝的维修

在采暖系统停运期间，管子沿焊口裂缝如果不长，可用焊接，如果比较长，可更换焊接一段新的管子，如果此管段不长，又是丝扣连接，可更换整个管段。

在运行时，特别是在干管上发生裂缝，维修比较复杂。如发现裂缝应尽量泄水降压进行焊接，如不能泄水，对于纵向裂缝可用有弹性的橡胶（如自行车内胎）缠牢并用铁丝固定，对于横向裂缝可用管卡加胶板固定，以上是两种应急措施，对带水压作业的情况比较有效，渡过难关后，再按上述停运时的维修方法进行维修。

2. 管道腐蚀的维修

管道腐蚀比较严重应更换，其方法同上述；如果腐蚀属于局部，而且面积很小，可用补焊的方法，加厚管壁。

如在运行期，可用上述两种应急措施维修。

3.5.6.2 管道漏水漏汽的维修

根据漏水或漏汽的轻重情况，确定维修方法。因局部受腐蚀而渗漏，可用补焊方法维修。水暖管道泄水维修比较困难，或不能停止运行的管道，可以用打卡子的方法进行维修。

维修中，常常遇到困难：一是焊接的部位正好在管子的底部，管子里水排不净；二是渗漏面位置在地面和墙面，看不到焊接的部位。第一种情况，采取排水措施，可用撬杠把管子弯起垫高，也可用千斤顶把管顶起，使这部分管子暂时升高，使管子水流向底处，待焊完后，再恢复原位。第二种情况，可以在管子上开"天窗"，用割炬（或角磨）开一个洞，用虹吸方法把水排出，从"天窗"处焊接漏水处，焊完后，再把割开的"天窗"部位焊好。

3.5.6.3 管子接口处漏水或漏汽的维修

管子接口，一般由丝扣、法兰、沾接头、长丝连接。

1. 丝口渗漏

一般发生在与支管或立管相接的管箍（内丝）、三通、弯头等处，漏水的原因主要是安装时丝扣的质量不高或腐蚀，也可能是丝扣未拧紧。维修的方法是拆开后根据不同的情况处理，腐蚀严重的管子，要更换。

2. 活接（由任）漏水或漏汽的处理

活接（由任）渗漏的原因是由于密封垫糟了或是管道受到撞击密封垫受损。维修时可先紧一下套母，不行则需要更换密封垫，要把原旧垫用旧锯条（或玻璃片、小刀等）清理干净后，换上浸过油的新垫。

3.5.6.4 法兰盘渗漏的维修

装法兰盘时，螺栓紧固得稍松一些，法兰垫容易被管道中的水或蒸汽腐蚀，一旦受到外力作用就容易造成渗漏，方法主要是更换法兰垫，紧固螺栓时要对角紧，紧完后由一个人再检查一遍。

这里要特别强调一点，在采暖系统运行期间如发生法兰盘渗漏现象，运行维修时应考虑到管道的热胀冷缩。由于在维修多选在管道温度、压力较低时进行，法兰之间的缝隙较大，螺栓虽然紧固了，但管道温度升高后法兰之间的缝隙较小，螺栓又处于松弛状态，管内压力升高时会发生更为严重的泄漏。正确的方法是在常规维修后，随着系统恢复运行，应进行多次紧固，直到系统完全正常运行。

3.5.6.5 供热系统的防垢和防腐措施

1. 防垢措施

1) 加强对水质的监测和锅炉进水的处理，要照章办事，有专职人员管理。

2) 要定期排污，包括锅炉的排污和网路的排污，要保持循环水的洁净和清澈。

3) 系统的回水管道要装除污器，除污器要定期排污水，保证污物不进入锅炉。

4) 注意对膨胀水箱、凝结水箱等的检查，及时消除箱内的沉淀和污物。

5) 注意检查软化水设备，防止树脂流入锅炉。

6) 系统在停运检修期间，网路末端和散热器要放水冲洗或更换系统内的存水。

2. 防腐措施

1) 防止锅炉和网路腐蚀的根本措施是尽量排除水中的气体，特别是要保证除氧器的正常工作。

2) 保护金属表面，增强金属的抗腐能力。经常地擦拭、维护保养、除锈、涂油刷漆，保护锅炉和系统的外表面清洁等。

3) 热水系统中，注意经常放气，还可以采取集中放气。

4）保持水中 pH 值和炉水相对碱度，使金属表面形成稳定的氧化保护层，一般加入适量的磷酸三钠。

下面将供热系统管道与设备常出现的故障、原因及排除方法分类列成表格（见表 3-15～表 3-22），供读者在使用时参考。

室外管道运行中常出现的故障及排除方法　　　　　表 3-15

故　障	原　因	排除方法
管道破裂	（1）焊接质量不良 （2）冻结胀裂 （3）上下受力不均	（1）补焊或更换管子 （2）修补焊接 （3）修复保温层
管道堵塞	（1）杂质、腐蚀物、水垢沉淀聚集 （2）冻结	（1）定期排污、冲洗 （2）加热解冻

室内管道运行中常出现的故障及排除方法　　　　　表 3-16

故　障	原　因	排除方法
管道破裂	（1）焊接质量不良 （2）冻结胀裂 （3）外负荷压坏，撞坏	（1）补焊或更换管子 （2）防冻保温 （3）更换新管
钢管腐蚀	（1）油漆脱落 （2）在潮湿处	（1）定期刷漆 （2）防腐处理
接口漏水	（1）管接口冻裂 （2）外力压坏	（1）更换新管 （2）更换新管
附件漏水	（1）冻结胀坏 （2）填料或密封垫圈损坏 （3）管扣没上紧，或松动 （4）管扣腐蚀 （5）外力作用扣松动	（1）更换 （2）更换垫圈 （3）拧紧管扣 （4）更换管子 （5）紧固

蒸汽阀常见故障及排除方法　　　　　表 3-17

故　障	原　因	排除方法
阀芯与阀座接触面渗漏	（1）接触面有污垢 （2）接触面磨损	（1）清除污垢 （2）研磨接触面
盘根处渗漏	（1）盘根压盖未压紧 （2）盘根不实或过硬失效	（1）紧固压盖 （2）增添或更新盘根
阀体与阀盖的接触面渗漏	（1）阀盖未压紧 （2）接触面间有污物或垫圈损坏	（1）旋紧阀盖 （2）清除接触面污物，更换垫圈
阀杆转动不灵活	（1）盘根压得过多，过紧 （2）阀杆或阀盖上的螺栓损坏 （3）阀杆弯曲，生锈 （4）阀杆丝扣缺油或被污垢卡住	（1）减少或放松盘根 （2）检修阀杆或阀盖的螺栓 （3）检修、更换阀杆 （4）加润滑油或清除污垢

止回阀常见故障及排除方法   表 3-18

故　障	原　因	排除方法
倒汽倒水	(1) 阀芯与阀座接触面有伤痕或磨损 (2) 阀芯与阀座接触面有污垢	(1) 检修或研磨接触面 (2) 清除污垢
阀芯不能开启	(1) 阀座阀芯接触面粘住 (2) 阀芯转轴被锈住	(1) 清除水垢，防止粘住 (2) 打磨铁锈，使之活动

排污阀常见故障及排除方法（一）   表 3-19

故　障	原　因	排除方法
盘根处渗漏	(1) 盘根压盖歪斜和未压紧 (2) 盘根过硬失效	(1) 压紧盘根压盖 (2) 更换盘根
阀芯与阀座 接触面渗漏	(1) 接触面夹有污垢 (2) 接触面磨损	(1) 清除污垢 (2) 研磨接触面
手轮转动不灵	(1) 盘根压得过多、过紧，阀杆表面生锈 (2) 阀杆上端的方头磨损	(1) 适当减少放松盘根，清除铁锈 (2) 重新焊补方头
阀体与阀盖法兰 盖间渗漏	(1) 法兰螺栓松紧不一 (2) 法兰间垫片损坏 (3) 法兰间夹有污垢	(1) 均匀紧固法兰螺栓 (2) 更换法兰垫片 (3) 清除污垢
阀门不能开启	(1) 阀门片腐蚀损坏 (2) 阀杆螺母丝扣损坏	(1) 检修，更换阀门片 (2) 更换阀杆螺母

排污阀常见故障及排除方法（二）   表 3-20

故　障	原　因	排除方法
渗漏	(1) 阀门关不严，芯与座之间有杂物 (2) 压盖未压紧或填料变质 (3) 阀体与阀杆之间的垫圈过薄压不紧，垫圈损坏 (4) 螺栓有断扣，螺栓松紧不一 (5) 阀芯或阀盖结合面有损伤	(1) 清除杂物 (2) 压紧填料或更换 (3) 更换垫圈 (4) 更换螺栓 (5) 轻微时研磨，严重时更换
阀杆扳不动	(1) 填料压得过多或过紧 (2) 阀杆或阀盖上螺纹损坏 (3) 阀杆弯曲变形卡住 (4) 阀杆上手轮丝扣损伤 (5) 阀板卡死	(1) 松放压盖 (2) 更换阀门 (3) 调直或更换 (4) 检修套扣 (5) 敲打后除锈
阀体破裂	(1) 安装时用力不当 (2) 冻坏碰坏	及时更换

减压阀常见故障及排除方法 表 3-21

故　障	原　因	排除方法
减压失灵或 灵敏度差	(1) 阀座接触面有污垢 (2) 阀座接触面磨损 (3) 弹簧失效或折损 (4) 通道堵塞 (5) 薄膜片疲劳或损坏 (6) 活塞、汽缸磨损或损坏 (7) 活塞环与槽卡住 (8) 阀体内充满冷凝水	(1) 清除污物 (2) 研磨接触面 (3) 更换弹簧 (4) 清除污物 (5) 更换薄膜片 (6) 检修汽缸 (7) 更换活塞环，清理环槽 (8) 松开螺丝堵，放出冷凝水
阀体与阀盖 接触面渗漏	(1) 接触螺栓紧固不均匀 (2) 接触面有污物或磨损 (3) 垫片损坏	(1) 均匀紧固连接螺栓 (2) 清除污物 (3) 修整接触面更换垫片

安全阀常见故障及排除方法 表 3-22

故　障	原　因	排除方法
漏汽、漏水	(1) 阀芯与阀杆接触面不严密、损坏，或有污物 (2) 阀杆与外壳之间的衬套磨损，弹簧与阀杆间隙过大或阀杆弯曲 (3) 安装时，阀杆倾斜，中心线不正 (4) 弹簧永久变形，弹性不足，弹簧与托盘接触不平 (5) 杠杆与支点发生偏斜 (6) 阀芯和阀座接触面压力不均匀 (7) 弹簧压力不均，使阀盘与阀座接触不正	(1) 研磨接触面，清除杂物 (2) 更换衬套，调整弹簧与阀杆的间隙，调整阀杆 (3) 校正中心线使其垂直于阀座平面 (4) 更换变形失效的弹簧 (5) 检修调整杠杆 (6) 检修或进行调整 (7) 调整弹簧压力
到规定压力 不排汽	(1) 阀芯和阀座粘住 (2) 杠杆式安全阀杠杆被卡住，或销子生锈 (3) 杠杆式安全阀的重锤向外移动或附加了重物 (4) 弹簧式安全阀弹簧压得过紧 (5) 阀杆与外壳衬套之间的间隙过小，受热膨胀后阀杆卡住	(1) 手动提升排汽试验 (2) 检修杠杆与销子 (3) 调整重锤位置，去掉附加物 (4) 放松弹簧 (5) 检修，使间隙适量
不到规定的 压力排汽	(1) 调整开启压力不准确 (2) 弹簧式安全阀的弹簧歪曲，失去应有弹力或出现永久变形 (3) 杠杆式安全阀重锤未固定好向前移动	(1) 校对安全阀 (2) 检查或调整弹簧 (3) 调整重锤位置
排汽后， 阀芯不回位	(1) 弹簧式安全阀弹簧歪曲 (2) 杠杆式安全阀杠杆偏斜卡住 (3) 阀芯不正或阀杆不正	(1) 检修调整弹簧 (2) 检修调整杠杆 (3) 调整阀芯和阀杆

本 章 小 结

本章主要介绍供热系统的形式，供热系统的主要设备，供热系统运行管理相关规定，重点介绍热水供热系统的运行调节方法，蒸汽供热系统的运行调节方法，热计量供热系统运行调节方法，供热系统运行维护目的，运行维护方法及供热系统常见故障与排除方法。

复习思考题

1. 热水采暖系统由哪几部分组成？
2. 膨胀水箱的作用？
3. 供热系统安全管理有哪些规定？
4. 热水采暖系统运行调节有哪些方法？
5. 供热管网运行维护的目的？

4 通风空调系统的运行与维护

学习目标

通过本章学习，要求了解通风空调系统的分类与组成，通风空调系统形式，通风空调系统主要设备。掌握通风空调系统检测方法，通风空调系统运行管理方法，熟练掌握利用焓湿图进行空调运行调节方法。掌握通风空调系统运行维护方法，通风空调系统常见故障及排除方法。

4.1 通风空调系统的概述

随着社会的进步、科学技术的不断发展和经济的繁荣，人们对空气环境提出了更高的要求，即满足日益发展的生产和生活的要求，从而保证人们身体的健康和生产的正常进行。

对于某些特定空间来说，要想保证其空气环境满足生产和人们生活的需要，主要是针对该空间的空气的温度、湿度、流速、清洁度、噪声、压力以及各种有害物进行调节和控制，由于影响这些参数的因素很多，有室内的因素，如生产工艺、设备、人员产生的有害物；有来自室外大自然的影响，如太阳的辐射、室外的温度、湿度、空气流速和大气污染物等等。因此，就必须从室内和室外两方面入手，采取相应的技术手段，对空气进行处理，如加热、冷却、加湿、减湿、过滤等等，也就是说，通风和空气调节就是对空气进行的一系列置换和热质交换过程。

在工业生产中，很多工艺过程都产生大量的有害物污染环境，给人类的健康、动物和植物的生长、工业生产都带来了很大的危害，如在采矿、烧结、冶炼、耐火材料、铸造等车间生产过程中产生的各种粉尘，工人如果长时间处于这样的空气环境，会给人的呼吸、神经系统带来严重的损害，引起硅肺病，甚至威胁人的生命；二氧化硫、三氧化硫、氟化氢和氯化氢等气体遇到水蒸气时，会对金属材料、油漆涂层产生腐蚀作用，缩短其使用寿命；大量的工业废气（如二氧化碳、二氧化硫等）排放导致温室效应和酸雨，使气候异常，旱涝频繁，对农作物生产造成极大的危害。

通风与空气调节是空气换气技术，它是采用某些设备对空气进行适当处理（热、湿处理和过滤净化等），通过对建筑物进行送风和排风，来保证人们生活或生产产品正常进行提供需要的空气环境，同时保护大气环境。

综上所述，无论是工业建筑中为了保证工人的身体健康和产品质量，还是在公共建筑中为了满足人的各种活动对舒适度的要求，都需要维持一定的空气环境。采取人工的方法，创造和保持一定的空气环境，来满足生产和生活的需要，这就是通风和空气调节的任务。

4.1.1 通风系统的分类与组成

通风是改善空气条件的一种方法，它包括从室内排除污浊的空气和向室内补充新鲜空气两个方面。前者称为排风，后者称为送风。为实现排风和送风所采用的一系列设备、装置的总体称为通风系统。

生产过程中产生的高温、高湿、灰尘和有害气体等污浊物，不但会影响建筑物的内部和周围的空气环境，而且还会损害室内人员的身体健康。为保持室内具有舒适和卫生的空气条件，当室内某种污染物浓度超过规定允许范围时，有必要采取通风措施将污浊空气换成新鲜空气。

4.1.1.1　通风系统的分类

通风系统按照作用动力划分为自然通风和机械通风；按照作用范围划分为局部通风、全面通风。

1. 通风系统按照作用动力划分为自然通风和机械通风。

1）自然通风

自然通风是利用室内外空气的温度差所引起的热压或室外风力所形成的风压使空气流动，它的优点是不需要动力设备，投资少，管理方便；缺点是热压或风压均受自然条件的束缚，通风效果不稳定。

（1）风压作用下的自然通风

当风吹过建筑时，在建筑的迎风面一侧压力升高，相对于原来大气压力而言，产生了正压；在背风侧产生涡流及在两侧空气流速增加，压力下降，相对原来的大气压力而言，产生了负压。

建筑在风压作用下，具有正值风压的一侧进风，而在负值风压的一侧排风，这就是在风压作用下的自然通风。通风强度与正压侧与负压侧的开口面积及风力大小有关。如图4-1建筑物在迎风的正压侧有窗，当室外空气进入建筑物后，建筑物内的压力水平就升高，而在背风侧室内压力大于室外，空气由室内流向室外，这就是我们通常所说的"穿堂风"。

（2）热压作用下的自然通风

热压是由于室内外空气温度不同而形成的重力压差。当室内空气温度高于室外空气温度时，室内热空气因其密度小而向上升，从建筑物上部的孔洞（如天窗等）处逸出，室外较冷而密度较大的空气不断地从建筑物下部的门、窗补充进来，如图4-2所示。热压作用压力的大小与室内外温差、建筑物孔口设计形式及风压大小等因素有关；温差越大、建筑物高度越大，自然通风效果越好。

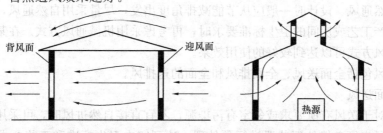

图 4-1　风压自然通风示意图　　　　图 4-2　热压自然通风示意图

（3）热压和风压共同作用下的自然通风

热压与风压共同作用下的自然通风可以简单地认为它们是叠加效果。设有一建筑，室内温度高于室外温度。当只有热压作用时，室内空气流动如图 4-2 所示。当热压和风压共同作用时，在下层迎风侧进风量增加了，下层的背风侧进风量减少了，甚至可能出现排风；上层的迎风侧排风量减少了，甚至可能出现进风，上层的背风侧排风量加大了；在中和面附近迎风面进风、背风面排风。如图 4-3 所示，建筑中压力分布规律究竟谁起主导作用呢？实测及原理分析表明：对于高层建筑，在冬季（室外温度低）时，即使风速很大，上层的迎风面房间仍然是排风的，热压起了主导作用；高度低的建筑，风速受临近建筑影响很大，因此也影响了风压对建筑的作用。

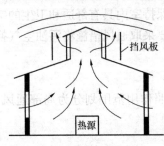

图 4-3　利用风压和热压的
自然通风示意图

自然通风具有经济、节能、简便易行、不需专人管理、无噪声等优点，在选择通风措施时应优先采用。但因自然通风作用压力有限，除了管道式自然通风尚能对送风进行加热处理外，一般情况下均不能进行任何预处理，因此不能保证用户对送风温度、湿度及洁净度等方面的要求；另外从污染房间排出的污浊空气也不能进行净化处理；由于风压和热压均受自然条件的影响，通风量不易控制，通风效果不稳定。

2）机械通风

机械通风是利用系统中配置的动力设备——通风机提供的压力来强制空气流动。机械通风包括机械送风和机械排风。机械通风与自然通风相比较有很多优点，机械通风作用压力可根据设计计算结果而确定，通风效果不会因此受到影响；可根据需要对进风和排风进行各种处理，满足通风房间对进风的要求；也可以对排风进行净化处理满足环保部门的有关规定和要求；送风和排风均可以通过管道输送，还可以利用风管上的调节装置来改变通风量大小，但是机械通风系统中需设置各种空气处理设备、动力设备（通风机）、各类风道、控制附件和器材，故而初次投资和日常运行维护管理费用远大于自然通风系统；另外各种设备需要占用建筑空间和面积，并且通风机还将产生噪声。

2. 通风系统按照作用范围划分为全面通风和局部通风

1）全面通风

全面通风是整个房间进行通风换气，使室内有害物浓度降低到最高允许值以下，同时把污浊空气不断排至室外，所以全面通风也称稀释通风。

全面通风有自然通风、机械通风、自然和机械联合通风等多种方式。图 4-1～图 4-3 均为全面自然通风。设计时一般应从节能减排角度出发，尽量采用自然通风，若自然通风不能满足生产工艺或房间的卫生标准要求时，再考虑采用机械通风方式。在某些情况下两者联合的通风方式可以达到较好的使用效果。

全面通风包括全面送风、全面排风和全面的送排风。

（1）全面送风

当室内对于送风有所要求或邻室有污染源，不宜直接自然进风时，可采用机械送风系统。室外新风先经空气处理装置进行预处理，达到室内卫生标准和工艺要求时，由送风机、送风道、送风口送入房间。此时室内处于正压状态，室内部分空气通过门、窗逸出室外，如图 4-4 所示。

（2）全面排风

在全面排风、自然进风系统中，室内污浊空气在风机作用下通过排风口和排风管道排到室外，而室外新鲜空气在排风机抽吸造成的室内负压作用下，由外墙上的门、窗孔洞或缝隙进入室内。由于室内处于负压状态，可防止气体窜出到室外。如果有害气体浓度超过排放大气规定的容许值时应进行处理后再排放。对于污染严重的房间可采用这种全面机械排风系统，如图 4-5 所示。

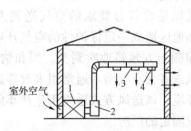
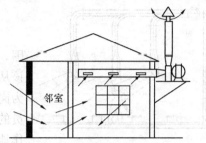

图 4-4　全面送风系统　　　　　图 4-5　全面排风系统示意图

1—空气处理室；2—风机；3—风管；4—送风口

（3）全面送排风

室外新鲜空气在送风机作用下，经过空气处理设备、送风管道和送风口进入室内，污染后的室内空气在排风机的作用下，直接排到室外或送往空气净化设备处理。全面通风房间的门、窗应密闭，根据送风量和排风量的大小差异，可保持房间处于正压或负压状态，不平衡的风量由围护结构缝隙的自然渗透通风补充。进风和排风均可按照实际要求进行相应的预处理和后续处理。图 4-6 为某一车间同时采用全面送风和全面排风，即全面送、排风系统的示意图。

（4）置换通风

置换通风是一种新型的通风形式，它可使人停留区具有较高的空气品质、热舒适性和通风效率。其工作原理是以极低的送风速度将新鲜的冷空气由房间底部送入室内，由于送风温度低于室内温度，新鲜空气在后续进风的推动下与室内的热源（人体或设备）产生热对流，在热对流的作用下向上运动，从而将热量和污染物等带至房间上部，脱离人停留区，并从设置在房间顶部的排风口排出，如图 4-7 所示。置换通风可以节约建筑能耗，将会得到广泛应用。

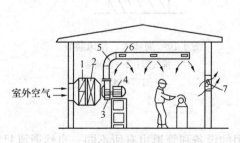
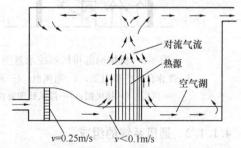

图 4-6　全面送排风系统示意图　　　　　图 4-7　置换通风

全面通风的使用效果与通风的房间气流组织形式有关。合理的气流组织形式应该是正确地选择送、排风口的形式、数量及位置，使送风和排风均能以最短的流程进入工作区或排至大气中。

2）局部通风

为了保证某一局部区域的空气环境，将新鲜空气直接送到这个局部区域，或者将污浊空气或有害气体直接从产生的地方抽出，防止其扩散到全室，这种通风方式称为局部通风。局部通风又分为局部送风、局部排风和局部送排风。

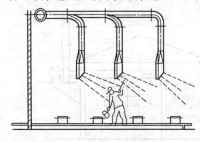

图 4-8　局部送风系统示意图

（1）局部送风

局部送风是将符合要求的空气送到人的活动范围。在局部地区造成一定保护性的空气环境，气流应该从人体前侧上方倾斜地吹到头、颈和胸部，图 4-8 为岗位吹风或者为空气浴，通常用来改善高温操作人员的工作环境。该送风方式适用于生产车间较大、工作地点比较固定的厂房。

（2）局部排风

局部排风系统是对室内某一局部区域进行排风，具体地讲，就是将室内有害物质在未与工作人员接触之前就捕集、排除，以防止有害物质扩散到整个房间。局部排风是防毒、防尘、排烟的最有效措施，如图 4-9 所示。

（3）局部送、排风

局部送、排风系统即对局部产生有害物质的部位，既能送入新鲜风改善工作环境，又能使有害物质通过排风系统排出。如在食堂的操作间烹饪中产生的高热、高湿及油烟等有害物质，会危害操作人员的身体健康。可采用局部送排风系统，工作人员在操作时，可通过送风喷头送到工作区一定新鲜风，改善高温气体的危害，稀释有害物质的浓度；而排风机将产生的油烟热气排出，使工作区内保持良好的工作环境。如图 4-10 所示。

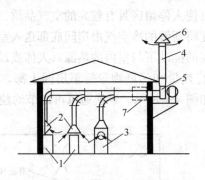

图 4-9　机械局部排风系统示意图

1—工作台；2—集气罩；3—通风柜；4—风道；
5—风机；6—排风帽；7—排风处理装置

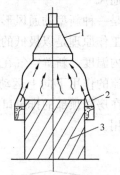

图 4-10　局部送、排风装置

1—排气罩；2—送风嘴；
3—有害物来源

4.1.1.2　通风系统的组成

根据通风系统及形式的不同，通风系统采用的设备和管道也有所不同。自然通风只需要进、排风窗及附属的开关装置。机械通风和管道式自然通风系统中，则需要较多的设备、管道和构件组成。在这些通风方式中，除利用管道输送空气以及机械通风系统使用风机造成空气流通的作用压力外，一般的机械通风系统，是由有害物收集和净化除尘设备、风道、通风机、排风口或伞形风帽等组成的；机械送风系统由进气室、风道、通风机、进气口组成。机械通风系统中，为了开、关和调节排气量，还设有阀门控制。下面将通风系统的主要设备及构件简述如下：

1. 通风机

通风机适用于为空气流动提供必需的动力以克服输送过程中的阻力损失。在通风工程中，根据通风机的作用原理有离心式、轴流式和贯流式三种类型，通常使用的通风机是离心式和轴流式。此外，在特殊场所使用的还有高温通风机、防爆通风机、防腐通风机和耐磨通风机等。

1）离心式通风机

离心风机如图 4-11（a）所示，其工作原理由电机转动带动风机中的叶轮旋转，因离心力的作用使气体获得压能和动能。离心风机产生的风压在 1000Pa 以下为低压风机，在 1000～3000Pa 之间为中压风机，在 3000～10000Pa 之间为高压风机。

低、中压风机大都用于通风、除尘系统；高压风机用于强制通风及气体输送。在通风空调装配中低、中压风机是主要选择对象，高压风机很少采用。

2）轴流式风机

轴流式风机如图 4-11（b）所示，它是借助叶轮的推力作用促使气流流动的，气流方向与机轴相平行。轴流式风机的优点是结构紧凑，价格较低，通风量大，效率高。其缺点是：噪声大，风压小（产生压力一般在 30mmH$_2$O 左右）。因此，轴流风机只能用于无需设置管道的场合以及管道阻力较小的系统，而离心风机则用在阻力较大的系统中。

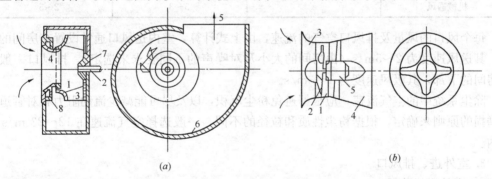

图 4-11　风机构造

（a）离心式风机构造；　　　　　　　　　（b）轴流式风机构造

1—叶轮；2—机轴；3—叶片；　　　　　1—机壳；2—叶轮；3—吸入口；

4—吸气口；5—出气口；6—机壳；　　　　4—扩压段；5—电动机

7—轮毂；8—扩压环

2. 风道

风道是通风系统中的主要部件之一，其主要作用是用来输送空气。

常用的通风管道的断面有圆形和矩形两种。同样截面积的风道，以圆形截面最节省材料，而且其流动阻力小，因此采用圆形风道的较多。当考虑到美观和穿越结构物或管道交叉敷设时便于施工，才用矩形风道或其他截面风道。

目前最常用的管材是普通薄钢板和镀锌薄钢板，有板材和卷材。对洁净要求高或有特殊要求的工程，可采用铝板或不锈钢板制作。对于有防腐要求的工程，可采用塑料或玻璃钢制作。采用建筑风道时，宜用钢筋混凝土制作。选用风管材料和保温材料时，应优先选用不易燃烧材料。对有防火要求的场合，应选用耐火风管。

在确定风道的截面积时，必须事先确定其中的流速。对于机械通风系统，如果流速取得较大，虽然可以减小风道的截面积，从而降低通风系统的造价和减少风道占用的空间，但却增大了空气流动的阻力，增加风机消耗的电能，并且气体流动的噪声也随之增大。如果流速取得偏低，则与上述情况相反，将增加系统的初期投资，运行费用会随着管道截面积的增大而降低。因此，对流速的选定，应该进行技术经济比较，其原则是使通风系统的初投资和运行费用的总和最经济，同时也要兼顾噪声和布置方面的一些因素。

通风道的截面一般按下式确定

$$F = \frac{L}{3600v} \tag{4-1}$$

式中　F——通风管道截面积，m^2；

　　　L——通风管道中空气流量，m^3/s；

　　　v——通风管道中空气流速，m/s 可按表 4-1 选取。

确定风道中的空气流速（m/s）　　　　　　　　表 4-1

类　别	管道材料	干管	支管
工业建筑机械通风		6～14	2～8
工业辅助及民用建筑	薄钢板	4～12	2～6
自然通风	砖、混凝土等	0.5～1.0	0.5～0.7
机械通风		5～8	2～5

每个风口的风量及排风口空气的流速，由上式计算，室内送风口通常设置在房间的上部，其送风速度为 2～5m/s（由房间的大小及对噪声的不同要求来选定），排风口一般设在房间的下部，其吸风速度为 1～3m/s。

除尘系统中的空气流速，应根据避免粉尘沉积，以及尽可能减少流动阻力和对管道系统磨损的原则来确定。根据粉尘性质和粒径的不同，一般选择空气流速在 12～23 m/s 范围内。

3. 室外进、排风口

1）室外进风装置

室外进风口是通风和空调系统采集新鲜空气的入口。机械送风系统和管道式自然通风系统的室外进风装置，应设在空气新鲜、灰尘少、远离室外排气口的地方。它主要用于采集室外新鲜空气供室内送风系统使用，根据设置位置不同，可分为设于外围护结构墙上的窗口型和独立设置的进气塔型。

进风口高度一般应高出地面 2.5m，设于屋顶的进风口应高出屋面 1.0m，进风口应设在主导风向上风侧。进风口上一般还应设有百叶窗，以防止雨、雪、杂物（树枝、纸片等）被吸入，百叶窗里设有保温阀，以用于冬季关闭进气口。进风口的尺寸由通过百叶窗的风速来确定，百叶窗风速为 2.0～5.0m/s。

2）室外排风装置

室外排风装置主要用于将排风系统收集到的污浊空气排至室外，通常设计成塔式，并安装于屋面。

为避免排出的污浊空气污染周围空气环境，排风装置应高出屋面 1m 以上。如果进、排风口都设在屋面时，其水平距离应大于 10m。特殊情况下，如果排风污染程度较轻时，则水平距离可以小些，此时排气口应高于进气口 2.5m 以上。

4. 室内送、回风口

室内送回风口用于将管道输送来的空气以适当的速度、数量和角度均匀送到工作地点的风道末端装置。室内排风口用于将一定数量的污染空气，以一定的速度排出。送、回风口应满足以下要求：回风口风量能调节；阻力小；风口尺寸尽可能小。民用建筑和公共建筑中的送、回风口形式应与建筑结构的外观相配合。

1）室内送风口

室内常用送风口形式有插板式送风口、百叶式、散流器、孔板送风等。

图 4-12 是两种最简单的送风口，孔口直接开设在风管上，用于侧向或下向送风。图 4-12（a）为风管侧送风口，除风口本身外，没有任何调节装置；图 4-12（b）为插板式送风口，这种风口虽然可以调节风量，但不能控制气流方向。

百叶式送风口是一种性能较好的常用室内送风口，可以在风道上、风道末端或墙上安装。如图 4-13 所示，对于布置在墙内或暗装的风道可采用，安装在风道的末端或墙壁上，百叶式送风口有单、双层和活动式、固定式，其中双层百叶式风口可以调节控制气流速度、气流角度。

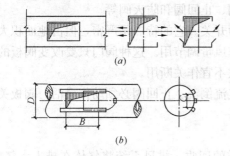

图 4-12　两种最简单的送风口

（a）风管侧送风口；（b）插板式送风口

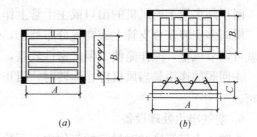

图 4-13　百叶式送风口

（a）单层百叶式风口；（b）双层百叶式风口

散流器它是一种由上向下送风的送风口，通常都安装在送风管道的端部明装或暗装于顶棚上，散热器常见的形式有盘式和流线型，如图 4-14 所示。

孔板送风是将空气通过开有若干圆形或条缝小的孔板送入室内，如图 4-15 所示。

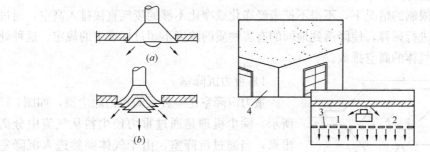

图 4-14　散流器　　　图 4-15　孔板送风口

（a）盘式；（b）流线式　　1—风管；2—静压室；3—孔板；4—空调机房

2）室内回风口

室内回风口的作用是将室内污浊空气排入风道去的装置，回风口的种类较少，一般安装在风道或墙壁上的矩形风口或安装在地面散点式和格栅式，如图 4-16 所示。

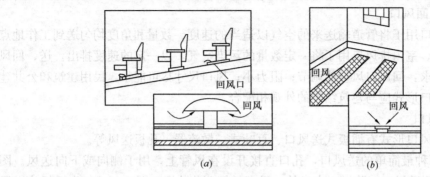

图 4-16　室内回风口

(*a*) 散点式回风口；(*b*) 格栅式回风口

5. 风阀

通风系统中的阀门主要是用于风机的启动风道，关闭风道、风口，平衡阻力，调节风量以及防止系统火灾等。阀门安装于风机出口的风道上、主干风道上、分支风道上或空气分布器之前等位置。常用的阀门有闸板阀、蝶阀、止回阀和防火阀等。

闸板阀多用于通风机的出口或主干管上作为开关。它的特点是严密，但占地面积大。

蝶阀多安装在分支管上或空气分布器前，作风量调节用。这种阀门只要改变阀板的转角就可调节风量，操作简便。但严密性较差，故不宜作关断用。

止回阀的作用是当风机停止运转时，阻止气流倒流。止回阀必须动作灵活，阀板关闭严密。

6. 空气净化处理设备

为防止大气污染或对排除的气体中有用物质的回收，排风系统将气体在排入大气前，应根据实际情况采取必要的净化、回收和综合利用措施。

使空气的粉尘与空气分离的过程称为含尘空气的净化或除尘。常用的除尘设备有重力沉降室、惯性除尘器、旋风除尘器、湿式除尘器、过滤式除尘器、电除尘器等。

消除有害气体对人体及其他方面的危害，称为有害气体的净化。净化设备有各种吸收塔、活性炭吸附器等。

在条件受到限制的情况下，不得不把未经净化或净化不够的废气直接排入高空，通过在大气中的扩散进行稀释，使降落到地面的有害物质的浓度不超过标准中的规定，这种处理方法称为有害气体的高空排放。

1）重力沉降室

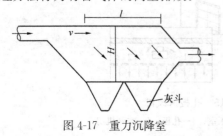

图 4-17　重力沉降室

重力沉降室是一种最简单的除尘器，如图 4-17 所示，除尘机理是通过重力使尘粒从气流中分离出来，当通过沉降室，由于气体突然进入沉降室的大空间内，使空气流速迅速降低，此时气流中尘粒在重力作用下慢慢地落入灰池内。沉降室的尺寸由设计计算确定，需使尘粒沉降得充分，以达到净化的目的。重力沉降室具有设备阻力损失小的优点，但是占用体积大，除尘效率低，仅能用于粗大尘粒的去除，使用范围有局限性。

2) 旋风除尘器

旋风除尘器是利用含尘气流作旋转运动产生的离心力，将尘粒从气体中分离并捕集下来的装置。它有结构简单、没有运动部件、除尘效率较高、适应性强、运行操作与维修方便等优点，是工业中应用较广泛的除尘设备之一。通常情况下，旋风除尘器用于捕集 $5\sim10\mu m$ 以上的尘粒，其除尘效率可达 90% 左右，获得满意的除尘效果。

普通旋风除尘器的结构组成如图 4-18 所示。含尘气流由进气管沿切线方向进入除尘器内，在除尘器的壳体内壁与排气管外壁之间形成螺旋涡流后，向下做旋转运动。在离心力的作用下，尘粒到达壳体内壁并在下旋气流和重力共同作用下，沿壁面落入灰斗，净化后的气体经排气管排出。

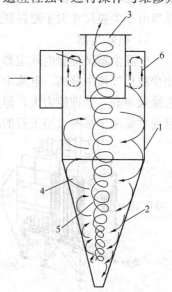

图 4-18　旋风除尘器
1—筒体；2—锥体；3—排出管；
4—外涡旋；5—内涡旋；
6—上涡旋

3) 湿式除尘器

湿式除尘器是使含尘气体通过与液滴和液膜的接触，使尘粒加湿、凝聚而增重从气体中分离的一种除尘设备。湿式除尘器与吸收净化处理的工作原理相同，可以对含尘、有害气体同时进行除尘、净化处理。湿式除尘器按照气液接触方式可分为两类：其一是迫使含尘气体冲入液体内部，利用气流与液面的高速接触激起大量水滴，使粉尘与水滴充分接触，粗大尘粒加湿后直接沉降在池底，与水滴碰撞后的细小尘粒由于凝聚、增重而被液体捕集。如冲激式除

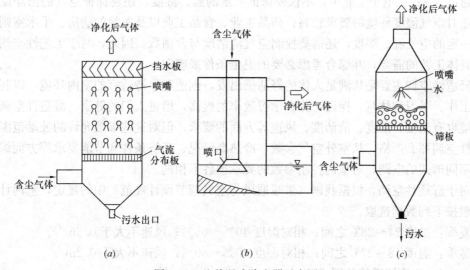

图 4-19　几种湿式除尘器示意图
(a) 喷淋塔；(b) 水浴除尘器；(c) 泡沫除尘器

尘器、卧式旋风水膜除尘器即属此类。其二是用各种方式向气流中喷入水雾，使尘粒与液滴、液膜发生碰撞，如喷淋塔。图4-19为几种湿式除尘器。

4）过滤除尘器

过滤除尘器是指含尘气流通过固体滤料时，粉尘借助于筛滤、惯性碰撞、接触阻留、扩散、静电等综合作用，从气流中分离的一种除尘设备。过滤方式有两种，即表面过滤和内部过滤。表面过滤是利用滤料表面上黏附的粉尘层作为滤层来滞留粉尘的；内部过滤则是指由于尘粒尺寸大于滤料颗粒空隙而被截留在滤料内部。

5）电除尘器

电除尘器又称静电除尘器，其工作原理如图4-20所示。它是利用电场产生的静电力使尘粒从气流中分离。电除尘器是一种干式高效过滤器，其特点是可用于去除微小尘粒，去除效率高，处理能力大，但是由于其设备庞大，投资高，结构复杂，耗电量大等缺点，目前主要用于某些大型工程的除尘净化。

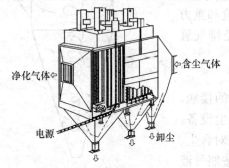

图4-20 电除尘器示意图

4.1.2 空调系统的分类与组成

随着空调技术的发展和新的空调设备的不断推出，空调系统的种类也在日益增多，设计人员可根据空调对象的性质、用途、室内设计参数要求、运行能耗以及冷热源和建筑设计等方面的条件合理选用。

空调系统的分类方法很多，根据服务对象的不同可分为工艺性空调、舒适型空调和洁净性空调等。应用于工业及科学实验的空调称为"工艺性空调"。对于现代化生产来说，工艺性空调更是必不可少的。工艺性空调根据不同的生产工艺各有侧重，一般来说对温、湿度、洁净度的要求比舒适性空调高。比如：精密机械加工业与精密仪器制造业要求空气温度的变化范围不超过$\pm 0.1 \sim 0.5$℃，相对湿度变化范围不超过5%；在电子工业中，不仅要保证一定的温、湿度，还要保证空气的洁净度；纺织工业对空气湿度环境的要求较高；药品工业、食品工业以及医院的病房、手术室则不仅要求一定的空气温、湿度，还需要控制空气清洁度与含菌数。因此，对于工艺性空调，应根据具体工艺的需要，并综合考虑必要的卫生条件来确定。

舒适性空调主要是从满足人体的舒适感出发，创造和保持适宜的室内环境，以利于人们的工作、学习和休息，保证工作和学习效率的提高，增进人们的健康。舒适性空调对室内环境也有温度、湿度、清洁度、风速等方面的要求，但对这些参数允许的波动范围不像工艺性空调那么严格。从室外空气参数、冷热源情况、经济条件和节能要求等方面综合考虑，不同形式的空调，对室内控制参数的要求也各不相同。

对于舒适性空调，根据我国《采暖通风与空气调节设计规范》中的规定，室内计算参数一般按下列数据选取。

夏季：温度24～28℃之间；相对湿度40%～65%；风速不大于0.3m/s。

冬季：温度18～22℃之间；相对湿度40%～60%；风速不大于0.2m/s

4.1.2.1 空调系统的组成

空气调节系统一般主要由空气处理设备、输送设备、冷热源及控制、调节系统四部分组成，根据需要，它能组成许多不同形式的系统。如图 4-21 所示。

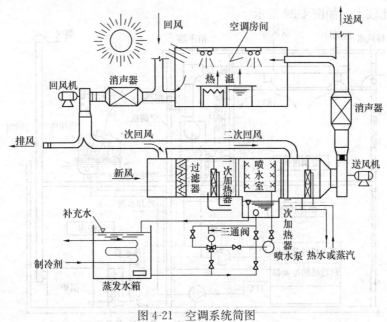

图 4-21 空调系统简图

1. 空气处理设备

通过热湿交换和净化，使室内空气或室内空气与室外新鲜空气的混合物达到要求的温湿度与洁净度的设备，称为空气处理设备。作用主要是对空气进行加热、冷却、加湿、减湿、净化等处理。室内空气与室外新鲜空气被送到这里进行处理，达到要求的温度、湿度等空气状态参数。

2. 输送设备

就是把冷热源和等处理空气送入空气处理设备，并将处理后的空气送到空调房间。输送设备主要包括风道、风机、风口及其他配管等装置。

3. 冷热源设备

冷热源指为空气处理设备输送冷量和热量的设备，如锅炉房、冷冻站、制冷设备、热交换装置等。

4. 控制、调节系统

为保持温度、湿度、压力和风速等参数在所要求的预定范围并防止这些参数超出设定值。同时，还能够按照需要提供经济运行模式，即在预定的程序内，停止或启动设备，并按负荷的变化和需要，提供相应的系统输出量。在空调房间，控制调节系统可用于：

（1）改善或保持居住者的舒适，改善或保持各种生产过程的适宜条件和效率，以及产品储存的寿命和质量。

（2）防止过热和过冷，减低燃料和能源的消耗量，可节约大量运行费用。

（3）允许室内居住者，在预定的范围内，调节它们自身所需的室内环境参数。

4.1.2.2 空调系统的分类

1. 按空气处理设备的布置情况分

1）集中式空气调节系统　空气处理设备集中设置，处理后的空气经风道送至各空调

　　房间。这种系统处理风量大，运行可靠，需要集中的冷、热源，便于管理和维修，但占用机房和空间比较大。如图 4-22 所示。

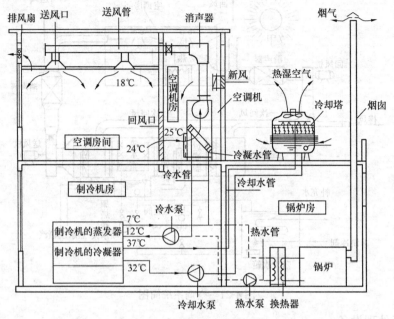

图 4-22　集中式空调系统示意图

　　2）半集中式空调系统　在空调机房集中处理的部分或全部空气，送往空调房间，再由分散在各空调房间内的二次设备（也称末端装置）进行处理，以达到送风状态，这种空调形式被称为半集中式空调系统。如风机盘管系统，诱导器系统均属于这种形式。如图 4-23 所示。目前风机盘管系统得到了广泛应用。

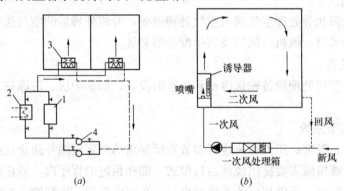

图 4-23　半集中式空调系统
(a) 风机盘管空调系统；(b) 诱导器系统
1—冷水机组；2—锅炉或热水机组；3—风机盘管；4—水泵

　　3）分散式空调系统　分散式空调系统又称局部空调系统，这种系统的空气处理设备全部分散在空调房间或空调房间附近。空调房间使用的空调机组就属于此类。空调机组把空气处理设备、风机以及冷热源都集中在一个箱体内，形成一个非常紧凑的空调系统，根据用途不同有多种空调机组，常见的恒温恒湿机组，适用于全年要求恒温恒湿的房间；有用于解决夏季降温的冷风机组；有热泵式空调机组，可做降温、采暖和通风之用；此外还有屋顶式空调机组和用于高温环境的特种空调机组。

2. 按处理空气的来源分

1）全新风式（或称直流式）空气调节系统　全新风式空气调节系统的送风全部来自室外，经处理后送入室内，然后全部排至室外。

2）新、回风混合式（或称混合式）空气调节系统　这种系统的特点是空调房间送风，一部分来自室外新风，另一部分利用室内回风。这种既用新风，又用回风的系统，不但能保证房间卫生环境，而且也可减少能耗。

3）全回风式（或称封闭式）空气调节系统　这种系统所处理的空气全部来自空调房间，而不补充室外空气。全回风系统卫生条件差，耗能量低。

图 4-24 所示为按处理空气来源的空调系统示意图。

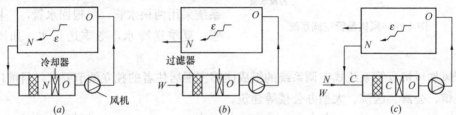

图 4-24　按处理空气的来源不同分类

（*a*）全回风式；（*b*）全新风式；（*c*）混合式；

N—室内空气；W—室外空气；C—混合空气；O—冷却器后空气状态

3. 按负担热湿负荷所用的介质分

1）全空气式空气调节系统　在这种系统中，负担空气调节负荷所用的介质全部是空气。由于作为冷、热介质的空气的比热较小，故要求风道断面较大。全空气系统按送风量是否恒定又可分为定风量式系统和变风量式系统。按送风参数的数量也可分为单风道空调系统和双风道空调系统。如图 4-25 所示。

普通集中式空调系统的送风量是全年不变的，并且按最大热湿负荷确定送风量。但实际上房间热湿负荷不可能经常处于最大值。这样造成了能量的大量浪费和不能满足人体的舒适需要。如果采用减少送风量的方法来保持室温不变，则可大量减少风机能耗。这种系统的运行相当经济，对大型系统尤其显著。国外对变风量系统的研究和应用已相当广泛。我国因经济和技术原因，目前还没有

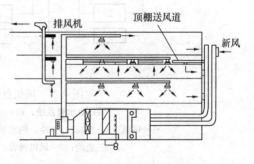

图 4-25　全空气式空调系统

得到推广。寻找一种经济、实用的适合中国国情的变风量空调系统正处于研究之中。

2）空气-水式空气调节系统　空气-水空调系统负担空调负荷的介质既有空气也有水。由于使用水作为系统的一部分介质，从而减少了系统的风量。根据设在房间内的末端设备形式可分为以下三种系统：

（1）空气-水风机盘管系统　指在房间内设置风机盘管的空气-水系统。

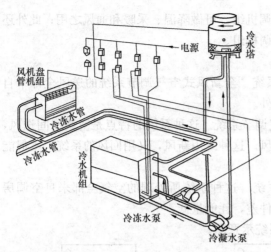

图 4-26 风机盘管空调系统

风机盘管空调系统主要是由一个或多个风机盘管机组、冷热源、水泵、管路供应系统组成，其结构如图 4-26 所示。冷水机组用来供给风机盘管需要的低温水，室内空气通过空调器的注满低温水的换热器时，使室内空气降温冷却。锅炉可给风机盘管制备热水，热水的温度通常为 60℃ 左右。水泵的作用是使冷水（热水）在制冷（热）系统中不断循环。

管路系统有双管、三管和四管系统，目前我国较广泛使用的是双管系统。双管系统采用两根水管，一根回水管，一根供水管。夏季送冷水，冬季送热水。如图 4-27 所示。

新风加风机盘管系统式空调系统的组成能够实现居住者的独立调节要求，目前广泛应用于旅馆、公寓、医院、大型办公楼等建筑。

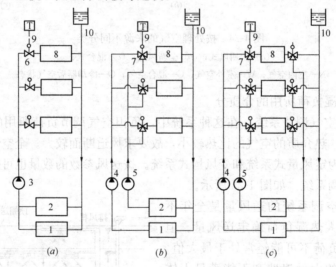

图 4-27 风机盘管式空调的供水系统

(a) 双水管系统；(b) 三水管系统；(c) 四水管系统

1—热源；2—冷源；3—冷、热水泵；4—热水泵；5—冷水泵；6—二通阀；

7—三通阀；8—风机盘管；9—温度控制器；10—膨胀水箱

（2）空气-水诱导器系统 指在房间内设置诱导器（带有盘管）的空气-水系统。诱导式空调系统是由一次空气处理室、诱导器、风道、风机所组成。

（3）空气-水辐射板系统 指在房间内设置辐射板（供冷或采暖）的空气-水系统。辐射板空调系统主要是在吊顶内敷设辐射板，靠冷辐射面提供冷量，使室温下降，从而除去房间的显热负荷。水辐射板系统除湿能力和供冷能力都比较弱，只能用于单位面积冷负荷和湿负荷均比较小的场所。

3）全水式空气调节系统 这种系统中负担空调负荷的介质全部是水。由于只使用水作介质而节省了风道。但是，由于这种系统是靠水来消除空调房间的余热、余湿，解决不了空调房间的通风换气问题，室内空气品质较差，用得较少。

4）制冷剂式空气调节系统 在制冷剂式系统中，负担空调负荷所用的介质是制冷剂。图 4-28 为按承担空调负荷介质的空调系统示意图。

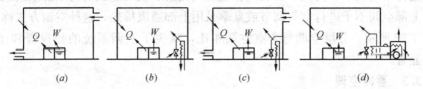

图 4-28 以承担空调负荷的介质分类示意图

(a) 全空气系统；(b) 全水系统；(c) 空气-水系统；(d) 制冷剂系统

4. 按风道中空气流速分

1）高速空气调节系统 高速空调系统风道中的流速可达 20～30m/s。由于风速大，风道断面可以减小许多，故可用于居高受限、布置管道困难的建筑物中。

2）中速空气调节系统 中速空调系统风道中的流速一般为 8～12m/s。

3）低速空气调节系统 低速空调系统风道中的流速一般为小于 8m/s。风道断面较大，需占较大的建筑空间。

4.1.3 空调系统的其他形式

4.1.3.1 户式中央空调

户式中央空调又称为家用中央空调。起源于美国。是商用空调的一类产品，是一个小型化独立空调系统，在制冷方式和基本构造上类似于大型中央空调，由一台主机通过风道或冷热管连接多个末端出风口，将冷暖气送至不同区域，实现调节多个房间温度的目的。它结合了大型中央空调的便利、舒适、高档次以及传统小型分体机的简单灵活等多方面优势，是适用于别墅、公寓、家庭住宅和各种工业、商业场所的空调。户式中央空调按照输送介质的不同可分为三种类型：风管式系统、冷（热）水系统、多联型系统。

1. 风管式系统：其室外机是靠空气进行热交换，室内机产生空调冷热水，由管道系统输送到空调房间的末端装置，在末端装置中的冷（热）水与空调房间空气进行热交换，产生冷（热）风，实现夏季供冷和冬季供暖。风管式系统初投资较小，新风系统使得空气质量提高，人体舒适度提高。

2. 冷（热）水系统：该系统通过室外主机产生出空调冷（热）水，由管路系统输送至室内的各末端装置，在末端装置处冷（热）水与室内空气进行热量交换，产生冷（热）风，从而消除房间空调负荷。它是一种集中产生冷（热）量，分散处理各房间负荷的空调系统形式。冷（热）水机组的末端装置通常为风机盘管。水系统布置灵活，独立调节性好，能满足复杂房型分散使用、各个房间独立运行的需要，且管道系统便于装饰协调。

3. 多联型系统：这是一种制冷剂系统，该系统由制冷剂管路连接的室外机和室内机组成。室外机主要由室外侧换热器、压缩机和其他附件组成，一台室外机通过管路可向多个室内机输送制冷剂，通过压缩机的变频技术和电子膨胀阀等技术，来实现对各房间的独立调节，节能性能非常好。但多联型系统的制冷剂管路较长，施工要求高。

4.1.3.2 分层空调

在影剧院、体育馆、展览厅和工业厂房等高大空间建筑中，传统空调系统是对其整个空间均进行空气调节，能耗非常高。在这类建筑空间内，往往上部空间只是作为建筑构造或安装吊车等需要，并不要求进行空气调节，只有在作为人活动、机器设备工作的下部空间才需要进行空气调节。为此，可利用合理的气流组织仅对建筑内的下部空间进行空气调节，而对上部空间不予进行空气调节或夏季采用上部通风排热，这种空调方式称为分层空调，如图 4-29 所示。分层空调与全室空调相比，减少了空调系统的初投资和运行费用，节能效果显著。

4.1.3.3 蓄冷空调

电能生产和使用的特点是必须同时进行。随着经济的发展、城市规模的扩大和用电结构的改变，高峰负荷快速增长。为了确保电网的安全、合理和经济运行就需要对用电负荷进行调整。夏季，空调已经成为高峰用电的主要大户，许多城市高峰负荷的 20%～40% 是由商业建筑空调造成。蓄冷空调就是针对这个问题提出的。图 4-30 所示为蓄冷空调基本原理示意图，它是在常规空调系统的供冷循环系统中增加了蓄冷槽。它让制冷机组在夜间电力负荷低谷期运行，并将产生的冷量储存起来，在用电高峰且空调用冷高峰期将储存的冷量释放出来，以达到转移尖峰电力、降低设备容量的目的。蓄冷系统通常有全负荷蓄冷与部分负荷蓄冷两种。

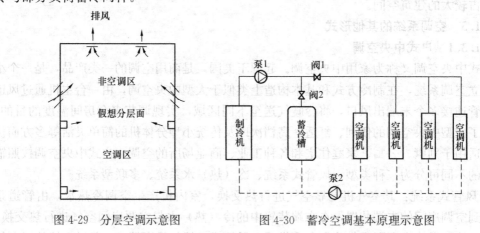

图 4-29　分层空调示意图　　　图 4-30　蓄冷空调基本原理示意图

全负荷蓄冷是在非空调使用时间储存足够的冷量，空调使用时段内制冷机停止工作，空调冷负荷全部由冰蓄冷系统供给。全负荷蓄冷运行费用低，但设备投资高。

全负荷蓄冷或称负荷转移，其原理是在将电高峰期的冷负荷全部转移到电力低谷期，即在非空调使用时间储存足够的冷量，空调使用时段内制冷机停止工作，空调冷负荷全部由冰蓄冷系统供给。这样，全负荷蓄冷系统需设置较大的制冷机和蓄冷装置。虽然，运行费用低，但设备投资高、回收期长、蓄冷装置占地面积大，除峰值需冷量大且用冷时间短的建筑以外，一般不宜采用；

部分蓄冷是利用非空调时间运转制冷机制冷蓄冰，当空调用冷高峰时，将储存的冷量释放，同时，制冷机仍然工作，两者共同负担空调冷负荷。与传统空调和全负荷蓄冷相比，制冷机容量小，投资降低。

4.1.4 空调系统的主要设备

空调系统由于方式众多，各系统所用设备也各不相同，下面逐一介绍。

1. 局部空调系统的设备

1）窗式空调机

窗式空调机是一种直接安装在窗台上的小型空调机。一般采用全封闭冷冻机，以氟利昂为制冷剂。它可冬季供热，夏季制冷。此种空调机安装简单，噪声小，不需水源，接上220 V 电源即可。其结构原理图如图 4-31 所示。

2）分体式空调机

分体式空调机由室内机、室外机、连接管和电线组成。按室内机的不同可分为壁挂式、吊顶式、柜机等。我们以使用最多的壁挂式为例加以介绍，如图 4-32 所示。

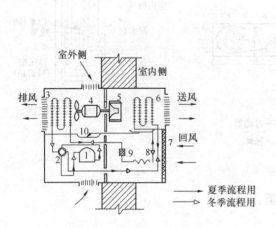

图 4-31 热泵型窗式空调器

1—压缩机；2—四通阀；3—室外侧盘管；

4—电动机；5—风机；6—室内侧盘管；

7—空气过滤器；8—节流毛细管；

9—过滤器；10—凝结水盘

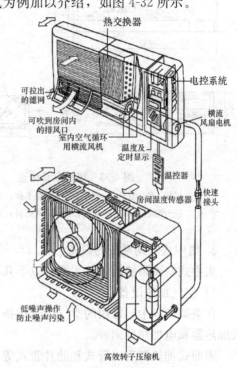

图 4-32 壁挂式空调机的结构

室内机一般为长方形，挂在墙上，后面有凝结水管，排向下水道。室外机内含有制冷设备、电机、气液分离器、过滤器、电磁继电器、高压开关和低压开关等。连接管道有两根，一根是高压气管，另一根是低压气管，均采用紫铜管材。

2. 半集中式空调系统的设备

半集中式空调系统在空调机房内的设备与集中式空调系统的设备基本一致，故而在集中式空调系统中统一介绍，这里主要介绍放置在空调房间内的设备。

1）风机盘管

风机盘管的形式很多，有立式明装、立式暗装、吊顶安装等。图 4-33 所示为一种立式明装的风机盘管结构图。

风机盘管的冷热水管有四管制、三管制和二管制三种。室内温度通过温度传感器来控制进入盘管的水量，进行自动调节；也可通过盘管的旁通门调节。

2）诱导器

诱导器是用于空调房间送风的一种特殊设备，主要由静压箱、喷嘴和二次盘管组成，结构如图 4-34 所示。经集中空调机处理的新风通过风管送入各空调房间的诱导器中，由诱导器的喷嘴高速喷出，在气流的引射作用下，诱导器内形成负压，室内空气被吸入诱导器。一次风和室内空气混合后经二次盘管的处理后送入空调房间。

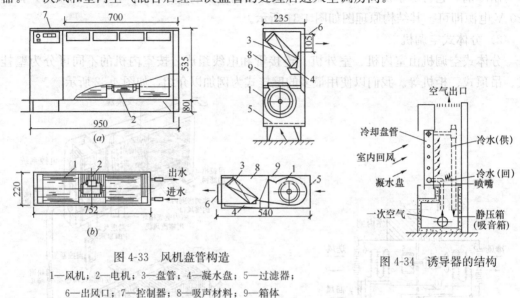

图 4-33 风机盘管构造
1—风机；2—电机；3—盘管；4—凝水盘；5—过滤器；
6—出风口；7—控制器；8—吸声材料；9—箱体

图 4-34 诱导器的结构

3. 集中式空调系统的设备

集中式空调系统的设备主要有以下几类：

1）空气加热设备

在空调工程中，常用的空气加热设备是空气加热器。空气加热器的种类很多，有表面式加热器和电加热器两种。

表面式加热器有光管式和肋片管式等，肋片管式又有绕片管、轧片管、串片管等，管材有铜管铜片、铝管铝片、钢管钢片等。

电加热器一般用在恒温恒湿机组上或集中空调机的末端加热上。

2）空气冷却设备

在空调工程中，常用的空气冷却设备是表面式冷却器。表面式冷却器有水冷式和直接蒸发式两种。水冷式表面冷却器原理与空气加热器的相同，只是将热媒换成冷媒（冷水）即可。直接蒸发式表面冷却器就是制冷系统中的蒸发器，是靠制冷剂在其中蒸发来使空气冷却。表面冷却器能对空气进行干式冷却（空气的温度降低但含湿量不变）和减湿冷却两种处理过程，这取决于冷却器表面的温度是高于还是低于空气的露点温度。使空气冷却特别是减湿冷却，是对夏季空调送风的基本处理过程。常用的方法如下：

（1）用喷水室处理空气 在喷水室中直接向流过的空气喷淋大量低温水滴，以便通过水滴与空气接触过程中的热、湿交换而使空气冷却或者减湿冷却。当空调房间要求较高的相对湿度时，用喷水室处理空气优点尤为突出，但它耗水量大，机房占地面积较大以及水系统比较复杂。

（2）用表面式冷却器处理空气　它分为水冷式和直接蒸发式两种类型。水冷式表面冷却器与空气加热器的原理相同，只是将热媒换成冷媒——冷水而已。直接蒸发式表面冷却器就是制冷系统中的蒸发器，它是靠制冷剂在其中蒸发吸热而使空气冷却的。表面式冷却器是否对空气进行减湿，主要取决于的表面温度是高于还是低于空气的露点温度。

3）空气的加湿设备

（1）电热式加湿器　是将放置在水槽中的管状电加热元件通电后，把水加热至沸腾，发生蒸气的设备。它由管状加热器、防尘罩和浮球开关等组成，如图4-35所示。

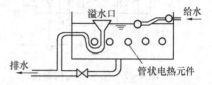

图4-35　电热式加湿器

管状电加热元件由电阻丝包在绝缘密封管内组成。加湿器上还装有给水管和自来水相连，箱内水位由浮球阀控制。在供电线路上装有电流控制设备，当需要蒸汽多时，增大供电电流，反之，减小供电电流。在送气管上装有电动调节阀，电动调节阀由装在空气中的湿度敏感元件控制，确保加湿空气的相对湿度。

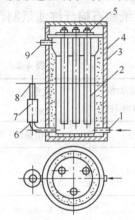

图4-36　电极式加湿器

1—进水管；2—电极；3—保温层；4—外壳；5—接线柱；6—溢水管；7—橡皮短管；8—溢水嘴；9—蒸汽管

（2）电极式加湿器　是在水中放入电极，当电流从水中通过时将水加热的设备。它由外壳、三根铜棒电极、进水管、出水管和接线柱等组成，如图4-36所示。

电极棒通电后，电流从水中通过，水被加热产生蒸汽，蒸汽喷入空气中，对空气加湿。水容器内的水位越高，导电面积越大，通过的电流越强，发生的蒸汽量越多，因此可以通过调节溢流管内水位的高低来调节加湿器产生的蒸汽量，进而调节对空气的加湿量。

（3）喷水室　又称喷淋室，是既能加湿又能减湿的设备，它是将水喷成雾状，当空气通过时，空气和水进行热湿交换，从而达到处理目的的设备。它一般由喷嘴排管、挡板、底池、附属管及外壳等组成。如图4-37为单级喷水室结构图。

当被处理的空气以一定的速度经过前挡水板1进入喷水室，并在喷水室内空气与喷嘴喷出的雾状水滴直接接触，由于水滴与空气的温度不同，它们之间进行复杂的热湿交换，空气的温度、相对湿度和含湿量都发生了变化。由喷水室出来的空气经后挡水板3分离出所携带的水分，再经其他处理，最后由风机送往空调房间。

4）空气的减湿设备

在空调工程中，常用冷冻除湿机或固体吸湿剂进行减湿。

冷冻除湿机是利用制冷的方法除去空气中的水分的设备。它由制冷压缩机、蒸发器、冷凝器、膨胀阀和通风机等组成。

要处理的潮湿空气通过蒸发器时，由于蒸发器表面的温度低于空气的露点温度，不仅使空气降温，而且析出凝结水，达到减湿的目的。

冷冻除湿机的产品种类很多，有小型立柜式，还有固定或移动式整体机组。

固体吸湿剂有两种类型：一是具有吸附性能的多孔性材料，如硅胶，它吸湿后材料的

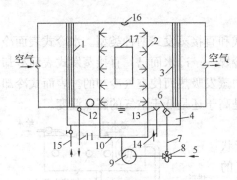

图 4-37　喷水室的构造图

1—前挡水板；2—喷水排管；3—后挡水板；4—底池；5—冷水管；6—滤水器；7—循环水管；8—三通调节阀；9—水泵；10—供水管；11—补水管；12—浮球阀；13—溢水器；14—溢水管；15—排水管；16—防水照明灯；17—检查门（密闭门）

形态不改变；一是具有吸收能力的固体材料，如氯化钙，吸湿后材料的形态改变失去吸湿能力。

5）空气的净化设备

正常的空气中含有大量的灰尘，无法满足工艺（如纺织、制药、电子等）的需要，就必须采取措施除掉空气中的灰尘，这个过程我们称为净化。

在空调工程中，常用的空气净化设备是空气过滤器。

空气过滤器按作用原理可分为浸油金属网格过滤器、干式纤维过滤器和静电过滤器三种。

空气过滤器按过滤空气的粒径及浓度可分为粗、中和高效过滤器三种。粗效的有采用化纤组合滤料和粗中孔泡沫塑料制作的，中效的有采用中细孔泡沫塑料和涤纶无纺布制作的，高效的有采用玻璃纤维滤纸和石棉纤维滤纸制作的。各种过滤器的性能见表 4-2。

过滤器分类表　　　　　　　　　　　　表 4-2

名称	入口浓度 (mg/m³)	过滤空气颗粒 (μm)	设计滤速 (m/s)	阻力 (Pa)		清扫更新时间 (月计)(8h/日)	效率 (η)
				初	终		
粗	<10	>10	50~300	3~5	<10	0.5~1	<90（重量法）
中	1~2	1~10	5~30	5~10	<20	2~4	40~50（比色法）
高	<1	<1	1~3	~20	~40	≥12	99.9~99.97（计数法）

4.2　通风空调系统的运行管理

4.2.1　管理要求

4.2.1.1　技术资料要求

1. 目前，许多运行管理部门接手时系统图纸和设备资料缺失或者不全，或者竣工图纸与实际情况相差较大，还有的管理者没有妥善保管，资料不断丢失。这些都会导致管理者对系统状况不清楚、管理不能量化、处理问题不能及时准确。技术资料是技术管理、责任分析、管理评定的重要依据，应对技术资料予以补全和妥善保管，对技术资料的准确性应抽测核实，必要时还应该重新测绘。

以下文件应为必备文件档案：

（1）空调通风系统设备明细表；

（2）主要材料和设备的出厂合格证明及进场检（试）验报告；

（3）仪器仪表的出厂合格证明、使用说明书和校正记录；

（4）图纸会审记录、设计变更通知书和竣工图（含更新改造和维修改造）；

（5）隐蔽工程检查验收记录；

（6）设备、风管和水管系统安装及检验记录；

（7）管道试验记录；

（8）设备单机试运转记录；

（9）空调通风系统无负荷联合试运转与调试记录；

（10）空调通风系统在有负荷条件卜的综合能效测试报告；

（11）运行管理记录。

2. 各种运行管理记录应齐全，应包括：各主要设备运行记录、事故分析及其处理记录、巡回检查记录、运行值班记录、维护保养记录、交接班记录、设备和系统部件的大修和更换情况记录、年度运行总结和分析资料等。以上资料应填写详细、准确、清楚，填写人应签名。在一些管理先进的建筑里，大量地应用计算机控制和记录数据，可用定期打印汇总报表或数据数字化储存的方式记录，保存运行原始资料。

3. 系统的运行管理措施、控制和使用方法、运行使用说明，以及不同工况设置等，应作为技术资料管理，宜委托设计院专业人员研究制定，并应在实践中不断完善。

4.2.1.2 人员要求

1. 目前一些建筑管理者并不重视运行管理班组的构建，很多空调通风系统的运行管理存在人员不足、人员水平低，设备仪表缺乏的现象。这种现状会导致系统发生问题时不能及时解决，使用功能不能满足需要，系统和设备寿命大大折损等问题出现，从投资上得不偿失。因此本条规定要求在人员、设备和仪表等方面应满足运行管理的需要。应根据空调通风系统的规模、复杂程度和管理工作量的大小，配备管理人员。管理人员宜为专职人员，应建立相应的运行班组，应配备相应的检测仪表和维修设备。

2. 管理人员应经过专业培训，经考核合格后才能上岗。用人部门应建立和健全人员的培训和考核档案。

3. 管理人员应熟悉所管理的空调通风系统，应具有节能知识和节能意识，应坚持实事求是、责任明确的原则。

4. 管理人员应将空调通风系统运行管理的实际状况和能源消耗告知上级管理者、建筑使用者以及相关监察管理部门，还应对系统运行和管理的整改提出意见和建议。

4.2.1.3 合同与制度

1. 管理部门应根据系统实际情况建立健全规章制度，并应在实践工作中不断完善。

2. 管理部门应定期检查规章制度的执行情况，所有规章制度应严格执行。

3. 管理部门应定期检查人员的工作情况和系统的工作状态，对检查结果应进行统计和分析，发现问题应及时处理。

4. 对系统主要设备，应充分利用设备供应商提供的保修服务、售后服务以及配件供应，没有充分理由不应重复购买或更换设备。

5. 空调通风系统的清洗、节能、调试、改造等工程项目，签订的合同文本中应明确约定实施结果和有效期限，在执行合同时对其相关技术条款的争议可由有资质的检测机构进行检验；在合同有效期限内，没有充分理由不应追加投资或者重复投资。

4.2.2　技术要求

4.2.2.1　一般规定

1. 系统日常运行中，设备、阀门和管道的表面应保持整洁，无明显锈蚀，绝热层无脱落和破损，无跑、冒、滴、漏、堵现象。设备、管道及附件的绝热外表面不应结露、腐蚀或虫蛀。

2. 风管内外表面应光滑平整，非金属风管不得出现龟裂和粉化现象。当前风管市场比较混乱，出现了玻璃纤维材料、无机复合材料和"超级"复合材料等类型的风管，使用几年后，一些风管出现了龟裂或粉化甚至强度下降而变形的现象，且其表面极其粗糙无法清洗。这些风管如在建设中已经使用，就应在运行管理中得到重视和定期检查。

3. 对于空调通风系统中的温度、压力、流量、热量、耗电量、燃料消耗量等计量监测仪表，应定期检验、标定和维护，仪表工作应正常，失效或缺少的仪表应更换或增设。

4. 为保障控制系统正常工作，发挥正常作用，满足室内舒适需求的同时，达到节能要求。空调自控设备和控制系统应定期检查、维护和检修，定期校验传感器和控制设备，按照工况变化调整控制模式和设定参数。

5. 空调通风系统的测量和检测传感器的布置位置，应符合相关设计规范的要求，并应在实践中加以调整和维护。

6. 空调通风系统的主要设备和风管的检查孔、检修孔和测量孔，不应取消或被遮挡。

7. 制冷机组、空调机组、风机、水泵和冷却塔等设备应定期维护和保养。

8. 对空调通风系统的设备进行更换更新时，应选用节能环保型产品，不得采用国家已明令淘汰的产品。

4.2.2.2　节能要求

1. 空调运行管理人员应掌握系统的实际能耗状况，应接受相关部门的能源审计，应定期调查能耗分布状况和分析节能潜力，提出节能运行和改造建议。

2. 应根据系统的冷（热）负荷及能源供应等条件，经技术经济比较，按节能环保的原则，制订合理的全年运行方案。对于办公建筑，遵照本条规定应按照上下班规律制订相应的室温调节方案；对于当地有分时电价政策的，应利用电价优惠，充分使用蓄能设备，采取不同的运行模式。

3. 空调运行管理部门宜每年进行一次空调通风系统能耗系数（CEC）的测算，测算结果应作为对系统节能状况进行监测和比较的依据。

4. 当空调通风系统的使用功能和负荷分布发生变化，空调通风系统存在明显的温度不平衡时，应对空调水系统和风系统进行平衡调试，水力失调率不宜超过 15%，最大不应超过 20%；风量失调率不宜超过 15%，最大不应超过 20%。

5. 启动冷热源设备对系统进行预热或预冷运行时，宜关闭新风系统；当采用室外空气进行预冷时，宜充分利用新风系统。

6. 对人流密度相对较大且变化较大的场所，宜采用新风需求控制，应根据室内 CO_2 浓度值控制新风量，使 CO_2 浓度满足相关要求。

7. 表面式冷却器的冷水进水温度，应比空气出口干球温度至少低 3.5℃。冷水温升宜采用 2.5～6.5℃。当表面式冷却器用于空气冷却去湿过程时，冷水出水温度应比空气的出口露点温度至少低 0.7℃。

8. 风系统运行时宜采取有效措施增大送回风温差，但不应影响系统的风量平衡。

9. 制冷工况运行时宜采用大温差送风，并应符合下列规定：

1）送风高度小于或等于 5m 时，温差不宜超过 10℃；采用高诱导比的散流器时，温差可以超过 10℃；

2）送风高度在 5m 以上时，温差不宜超过 15℃；

3）送风高度在 10m 以上时，按射流理论计算确定；

4）当采用顶部送风（非散流器）时，温差按射流理论计算确定。

10. 空调通风系统中的热回收装置应定期检查维护。对没有热回收装置的空调通风系统，满足下列条件之一时，宜增设热回收装置。热回收装置的额定热回收效率不应低于 60%。

1）送风量大于或等于 3000m³/h 的直流式空调通风系统，且新风与排风的温差大于或等于 8℃时；

2）设计新风量大于或等于 4000m³/h 的空调通风系统，且新风与排风的温差大于或等于 8℃时；

3）设有独立的新风和排风系统时。

11. 空调通风系统在供冷工况下，水系统的供回水温差小于 3℃时（设计温差 5℃），以及在供热工况下，水系统的供回水温差小于 6℃时（设计温差 10℃），宜采取减小流量的措施，但不应影响系统的水力平衡。冷水机组的供回水温差通常为 5℃，近年研究成果表明，加大供回水温差能够减少输送系统的能耗，对整个系统来说具有一定节能效益，已有实际工程中用到了 8℃的温差，从运行情况看节能效果良好。

12. 空气过滤器的前后压差应定期检查，当压差不能直接显示或远程显示时，宜增设仪器仪表。

13. 对有再热盘管的空气处理设备，运行中宜减少冷热相抵发生的浪费。

14. 多台并联运行的同类设备，应根据实际负荷情况，自动或手动调整运行台数，输出的总容量应与需求相匹配。具备调速功能的设备的输出能力宜自动随控制参数的变化而变化。

15. 对一塔多风机配置的矩形冷却塔，宜根据冷却水回水温度，及时调整其运转的风机数。在保证冷却水回水温度满足冷水机组正常运行的前提下，应使运转的风机数量最少。

16. 当空调通风系统为间歇运行方式时，应根据气候状况、空调负荷情况和建筑热惰性，合理确定开机停机时间。在满足室内空气控制参数的条件下，冰蓄冷空调通风系统宜加大供回水温差。

17. 冷却塔的"飘水"问题是目前一个较为普遍的现象，过多的"飘水"导致补水量的增加，增大了补水费用。故应在冷却塔补水总管上安装水量计量表，冷却塔耗水量应予以计量和记录，逐年对比，主动建立节能和监管意识，减少水的浪费。

18. 空调房间的运行设定温度，在冬季不得高于设计值，夏季不得低于设计值；无特殊要求的场所，空调运行室内温度宜按照表 4-3 设定。

空调通风系统室内温度设定值（℃）　　　　　　　　　　　　　表 4-3

	冬季	夏季
一般房间	≤20	≥25
大堂、过厅	≤18	室内外温差≤10

空调房间夏季过冷和冬季过热现象目前存在比较多，空调用户和技术人员也往往选用过高的标准，特别是诸如商场、医院等建筑室内冬季过热现象比较普遍，这样做既浪费了能量，又造成室内环境不舒适。在供热工况下，室内温度每降低 1℃，能耗可减少 5%～10%；在制冷工况下，室内温度每升高 1℃，能耗可减少 8%～10%。为了节省能源，应避免冬季设定过高的室内温度，夏季设定过低的室内温度，应该采取相应的措施调整温度。

19. 对作息时间固定的单位建筑，在非上班时间内应降低空调运行控制标准。设备及管道的保温情况应定期检查。

20. 水泵作为长期运行的设备，其电耗不容忽视。目前普遍存在大流量小温差的现象，致使水泵的实际电流比额定电流大较多，如果采取重新调试水平衡、增设水泵变频或者更换水泵等措施，增加的投资可以通过水泵节电而回收，因此本条规定应通过技术经济比较采取节能措施。

空调冷热水系统的输送能效比（ER）应按式（4-2）计算，建筑内空调冷热水系统的输送能效比（ER）不应大于表中的数值。

$$ER = 0.002342H/(\Delta T \cdot \eta) \tag{4-2}$$

式中　H——水泵设计扬程，m；

　　　ΔT——供回水温差，℃；

　　　η——水泵在设计工作点的效率，%。

水泵的电流值应在不同的负荷下检查记录，并应与水泵的额定电流值进行对比。应计算供冷和供暖水系统的水输送系数（ER），按照表 4-4 进行对比。对于水泵电流和水输送系数偏高的系统，应通过技术经济比较采取节能措施。

空调通风系统的水输送系数　　　　　　　　　　　　　　表 4-4

管道类型	两管制热水管道			四管制热水管道	空调冷水管道
	严寒地区	寒冷地区/夏热冬冷地区	夏热冬暖地区		
ER	0.00577	0.00433	0.00865	0.00679	0.0241

21. 空调通风系统应安装相应的节水器具，应制定节水措施，并应检验节水效果。

22. 局部房间在冬季需要制冷时，宜采用新风或冷却塔直接制冷的运行方式降温。

4.2.2.3　卫生要求

1. 空调通风系统在运行期间，应合理控制新风量，空调房间内 CO_2 浓度应小于 0.1%。

2. 空调通风系统新风口的周边环境应保持清洁，应远离建筑物排风口和开放式冷却塔，不得从机房、建筑物楼道以及吊顶内吸入新风，新风口应设置隔离网。

3. 新风量宜按照设计要求均衡地送到各个房间。

4．空调冷水和冷却水的水质应由有检测资质的单位进行定期检测和分析。

5．空调房间的室内空气质量应定期检查，不满足卫生要求时，空调通风系统应采取相应措施。我国室内空调质量标准见表4-5。

室内空气质量标准　　　　　　　　　　　　表 4-5

参　数	单　位	标准值	备　注
甲醛 HCHO	mg/m³	0.10	1h 均值
苯 C_6H_6	mg/m³	0.1	1h 均值
甲苯 C_7H_8	mg/m³	0.20	1h 均值
二甲苯 C_8H_{10}	mg/m³	0.20	1h 均值
氨 NH_3	mg/m³	0.20	1h 均值
二氧化硫 SO_2	mg/m³	0.50	1h 均值
二氧化氮 NO_2	mg/m³	0.24	1h 均值
一氧化碳 CO	mg/m³	10	1h 均值
二氧化碳 CO_2	%	0.10	日平均值
臭氧 O_3	mg/m³	0.16	1h 均值
可吸入颗粒 PM10	mg/m³	0.15	日平均值
总挥发性有机物 TVOC	mg/m³	0.60	8h 均值
氡 ^{222}Rn	Bq/m³	400	年平均值（行动水平）
菌落总数	cfu/m³	2500	依据仪器定

6．空调通风系统初次运行和停止运行较长时间后再次运行之前，应对其空气处理设备的空气过滤器、表面式冷却器、加热器、加湿器、冷凝水盘等部位进行全面检查，根据检查结果进行清洗或更换。

7．空气过滤器应定期检查，必要时应清洗或更换。

8．空调通风系统的设备冷凝水管道，应设置水封，防止冷凝水管道漏风或负压段冷凝水排不出去，防止污染物传播。

9．空调房间内的送、回、排风口应经常擦洗，应保持清洁，表面不得有积尘与霉斑。

10．空气处理设备的凝结水集水部位不应存在积水、漏水、腐蚀和有害菌群滋生现象。

11．空调通风系统的设备机房内应保持干燥清洁，不得放置杂物。

12．冷却塔应保持清洁，应定期检测和清洗，且应做过滤、缓蚀、阻垢、杀菌和灭藻等水处理工作。

13．空调通风系统中的风管和空气处理设备，应定期检查、清洗和验收，去除积尘、污物、铁锈和菌斑等，并应符合下列要求：

1）风管检查周期每2年不少于1次，空气处理设备检查周期每年不应少于1次；

2）对下列情况应进行清洗：

（1）通风系统存在污染；

（2）系统性能下降；

（3）对室内空气质量有特殊要求。

3）清洗效果应进行现场检验，并应达到下列要求：

（1）目测法：当内表面没有明显碎片和非黏合物质时，可认为达到了视觉清洁；

（2）称质量法：通过专用器材进行擦拭取样和测量，残留尘粒量应少于 $1.0g/m^2$。

14. 当空调通风系统中有微生物污染时，宜在空调通风系统停止运行的状态下进行消毒，并应采用国家相关部门认可的消毒药剂和器械，消毒的实施过程中应采取措施保护人员财产不受伤害。

15. 卫生间、厨房等处产生的异味，应避免通过空调通风系统进入其他空调房间。

4.2.2.4 安全要求

1. 当制冷机组采用的制冷剂对人体有害时，应对制冷机组定期检查、检测和维护，并应设置制冷剂泄漏报警装置。

2. 对制冷机组制冷剂泄漏报警装置应定期检查、检测和维护；当报警装置与通风系统连锁时，应保证联动正常。

3. 安全防护装置的工作状态应定期检查，并应对各种化学危险物品和油料等存放情况进行定期检查。

4. 空调通风系统设备的电气控制及操作系统应安全可靠。电源应符合设备要求，接线应牢固。不得有过载运转现象。

5. 空调通风系统冷热源的燃油管道系统的防静电接地装置必须安全可靠。

6. 水冷冷水机组的冷冻水和冷却水管道上的水流开关应定期检查，并应确保正常运转。

7. 制冷机组、水泵和风机等设备的基础应稳固，隔振装置应可靠，传动装置运转应正常，轴承和轴封的冷却、润滑、密封应良好，不得有过热、异常声音或振动等现象。

4.2.3 应急管理制度

4.2.3.1 一般规定

1. 对下列突发事件，应按照本要求采取应急措施：

1）在当地处于传染病流行期，病原微生物有可能通过空调通风系统扩散时；

2）在化学或生物污染有可能通过空调通风系统实施传播时；

3）发生不明原因的空调通风系统气体污染时。

2. 对可能发生的突发事件，应事先进行风险分析与安全评价，应会同空调通风系统设计人员制定应急预案，并应制定长期的防范应急措施。

3. 应建立对突发事件的应急处置小组和应急队伍，其中应有对该建筑空调通风系统实际情况熟悉的专业人员。

4. 对于突发事件，应急小组应组织力量，尽快判断污染或伤害来源（内部、外部或未知）、性质和范围，采取主动应对和被动防范相结合的措施，做出相应的处理决定。

5. 应根据突发事件的性质，结合空调通风系统实际情况，建立内部安全区和外部疏散区，判断高危区域，采取相应防范或隔离措施。

4.2.3.2 应急技术措施

1. 对突发事件中的高危区域，空调通风系统应独立运行或停止运行。

2. 突发事件中人员疏散区应选择在建筑物上风方向的安全距离处。

3. 对突发事件中的安全区和其他未污染区域，应全新风运行，应防止其他污染区域回风污染。

4. 对来源于室内固定污染源释放的污染物，可采取局部排风措施，在靠近污染源处收集和排除污染物；对挥发性有机化合物，应采用清洁的室外新风来稀释。

5. 当房间中或者与人员活动无关的空调通风系统中有污染物产生时，应在房间使用之前将污染物排除，或提前通风，应保证房间开始使用时室内空气已经达到可接受的水平。

6. 突发事件期间，应重点防止新风口和空调机房受到非法入侵，必要情况下应关闭新风和排风阀门。

7. 在传染病流行期内，空调通风系统新风口周围必须保持清洁，以保证所吸入的空气为新鲜的室外空气，严禁新风与排风短路，应重点保持新风口和空调机房及其周围环境的清洁，不得污染新风。

8. 在传染病流行期内，空调机房内空气处理设备的新风进气口必须用风管与新风竖井或新风百叶窗相连接，禁止间接从机房内、楼道内和吊顶内吸取新风。

9. 在传染病流行期内，空调通风系统原则上应采用全新风运行，防止交叉感染。为加强室内外空气流通，最大限度引入室外新鲜空气，宜在每天冷热源设备启用前或关停后让新风机和排风机多运行1～2个循环。

10. 在传染病流行期内，应按照卫生防疫要求，做好空调通风系统中的空气处理设备的清洗消毒或更换工作，过滤器、表面式冷却器、加热器，加湿器、凝结水盘等易集聚灰尘和滋生细菌的部件，应定期消毒或更换。

11. 空调通风系统的消毒时间应安排在无人的晚间，消毒后应及时冲洗与通风，消除消毒溶液残留物对人体与设备的有害影响。

12. 从事空调通风系统消毒的人员，必须经过培训，使用合格的消毒产品和采用正确的消毒方法。

4.3　通风系统运行调节与维护

通风系统施工完毕后，正式进入运行前，为了达到预期的目的，需要进行测定与调试，通过对整个系统及系统各分支管的风量进行测定与调试，一方面可以发现通风系统设计、施工和设备性能等方面存在的问题，从而采取相应的措施，确保达到设计要求；另一方面也可以是运行人员熟悉和掌握系统的性能和特点，并为系统的经济合理运行积累资料。

对已投入运行的系统，当出现问题时，也要通过测试查找原因，进行调整改进。因此，对于系统的测定与调整，是检查通风系统设计是否达到预期效果的重要途径。

通风系统运行维护管理主要包括以下几个方面：

1. 建立健全组织机构和规章制度

根据各厂具体情况和通风除尘设备的多少，组织与此相适应的管理系统，制定必要的规章制度，如值班人员守则、故障报告、运行记录、检修程序表、计划预修制度等。

2. 职工教育和人员培训

对接触尘毒的人员要进行防尘防毒安全教育，操作有通风除尘设备的岗位生产人员应懂得如何正确使用和维护这些设备。专业维护人员还需接受故障排除等专门训练。

3. 系统运行

1) 值班运行　包括准备、开车、运行、停车等工作。此外尚需负责处置捕集下来的粉尘和泥浆。如设计文件或产品制造厂技术说明书有规定，则应按其要求运行。做好值班运行记录。

2) 故障排除　迅速排除故障，使系统恢复正常，并对故障原因进行分析，写出书面故障报告。

4. 定期检测

定期检测包括月度、季度和年度检查，根据系统的具体情况，规定检查的项目和要求。定期测定的内容包括环境粉尘浓度、系统风量和除尘器前后风管内粉尘浓度等项目。

5. 计划维修

对管道、风管、配件、风机、电机、除尘净化设备规定其使用年限、维修周期、所需工作量和材料；规定大、中、小修的年限和分工、划分内容；确定备品、备件的购置和生产等。

4.3.1　通风系统测定调整前的准备工作

通风系统测定调整工作应在工程完毕后，各系统的单机试运转、外观检查、现场清洁工作合格后进行。

4.3.1.1　熟悉设计资料

首先必须熟悉通风系统的全部设计资料，包括图纸和设计说明，了解系统设计意图、设计参数及系统全貌。重点了解与测定有关部分的内容，如系统组成、设备性能及使用方法等，弄清送、回风系统，供热和供冷系统及自动控制系统的组成、走向及特点，特别要明确各种调节装置和检测仪表的位置。

4.3.1.2　编制调试计划

测试计划的主要内容包括测定的目的、任务、时间、程序、方法和人员的安排等，以确保系统测定工作的顺利进行。

4.3.1.3　通风系统测试调整的仪表

通风系统的测定与调整是为了测量出风机的风量、风压、转数，总管风量与支管风量，通过测定与调整使其达到平衡；通过测定与调整使实际风量与设计风量的误差控制在小于10%范围内。

通风系统测定与调整中常用的测量设备有风压、风速测量设备。

1. 压力测量仪表

1) 弹簧管压力表

单圈弹簧管压力表可用于真空测量，也可用于气水等介质的高压测量，品种型号繁多，应用广泛。普通单圈弹簧管压力表的结构如图 4-38 所示。被测压力由接头 9 通入，迫使弹簧管 1 的自由端 B 向右上方扩张。自由端 B 的弹性变形位移由拉杆 2 使扇形齿轮 3 做逆时针偏转，于是指针 5 通过同轴的中心齿轮 4 的带动而做顺时针偏转，从而在面板 6 的刻度尺上显示出被测压力值。

2) U 形管压力计

压力计是将一根直径均匀的玻璃管弯成 U 型，固定在带有刻度标尺的底板上，刻度的零位在中间。根据使用场所不同，可在玻璃管内注入带有颜色的工作液如水、酒精或水银，使液面正好处于零位上，见图 4-39。

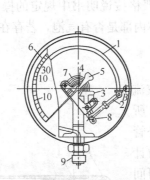

图 4-38 弹簧管压力表

1—弹簧管；2—拉杆；3—扇形齿轮；

4—中心齿轮；5—指针；6—面板；

7—游丝；8—调整螺钉；9—接头

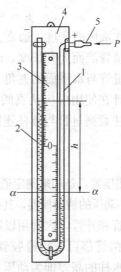

图 4-39 U 形管测压计

1—U 形玻璃量管；2—刻度尺零位；

3—刻度尺；4—底板；5—接头

测量压力时，将被测压力经接头与 U 形管接通，另一端与大气相通。如果测量压差时，可将被测压力分别接在 U 形管的两个管口上，这样玻璃管内两液面差所形成的压差与被测压差相平衡，于是被测压差即可求出。用 U 形压力计所测得的压力（或压差）一般习惯上用液柱高度来表示（如 mmH₂O，mmHg 等），也可以换算成以 Pa 为单位的压力值。读取测定数据时，应力求眼睛与液面相平，尽量减少视力造成的误差。

U 形压力计既可以用来测定正压，又可以用来测定真空度和负压，但精度由于标尺的刻度和人视力的限制而稍差一点。U 形管压差计的优点是简单可靠，可测微压。缺点是不能测过高压力，测量结果难以转换成电信号，因而难以远传、自动记录和用于动态测量。

3）倾斜式微压计

为了测得较小的压力，常采用倾斜式微压计。倾斜式微压计的作用原理与 U 形管相同，倾斜式微压计是在液柱式压力计的基础

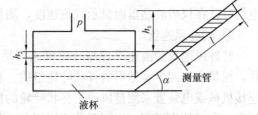

图 4-40 倾斜式微压计

上，将液倾斜放置于不同的斜率上制成的，其结构原理如图 4-40 所示。

倾斜式微压计由一根倾斜的玻璃毛细管做成测量管和一个横断面比测量管断面大得多的液杯构成。测量管与水平面间的夹角是可调的。当有一个压力 p 作用于液杯时，设液杯液面下降高度为 h_2，测压管液面升高为 h_1，则液柱上升总高度为

$$h = h_2 + h_1 = h_2 + l\sin\alpha \quad \text{Pa} \tag{4-3}$$

由于液杯面积远远大于测压管面积，因此 h_2 实际很小，可以忽略不计，所以

$$h = l\sin\alpha \tag{4-4}$$

于是所测压力为

$$p = 9.81\rho h = 9.81\rho l\sin\alpha \tag{4-5}$$

式中　ρ——工作液体的密度，通常为 0.81g/cm^3 的酒精；

　　　l——测量管液面上升长度，mm；

　　　α——测量管与水平面的夹角。

倾斜式微压计在使用中应认真阅读说明书，严格按说明书中规定的操作方法进行操作。同时还必须注意测量管与液杯连接管以及液体内部是否有气泡，若存在气泡将造成很大的测量误差。

4）毕托管

毕托管也称测压管，是用来测定通风管道中空气流动的全压、静压和动压的辅助仪器，其构造如图 4-41 所示。毕托管有内管和外管，内管用以测量全压，外管用以测量静压；两管都可以用橡胶管和 U 形压力计两端相连，所以水柱的高差即为动压。毕托管也可间接测定空气的流速。若用毕托管测空气流速应先测空气动压，为此应与倾斜式微压计配合使用。

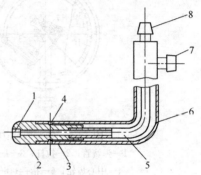

图 4-41　毕托管
1—全压测孔；2—测头；3—外管；
4—静压测孔；5—内管；6—管柱；
7—静压接口；8—全压接口

2. 风速测量仪表

风速测量仪表按工作原理不同有以下几种形式：

1）叶轮式风速仪

叶轮式风速仪的基本工作原理是利用气流推动仪器上的轻型叶轮，叶轮旋转的速度与气流速度成正比，叶轮转速可以通过机械传动装置连接到指示或计数设备。常用于测量风口的出风速度和换热器等设备的迎面风速。叶轮风速仪的测量范围为 $0.4\sim30\text{m/s}$，分辨率一般在 0.1m/s 左右，超风速使用会造成损坏。测量时必须保证叶轮全部放置于气流流束之中，气流方向与叶轮的平面应垂直，要待气流推动叶轮转动 $20\sim30\text{s}$ 后再启动开关开始测量。电子式叶轮风速仪可将叶轮转动速度转换成电信号，在仪表液晶盘面显示气流速度，测量精度高于自记式风速仪。

2）转杯风速仪

转杯风速仪的测速原理与叶轮风速仪是一样的，指示转动部件不是扭转成一定的薄片，而是由三四个半球形的杯状叶轮组成。利用杯状叶轮在空气中两侧受力不同而转动，连接机械或电装置来测量风速。杯状叶轮的机械强度比较大，风速测量范围上限相应也比较高。由于精度不高。空调系统应用不多，常用在大气的风速测量中。

3）热电式风速仪

热球式风速仪的基本原理是根据空气热物体的散热率与流速存在一定的对应关系而制成的测量仪表。

热球式风速仪由测头和测量仪表两部分组成。测头由电热线圈和热电偶组成，根据测头的结构不同，热电风速仪又分为热线式和热球式两种。当热电偶焊接在电热丝中间时，为热线式风速仪。热球式风速仪是一种能测低风速的仪器，其测定范围较宽为 $0.05\sim30\text{m/s}$，精度为 $\pm3\%$。

测杆的头部有一直径 0.8mm 的玻璃球，球内绕有加热玻璃球用的镍铬丝线圈和两个串联的热电偶。热电偶的冷端连接在磷铜质的支柱上，直接暴露在气流中。当一定大小的电流通过加热线圈后使玻璃球的温度升高，升高的程度和气流的速度有关，流速小时升高的程度大，反之升高的程度小。升高程度的大小通过热电偶产生热电势在表头上指示出来，在经过校正后，即可用表头的读数表示气流的速度大小。

4.3.2 通风系统的测定与调节

4.3.2.1 通风管道风压、风速、风量的测试

1. 测量位置和测试点

1) 测量位置的选择

通风管道内的风速及风量，是通过测量压力换算得到的。测量管道中气体的真实压力值，除了正确使用测压仪器外。还要合理选择测量断面，以减少气流扰动对测量结果的影响。测量断面应尽量选在气流平稳的直管段上，即尽可能地选在远离产生涡流的局部构件（如三通、风门、弯头、风口等）地方。当测量断面设在弯头、三通等异形部件前面（相对气流流动方向）时，与这些部件的距离应大于 2 倍管径。当测量断面设在上述部件后面时，与这些部件的距离应大于 4～5 倍管径。如图 4-42 所示。当测试现场难以满足要求时，为减少误差。可适当增加测点。但是，测量断面位置距异形部件的最小距离至少是管径的 1.5 倍。

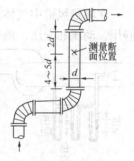

图 4-42　测量断面位置示意图

测量动压时如发现任何一个测点出现零值或负值，表明气流不稳定，该断面不宜作为测定断面。如果气流方向偏出风管中心线 15°以上。该断面也不宜作测量断面（检查方法：毕托管端部正对气流方向，慢慢摆动毕托管，使动压值最大，这时毕托管与风管外壁垂线的夹角即为气流方向与风管中心线的偏离角）。选择测量断面时还应考虑测量操作时的方便和安全。

2) 测试孔和测试点的选择

由于速度分布的不均匀性，压力分布也是不均匀的，因此，必须在同一断面上多点测量，然后求出该断面的平均值。

（1）圆形风道

在同一断面设置两个彼此垂直的测孔，并将管道断面分成一定数量的等面积的同心环，同心环的划分环数按表 4-6 确定。

圆形风管的划分环数　　表 4-6

风管直径 D（mm）	≤300	300～500	500～800	850～1100	>1150
划分环数 n	2	3	4	5	6

图 4-43 是划分为三个同心环的风管的测点布置图，其他同心环的测点可参照布置。对于圆形风道，同心环上各测点距风道内壁的距离系数列于表 4-6。测点越多，测量精度越高。

（2）矩形风道

可将风道断面划分为若干等面积的小矩形.测点布置在每个小矩形的中心，小矩形每边的长度为 200mm 左右，如图 4-44 所示。

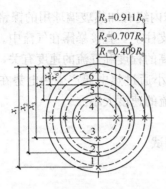

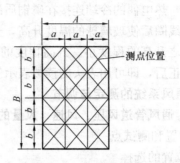

图 4-43　圆形风道测点布置图　　图 4-44　矩形风道测点布置图

2. 风道内压力的测量

1) 测量原理

在测量风道中气体的压力时,应在气流比较平稳的管段处进行。测试中应测定气体的静压、动压和全压。测气体全压的孔口应迎着风道中的气流方向,测静压的孔口应垂直于

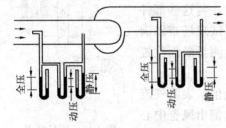

图 4-45　风道中气体压力的测量

气流的方向。风道中气体压力的测量如图 4-45 所示。用 U 形压力计测全压和静压时,另一端应与大气相通(用倾斜微压计在正压管段测定时,管的一端应与大气相通,在负压管段测压时,容器开口端应与大气相通)。因此压力计上读出的压力,实际上是风道内气体压力与大气压力之间的压差(即气体相对压力)。大气压力一般用大气压力表确定。由于全压等于动压与静压的代数之和,因此可以只测其中的两个值,另一个值通过计算求得。

2) 测量方法

气体压力(静压、动压和全压)的测量通常是用插入风道中的测压管将压力信号取出,并在与之连接的压力计上读出,常用的仪器有毕托管和压力计。测量的方法是:

(1) 测试前,将仪器调整为水平,检查液柱有无气泡,并将液面调至零点,然后根据测定内容用橡皮管将测压管与压力计相接。图 4-46 为毕托管与 U 形压力计测量烟气全压、静压、动压的连接方法。图 4-47 为毕托管与倾斜式微压计的连接方法。

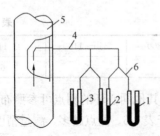

图 4-46　毕托管与 U 形压力计的连接

1—测全压;2—测动压;3—测静压;
4—毕托管;5—风道;6—橡皮管

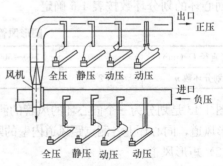

图 4-47　毕托管与倾斜式微压计
的连接方法

（2）测压时，毕托管的管嘴要对准气流流动方向，其偏差不大于 5°，每次测量反复三次，取平均值。

3. 管道内风速的测量

常用管道内风速的测量方法可分为直读式和间接式两大类。

1）直读式

常用的直读式测速仪是热球式热电风速仪，仪器的测量部分采用电子放大线路和运算放大器，并用数字显示测量结果。测量的范围为 0.05～19.0m/s（必要时可扩大至 40m/s）。

仪器中还设有 P-N 结温度测头，可以在测量风速的同时测定气流的温度。这种仪器适用于气流稳定输送清洁空气，流速小于 4m/s 的场合。

2）间接式

先测得管内某点动压，可以计算出该点的流速。用各点测得的动压取均方根，可以计算出该截面的平均流速。

$$v = \sqrt{\frac{2p_d}{\rho}} \tag{4-6}$$

$$v_p = \sqrt{\frac{2}{\rho}}\left(\frac{\sqrt{p_{d1}} + \sqrt{p_{d2}} + \cdots + \sqrt{p_{dn}}}{n}\right) \tag{4-7}$$

式中　　p_d——动压值，断面上各测点动压值；

　　　　v_p——平均流速是断面上各测点流速的平均值；

　　　　n——划分环数。

此种方法虽较繁琐，但由于精度高，在通风系统测试中得到广泛应用。

4. 风道内风量计算

在平均风速确定以后，可按下式计算管道内的风量

$$L = 3600v_pF \tag{4-8}$$

式中　　L——风量（m³/h）；

　　　　v_p——风道内的平均风速（m/s）；

　　　　F——管道断面积（m²）。

风管内的风速、风量与大气压力和管内气流温度有关，所以在给出风速、风量的同时，也应该给出气流的温度、大气压力。

5. 局部风罩口风量的测量

1）风速测量

风速测量一般用匀速移动法、定点测定法。

（1）匀速移动法

①测定仪器：叶轮式风速仪。

②测定方法：对于罩口面积小于 0.3 m² 的排风罩口，可将风速仪沿着整个罩口断面按图 4-48 所示的路线慢慢地匀速移动，移动时风速仪不得离开测量平面，此时测得的结果是罩口平均风速。按此方法进行三次，取其平均值。

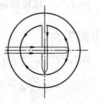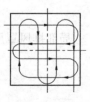

图 4-48　罩口平均风速测定路线

（2）定点测量法

①测量仪器：热球式热电风速仪

②测定方法：对于矩形排风罩，按罩口断面的大小，把它分为若干个面积相等的小方块，小方块的边长约为风速仪直径的 2 倍左右，在每个小方块的中心处测其气流速度。断面面积大于 0.3 m² 的罩口，可分为 9～12 个小块测量，每个小块的面积小于 0.06 m²，见图 4-49(a)；断面积小于或等于 0.3 m² 的罩口可取 6 个测点测量，见图 4-49(b)；对于条缝形排风罩，在其高度方向上至少应有两个测点，沿条缝长度方向根据其长度可以分别取若干个测试点，测点间距小于或等于 200mm，见图 4-49(c)；对圆形罩至少取 4 个测点，测点间距小于或等于 200mm，见图 4-49(d)。罩口平均风速可按算术平均值计算。

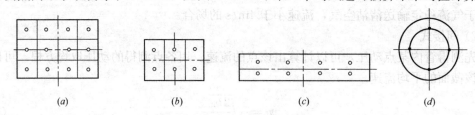

(a)　　　　　(b)　　　　　(c)　　　　　(d)

图 4-49　各种形式罩口测点布置

2）风量测量

（1）动压法测量风罩的风量

如图 4-50 所示，测出断面 1-1 上各测点的动压，按式（4-8）计算该断面上各测点流速的平均值 v_p，则排风罩的排风量可由式（4-7）计算确定。

$$v_p = \frac{v_1 + v_2 + \cdots + v_n}{n}\ (\text{m/s}) \tag{4-9}$$

（2）静压法测量风罩的风量

在现场测定时，各管件之间的距离很短，不易找到比较稳定的测定断面，用动压法测量流量有一定困难。在这种情况下，按图 4-51 所示，通过测量静压求得排风罩的风量。

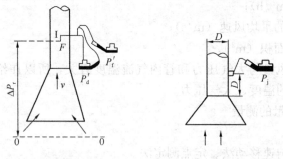

图 4-50　排风罩排风量　　　图 4-51　静压法测量排风量

局部排风罩压力损失为：

$$\Delta p_d = p_q^0 - p_q' = 0 - (p_j' + p_d') = -(p_j' + p_d')$$
$$= \xi \frac{v_1^2}{2}\rho = \xi p_d' \tag{4-10}$$

式中　p_q^0——罩口断面的全压，Pa；

p_q'——1-1 断面的全压，Pa；

p_j'——1-1 断面的静压，Pa；

p'_d——1-1 断面的动压，Pa；

ξ——局部排风罩的局部阻力系数；

v_1——断面 1-1 的平均流速，m/s；

ρ——空气的密度，kg/m³。

通过公式（4-10）可以看出，只要已知排风罩的流量系数及管口处的静压，即可测出排风罩的流量。

$$\sqrt{p'_d} = \frac{1}{\sqrt{1+\xi}}\sqrt{|p'_j|} = \mu\sqrt{|p'_j|} \tag{4-11}$$

$$L = v_1 F = \sqrt{\frac{2p'_d}{\rho}}F = \mu F\sqrt{\frac{2}{\rho}}\sqrt{|p'_j|} \tag{4-12}$$

各种排风罩的流量系数可用实验方法求得，从公式（4-11）可以看出：

$$\mu = \sqrt{\frac{p'_d}{|p'_j|}} \tag{4-13}$$

μ 值可以从有关资料查得。由于实际的排风罩和资料上给出的不可能完全相同，按资料上的 μ 值计算排风量会有一定的误差。

在一个有多个排风点的排风系统中，可先测出排风罩的 μ 值，然后按公式 4-11 计算出各排风罩要求的静压，通过调节静压来调整各排风罩的排风量，这样可使工作量减小。上述原理也适合于送风系统风量的调节。如均匀送风管上要保持各孔口的送风量相等，只需调整出口处的静压，使其保持相等。

4.3.2.2 送风参数与系统风量的测定与调整

1. 系统送风参数的测试

风量测试的目的是检查系统和各房间风量是否符合设计要求。风量测试包括总送风量、总回风量，新风量，一、二次回风量，排风量以及各分支管和房间风量。

测试系统风量时一般常用叶轮式风速仪和毕托管，微压计等仪表。叶轮式风速仪用于测试新风进口和房间送、回风口等处的风量，毕托管和微压计用以测量各风管中的风量。在风管内测试风量与前述通风系统风压、风速和风量的测试方法完全相同，这里不再重述。

风口处的气流一般比较复杂，测试风量比较困难，只有在分支管口处不能测试时，才在风口处进行测试。

1）送风口风量测试

测试带有格栅的送风口，可用叶轮式风速仪紧贴在风口平面测试风量（由于送风口存在射流，用叶轮风速仪测试比用热球风速仪要好）。当风口面积较大时，可将风口划分为边长约等于 2 倍风速仪直径且面积相等的小方块，逐个测试中心风速，可按下式计算平均风速、风量：

$$L = \frac{Cv_p(f + f_{yx})}{2} \tag{4-14}$$

式中 v_p——风口断面的平均风速，m/s；

f——风口的轮廓面积，m²；

f_{yx}——风口的有效面积，m²；

C——修正系数，送风口 C 取 $0.96 \sim 1.0$。

当送风口气流偏斜时，应临时安装长度为 $0.5 \sim 1.0\text{m}$ 断面尺寸与风口相同的短管进行测试。

2）回风口的风量测试

由于回风口吸气气流作用范围小，气流较均匀，故应贴近回风口格栅测试风速。用测试送风口的方法确定平均风速，再按式（4-14）计算风量，修正系数 C 可取 $1.0 \sim 1.08$。

2. 系统风量的调节

系统风量调节的目的将系统各管段的风量控制在设计风量，使系统的风量达到预定的设计要求。风量调节是利用风管系统上的调节阀门来调节开度，从而改变系统中各管段的阻力，从而使各管段的风量达到设计风量。

由流体力学可知，风管的阻力近似与风量的平方成正比，即：

$$H = SL^2 \tag{4-15}$$

式中　H——风管阻力；

　　　L——风量；

　　　S——风管阻力特征系数；它与风管局部阻力情况和摩擦阻力情况等因素有关。对同一风管，如果只改变风量，其他条件不变，则 S 值基本不变。

在图 4-52 所示的送风系统中，管段 1 的阻力为 H_1（风量为 L_1，阻力特征系数为 S_1），管段 2 的阻力系数为 H_2（风量为 L_2，阻力特征系数为 S_2），则 $H_1 = S_1 L_1^2$，$H_2 = S_2 L_2^2$；由于三通阀两侧支管的阻力应平衡，即 $H_1 = H_2$，所以 $S_1 L_1^2 = S_2 L_2^2$。则

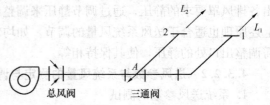

图 4-52　风量分配示意图

$$\frac{S_1}{S_2} = \frac{L_2^2}{L_1^2} \quad \text{或} \quad \sqrt{\frac{S_1}{S_2}} = \frac{L_2}{L_1} \tag{4-16}$$

如果不变动节点 A 处三通调节阀的阀片位置，两管段的阻力特征系数之比仍然保持一个常数，即：

$$\sqrt{\frac{S_1}{S_2}} = \text{常数}$$

如果改变送风机出口干管上总风阀的阀片位置，也就改变了干管的阻力，则其总风量发生变化，管段 1、2 的风量也随之发生变化，即 L_1 变为 L_1'，L_2 变为 L_2'。但是，由于节点 A 处的三通阀阀片并没有变动，所以

$$S_1 L_1'^2 = S_2 L_2'^2 \quad \text{或} \quad \sqrt{\frac{S_1}{S_2}} = \frac{L_2'}{L_1'} \tag{4-17}$$

将式（4-16）和式（4-17）作比较可得：

$$\frac{L_2}{L_1} = \frac{L_2'}{L_1'} = \text{常数} \tag{4-18}$$

由式（4-18）可知，只要节点 A 处的三通阀阀片不再变动位置，不论它前面的总风量如何变化，管段 1、2 中的风量总是按照一定比例进行分配的，风量调节就是根据这个原理进行的。

目前国内常用的风量调节方法有风量等比分配法、基准风口调节法和逐渐分支调节法等。

1）风量等比分配法

采用风量等比分配法，一般应从最远管段即最不利的风口开始，逐步地调向风机。调节步骤是：

（1）绘制系统简图，标出各风口、管段的风量。

（2）按表4-7所示格式计算并列出各相邻管段间的设计风量比例。

风量等比分配法调节表　表4-7

管段编号	设计风量（m³/h）	相邻管段设计风量比	调节后实际风量的比例
1			
2			
⋮			
n			

（3）从最远管段开始，采用两套仪器分别测量相邻管段的风量，调节三通调节阀或支管上调节阀的开度，使所有相邻支管间的实测风量比值与设计风量比值近似相等。

（4）最后调节总风管的风量达到设计风量。根据风量平衡原理，各支管、干管的风量就会按各自的比值进行分配，从而符合设计风量值。风量等比分配法比较准确，节省调试时间，但每一管段上都要打测孔，实际工程中由于空间狭窄，往往无法做到，因此限制了它的广泛采用。

2）基准风口调节法

基准风口法一般是先找出系统风量与设计风量比值最小的风口，然后以此风口风量为基础对其他风口进行调节。基准风口调节法不需要打测孔，可减少调试工作量，加快调试速度。调节步骤为：

（1）用检验过的风速仪测出所有风口的风量，按表4-8所示的格式列出。

基准口法调整表　表4-8

风口编号	设计风量（m³/h）	最初实测风量（m³/h）	$\dfrac{最初实测风量}{设计风量} \times 100\%$
1			
2			
3			
4			
⋮			
n			

（2）在每一支干管上选择最小比值的风口作为基准风口，用两套仪器一组一组地同时测试各支管上基准风口和其他风口的风量（测试基准风口的仪器不动），借助三通调节阀使两风口的实测风量与设计风量比值的百分数近似相等，若假定风口1为基准风口，则：

$$\frac{L_{1C}}{L_{1S}} \times 100\% \approx \frac{L_{2C}}{L_{2S}} \times 100\% \tag{4-19}$$

$$\frac{L'_{1C}}{L_{1S}} \times 100\% \approx \frac{L_{3C}}{L_{3S}} \times 100\% \tag{4-20}$$

$$\frac{L''_{1C}}{L_{1S}} \times 100\% \approx \frac{L_{4C}}{L_{4S}} \times 100\% \tag{4-21}$$

式中 L_{1S}，L_{2S}，L_{3S}，L_{4S}，——风口设计风量，m^3/h

L_{1C}，L'_{1C}，L''_{1C}，L_{2C}，L_{3C}，L_{4C}，——基准风口 1 分别与 2、3、4 配对时的实测风量，m^3/h。

（3）将总干管上的风量调节到设计风量，则各支干管、各风口的风量就会自动进行等比分配，达到设计风量。对风口的形状、规格和设计风量相同的侧送风口，可在同一位置上贴同样大小的纸条，初步调节到使纸条吹到大致相同的倾斜角度，即风口风量基本均匀后，再用仪器测量和调整，则可以加快调试速度。

3）逐段分支调整法

逐段分支调整法一般用于较小系统的调整。该方法实为逐步渐近法，反复逐渐调整各管段风量，使其达到设计风量。在系统风量调整结束后，应用红油漆在所有风阀手柄上做出标记并加以固定。

4.3.3 风机的运行调节与维护

4.3.3.1 风机的试运转

1. 风机试运行前的准备工作

1）风机试运转开车前应全面检查机组的气路、油路、电路和控制系统是否达到设计要求。

2）检查进气系统、消声器、伸缩节和空气过滤器的清洁度和安装是否正确。特别是应注意检查叶轮前面的部位、进气口和进气管。

3）检查油路系统油号是否符合规定，加油是否至规定的油位。

4）若风机采用水冷式，则应检查管路和阀门安装是否正确，水压是否正常，有无泄漏。

5）检查风机各部件的间隙尺寸，转动部分与固定部分有无碰撞及摩擦现象。

2. 风机试运转

试运转的目的是为了检查开/关顺序和电缆连接是否正确。

1）试运转时，恒温器、恒压器和各种安全监测装置已经过实验，并应具有满意的结果。

2）启动风机前必须手动盘车检查，各部分不应有不正确的撞击声。

3）瞬时点动机组主电机，最多 2～3s，检查主机电机转动方向是否正确。若方向不对，电机需重新接线。转动方向不对，几秒钟内就会造成鼓风机和齿轮箱永久性损坏。

4）试运转期间应检查风机轴承温度、电流、冷却水等情况是否正常。当轴承温度没有特殊要求时，轴承温升不得超过周围环境温度的 40℃；如发现风机有剧烈振动、撞击、轴承温升迅速上升等现象时，则必须紧急停车。

5）为防止电机过载烧毁，在风机启动时，必须在无载荷（将进风阀门关闭，出风阀门稍开）的情况下进行，如情况良好，逐步开启阀门直到规定的工况为止。在运转过程中应严格控制电流，不得超过额定值。

4.3.3.2 风机性能的测定与风量调整

1. 风机转速的测定

使用转数表可直接测量风机或电动机的转速。采用皮带传动的风机如果对于风机的转速不便直接测出时，可采用电动机的实测转速，按下式换算出风机的转速，即

$$n_f = \frac{n_d D_d}{D_l K_p} \tag{4-22}$$

式中　n_f，n_d——风机、电动机的转速，r/min；

　　　D_f，D_d——风机、电动机带轮的直径，mm；

　　　　　K_p——皮带的滑动系数，取 $K_p = 1.05$。

2. 风机轴功率的测定

风机的轴功率也就是电动机的输出轴功率，对于电动机功率的测定，可采用以下几种方法。

① 用电度表转盘转数测定电动机的轴功率，一般采用电度表转盘转 10 转所需要的时间来计算，其计算式为

$$n = \frac{10}{Kt} \times 3600 C_r P_r \tag{4-23}$$

式中　n——电动机功率，kW；

　　K——电度表常数，即每千瓦时电度表转盘的转数；

　　t——电度表转盘每 10 转所需时间，s；

　　C_r——电流互感器的变化值；

　　P_r——电压互感器的变化值。

② 利用钳型电流表和万用表测定电动机的功率。用钳型电流表可测得三相电流值 I_A、I_B、I_C，用万用表的交流电压挡测出主电路的电压值 V_{AB}、V_{AC}、V_{BC}，则由于

$$I = \frac{I_A + I_B + I_C}{3} \tag{4-24}$$

$$V = \frac{V_{AB} + V_{AC} + V_{BC}}{3} \tag{4-25}$$

于是电动机轴功率为

$$N = \frac{\sqrt{3} VI \cos\phi}{1000} \eta_d \tag{4-26}$$

式中　$\cos\phi$——电动机的功率因数，0.8~0.85；

　　　η_d——电动机效率，0.8~0.9。

3. 风机的效率

在风机的风量 Q、全压 p_q 测出来之后，便可利用下式求出风机的效率，即

$$\eta = \frac{Q \times P_q}{1000 \times \eta_r \times \eta_f} \tag{4-27}$$

式中　Q——风机风量（m^3/s，Nm^3/s）；

　　P_q——风机全压（kg/m^2）；

η_f——风机效率；

η_r——转动装置效率。

4. 风机风量的调整方法

风机风量的调整方法有以下两种：

1) 改变风管系统阻力的调节方法又称节流调节法。这种方法是利用通过风管中的各种阀门的开启度大小形成气流的节流，来改变管路系统中的阻力，从而改变管网特性曲线，达到调节流量的目的。此时风机的特性曲线并不发生变化，由于管路系统阻力的变化使风机运行工况点位置发生变化。如图 4-53 所示，图中的 DF 为风机的压力（p-Q）性能曲线，设 CE 为风管系统中所有的风阀均为开启（全开）状态时的管路特性曲线，风机在此状态下运行时的效率为 η_1、所耗功率为 N_1，风机流量和风压分别为 Q_1 和 p_1，风机的运行工况点为 1。如果将风管系统中的风阀关至某一开度，由于风管系统的阻力提高，其管路特性曲线将变为 CE'，在此运行工况条件下，将有 $Q_2 < Q_1$、$p_2 > p_1$、$N_2 < N_1$、$\eta_2 < \eta_1$。也就是说，利用改变风管系统的阻力调节的方法进行离心风机的运行调节时，风机的效率将下降，功率消耗将降低。

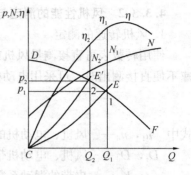

图 4-53 改变风管系统阻力时的
风机运行工况点的改变

2) 改变风机转速的调整方法 当风机的转速发生变化时，风机的性能参数也就发生相应变化。对于同一台风机来说，有如下关系，即

$$\frac{Q_1}{Q_2} = \frac{n_1}{n_2} \tag{4-28}$$

$$\frac{p_1}{p_2} = \left(\frac{n_1}{n_2}\right)^2 \tag{4-29}$$

$$\frac{N_1}{N_2} = \left(\frac{n_1}{n_2}\right)^3 \tag{4-30}$$

根据以上的关系式便可确定风机在不同转速时的性能曲线，如图 4-54 所示。设风机的转速为 n_1 时风机性能曲线为 n_1，风管系统的特性曲线为 CE，此时风机的运行工作点为 1，有风压、风量为 p_1、Q_1。当风机转速由 n_1 降到 n_2 时，则风机的性能曲线将变为曲线 n_2，风管系统特性曲线维持不变的情况下，风机运转的工作点将由 1 变为 2，且有 $Q_2 < Q_1$、$p_2 < p_1$。如果将风机的转速由 n_2 降为 n_3 时，随着风机性能的变化，风机将在 3 点工作，同时有 $Q_3 < Q_1$、$p_3 < p_1$。风机在转速改变后，其效率基本不变，但所耗电功率将发生较大变化。

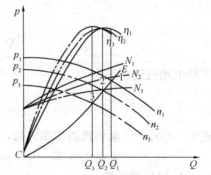

图 4-54 改变风机转速时的运行
调节示意图

5. 改变风机转速的方法

1) 改变驱动风机的电动机的转速。用电动机拖动的风机可以在电动机的转子电路中串联变阻器来改变电动机的转速。该方法必然要增加附属设备，即增加设备的投资，同时

又增加了电阻的电能消耗。此外，也可以采用调速电动机来改变风机的转速。

2）更换电动机的带轮直径的大小改变风机的转速，实现风机性能的改变。

3）改变风机入口处导流叶片角度，可以改变风机的性能。有些风机在其入口处设有供调节风量的导流叶片，如《采暖通风标准图》T301-5型离心式通风机圆形瓣式启动阀。当调节阀叶片的角度发生改变时，即可使风机本身的性能发生变化。这是由于调节阀叶片的开启角度，使进入叶轮叶片的气流方向有所改变所致。可以变动调节阀叶片角度的转轴径向安装于风机的进风口处。当调节阀全开时，其叶片转角为0°，这时叶片方向与气流方向平行，风机将在设计流量下工作；当调节阀逐渐全部关闭，其叶片的方向将由0°增大到90°，与气流方向垂直。所以将圆形瓣式启动阀看作是风机的一个构件，同时又属于风管系统的一个组成部分。

如图4-55所示，图中1点为风机入口圆形瓣式启动阀全开时，风机在一定管路系统中的工作状态点；2点为风机入口圆形瓣式启动阀关至某一位置（即阀叶片有一定角度，0°<θ<90°）时，风机在同一管路系统中的工作状态点；3点为风机入口圆形瓣式启动阀再关一定角度时，在同一管路系统中的工作状态点。由图可看出：在同一管路系统中，随着风机入口圆形瓣式启动阀叶片角度由0°到90°的变化，风机性能曲线变得越来越陡，直至全部关闭，风机风量$Q=0$，而全压全部变为静压达到最大值。

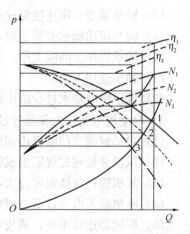

图4-55 改变风机入口圆形瓣式启动阀叶片角度时风机性能曲线

采用调节风机入口圆形瓣式启动阀的叶片角度来改变风机性能的方法，将会降低风机的效率，但其结构简单、使用可靠、维护方便等特点使其得到了广泛应用。

以上几种风机风量的调整方法各有不同，但是比较而言，采用调速电动机改变转速的方法和改变风机入口处导流叶片角度改变风机的性能的方法，比较简单易行，而且设备的成本也没有太大提高。

4.3.3.3 风机的维护与保养

1. 风机维护工作注意事项

1）只有风机设备完全正常的情况下方可运转。

2）如风机设备在检修后开动时，则需注意风机各部位是否正常。

3）定期清除风机内部积灰、污垢等杂质，并防止生锈。

4）为确保人身安全，风机的维护必须在停车时进行。

2. 风机正常运转的注意事项

1）在风机开车、停车或运转过程中，如发现不正常现象时立即进行检查。若是小故障应及时查明原因设法消除。若发现大故障应立即停车检修。

2）除每次检修后应更换润滑剂外，正常情况下根据实际情况更换润滑剂。

3. 通风机主要故障及原因

1）风机剧烈振动

（1）风机轴与电机轴不同心、带轮槽错位；

（2）机壳或进风口与叶轮摩擦；

（3）基础的刚度不够或不牢固；

（4）叶轮铆钉松动或叶轮变形；

（5）叶轮轴盘孔与轴配合松动；

（6）机壳、轴承座与支架，轴承座与轴承盖等连接螺栓松动；

（7）风机进、出口管道安装不良，产生共振；

（8）叶片有积灰、污垢，叶片磨损，叶轮变形，轴弯曲，使转子产生不平衡。

2）轴承温升过高

（1）轴承箱剧烈振动；

（2）润滑剂质量不良，变质或含有灰尘、砂粒、污垢等杂质或填充量不足；

（3）轴承箱盖、座连接螺栓的紧力过大或过小；

（4）轴与滚动轴承安装歪斜、前后安装轴承不同心；

（5）轴承损坏、间隙太小，不符合质量要求；

（6）轴承选用不当；

（7）轴承座冷却水过少或中断。

3）电动机电流过大和温升过高

（1）启动时调节门或管道阀未关严，带负荷启动；

（2）风机流量超过规定值或管道漏风；

（3）风机输送气体密度过大，压力过高；

（4）电机输入电压过低，或电源单项断电；

（5）联轴器连接不正，或皮带过紧；

（6）轴承箱剧烈震动；

（7）并联风机工作情况恶化或发生故障。

4）出口压力偏高，流量减小

（1）气体成分改变，气体温度过低或气体所含固体介质增加，使气体比重加大；

（2）出气管道或风门被烟灰或杂物堵塞；

（3）进气管道或风门被烟灰或杂物堵塞；

（4）储物管道破裂或法兰密封不严；

（5）气体导向装置装反。

5）出口压力偏低，流量增大

（1）气体温度过高，气体比重降低；

（2）进气管道破裂或法兰密封不严。

6）风机出力降低的原因大致如下。

（1）管道阻力曲线改变（如堵塞、泄漏等），使风机工作点改变；

（2）风机因磨损严重或制造工艺不良；

（3）由于转速降低；

（4）风机在不稳定区工作。

4.3.4　除尘系统的运行调节与维护

在工业通风中，测定空气中粉尘含量的主要目的是，按照国家标准检验车间工作区空气中含尘浓度是否达到要求，为设计和改进除尘器装置提供依据，测定各种除尘设备的效果。

4.3.4.1 除尘系统测定

除尘器性能测定

除尘器的基本性能指标有处理风量、阻力和除尘效率。其测定方法及使用仪表均与前述的风量、风压、含尘浓度的测定相同。测定装置如图 4-56 所示。

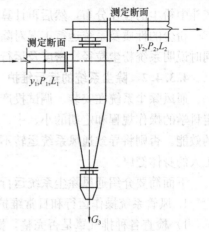

图 4-56 除尘器性能测定示意图

1）除尘器处理风量的测定

除尘器处理的风量是反映除尘器处理气体能力的指标。除尘器处理风量应以除尘器进口的流量为依据，除尘器的漏风量或清灰系统引入的风量均不计入处理风量之内。在测定除尘器处理风量时，应同时测出除尘器进出口的风量，取其平均值作为除尘器的处理风量。如所测得的除尘器进出口风量相差较大，即说明除尘器本体或各连接处漏风严重，则应先消除漏风后再进行测定。

2）除尘器的阻力

除尘器进出口接管处的全压差即为除尘器阻力。即

$$\Delta p = p_1 - p_2 \quad \text{Pa} \tag{4-31}$$

式中　Δp——除尘器阻力，Pa；

　　p_1——除尘器进口处的平均全压，Pa；

　　p_2——除尘器出口处的平均全压，Pa。

3）除尘器效率的测定

现场测定时，由于条件限制，一般采用质量浓度法测定除尘器的效率。即

$$\eta = \frac{y_1 - y_2}{y_1} \times 100\% \tag{4-32}$$

式中　η——除尘器全效率，%；

　　y_1——除尘器进口处平均含尘浓度，mg/m³；

　　y_2——除尘器出口处平均含尘浓度，mg/m³。

测定时，必须用同样的仪器，在进、出口同时采样。由于除尘器多少存在漏风现象，为了消除漏风对测定结果的影响，应按下式计算除尘器全效率。

在吸入段（$L_2 > L_1$）：

$$\eta = \frac{y_1 L_1 - y_2 L_2}{y_1 L_1} \times 100\% \tag{4-33}$$

在压出段（$L_1 > L_2$）：

$$\eta = \frac{y_1 L_1 - y_1 (L_1 - L_2) - y_2 L_2}{y_1 L_1} = \frac{L_2}{L_1} \left(1 - \frac{y_2}{y_1}\right) \times 100\% \tag{4-34}$$

式中　L_1——除尘器进口断面风量，m³/h；

L_2——除尘器出口断面风量，m^3/h。

测定除尘器分级效率时，应首先测出除尘器进、出口处的粉尘粒径分布或测出进口和灰斗中粉尘的粒径分布，然后再计算除尘器的分级效率。

粉尘的性质及系统运行工况对除尘器效率影响较大，因此给出除尘器全效率时，还应同时说明系统粉尘粒径、密度及运行工况。或者直接给出除尘器的分级效率。

4.3.4.2 除尘系统的运行维护

通风除尘系统在安装、调试投产后，必须由专职维护及检修人员运行维护。同时应制定科学的操作规程和定期的小、中、大修制度，以保证系统的正常运转，充分发挥其设备的效能。否则将导致通风系统运转不正常，不能很好地排除有害物，造成环境污染，影响工人的身体健康。

下面简要介绍通风除尘系统运行维护的基本知识。

1. 风管系统操作运行和日常维护

1）检查各种排气罩是否完整，操作门和检查孔、盖是否完好，用毕后是否关好。

2）风管经初步调整后，必须将调节阀板固定好，并做出标记，不要轻易变动。

3）经常检查风口、法兰连接处、清扫口、罩子等气密性和完好程度，如发现漏风和破损应及时检修。

4）经常检查风管内部有无积尘。如发现在敲打风管时，声音闷哑或管内动压比正常数值减小很多，说明风管已被堵塞或积尘，应及时清扫。

5）有接地的风管系统，如木工除尘系统，要定期检查其接地装置是否有效。

6）经常检查阀门、风口、清扫孔等的启闭情况，特别是防爆阀是否由于锈蚀而失灵。

7）检查与工艺设备（过程）联锁的装置（如水力或蒸汽除尘阀门开启度与物料量的联锁；犁式刮板与插板阀的联锁等）是否准确、有效。

8）设有排除有害气体的全面通风系统时，为了防止工人刚上班，因非生产时间产生的有害物而中毒，全面排风系统应在工人上班前开动，使室内有害物浓度降到容许浓度以下。

2. 除尘设备

1）旋风除尘器

（1）检查所有检查门和下部锁气装置是否动作灵活和紧闭严密。

（2）检查除尘器本体是否严密、清洁。

（3）检查除尘器各结合部位的气密性，消除漏灰、漏气现象。

（4）如系统初次运行，则需检查除尘器进出口的风管连接正确与否，同时测定除尘器的风量、风压、管内粉尘浓度、电机电流的数值，以便日常运行时作对比参考。

（5）检查锁气装置出灰情况，泄灰是否通畅，除尘器本体有否粉尘堵塞。

（6）初次投入运行时，最好记录电动机电流安培数。运行后，如超过初值，则表明风机处理了更多的风量；如低于初值，则表明系统阻力过大，因而风量减少。

（7）每班检查除尘器排风管出口的粉尘浓度（目测法），发现粉尘排放浓度有异常增高时，应查找原因。

（8）检查除尘器的磨损情况，特别是处理磨琢性粉尘时，除尘器的入口和锥体部分很容易被磨损，应及时修补（最好衬胶或作耐磨处理）。

（9）为防止粉尘的附着和腐蚀，除尘作业结束后让除尘器继续运行一段时间，直到除尘器内完全被清洁空气置换后方可停止除尘器运行。

（10）系统停止后，应清除灰斗内积尘，以防粘结。

2）袋式除尘器

（1）运行前应检查除尘器各个检查门是否关闭严密；各转动或传动部件是否润滑良好。

（2）处理热、湿的含尘气体时，除尘器开车前应先预热滤袋，使其超过露点温度10～15℃，以免尘粒粘在滤袋上。预热时间约需 5～15 min。预热期间滤袋和风机应　直运转着，而清灰机构不运行。预热完毕，则整个系统才可投入正常运行。如系统另外设有热风和热装置，则应先运行。运行中如发生酸性结露，应打开旁通．直到结露消除为止，否则会很快损坏滤袋。

（3）即使除尘器已经保温，滤袋的预热仍然是必要的。因为如除尘器整夜停止运行，即使保温了，仍会达到周围气温。保温仅仅使预热时间有所缩短，并在启动和停车后保持滤袋有些余温。

（4）运行时，要始终保持除尘器灰斗下面排灰装置运转。不宜将除尘器的下部灰斗作贮灰用，因为灰斗积灰达到某一高度时，由于负压作用，粉尘会重新返回滤袋表面而加大滤袋负荷，影响净化效果。

（5）定期检查除尘器压力损失是否符合设计要求，清灰机构运行是否正常。在停车后，清灰机构还需运行几分钟，以清除滤袋上的积尘。

（6）不要过分对滤袋清灰，这一点十分重要。否则不仅仅会降低净化效率，而且由于气流直接冲刷滤层纤维，很快会损坏滤袋。

（7）经常检查滤袋有无破损、脱落等现象，并立即解决。检查方法可采取：观察粉尘排放浓度，是否冒灰；检查滤袋干净一侧，如发现有局部粉尘有明显粘结，通常表明对面滤袋有破损；检查滤袋出口花板有否积灰等。

（8）对系统的测定值是进行正常运转和维护工作所依据的重要指标，袋式除尘器的运转状态，可以由系统的压差、入口气体温度、主电动机的电压、电流等数值及其变化判断出来。根据这些测定值可以了解下列情况：滤袋是否发生堵塞、滤袋的清灰程度如何、流量是否发生变化、粉尘是否堆积、清灰过程有无粉尘泄漏、滤袋是否产生凝结、滤袋是否出现破损或脱落现象等。所以系统要安装必要的测试仪表，在日常运行中定期进行测定，并准确地记录下来。

（9）检查分室反吹的各除尘室，排风及进风阀门动作是否协调正常。

（10）检查压缩空气喷嘴及其脉冲喷吹机构有无堵塞现象。注意脉冲阀动作是否正常，压缩空气压力是否符合要求。

（11）定期检查清除压缩空气气包内所积留的油泥污垢，以防燃烧爆炸。

（12）及时清理及运走除尘器排出的粉尘。

（13）除尘系统应在所服务的工艺设备运行前开车，在其停止运行 10 min 后停车。

（14）停车后，清灰机构还需再运行几分钟以保证很好清除滤袋积尘。如果袋式除尘器长时间停止运转时，必须特别注意的是滤袋室内的湿气和风机的轴承。另外，要充分注意风机的清扫、防锈，在寒冷地区，如果冷却系统存有冷却水时，必须完全放掉。管道和灰斗内堆积的粉尘要清扫掉，清灰机构和驱动部分要充分注油。如果是长期停止运转时，应取下滤袋，放在没有潮气的仓库中保管。

3）湿式除尘器

（1）检查泵和风机转动、平衡状况，有无振动和异声。所有润滑是否符合要求。

（2）检查给水管道是否具备所要求的供水条件。根据除尘器所需供水量确定阀门的开启度。检查喷嘴是否通畅。

（3）检查排污水封及排水管道是否具备排水畅通的条件。

（4）向除尘器内充水，大水量应由外部水源供给。检查除尘器内水位是否符合规定，溢流管位置及水位平衡装置动作是否正确。

（5）泡沫，喷雾、文氏管等湿式除尘器必须先给水后开风机，以免形成干湿交界面而发生堵塞现象。

（6）记录并核对最主要的运行参数，即气体饱和度、供水量、水位、风机压降、风管阻力损失及洗涤器阻力损失。

（7）系统开始运行后，应慢慢打开通向污水处理系统（如水池、浓缩器、脱水装置）的放水阀，检查最终的污水含尘浓度以便校核污水排放量。

（8）检查有无漏水，漏风现象，并设法消除。

（9）经常保持挡水（或脱水）装置不被泥浆堵塞。检查风机叶轮是否有泥浆粘结。

（10）经常检查除尘器本体、孔板、文氏管喉口以及弯头等容易锈蚀和磨损的部位。

（11）系统停止运动时，应先停风后停水，使湿式除尘器得到冷却和清洗。然后切断补充水，排放泥浆水。水浴、自激式和卧式旋风水膜除尘器，应先将除尘器内污水换成清水，再利用风机排风带动清水洗涤除尘器内壁、S形板和螺旋通道。

（12）泥浆水经过浓缩、脱水、干燥后，运走或集中贮存起来加以利用。

3. 除尘系统常见故障与排除方法

1）离心通风机

离心通风机常见故障与排除方法详见表4-9。

离心通风机故障原因及消除方法　　　　　　　　　　表4-9

故障现象	可 能 的 原 因	消 除 方 法
风量过小	1. 前倾式叶轮装反	1. 纠正、更换
	2. 风机反转	2. 改正电机接线
	3. 叶轮与入口环不同心或间隙过大	3. 调整
	4. 传动皮带太松	4. 张紧皮带
	5. 风机转速太低	5. 检查电气装置或更换皮带轮，提高转速
	6. 风机轴与叶轮松动	6. 检修、紧固
	7. 系统阻力大或局部积尘	7. 改造风管系统或提高风机转速，清除积灰
	8. 风阀或调节阀开启不足或关闭	8. 打开
	9. 送排风管漏风	9. 堵塞
	10. 除尘器、冷却器积灰太多	10. 清理、洗净
	11. 风机进、出口风管设计不合理	11. 按要求改进
	12. 风机叶轮磨损、锈蚀	12. 更换

续表

故障现象	可能的原因	消除方法
风量过大	1. 风管尺寸太大，系统实际阻力比计算小 2. 检查门、防爆阀，室外空气吸入阀打开着 3. 后倾式叶轮装反 4. 风机转速太快 5. 系统中有阻力的设备或阀门未装	1. 用调节阀调节 2. 关闭 3. 纠正、更换 4. 更换皮带轮、降低转速 5. 按设计装上
发生振动和噪声过大	1. 地脚螺丝松动 2. 机体各种螺丝松动 3. 叶轮变形引起偏重 4. 叶轮叶片有脱落引起偏重 5. 风量节流调节不当，使风机运行于特性曲线的不利点 6. 风机选用过大 7. 风管与风机发生共振 8. 风机叶轮有粘灰而失去平衡	1. 紧固 2. 紧固 3. 校正或更换 4. 检修或更换 5. 改变节流方法 6. 更换或降低转速 7. 改变风机转速或在风管、风机之间用柔性连接 8. 清理干净
轴承发热和产生噪声	1. 润滑不良 2. 滚珠磨损，间隙过大，产生径向串动 3. 滚珠破碎或轴承外套破损 4. 轴承座磨损，间隙过大，外套跟轴转动 5. 轴承内进入异物 6. 轴承与轴之间松动	1. 加润滑油、剂 2. 更换、调整 3. 更换 4. 检修、更换 5. 拆开清洗 6. 检查其配合状况，必要时更换轴承
风机停车	1. 跳闸或电气保险丝熔断 2. 皮带损坏断开 3. 皮带轮松脱 4. 电源被切断 5. 电压不正常	1. 必须检查超载原因，才可再次启动 2. 更换 3. 紧固 4. 检查原因后接通 5. 与供电部门联系

2）旋风除尘器

旋风除尘器常见故障与排除方法详见表 4-10。

旋风除尘器故障原因及消除方法　　　　　　　　　　表 4-10

故障现象	可能的原因	消除方法
粉尘排放浓度过高	1. 锁气器失灵，下部漏风，除尘效率猛降 2. 除尘器选用不当，适应不了高的起始粉尘浓度 3. 灰斗积灰，超出一定位置，被捕集下的粉尘又返混	1. 修复或更换锁气器，使其保持密闭和动作灵活、正确 2. 仅可作第一级净化，再增加第二级其他高效除尘器 3. 及时排灰或将锁气器装在锥体与灰斗之间
磨损过快	1. 除尘器结构和材料不适应磨琢性粉尘 2. 入口风速选用过高	1. 在入口和锥体部分衬以耐磨材料或加厚钢板 2. 重选入口风速增加旋风除尘数量或发大型号

续表

故障现象	可能的原因	消除方法
堵塞	1. 含尘气体的含湿量过高，引起冷凝而粘结 2. 除尘器结构不适应处理粘结性粉尘	1. 除尘器保温或采取其他防止低于露点温度的措施 2. 重选除尘器
并联使用时，各个除尘器负荷不均	1. 连接管阻力不平衡 2. 多管旋风除尘器内压差不等 3. 合用灰斗时，底部窜气	1. 改变管路连接，进行阻力平衡 2. 原出口等高时可采取有倾斜形接口；出口采取阶梯形；下部灰斗分隔两个以上 3. 灰斗内加隔板

3）袋式除尘器

袋式除尘器常见故障与排除方法详见表 4-11。

袋式除尘器故障原因及消除方法　　　　　　　　　　　　　表 4-11

故障现象	可能的原因	消除方法
除尘器阻力过大	1. 滤袋室小，过滤风速过大 2. 清灰机构没有正确调整，清灰频率过低，时间过短 3. 压缩空气压力过低 4. 反吹风压力过低 5. 振打不够强烈 6. 脉冲阀失灵 7. 控制器失灵 8. 滤袋绑扎过紧 9. 无法将粉尘从滤袋上清除下来 10. 有的阀门没有打开 11. 除下的粉尘又重新沾上滤袋 12. 压力表读数不正确	1. 增大滤袋室，降低过滤风速 2. 增大清灰频率，延长清灰时间 3. 检查、清扫过滤装置及管路系统，提高气体压力 4. 检查阀门密闭性，有无漏风，提高反吹风机转速 5. 提高振打机构转速 6. 检查膜片是否破损，节流孔是否堵塞 7. 检查所有控制位均能动作 8. 放松，使有一定柔性 9. 避免结露，减少风量 10. 打开 11. 连接出空灰斗，以随机的清灰替代程序的清灰 12. 检查表壳间有无漏气，清除旋塞开关的黏尘，表内流量是否适当，检查膜片
电动机电流过小，风机风量太小	1. 滤袋阻力大 2. 风管内积尘 3. 风机阀门关闭或开得小 4. 风机达不到设计风量 5. 风机传动皮带打滑 6. 系统内静压过高	1. 排除方法见"除尘器阻力过大"各项 2. 清扫风管，并测定管内风速 3. 打开阀门，并固定在一定位置上 4. 检查风机出、入口连接是否正确而引起阻力增加 5. 调整 6. 测定风机前后测静压，如风管过小，风速过高，应更换
粉尘自尘院控制罩口处逸出	1. 排风量小 2. 风管有漏风 3. 风管阻力平衡计算错误 4. 罩口设计不正确	1. 增大风量 2. 堵漏 3. 调节支管风量，如仍达不到要求，重新进行平衡计算 4. 密闭尘院四周的敞露面，检查罩口断面的抽力，如仍然达不到要求再更换罩子

续表

故障现象	可 能 的 原 因	消 除 方 法
粉尘排放浓度过高	1. 滤袋破漏、滤袋骨架不平滑 2. 滤袋口压紧装置不密封 3. 尘侧与净侧两室间的密封失效 4. 清灰过度，破坏了一次粉尘层 5. 滤料太疏松	1. 更换、修补 2. 检查并压紧 3. 将缝隙焊死或嵌缝 4. 减少清灰频率，使滤袋上有一次粉尘层 5. 作新滤料透气性试验，必要时更换滤料
滤料过早损坏	1. 滤料不适用于被处理的气体和粉尘的物化特性 2. 在低于酸性烟气露点温度情况下运行	1. 分析气体和粉尘特性，进滤袋前处理成中性或更换适合的滤料 2. 提高烟气温度，在开车时将除尘器旁通
滤袋室出现水汽冷凝	1. 预热不足 2. 停车后系统未吹净 3. 壁温低于烟气露点 4. 压缩空气带入水分 5. 反吹风空气冷凝析水	1. 开车前通入热空气 2. 停车后系统再运行 10 min 3. 提高烟气温度，机壳保温 4. 检查自动上水阀，安设干燥器或后冷却器 5. 利用系统排风作为反吹风来源
滤袋很快磨穿	1. 挡板磨穿 2. 烟气含尘量很高 3. 清灰频率太高；振打清灰太强 4. 入口烟气冲刷滤袋 5. 反吹风风压太高 6. 脉冲压力太 7. 滤袋框架有毛刺、焊渣	1. 更换挡板 2. 安装第一级预处理除尘器 3. 降低清灰频率；振动减缓 4. 加导向板并降低入口风速 5. 降低反吹风风压 6. 降低压缩空气压力 7. 除毛刺、打光
滤袋烧损	1. 入口烟气温度经常波动，超过滤料耐温 2. 火星进入滤袋室 3. 渗入冷风控制阀门的热电偶失效 4. 冷却装置失效	1. 降低烟气温度 2. 设置火星熄灭器或冷却器 3. 检查、更换 4. 核对设计改进装置
出灰螺旋输送机过度磨损	1. 螺旋输送机尺寸过小 2. 螺旋输送机转速过高	1. 计量出灰量，改进产品 2. 降低转速
锁气器过度磨损	1. 锁气器尺寸过小，出力不足 2. 转速过高	1. 更 换 2. 降低转速
灰斗内粉尘搭桥（栅）	1. 滤袋室内发生水汽冷凝现象 2. 粉尘积贮在斗内 3. 灰斗锥度小于 60℃ 4. 螺旋输送机入口太小	1. 按前述有关方法消除 2. 应连续排灰 3. 改装或更换，也可在斗壁加设振击器（气动或电动） 4. 改为宽平入口
风机电动机超载	1. 风量过大 2. 电动机未按冷态条件选用	1. 按风机风量过大处理 2. 降低风机转速或更换电机
风机过度损坏	1. 风机处理了过多的粉尘 2. 风机转速过高	1. 提高风机前除尘器效率或采用两级除尘 2. 换皮带或更换风机

续表

故障现象	可能的原因	消除方法
风机过分振动	1. 叶片上粘灰 2. 叶轮装配的不好 3. 动平衡不好 4. 轴承损坏	1. 清灰，检查风机是否过多的处理了粉尘 2. 向制造厂商提出更换或重新拆装 3. 进行动平衡校正 4. 更换
风量过大	1. 风管或旁通阀有漏风 2. 系统阻力偏低 3. 风机转速过高	1. 堵漏 2. 关小阀门 3. 降低转速

4.4　空调系统的运行调节

空调系统的空气处理方案和处理设备的容量是在室外空气处于冬、夏设计参数以及室内负荷为最不利时候确定的。实际上，在绝大多数情况下，室外空气参数是处于冬、夏设计参数之间；室内冷（热）负荷是经常变化。如果空调系统在运行过程中不作相应的调节，浪费设备的供冷量和供热量，不节能；使空气参数偏离设计要求。

空调系统运行调节的范围是指空调系统运行调节时，保证室内空气状态点始终位于空调房间要求的温湿度精度范围内，即允许的波动范围内。

4.4.1　空调系统测定与调整前的准备工作

空调系统各单体设备试运转全部合格后，可以进行整体空调系统无负荷运转测定调整，其目的是通过测定来判断空调系统是否达到设计要求，同时经过测定、调整使房间的温度、湿度、气流速度和空气的洁净度符合设计标准。

4.4.1.1　熟悉资料

在调试前应对空调系统的设计资料、图纸和设计说明书进行全面的查阅，了解各种设计参数、空调设备的性能、使用方法和注意事项。了解送风系统、供冷和供热系统、自动调节系统的特点，尤其要注意调节后装置和检验仪表所在位置。

4.4.1.2　编制调试计划

编制调试计划的主要内容包括：调试的目的、进度程序和方法、人员的分工等安排。

4.4.1.3　空调系统测试调整的设备

根据空调系统的精度要求，选择相应精度等级的测试仪表，并进行检验与标定，以保证测试数据的准确性。

1. 温度测量仪表

温度是空调系统中经常要测量的重要参数之一，空调系统中，常用的温度测定仪表依照其测量原理不同可分直接式和间接式，我们常用的大都是直接式，可分为玻璃管温度计、压力式温度计、双金属温度计、热电阻温度计、热电偶温度计等。间接式有光学温度计、辐射温度计等。直接式与间接式相比，直接式温度计优点是：简单、可靠、价廉，精确度较高，一般能测得真实温度。直接式温度计缺点是：滞后时间长，易受腐蚀，不能测极高温度。

1）玻璃管液体温度计

玻璃管液体温度计是应用最广泛的一种温度计，它是利用热胀冷缩原理来实现温度的测量。其优点是结构简单、使用方便、测量精度相对较高、价格低廉。缺点是测量上下限和精度受玻璃质量与测温介质的性质限制。且不能远传，易碎。按用途可分为工业、标准和实验室用三种。标准玻璃温度计是成套供应的，可以作为检定其他温度计用，准确度可达 $0.05 \sim 0.1$ 摄氏度；工业用玻璃温度计为了避免使用时被碰碎，在玻璃管外通常由金属保护套管，仅露出标尺部分，供操作人员读数。实验室用的玻璃管温度计的形式和标准的相仿，准确度也较高。

2）热电偶温度计

热电偶温度计是由两种不同材料的导体 A、B（热电极）焊接而成的。热端插入被测介质中，另一端与导线连接，形成回路。若两端温度不同，回路中就会产生热电势，热电势两端的函数差即反映温度。热电偶在工业测温中占了较大比重，生产过程远距离测温很大部分使用热电偶。它的优点是：体积小，安装方便；信号可远传作指示、控制用；与压力式温度计相比响应时间少；测温范围宽，尤其体现在测高温；价格低，再现性好，精度高。缺点是：热电势与温度之间呈非线性关系；精度比热电阻低；在同样条件下，热电偶接点容易老化；冷端需要补偿。

3）热电阻温度计

热电阻温度计是利用金属导体的电阻值随温度变化而变化的特性来进行温度测量的。作为测温敏感元件的电阻材料，要求电阻与温度呈一定的函数关系，温度系数大，电阻率大，热容量小。在整个测温范围内应具有稳定的化学物理性质，而且电阻与温度之间关系复现性要好。常有的热电阻材料有铂、铜、镍。成型仪表是铠装热电阻。铠装热电阻是将温度检测原件、绝缘材料、导线三者封焊在一根金属管内，因此它的外径可以做得较小，具有良好的机械性能，不怕振动。同时具有响应时间快、时间常数小的优点。

铠装热电阻除感温元件外其他部分都可制缆状结构，可任意弯曲，适应各种复杂结构场合中的温度测量。它的优点是测量精度高，再现性好，又保持多年稳定性、精确度；响应时间快；与热电偶相比不需要冷端补偿。缺点是：价格比热电偶贵；需外接电源；热惯性大；避免使用在有机械振动的场合。

2. 湿度测量仪表

空气湿度是反映空气中水蒸气含量多少的物理量，对空气湿度的测量也就是对水蒸气含量的测量。描述空气湿度的物理量通常有含湿量、绝对湿度和相对湿度。大多数湿度测量仪表都是直接或间接测量空气的相对湿度。空气的湿度同温度一样，是空调系统中经常要测量的重要热工参数。空调工程中为了直观反应空气的潮湿程度，常用相对湿度来表示空气的湿度。测量空气的相对湿度的仪表种类较多，在空调系统常用的有以下三种湿度测量仪表：普通干湿球温度计、通风干湿球温度计和氯化锂电阻湿度计。

1）普通干湿球温度计

普通干湿球温度计由两支干球温度计和湿球温度计组成，干球温度计为普通温度计，直接测量空气的干球温度，湿球温度计的感温包上有纱布，测量湿球温度时将纱布下端浸入水杯中。所测为空气的湿球温度。干湿球温度差的大小，可以反映出空气的湿度大小。温差越大，空气越干燥；空气的温差越小，空气的湿度就越大。根据干湿球温度差可查表得到空气的相对湿度。

普通干湿球温度计结构简单，价格便宜，使用方便。但周围空气的流速变化，或有热辐射到表面时都会对测量结果产生影响。使用时可将其挂于空调房间某一固定的位置。

2）通风干湿球温度计

为了消除普通干球温度计因周围空气流速不同和有热辐射时产生的测量误差，空调调试过程中的湿度测量可以选用通风干湿球温度计。通风干湿球温度计选用精确度较高的温度计，分度值为 $0.1\sim0.2℃$。在两只温度计的上部装有小风扇（可用发条或小电动机驱动），温度及周围装上金属保护套管。风扇可以在两支温度计的温包周围形成 $2\sim4m/s$ 的稳定空气流速，防止受被测空气流速变化的干扰；保护套可以防止热辐射的影响，通风干湿球温度计测量空气相对湿度的原理与普通干湿球温度计相同。

通风干湿球温度计测量精度高，可以用它来矫正普通干球温度计；使用中应始终保持湿球温度计的纱布松软，具有良好的吸水性；使用时要提前 15min 放在测量地点，当在有风的情况下使用时，人应在下风方向上，以免影响测量效果。

3）毛发湿度计

人的头发有一种特性，它吸收空气中水汽的多少是随相对湿度的增大而增加的，而毛发的长短又和它所含有的水分多少有关。毛发湿度计就是利用这一变化原理制造而成的一种空气湿度的测量仪器，其形式有指针式和自记式两种。

毛发湿度计是将一根脱脂毛发的一端固定在金属架上，另一端与杠杆相连。当空气的相对湿度发生变化时，毛发会随其发生伸长或缩短的变化，牵动杠杆机构动作，带动指针沿弧形刻度尺移动，指示出空气的相对湿度值。毛发湿度计的优点是构造简单，使用方便，唯一的缺点是不够准确。

毛发湿度计的使用方法与要求：由于在与毛发相连的机构中存在轴摩擦时会影响它的正确指示，因此，在使用时要先将指针推向使毛发放松的状态，再让它自然复位，观察指示值是否有复现性；平时要保持毛发清洁，若毛发不干净，可用干净的毛笔蘸蒸馏水轻轻刷洗；再次使用前也要用毛笔蘸蒸馏水洗刷毛发束，使其湿润；若要移动时，动作要轻，并将毛发调至松弛状态。

4）电动干湿球温度计

干湿球电信号传感器是一种将温度参数转换成电信号的仪表，也叫电动干湿球温度计。它和干湿球温度计的作用原理相同。主要差别是干球和湿球用两支微型套管式镍电阻（或其他电阻温度计）所代替。另外增加一个微型轴流通风机，以便在镍电阻周围造成一个恒定风速的气流，此恒定气流速度一般为 $2.5m/s$ 以上，因为干湿球湿度计在测定相对湿度时，受周围空气流动速度影响，风速在 $2.5m/s$ 以上时影响小，提高测量精度。

3. 噪声测量仪器

随着工业和交通业的发展，环境噪声问题已日益突出，现在已成为继大气、水污染之后的第三大公害。噪声对人体的影响是多方面的，除了影响居民的日常生活，如（40～50dB）的噪声影响人睡眠，（65dB 以上）干扰了普通讲话，在噪声干扰下，人们感到烦躁，注意力不集中，反应迟钝，影响工作效率，同时长期处在噪声干扰下的居民，还面临着听力下降、失眠以至高血压、心脏疾患等威胁。为了了解噪声源和环境中的噪声特性，以及评价噪声防治效果，都须对噪声进行测定。

测量（作业）环境噪声最常用的仪器为声级计，声级计有多种类型，大致可分为普通声级计和精密声级计。普通声级计能测量不同计权网络下的声级（A、B、C声级）；精密声级计还可测量不同频率下的声级即频谱分析。

声级计主要是由传声器、放大器、衰减器及计权网络组成。传声器是将声能（声压）转变为电能的换能器。通常采用的有晶体式、电容式及动圈式换能器；放大器将传声器输出的信号经一级或多级放大，转换成可以显示的信号；衰减器将放大后的信号精确地按照每档 10dB 衰减，以便读数。仪器面板上输出衰减器由旋钮、按钮或移动键控制。计权网络是根据不同频率声音的响应曲线而设计的计权网络，不同的计权网络对不同频率的声压衰减程度不同，用计权网络测出的声级必须注明该计权网络的代号，如 dB（A）、dB（B）或 dB（C）。常用的计权网络有 A、B、C 三种滤波器。

4. 洁净度检测仪

洁净室的检测主要是针对洁净室或洁净区域内空气洁净度的等级进行测定。空气洁净度等级是以每立方米（或每升）空气中的最大允许粒子数来确定的。测量大于等于 $0.5\mu m$ 粒子时，建议采用光学粒子计数器；测量大于等于 $0.1\mu m$ 粒子时，建议采用大流量的激光光学粒子计数器；测量大于等于 $0.02\mu m$ 粒子时，建议采用凝聚核激光粒子计数器。通过测定洁净环境内单位体积空气中含大于或等于某粒径的悬浮粒子数，来评定洁净室（区）的悬浮粒子洁净度等级。

1) 光散射粒子计数器

光散射粒子计数器的工作原理，是利用空气中的微粒对光线的散射现象，将采样空气中微粒的光脉冲信号转换为相应的电脉冲信号来测定微粒的颗粒数。利用微粒的光散射强度与微粒粒径的平方成正比的关系，测量微粒的粒径大小。

仪器采用对传统结构形式做了重大革新的小型化的新型白光光学传感器，由电子计算机控制测试过程和处理数据。仪器按照国际通用标准——美国联邦标准设计空气采样流量和粒径档别。采样流量：$2.83L/min$，检测范围：100 级～30 万级，粒径通道：$0.3\mu m$、$0.5\mu m$、$1\mu m$、$2\mu m$、$3\mu m$ 6 个通道，能自动判断净化级别。仪器具有测试精度高、速度快、性能稳定、功能多体积小、重量轻、操作方便、液晶大屏幕显示等特点。

2) 激光粒子计数器

激光粒子计数器的工作原理与光散射粒子计数器基本相同，但采用了比光散射粒子计数器强 100 倍的氦—氖激光源，微粒粒径的检测范围达到 $0.1\mu m$。

粒子计数器按照国际通用标准设计，空气采样流量为 $2.83 L/min$。能同时对设定的两个粒径档进行检测，固定粒径为 $0.3\mu m$，可调粒径为：$0.5\mu m$，$0.7\mu m$，$1.0\mu m$，$2.0\mu m$，$3.0\mu m$，$5.0\mu m$，$10.0\mu m$；采样时间可根据用户需要任意设定，采样数据可储存。测试范围为 10 级～30 万级，具有测量精度高、性能稳定、功能强、体积小、操作简单方便等特点。

3) 凝聚核激光粒子计数器

凝聚核激光粒子计数器是利用饱和蒸汽让微小粒子凝聚为大粒径微粒子，进行微粒粒子浓度测定。采样空气中的微粒，经过温度为 35℃ 的饱和管，然后在温度为 10℃ 的凝聚管内由媒介液进行凝聚，直至增大到能够检测到散射光的粒径为止，其他部分与一般光散射粒子计数器相同。

测定之前，净化空调系统应该已经反复清洗，并连续稳定运行 24h 以上。同时，必须在空气流速、流量、压差以及过滤器检漏、围护结构泄漏等测试完成之后进行。所用测试仪器必须经过有效标定，并在有效期范围内。粒子计数器的采样量应大于 1 L/min。对任一洁净区的采样次数至少应为 3 次。当洁净区仅有一个采样点时，则在该点至少采 3 次。对单向流洁净室，采样口应对着气流方向。对非单向流洁净室，采样口宜朝上。采样口处的采样速度应尽可能接近室内气流速度。

4.4.2 空调系统的测定与调整

在空调系统安装完成后，为确保其达到预期的效果，需要对空调系统进行全面的测定与调整，这是保证空调工程质量，实现空调系统功能不可缺少的重要环节，通过测定与调试其目的包括：一是检查系统设计是否达到预期效果；二是可以发现设计、施工质量和设备性能方面存在的问题，从而采取相应的改进措施，保证使用；三是通过对系统的测定与调试，可以使运行管理人员熟悉和掌握系统性能和特点，同时也为系统的经济合理运行积累资料。

对空调系统进行测定与调试是保证系统正常运行的重要基础，系统测定与调试必须按照《通风与空调工程施工质量验收规范》（GB 50243—2002）规定的原则进行，调试应由施工企业为主，监理单位监督，设计单位、建设单位参与配合。

空调系统测定与调试的原则：即"先单机、后系统"，必须先单机试运行合格后才能系统试运行；"先电气，后设备"，不能在电气系统安装后，未经检查调试合格就盲目启动设备；对风机、水泵等设备试运行应"先手动，后电动，再运行"，这样可以事先发现设备的安装质量问题，如转动件的偏心、与机体的摩擦、联轴器不对中以及机体内的异物等故障与隐患；"先无负荷，后带负荷"无论是单机还是系统试运行，都必须先无负荷试运行合格以后才能带负荷试运行。

4.4.2.1 测定的主要内容和程序

对于要求较高的恒温空调系统，可按照以下项目和程序进行测定与调整。

1. 空调系统所有电气设备及其回路的检查与测试

该项工作是与准备工作同时进行的。调试人员进入现场后应由电气调试人员配合施工单位，按照有关规程要求，对电气设备及其主回路进行检查与测定，以便配合空调设备的验收。

2. 空调设备的试运转

在电气设备及其主回路进行检查测定合格后，应对空调设备进行试运转。其中包括通风机和水泵的试运转，对空气处理设备（如喷水室、表面冷却器、空气加热器和交换器、自动清洗油过滤器等）进行检查。通过试运转考核设备的安装质量，对所发现故障应及时排除。此项工作应由施工单位、建设单位的运行部门共同进行。空调设备经过试运转达到有关验收规范要求后，施工单位即可将其移交到建设单位的运行部门，以便在调试过程中设备运转有专人负责管理。

3. 风机性能和系统风量的测定与调整

空调设备试运转后，应先测定风机性能，然后对送（回）风系统的风量进行测定与调整，可以使系统总风量，新风量，一、二次回风量，以及各干、支风管风量，送（回）风口风量符合设计要求。并调节房间内各回风口的风量，使其保持一定的正压。

4. 空调机性能的测定与调整

系统风量调整到设计要求后，为空调机性能的测定创造了条件，即可进行空气处理设备（如喷水室、表面冷却器、空气加热器和空气过滤器等单体设备）的测定与调整。

5. 自动调节和检测系统的检验、调整与联动运行

在前四项工作进行的同时，应对自动调节和检测系统的线路、调节仪表、检测仪表、敏感元件以及调节和执行机构等部件，进行检查、检验和调整，使其达到设计或工艺上的要求。而后将检测系统与自动调节的各部件联合运行，考核其动作是否灵活、准确，为自动调节系统特性的调试创造条件。

6. "露点"温度调节性能的测定与调整

当空调机性能测定完成后，在自动调节和检测系统联合运行合格的基础上，即可进行这项工作。通过调试，使"露点"温度在设计要求的允许范围内波动，以保证空调房间内的相对湿度。

7. 二次加热器调节性能的测定与调整

在"露点"温度调节性能调试合格后，即可进行二次加热器调节性能的测定与调整。经调试使二次加热器后的空气温度波动范围减少，以保证加热器或经加热器前空气温度的稳定。

8. 空调房间内气流组织的测定与调整

在"露点"温度和二次加热器调节性能的调试过程完成后，可进行气流组织的调试，通过调试，可使室内气流分布合理，即气流速度场和温度场的衰减符合设计要求，为空调房间内的恒温、恒湿及洁净度达到设计要求创造条件。

9. 室温调节性能的测定与调整

以上各项调试工作完成后，还不能确保恒温房间内室温允许波动精度达到设计要求，还必须对室温调节性能进行测定与调整。此时空调系统的自动调节环节全部投入工作，并按照气流组织调整后的送风状态送入室内，这样就可以考核室温调节系统的性能是否满足空调房间内室温允许波动范围的要求。

10. 空调系统综合效果检验与测定

在各分项进行调试的基础上，进行一次较长时间的测试运行，在空调、自动调节系统的所有环节全部投入工作后，可以考核系统的综合效果，并确定恒温房间内的温度、相对湿度的允许波动范围及空气参数的稳定性。系统综合效果测定后，应将测定的数据整理成便于分析的图表，即在测定时间内空气各处理环节状态参数的变化曲线；在 $i-d$ 图上绘制出空调系统的实际工况图，并与设计工况加以比较；同时画出恒温工作区温度差累计曲线、平面温差分布图。如果空调房间对噪声控制和洁净度有一定要求时，在整个空调系统调试工作结束后，可分别进行测定。另外对空调用制冷装置的产冷量的测定与估算，也可以在空调机性能测定的同时进行。

4.4.2.2 空调区内空气参数的测定

1. 室内温度、速度和相对湿度的测定与调整

1）室内温度的测定与调整

室内温湿度测定时，其测量点应距地面不小于 1.2m，距外墙面不小于 0.4m，距内墙面不小于 0.3m，在工作区内布点测试，一般 1m² 布置一个点即可，或每个房间内测点不

应少于 5 个点。

当空调系统运行基本稳定后，在室内工作区内选定一些代表性的点布置测点。若要了解整个工作区内的空气状态是否均匀，可以测定不同标高面上的温度和相对湿度，并绘制出其分布图。在各标高面上，再分为大小相等的若干个小面积，并在每个小面积的中心布置测点。这样可以确定不同标高面内的区域温差值。当室内有集中热源时，应在其周围布置测点，以便了解集中热源对周围空气参数的影响。在测定室内状态时，应同时测定送风状态，以便分析不同送风状态对室内参数的影响。上述测定应在空调房间的工作时间内进行，每隔 0.5h 或 1h 一次。一般应连续一个白天或者一昼夜。

温度测试仪表应根据空调精度选定，原则是仪表误差应小于室温要求的精度。例如 $\pm 0.5\,℃$ 的空调房间，用 $0.1\,℃$ 刻度的水银温度计即可；如果需要了解昼夜室温变化情况时，可用双金属温度计测试；如果只看温度变化规律，可用经校正过的半导体温度计快速测试。

2）室内风速的测定与调整

室内风速一般用热球风速仪测试，在测头处附一根很细的纤维丝（直径 10 μm 左右）置于测试点上，逐点观察气流的方向，并在记录图上绘出气流流型图。测试时人要远离气流流动方向。

3）室内相对湿度的测定与调整

若室内相对湿度无特殊要求时，一般只测试工作区的湿度，测试仪表常用通风干湿球温度计；如需要连续记录，可用自记毛发湿度计；若需要多点快速测量，可用经过校正的热电阻湿球温度计测试。

当室内温度、湿度和气流速度测试完毕后，应按点绘出其数值（气流要标出方向），并求出其平均值，然后进行分析调整。若个别房间内的温度（指工作区）过高或过低，一般可能是其送风量过多或过少，亦可能是电加热器出了毛病。如果整个系统各房间温、湿度都偏高或偏低，则一般是总送风的温、湿度偏高或偏低，通常都应先从发生问题的局部找原因。

2. 气流组织的测试与调整

气流组织的测试与调整应在系统风量，送风状态参数已调整到符合设计要求，室内热、湿负荷及室外气象条件也接近设计工况的条件下进行。

1）室内气流组织测定的目的

气流组织测试与调整的目的就是合理地布置送回风口，将经过处理后的冷热风送入房间的工作区域，提供比较稳定而又均匀的温度、湿度、气流速度的分布，以满足生产工艺和人体舒适的要求。

气流组织的测定主要包含气流流型的测定和气流速度分布的测定。对于恒温恒湿的空调房间，要求气流在房间内充分混合、衰减，形成贴附气流，以尽量缩小工作区的温、湿度差；对于空气洁净的房间，则要求气流在房间内尽量减少混合、衰减，形成直流气流，以减少过滤处理后的干净空气受到污染。

2）气流组织测点布置

根据房间尺寸（长、宽、高）及送风方式，按照一定比例画出横断面及纵断面图。在图中注明房间尺寸及送、回风口位置、标高、门窗及工艺设备位置等，并在图上布置测点。这种测点布置图可作为气流组织测定的记录图。

（1）纵断面在送风射流轴线上布置测点，测点间距一般为 0.25m 左右。

（2）横断面在 2m 以下范围内选择若干个水平面。按等面积法（通常为 1m²）均匀布置测点，进行测定。

3）气流流型测定

（1）烟雾法 它是将棉花球蘸上发烟剂（如四氯化钛、四氯化锡等）放在送风口，使烟雾随气流在室内流动，仔细观察烟雾流动的方向及范围，即可以了解气流流型的情况。对于不易看清流动情况的区域，可将蘸有发烟剂的棉球绑在测杆上，放在需要测定的部位上来测试。这种方法简单易行，但准确性较差，且发烟剂有腐蚀性，对于已投产或安装好工艺设备的房间禁止使用，只在初测时采用。

（2）逐点描绘法 它是将很细的肉眼能看见的纤维丝（直径 $10\mu m$ 左右）或点燃的香绑在测杆上，放在事先布置好的测定断面点上，观察其流动方向，记录在图上，并逐点描绘出气流的流型图，以便可以进一步绘制出射流速度衰减曲线。此法比较接近实际，现场测试中广为采用。

图 4-57 断面气流流型图。从图中可以知道整个气流流型可分为射流核心区、射流边界层、回旋涡流区、回流区和死区等。

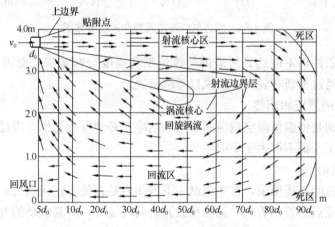

图 4-57　断面气流流型图

4）气流速度分布测定

气流速度分布的测定一般是在气流流型测定之后进行的，在射流区和回流区的测定点布置与前者相同，测定方法是：

在测杆头部绑上一个热球风速仪的测头和一条纤维丝，在风口直径倍数的不同断面上从上至下逐点进行测量。通过风速仪测出气流速度的大小，并通过纤维丝飘动的方向确定气流方向，并将测定的结果用面积图描述在如图 4-58 所示的纵断面上。

5）气流流型和速度分布的调节

气流流型和速度分布可以通过送风口的射流扩张角及风速来加以调节。如对于没有衰减好的气流，可用加大射流扩张角，减小风口出口风速来加以调节；如发现气流中途下落达不到末端时，可增大风口出口风速来解决。

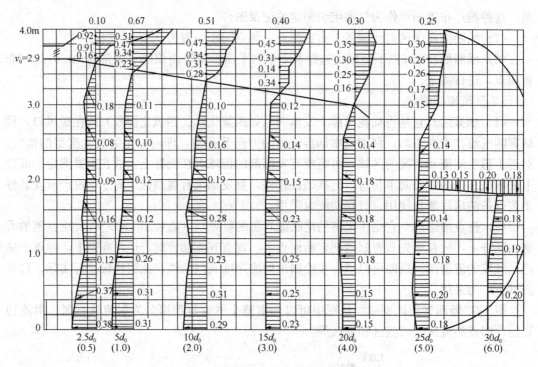

图 4-58　侧送风口气流流型和速度分布图

若现场调节条件仍不能达到所需的气流流型和速度分布要求，则需要会同施工、使用、设计单位，通过重新布置送、回风口等来解决。

3. 室内正压的测定和调整

空调房间特别是恒温恒湿空调房间和空气洁净室必须保持正压。当过渡季节使用大量新风时，其室内正压值不得大于 50Pa。

1) 正压的测定

在测量空调房间正压值前，首先测试一下房间内是否处于正压状态。简便的测试方法是用一纤维丝（或点燃着的香烟）放在稍微开启的门缝处，看其飘动的方向。若飘向室外说明房间内是正压，飘向室内则为负压。

为确保正压值测量的准确，应使用补偿式微压计进行测量。方法是把微压计"＋"端接头接上胶皮管置于室内，"一"端接好橡皮管引至室外（管口勿迎风）与大气相通，从微压计上读取的静压值即为房间内保持的正压值。

2) 正压的调整

为了保持空调房间内的正压值，一般是靠调节房间回风量的大小来实现的。在房间送风量不变的情况下，开大房间回风调节阀，就能减小房间内的正压值，关小调节阀门时就会增大正压值。如果房间内有两个以上的回风口时，在调节阀门时，应考虑各回风口风量的均匀性。否则，将对空调房间气流组织带来不良的影响。如果房间内还有局部排风系统，必须先进行排风系统的风量平衡，排风量应准确。否则，不能保证空调房间的正压调整。

对于空气洁净系统的正压调整，应符合下列规定：

（1）对于一般空调房间，为稳定室内空气参数和一般防尘要求，应使房间的正压维持5～10Pa；

（2）超净房间，应使室内正压＞走廊正压＞生活间压力＞室外压力。室内与室外相比，正压值不应大于50Pa；

（3）相邻不同级别洁净室之间和洁净室与非洁净室之间的压差值应大于5Pa。我国设计规范规定：不同等级的洁净室，以及洁净区和非洁净区之间的静压差应不小于0～5Pa，洁净区与室外的静压差应不小于0～10Pa。

4.4.2.3 空气处理过程的测定

空气热湿处理过程测定的目的是检查空气热、湿处理设备的实际能力。空气的热、湿处理是由加热、冷却和加湿等单项处理过程组成的。

1. 空气冷却装置的测定

空气冷却装置的测定就是测定实际冷却能力是否达到设计能力。

冷却装置的冷却能力与风量及处理前后空气焓差有关；采用间冷式主要与风量、进口空气焓值及进口水温有关。所以实际测定中，应使进口空气的焓、风量、水量及水温调节到与设计相符。

空气冷却装置的冷却能力 Q_0 按下式计算，即

$$Q_0 = \frac{m(i_1 - i_2)}{3.6} \tag{4-35}$$

式中　　Q_0——冷却能力，W；

　　　　m——通过冷却装置的风量，kg/s；

　　i_1，i_2——冷却装置进、出口空气的比焓，kJ/kg。

也可通过冷却水系统标定出冷却能力，即

$$Q_0 = \frac{cm(t_1 - t_2)}{3.6} \tag{4-36}$$

式中　c——水的比热容，取 4.19kJ/(kg·℃)；

　　　m——通过冷却装置冷却水循环量，kg/s；

　　t_1，t_2——冷却装置进、出水的温度，℃。

2. 空气加热装置的测定

1）加热器容量的测量条件

加热器容量的测定应在设计工况下进行。但是为了能与冷却装置的容量一起测量，加快调试进度，也可以在非设计工况条件下进行测量，此时应尽量创造低温条件（如利用夜间、室内热负荷较小时、将空气用冷却装置预冷等）。在测定时，把空气加热器的旁通阀门全部关闭，热媒管道的阀门全开。待运行工况稳定，室内空气参数基本不变时进行测定。用在这种条件下测得的加热量，可以推算出设计工况下加热器的容量。

2）加热器容量的测量方法

空气加热器的容量可以用空气通过加热器时得到的热量来计算，即

$$Q_0 = \frac{m(i_1 - i_2)}{3.6} \tag{4-37}$$

式中　　m——通过加热器的空气量，kg/s；

　　i_1，i_2——加热前、后空气的比焓，kJ/kg。

设计条件下加热器的放热量为

$$Q = KA \left(\frac{t_c + t_z}{2} - \frac{t_1 + t_2}{2} \right) \tag{4-38}$$

测定条件下加热器的最大容量为

$$Q' = KA \left(\frac{t_c' + t_z'}{2} - \frac{t_1' + t_2'}{2} \right) \tag{4-39}$$

测定时，使风量、热媒量与设计工况相等，将上面两式进行比较，可得

$$Q = Q' \frac{(t_c + t_z) - (t_1 + t_2)}{(t_c' + t_z') - (t_1' + t_2')} \tag{4-40}$$

式中　　K——加热器的传热系数，$W/(m^2 \cdot ℃)$；

A——加热器的传热面积，m^2；

t_c，t_c'——设计条件与测定条件下的热媒初温，$℃$；

t_z，t_z'——设计条件与测定条件下的热媒终温，$℃$；

t_1，t_1'——设计条件与测定条件下的空气初温，$℃$；

t_2，t_2'——设计条件与测定条件下的空气终温，$℃$。

所以，只要测定空气经过加热器前、后的状态两点及加热器的初、终温度 t_c'、t_z'，代入上式，求得实测条件下加热器的最大容量 Q' 后，就可以推算出设计条件下加热器的放热量 Q。

热媒为蒸汽时，热媒平均温度可以根据蒸汽压力表的读数确定。热媒为水时，可以在进、回水管道上的测温套管内插入量程相同的温度计测定，也可以用热电偶紧贴管道外表面，测水管外表面的温度，然后计算热媒温度。贴热电偶管道处的表面应将脏物和油漆清理干净后才能测量。

3. 空气加湿的测定

空调中采用水蒸气加湿，为了测试其加湿能力和热湿交换效率需要测定加湿前后空气的温、湿度，进而调节加湿蒸汽量。在测试加湿器后的干湿球温度时，应该防止蒸汽或雾滴沾附于温度计感应球上。因此，往往采用空气取样测定，或者在干湿球温度计感温段设遮雾护套。遮雾护套应有良好的导热性，以减少热惰性对温度测定的影响。

某些设有湿度自动控制的空调系统，则通过自动加湿阀对空气湿度自动控制。但是在调试时，也应该以干湿球温度计校核。

4.4.3 空调系统的运行调节

空调系统的空气处理方案、处理设备的容量、输送管道的尺寸等，均是根据夏、冬季节室内外设计计算参数和相应的室内最大负荷确定的。系统安装好后，经过调试，一般都能达到设计要求。但是，在空调使用期间的大部分时间里，室外空气参数会因气候的变化而与设计计算参数有差异，即使是在一天之内室外空气参数也会有很大变化。此外，室内冷（热）、湿负荷也会因室外气象条件、人员变化、灯光和设备的使用情况的不同而变化，显然在大部分的时间里室内热湿负荷与室内设计最大负荷不一致。

在上述情况下，如果空调系统在运行过程中不做相应调节，则不仅使室内空气控制参数发生波动，偏离控制范围，达不到要求，而且会浪费所供应的能量（冷量和热量），增加系统运行的能耗（电、气、油、煤等消耗）和费用开支。因此，在空调系统投入使用后，必须根据当地的室外气象条件，室内冷（热）、湿负荷变化的规律，结合建筑的构造

特点和系统的配置情况，制定出合理的运行调节方案，以保证空调系统既能发挥出最大效能，满足用户的空调要求，同时又能用最经济节能的方式运行，而且使用寿命长。

4.4.3.1　定风量空调系统的运行调节

1. 室内负荷变化时温湿度的调节

空调房间一般允许室内参数有一定的波动范围，如图4-59所示，图中的阴影面积称为"室内空气温湿度允许波动区"。只要空气参数落在这一阴影面积的范围内，就可认为满足要求。允许波动区的大小，根据空调工程的精度来确定。

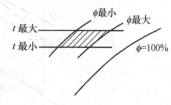

图4-59　室内温湿度允许波动区

空调房间由于工作人员的多少，照明灯具以及工艺生产设备投入的多少，生产工艺过程的改变以及室外气象条件的变化都会影响空调房间内冷（热）负荷、湿负荷的变化。为了满足空调房间内所要求的温、湿度参数，就必须对空调系统进行相应的调节。

室内热湿负荷变化有不同的特点，一般可分三种情况：一是热负荷变化而湿负荷基本不变；二是热湿负荷按比例变化，如以人员数量变化为主要负荷变化的对象；三是热湿负荷均随机变化。

1) 室内负荷变化时的运行调节

(1) 室内余热量变化，余湿量不变时的运行调节

当室内余热量变化、余湿量不变时，常用的调节方法是定机器露点再热调节方法。此种调节方法适用于围护结构传热变化和室内设备散热发生变化，而人体、设备散湿量比较稳定的类似情况。

假定某空调系统的原设计条件为：送风状态为 O 点，系统的机器露点为 L，空调房间内热湿比为 ε，室内空气状态点为 N。当室内余热量减少，而余湿量不变时，其室内热湿比 $\varepsilon=Q/W$ 将会变小。设由 ε 减小到 ε'，如果房间送风量 G 保持不变，系统的送风状态点 O 也保持不变，空调系统在此状态下运行时，处于 O 状态点的空气进入房间后，室内的空气状态将会沿着热湿比线 ε' 变化至 ε' 与等湿线 d_N 的交点 N' 处（如图4-60所示）。此时有 $h_N'<h_N$，$d_N'=d_N$，其结果为空调房间内的实际控制状态的温度 $t_N'<t_N$，$\varphi_N'<\varphi_N$。如果 N' 点落在允许的范围内，则不需要进行调节，如果 N' 点超出了允许的范围，可采用调节再热量的方法进行调节。一般对于室内余热量发生变化而余湿量保持不变时的运行调节，常采用系统处理定露点调节再热量的方法来满足空调房间对温、湿度的要求。此时只要适当调节空调系统中的二次加热器的加热量，将送风状态点沿等含湿量线 d_L 由 O 点提高到 O' 点后送入室内，即可满足空调房间内对温、湿度的要求。此时有 $t_O'>t_O$，$\Delta t_O'<\Delta t_O$，$d_O'=d_O$。

(2) 室内余热量和余湿量均发生变化时的运行调节

当空调房间内余热量和余湿量均发生变化时，则室内的热湿比 ε 将随之发生变化（除非余热量和余湿量成比例变化）。如果空调房间内的余热量和余湿量同时减少时，根据两者的变化程度不同，则有可能使变化后的热湿比 ε' 小于原来的热湿比 ε，也有可能使变化后的热湿比 ε'' 大于原来的热湿比 ε，如图4-61所示，$\varepsilon'<\varepsilon$，$\varepsilon''>\varepsilon$。为了保证空调房间内对空气温湿度保持不变的要求，一般采用改变一次加热量和改变二次加热量及改变露点的方法来达到运行调节的目的。

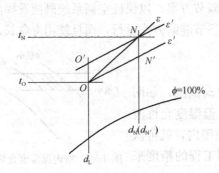

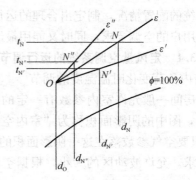

图 4-60　室内余热量变化而余湿量
不变时室内状态点

图 4-61　室内余热量和余湿量
均发生变化时的送风状态点

① 调节一次加热器的加热量

假定空调系统的原设计条件为：室内空气状态点为 N，设计条件下的热湿比为 ε，空调系统的机器露点为 L。这样在设计条件下的空气处理过程为

$$\begin{matrix} W \\ N \end{matrix} \searrow\!\!\!\!\nearrow\ C \longrightarrow L \longrightarrow O \overset{\varepsilon}{\sim\!\!\!\sim} N$$

当空调房间内的热湿负荷发生变化后，设其变化后的室内热湿比为 ε'。如图 4-62 所示，此时可采用调节一次加热器的加热量，使一次加热后的空气状态点由 C' 点等湿升温而变化到 C'' 点，再经循环水喷水处理至新的机器露点 L'，调节二次加热器加热量使之处于新的送风状态点 O' 即可。

② 调节新回风混合比

在设计条件下的空气处理过程为

$$\begin{matrix} W \\ N \end{matrix} \searrow\!\!\!\!\nearrow\ \underset{(C')}{C} \longrightarrow \underset{(L')}{L} \longrightarrow \underset{(O')}{O} \overset{\varepsilon(\varepsilon')}{\sim\!\!\!\sim} N$$

由于室内热湿负荷的变化，使室内热湿比由 ε 变化至 ε'，如图 4-63 所示。要保证空调房间内所要求的空气参数保持不变，此时应调整系统新回风比，使其混合状态点为 C'，经喷循环水后，其机器露点为 L'，然后调节二次加热量至送风状态点 O' 即可，其处理过程为

$$\begin{matrix} W \\ N \end{matrix} \searrow\!\!\!\!\nearrow\ C' \longrightarrow L' \longrightarrow O' \overset{\varepsilon'}{\sim\!\!\!\sim} N$$

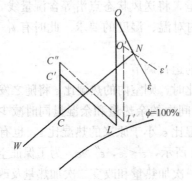

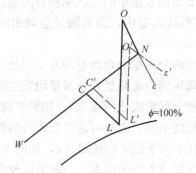

图 4-62　调节一次加热器的加热量

图 4-63　调节新回风混合比

③调节喷水温度

在设计条件下空气的处理过程为

$$\begin{matrix} W \\ N \end{matrix} \searrow \longrightarrow C \longrightarrow L \longrightarrow O \overset{\varepsilon}{\sim\!\!\!\!\sim} N$$

当空调房间内热、湿负荷发生变化后,其热湿比由 ε 变化至 ε',或由 ε 变化至 ε'',如图 4-64 所示。要保证空调房间内所要求的空气参数保持不变,就需改变机器的露点温度。当 $\varepsilon > \varepsilon'$ 时,空调系统的机器露点应由 L 点移至 L' 点,其喷水温度应比设计条件高,即提高冷水温度。但如果当 $\varepsilon < \varepsilon''$ 时,其喷水温度则应比设计条件低,即降低冷水温度。

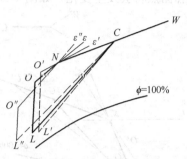

图 4-64 调节喷水温度

2)调节一、二次回风混合比

对于二次回风空调系统,可以采用调节一、二次回风比的方法,充分利用二次回风的热量,这样可节省二次加热器的加热量,在满足室内空气温、湿度要求的前提下达到节能的目的。如二次回风空调系统在设计负荷时空气的处理过程为

$$\begin{matrix} W \\ N \end{matrix} \searrow \longrightarrow C \longrightarrow L \begin{matrix} \\ \searrow \\ N \end{matrix} \longrightarrow O \overset{\varepsilon}{\sim\!\!\!\!\sim} N$$

在室内热、湿负荷发生变化时,其热湿比由原来的 ε 变为 ε',这时改变一、二次回风的混合比(在定风量空调系统中,总风量不变,在满足最小新风量的前提下,总回风量就为定值,那么加大二次回风量就意味着减少一次回风量),使新风与一次回风混合后的空气降温除湿至空调系统的机器露点 L。而后 L 点的空气再与二次回风混合,以达到室内热湿比改变后所需的送风状态点 Q',将 Q' 状态点的空气送入室内即可满足要求。

采用这种调节方法时,由于二次回风没有经过降温除湿处理,当空调房间内的散湿量较大时,会使室内相对湿度有所增加,但如果 N' 点落在室内允许波动范围之内仍然满足要求,如图 4-65 所示。但由于一、二次回风混合比发生变化,因而一次回风量也将发生变化,所以

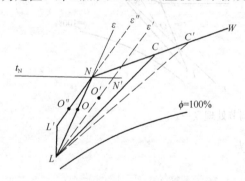

图 4-65 定露点的一、二次回风调节(一)

要保持原来的机器露点不变,则必须调节冷水的温度和水量。改变一、二次回风混合比的定露点调节的处理过程为

$$\begin{matrix} W \\ N \end{matrix} \searrow \longrightarrow C' \longrightarrow L \begin{matrix} \\ \searrow \\ N' \end{matrix} \longrightarrow O' \overset{\varepsilon'}{\sim\!\!\!\!\sim} N'$$

如 N' 点不在允许的范围之内或系统所要求的精度很高,则可再改变二次加热器来满足要求,其调节过程为

$$
\begin{matrix} W \\ \\ N \end{matrix} \rangle \longrightarrow C' \longrightarrow L \longrightarrow L' \begin{matrix} \rangle \\ N \end{matrix} \longrightarrow O'' \overset{\varepsilon''}{\rightsquigarrow} N
$$

如果在改变一、二次回风混合比后，不改变原来降温除湿用的冷水温度和冷水量，则机器露点将会发生变化，如图 4-66 所示。其空气处理过程为

$$
\begin{matrix} W \\ \\ N \end{matrix} \rangle \longrightarrow C' \longrightarrow L \begin{matrix} \rangle \\ N' \end{matrix} \longrightarrow O' \overset{\varepsilon'}{\rightsquigarrow} N
$$

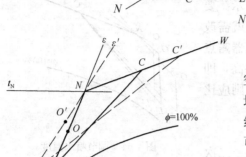

图 4-66 变露点的一、二次回风调节（二）

3）调节空调箱旁通风门

在工程实践中，还有一种设有旁通风门的空调箱。这种空调箱与二次回风空调箱不同的地方是室内回风经与新风混合后，除部分空气经过喷水室或表冷器处理以外，另一部分空气可通过旁通风门，然后再与处理后的空气混合送入室内。旁通风门与处理风门是联动的，开大旁通风门则处理风门关小，以改变旁通风量与处理风量的混合比来改变送风状态。如图 4-67所示。在设计工况下，当旁通风门处于关闭状态时，空气的处理过程为

$$
\begin{matrix} W \\ \\ N \end{matrix} \rangle \longrightarrow C \longrightarrow L \overset{\varepsilon'}{\rightsquigarrow} N
$$

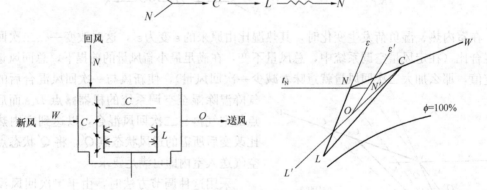

图 4-67 旁通风量的调节处理（一）

当室内的热湿比由 ε 变为 ε′ 时，其处理过程为

$$
\begin{matrix} W \\ \\ N \end{matrix} \rangle \longrightarrow C \longrightarrow L' \begin{matrix} \rangle \\ C \end{matrix} \longrightarrow O \overset{\varepsilon'}{\rightsquigarrow} N'
$$

由于经过降温除湿的空气量减少，未经降温除湿的空气经过旁通风门直接进入室内，故室外空气参数对室内相对湿度影响较大。特别是当夏季室外湿球温度较高、新风比例很大时，由于大量未经去湿的旁通空气的作用，将使室内相对湿度偏高，故适用于一些温度要求高而湿度要求不高的场合。对相对湿度要求高的地方，可同时调节冷水温度，适当降低机器露点。此调节方法类似于一、二次回风比调节方法，可避免或减少冷热抵消，有利于节约能量，降低运行费用，尤其是在过度季节更为显著。如图 4-68 所示，该调节方法是一部分空气经绝热加湿到 L 点，再与旁通的部分空气混合到 O 点后送入室内。与没有旁通风门的处理过程相比，可不开冷机和二次加热器，在不消耗冷量和热量的情况下达到

调节的目的，从而减少了制冷系统的运行费用和热能的消耗。

4）调节送风量

以上几种方法均属定风量的调节方法，即随着冷负荷的变化，改变送风温度，但送风量不变。如果保持送风温度不变，即使改变送风量，也能保持室温不变。因为空调房间的送风量和室内余热量、余湿量之间存在以下关系：

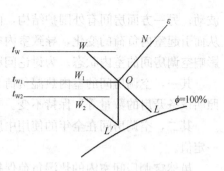

图 4-68　旁通风量的调节处理（二）

$$G = \frac{Q_N}{0.24(t_N - t_O)} = \frac{W \times 1000}{d_N - d_O} \quad (4\text{-}41)$$

在余热量 Q_N 和余湿量 W 发生变化时，要保持室内参数 t_N 和 d_N，可以在送风量不变的情况下，通过改变送风参数 t_O、d_O 来达到；也可以在送风参数不变的情况下（$t_N - t_O$ 和 $d_N - d_O$ 不变），靠改变送风量来达到。当前一种方法在室内精度要求很高时，就需要用调节再热和改变机器露点来达到；而后一种方法是在送风温差不变的情况下，靠减少风量来适应负荷的变化，这在采用变风量风机时，能节省风机的运行费用，且能避免再热。

显然，要想通过改变风量的方法，使室内温湿度都不变，即 4-41 公式中的 $t_N - t_O$ 和 $d_N - d_O$ 都不变，只有在余热量 Q_N 和余湿量 W 按比例变化并保持 ε 值不变时才有可能，否则室内温湿度不能同时保证。当房间的余热量减少，而余湿量不变时，采用变风量的调节方法如图 4-73 所示。减少送风量能保证室内温度不变，但由于总风量的减少使空气的吸湿能力有所下降，室内的相对湿度会有所增加。如图 4-69（a）所示。其空气的处理过程为

$$\overset{W}{\underset{N}{\diagdown}}{\longrightarrow} C \longrightarrow L \overset{\varepsilon'}{\wedge\!\!\!\wedge\!\!\!\wedge} N$$

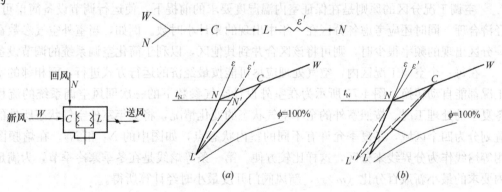

图 4-69　调节送风量

对精度要求高的系统，若要使室内的参数满足要求，可以采用降低冷水温度的方法，降低机器露点温度，减少送风的含湿量，增加空气的吸湿能力，如图 4-69（b）所示。其空气的处理过程为

$$\overset{W}{\underset{N}{\diagdown}}{\longrightarrow} C \longrightarrow L' \overset{\varepsilon'}{\wedge\!\!\!\wedge\!\!\!\wedge} N$$

2. 室外空气状态变化时的运行调节

室外空气状态的变化，主要从两方面来影响室内空气状态：一方面是当空气处理设备不作相应调节时，会引起空调系统送风参数的变化，从而造成空调房间内空气状态参数的

波动；另一方面房间有外围护结构，由于室外气象参数的变化会引起建筑传热量的变化，从而引起室内负荷的变化，导致室内空气状态的波动。因而，这两种变化的任何一种都会影响空调房间的室内状态。为讨论问题的方便，设定下面条件。

其一，空调房间的室内热湿负荷（即工作人员数、运转设备的台数、电热设备数以及照明设备开启的数量等）保持不变。

其二，空调房间在全年的使用中所要求的空气状态参数、温度 t_N、相对湿度 φ_N 均为一定值。

虽然空调房间室内的热湿负荷保持不变，但由于室外空气的温湿度在全年中随季节和天气情况的变化而导致空调房间的热、湿负荷发生变化，从而使房间的热湿比 ε 也在变化。在室外空气参数全年变化中，当室内温度 t_N 大于室外温度，即空调系统处于冬季运行状态时，由于空调房间内外温度差的作用，空调房间将失去一部分热量，使其热湿比减小；当室内温度 t_N 小于室外空气温度，即空调系统处于夏季运行状态时，在室内外温差的作用下，空调房间将获得一部分热量，使其热湿比增加。

室外空气状态在一年中波动范围很大。根据当地气象站近 10 年的逐时实测统计资料，可得到室外空气状态的全年变化范围的参数。如果将全年各时刻出现的干湿球温度状态点在 h-d 图上进行分布统计，并计算这些点全年出现的频率数值，就可得到一张焓频图，这些点的边界线称为室外气象包络线。包络线与相对湿度 $\varphi=100\%$ 饱和曲线所包围的区域为室外气象区。该图能清楚地显示全年室外空气焓值的频率分布状态。

按照室外空气全年状态的变化情况，将全年室外空气状态所处的位置划分为四个工况区域，即四个工况区，对于每一个空调工况区采用不同的运行调节方法。

空调工况分区的原则是在保证室内温湿度要求的前提下，使运行调节设备简单可靠，经济合理。同时还应考虑各分区在一年中出现的累计小时数。例如，当室外空气参数在某一分区出现的频率很少时，则可将该区合并到其他区，以利于简化空调系统的调节设备。

在每一个空调工况区内，空气处理应尽可能按最经济的运行方式进行，而相邻的空调工况都能自动转换。图 4-70 所示为在室外设计空气参数下的一次回风空调系统的流程及冬夏季的处理工况。按照室外的全年空气状态的变化情况，将全年室外空气状态所处的位置划分为四个区域，冬夏季允许有不同的室内状态点，如图中的 N_1 和 N_2。在焓频图上用等焓线作为分界线来分区，这样比较方便。第一条等焓线是在冬季寒冷季节，为满足室内要求的最小新风百分比（$m\%$），新风阀门开度最小时经计算所得。

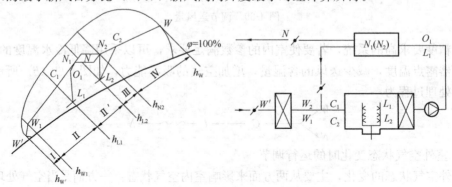

图 4-70　一次回风空调系统的分区图

$$h_{\mathrm{W1}} = h_{\mathrm{N1}} - \frac{h_{\mathrm{N1}} - h_{\mathrm{L1}}}{m\%} \tag{4-42}$$

式中　h_{N1}——冬季室内空气设计参数点的焓值；

　　　h_{L1}——冬季空气处理的机器露点；

　　　$m\%$——最小新风比。

这样就将全年室外空气状态点出现的区域分为 I、II、III、IV 四个区，其中 II′ 区为冬夏季室内设计参数不同所特有的，否则不存在这个区域。下面分析在室外空气状态点位于每个工况区内时的空气处理方法。

1）第 I 工况区域的运行调节

当室外空气状态处于第 1 区域时，则有 $h'_{\mathrm{w}} < h_{\mathrm{W1}}$，属于冬季寒冷季节。从节能角度考虑，可把新风阀门开到最小，按最小新风比送风，同时开启系统的一次加热器（即空气一次加热器），将新风处理至 h_{W1} 的等焓线上。其处理过程为：

$$\left.\begin{array}{c} W_1 \\ N_1 \end{array}\right\rangle \xrightarrow{\text{混合}} C_1 \xrightarrow{\text{绝热加湿}} L_1 \xrightarrow{\text{等湿加热}} O_1 \xrightarrow{\varepsilon} N_1$$

在冬季特别冷的一些地区，当按照最小新风比混合，C'_1 点处于 h_{L1} 线以下时，应将新风预热后再与一次回风混合达到 C_1 点（即 h_{L1} 的等焓线上），一次混合后的空气经循环水绝热加湿处理至系统机器露点 L_1，再经二次加热器加热处理至送风状态点 O_1 后送入室内。随着室外空气焓值的增加，可逐步减少一次加热量。当室外空气焓值等于 h_{W1} 时，室外新风和一次回风的混合点也就自然落在 h_{W1} 线上，此时，一次加热器可以关闭。该处理过程为：

$$W' \xrightarrow{\text{预热}} \left.\begin{array}{c} W_1 \\ N_1 \end{array}\right\rangle \xrightarrow{\text{混合}} C_1 \xrightarrow{\text{绝热加湿}} L_1 \xrightarrow{\text{等湿加热}} O_1 \xrightarrow{\varepsilon} N_1$$

一次加热过程也可以在室外空气和室内空气混合后进行，如图 4-71 所示。其处理过程为：

$$\left.\begin{array}{c} W' \\ N_1 \end{array}\right\rangle \xrightarrow{\text{混合}} C'_1 \xrightarrow{\text{等湿加热}} C_1 \xrightarrow{\text{绝热加湿}} L \xrightarrow{\text{等湿再热}} O_1$$

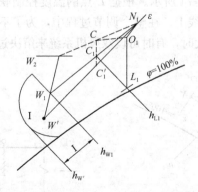

图 4-71　室外空气状态点处于第 I 工况区的处理过程

如果冬季不用喷水室而采用蒸汽加湿（$C \rightarrow O_1$），则处理过程为：

$$W' \xrightarrow{\text{预热}} \left.\begin{array}{c} W_2 \\ N_1 \end{array}\right\rangle \xrightarrow{\text{蒸汽加湿}} C \xrightarrow{\text{加热}} O_1 \xrightarrow{\varepsilon_1} N_1$$

对于有蒸汽源的地方，这是经济实用的方法。

从上面的分析可以看出，在第一阶段里，随着室外新风状态的改变，只需要调节一次加热器的加热量就能保证达到要求的 L 点。当室外空气状态在 h_{L1} 线上时，一次加热器关闭，第一阶段调节结束，将进入第二阶段的调节。

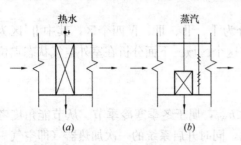

图 4-72　一次加热器调节方法

调节一次加热器加热量的方法有两种：一种是调节进入一次加热器的热媒流量，这可以通过调节一次加热器管道上的供、回水阀门来实现（图 4-72（a））；另一种是控制一次加热器处的旁通联动风阀，以调节通过一次加热器处的风量和不通过一次加热器风量的比例来进行调节（图 4-72（b））。上述两种方法，前者常用于热媒为热水的加热器，此方法温度波动大，稳定性差；后者多用于热媒为蒸汽的加热器，其调节特点是温度波动小，稳定性好。当调节质量要求高时，可将两种方法结合起来使用。

2) 第Ⅱ工况区域的运行调节

第Ⅱ工况区室外空气焓值在 h_{W1} 与 h_{L1} 之间，从焓频图上可以看出，当室外空气状态到达该区域时，就是我们所说的春季或秋季过度季。如果仍按最小新风比 $m\%$ 混合新风，则混合点的焓值必然大于 h_{L1}；如果要维持混合点的焓值落在 h_{L1} 上，就不能再用喷循环水的方法，而应启动制冷设备，用一定温度的低温水处理空气才能达到，这显然是不经济的。这时可采用改变新回风混合比（即增加新风量，减少回风量）的方法，使新回风混合点仍然落在 h_{L1} 上，然后再用循环水喷淋处理至机器露点，再经二次加热器加热升温至送风状态点 O' 后送入房间即可满足系统运行调节的需要，如图 4-73 所示。显然，该方法不但符合卫生要求，还由于充分利用新风冷量，可以推迟启动制冷设备的时间，从而达到节能的目的。当室外空气焓值恰好等于 h_{L1} 时，这时可以用 100% 的新风，完全关闭一次回风。

新回风混合比的调节方法是在新、回风口处安装联动多叶调节阀，使风口同时按比例一个开大，另一个关小，如图 4-74 所示。根据 L 点的温度控制联动阀门的开启度，使新、回风混合后的状态点正好在 h_{L1} 线上。在整个调节过程中，为了不使空调房间的正压过高，可开大排风阀门。在系统比较大时，有时可设双风机系统来解决过渡季节取用新风的问题。

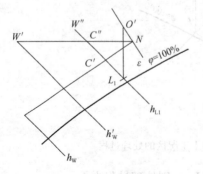

图 4-73　室外空气状态点处于
第Ⅱ工况区的处理过程

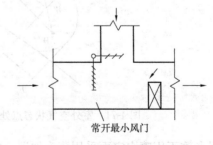

常开最小风门

图 4-74　联动多叶调节阀
调节新、回风量

按照这一阶段的要求，在进行空调系统设计时新风口和风道尺寸应按全新风计算，排风口和排风管道尺寸按全排风确定。

3）第Ⅱ′工况区域的运行调节

第Ⅱ′工况区是冬季和夏季要求室内参数不同时才有的工况区，即室外空气焓值在冬、夏季露点焓值之间的区域。如果室内参数在允许的波动范围内，则新、回风阀门不用调节，这时室内空气状态随新风状态变化而变化。如果工艺要求室内参数有相对稳定性，则可将室内控制点的整定值调整到夏季参数，这样就可以用Ⅱ区的同样方法处理空气，即调节新风和回风的混合比，使混合后的空气状态点落在 h_{L_2} 上经绝热加湿到达 L_2 点，再经二次加热送入室内。如果机器露点仍然保持在 h_{L_2} 点上，则在Ⅱ′区内就要启动冷源。用改变室内整定值的方法，可推迟使用冷源的时间，达到节能的目的。

4）第Ⅲ工况区域的运行调节

第Ⅲ工况区室外空气焓值在 h_{L_2} 和 h_{N_2} 之间，如图 4-75 所示。这时开始进入夏季，从图中可以看出，h_{N_2} 总是大于室外空气状态点的焓值 h'_W，如果利用室内回风将会使混合点 C' 的焓值比原有室外空气的焓值更高，显然这是不合理的。所以为了节约冷量，应全部关掉一次回风，用100%的新风。从这一阶段开始，需要启动制冷机，喷水室喷冷冻水，空气处理过程将从降温加湿（$W \rightarrow L_2$）到降温减湿（$W'' \rightarrow L_2$），喷水温度应随着室外参数的增加从高到低地进行调节。喷水温度的调节可用三通阀调节冷冻水量和循环水量的比例（见图 4-76）。

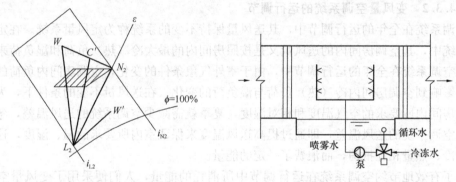

图 4-75 室外空气状态点处于
第Ⅲ工况区的处理过程

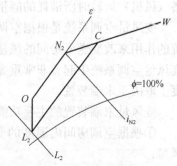

图 4-76 三通阀调节冷冻水量和
循环水量控制喷水温度

5）第Ⅳ工况区域的运行调节

第Ⅳ工况区是空气状态处于全年的高温高湿季节，由于室外空气焓值高于室内空气焓值，如继续全部使用室外新风将增加冷量的消耗，此时就应该采用回风。为了节约冷量，可采用最小新风比 $m\%$，这一阶段中喷水室的空气处理过程是降温减湿，这样处理才能满足空调房间所要求的空气状态参数。当室外空气焓值增高至室外设计参数时，水温必须降低到设计工况（夏季）时的喷水温度。调节过程如图 4-77 所示。

上述的调节方案主要是从经济上合理、管理上方便考虑的，由于控制简单，性能可靠，所以应用较广。如

图 4-77 室外空气状态点处于
第Ⅳ工况区的处理过程

空调系统所需冷量不多，也可采用新、回风比例全年不变的方案，即全年只分两个阶段，这样，虽然要提早使用冷源，冷量上要有所浪费，但运行调节方案会更加简单。

一次回风空调系统的全年运行调节过程可归纳为图 4-78 所示。二次回风空调系统全年的运行调节如图 4-79 所示，其全年的运行工况是：全年调节新风，充分利用室外空气的冷却能力，同时利用二次回风和补充再热来调节室温。

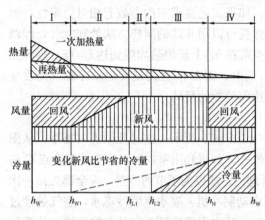
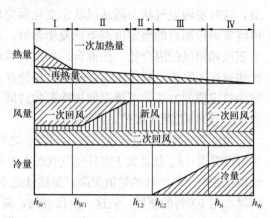

图 4-78　一次回风空调系统的全年运行调节图　　　图 4-79　二次回风空调系统的全年运行调节图

4.4.3.2　变风量空调系统的运行调节

空调系统在全年的运行调节中，其送风量保持不变的系统称为定风量系统。在定风量空调系统中，其空调房间内的送风量又是按照房间内的最大冷（热）负荷和湿负荷来确定的。但空调系统在全年的运行调节中，由于室外气象条件的变化，空调房间内负荷的变化都直接影响到空调房间内冷（热）负荷与湿负荷的变化。在送风量不变的条件下，为了保证空调房间内所要求的空气温度和相对湿度，夏季就需减少空调系统的送风温差，冬季则是加大空调系统的送风温差，即通过提高送风温度来保证室内所要求的温、湿度，这样就使部分冷、热量相互抵消，而浪费了一定的能量。

为了有效地节约空调系统在运行调节中所消耗的能量，人们便采用了变风量空调系统。变风量空调系统是在保证送风参数（送风状态空气的干湿球温度）相对固定的情况下，随着空调房间内热、湿负荷的变化，用改变送风量的方法来保证室内所要求的空气参数不变。这样一方面可以减少空调系统处理空气所消耗的能量，同时也可减少空气输送设备（风机）运转时所消耗的能量。

变风量空调系统是根据空调房间内热、湿负荷的变化，由变风量末端装置通过控制系统的作用来改变送入房间的风量以实现空调房间内温、湿度的相对稳定，因此末端装置在变风量空调系统中起着非常重要的作用。一个变风量空调系统运行性能的好坏，在某种程度上取决于末端装置。

变风量末端装置的主要功能如下：

①根据空调房间内温度的变化，由温度控制器接收信号并发出指令，改变房间的送风量；

②当空调房间的送风量减少时，能保证房间原来的气流组织形式；

③当系统送风管内的静压力升高时，保证房间的送风量不超过设计的最大送风量；

④当空调房间内的热、湿负荷减少时，能保证房间的最小送风量，以满足最小新风量的要求。

1. 使用节流型末端装置进行调节

节流型末端装置主要是通过改变空气流通面积来改变通过末端装置的风量。节流型末端装置一般能满足下述要求：能根据负荷变化自动调节风量；能防止系统中因其余风口进行风量调节而导致的管道内静压变化，从而引起风量的重新分配；能避免风口节流时产生的噪声及对室内气流分布产生不利的噪声。如图4-80所示，在每个房间送风管上安装有节流型末端装置。每个末端装置都根据室内恒温器的指令使末端装置的节流阀

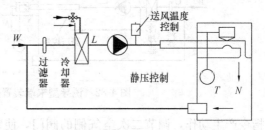

图4-80 节流型末端装置变风量示意图

（风量调节阀）动作，改变空气的流通面积从而调节该房间的送风量。当送风量减少时，则干管内的静压就会升高，通过装在干管上的静压控制器调节风机的电机转速，使系统的总送风量减少。同时送风温度敏感元件通过调节器调节通过空气处理室中表面冷却器（或喷水室）的水量（或水温），从而保持送风温度一定，即随着室内湿热负荷的减少，送风量减少。

2. 使用旁通型末端装置进行调节

旁通型末端装置是将送风量一部分送入室内，一部分经旁通直接返回空气处理室，从而使室内的送风量发生变化。

如图4-81所示，使用旁通型末端装置的变风量空调系统，在通往每个房间的送风管道上（或每个房间的送风口之前）安装旁通型末端装置。该装置根据室内湿热负荷的变化，由室内温控器发出指令产生动作，减少（或增加）送往空调房间的风量，系统送来的多余的风量则通过末端装置的旁通通路至房间的顶棚内，直接由回风系统返回空气处理室。在运行过程中系统总的送风量保持不变，只是送入房间内的风量发生变化。

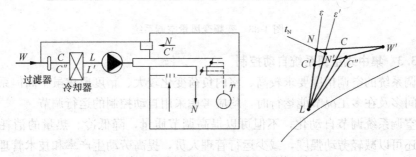

图4-81 旁通型末端装置变风量空调系统运行工况

3. 使用诱导型末端装置进行调节

空气处理室送来的一次风经末端诱导器时，将室内或顶棚的二次空气诱导与之混合，以达到调节的目的。

如图4-82所示，在通往每个空调房间的送风管道上（或每个房间的送风口之前）安装诱导型末端装置。诱导型末端装置可根据空调房间内热负荷的变化，由室内温控器发出

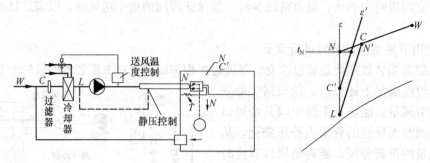

图 4-82 诱导型末端装置变风量空调系统运行工况

指令产生动作，调节二次空气侧的阀门，使室内或顶棚内热的二次空气（与一次空气相比）与一次空气相混合后送入室内，以达到室内温度的调节。

4. 使用变频变风量空调系统进行调节

我国近几年有较多文献对此系统工作原理和性能做过讨论。国内有生产该种系统设备、配件的厂家，也有较成功的工程实例。系统原理如图 4-83 所示。其控制原理如下：室内温控器检测室内温度，与设定温度进行比较，当检测温度与设定温度出现差值时，温控器改变风机盒内风机的转速，减少送入房间的风量，使室内温度恢复为设定温度为止。室内温控器在调节变风量风机转速的同时，通过串行通讯方式，将信号传入变频控制器，变频控制器根据各个变风量风机盒的风量之和调节空调机组送风机的送风量，达到改变风量的目的。

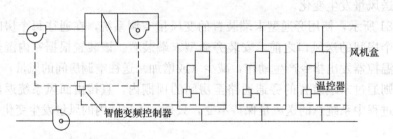

图 4-83 变频变风量空调系统

4.4.3.3 集中式空调系统自动控制

当空调系统的空调精度要求较高、室内负荷变化较大、精度要求虽不高但系统规模大且空调房间多及在多工况节能运行时，均应考虑采用自动控制的运行调节。

实现空调系统调节自动化，不但可以提高调节质量，降低冷、热量的消耗，节约能量，同时还可以减轻劳动强度，减少运行管理人员，提高劳动生产率和技术管理水平。空调系统自动化程度也是反映空调技术先进性的一个重要方面。因此，随着自动调节技术和电子技术的发展，空调系统的自动调节必将得到更广泛的应用。

1. 空调自动控制系统的基本组成

自动控制就是根据调节参数（也叫被调量，如室温、相对湿度等）的实际值与给定值（如设计要求的室内基本参数）的偏差（偏差的产生是由于干扰所引起的），用自动控制系统（由不同的调节环节所组成）来控制各参数的偏差值，使之处于允许的波动范围内。自动控制系统的主要组成部件有敏感元件、调节器、执行机构和调节机构。

1）敏感元件（又称传感器）

敏感元件是用来感受被调参数（如温度、相对湿度等）的大小，并输出信号给调节器的部件。按被调参数的不同，可以分为温度敏感元件（如电接点水银温度计、铂电阻温度计等）、湿度敏感元件（如氯化锂湿度计等）和压差敏感元件等。

2）调节器（又称命令机构）

调节器是用来接受敏感元件输出的信号并与给定值进行比较，然后将测出的偏差经运算放大为输出信号，以驱动执行机构的部件。按被调参数的不同，有温度调节器、湿度调节器、压力调节器；按调节规律（调节器的输出信号与输入偏差信号之间关系）的不同，有位式调节器、比例调节器、比例积分调节器和比例积分微分调节器等。有的调节器与敏感元件组合成一体，例如用于室温位式调节的可调电接点水银温度计。

3）执行机构

执行机构是用来接受调节器的输出信号以驱动调节机构的部件，如电加热器的接触器、电磁阀的电磁铁、电动阀门的电动机等。

4）调节机构

调节机构是受执行机构的驱动，直接起调节作用的部件。如调节热量的电加热器、调节风量的阀门等。有时，调节机构与执行机构组合成一体，称为执行调节机构，如电磁阀、电动两（三）通阀和电动调节风阀等。

图 4-84 所示的方框图表明了自动控制系统各部件之间及部件与调节对象之间的关系。当调节对象受到干扰后，调节参数偏离给定值（即基准参数）而产生偏差，于是使自动控制系统的部件依次动作，并通过调节机构对调节对象的干扰量进行调节，使调节参数的偏差得到纠正，调节参数恢复到给定值。

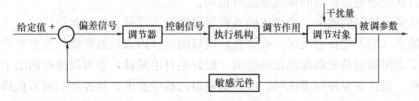

图 4-84 自动调节系统方框图

为了使空调房间内的空气参数（温度和湿度）能维持在允许的波动范围内，应根据具体情况设置由不同的调节环节（如加热器加热量控制、露点控制、室温控制以及室内的相对湿度控制等）所组成的自动控制系统。室温控制和室内相对湿度控制是空调自动控制中的两个重要环节。

2. 室温控制

室温控制是将温度敏感元件直接放在空调房间内，当室温由于室内外负荷的变化而偏离给定值时，敏感元件即发出信号，控制相应的调节机构，使送风温度随干扰量的变化而变化，使室温满足要求。

改变送风温度的方法有：调节加热器的加热量和调节新、回风混合比或一、二次回风比等。调节热媒为热水和蒸汽的空气加热器的加热量来控制室温，主要用于一般空调精度的空调系统；而对温度要求较高的系统，则采用电加热器对室温进行微调（精调）。为了提高室温的控制质量，可以采用室外空气温度补偿控制和送风温度补偿控制。

1）室外空气温度的补偿控制

对不要求固定室温的工业和民用空调系统，为增强人们的舒适感和节省能量，可随着室外空气温度的变化采用全年不固定室温的控制方法。要实现室温给定值的这种相应变化，其控制原理如图 4-85 所示，图中 T_1 和 T_2 分别为室内和室外温度敏感元件。由于冬、夏季补偿要求不同，所以可分设冬、夏两个调节器，由转换开关进行季节切换。

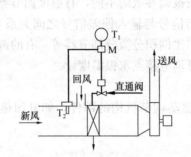

图 4-85 室外空气温度补偿控制图

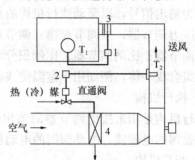

图 4-86 送风温度补偿控制

2）送风温度的补偿控制

为了提高室温控制精度，克服室外气温、新风量变化以及冷、热媒温度波动等因素对送风温度的干扰，可采用送风温度补偿调节。如图 4-86 所示，在送风管道上设置温度敏感元件 T_2，通过调节器 2 调节加热器 4 的加热量来恒定送风温度，当室内温度的控制精度要求更高时，可在空调房间的送风口前设置电加热器 3，由室内温度敏感元件 T_1 通过调节器 1 直接控制电加热器的加热量进行精调。

为保证室温控制的效果，必须正确地放置温度敏感元件。敏感元件应放在工作区内气流流动的地点（但不能在射流区）或放在回风口附近（因该处通常能代表全室平均气温），并且不能受太阳辐射热及局部热源的影响，最好是自由悬挂，也可以挂在内墙上，但与墙之间须隔热。设计室温控制系统时，应根据室温的精度要求、被控制的调节机构和设备形式，合理地选配敏感元件、温度调节器以及执行机构的组合形式。

3. 室内相对湿度控制

室内相对湿度控制，有两种方法。

1）定露点间接控制法

当室内余热量不变或变化不大时，采用控制机器露点温度恒定的方法，就能控制室内相对湿度。控制机器露点温度的方法如下：

（1）调解新、回风联动阀门，该法用于冬季和过渡季。当喷水室采用循环水喷淋时，在喷水室挡水板后设置干球温度敏感元件 T_L，根据露点温度的给定值，由执行机构 M 调节新风、回风、排风联动阀门。

（2）调节喷水室喷水温度，该法用于夏季和使用冷冻水的过渡季。在喷水室挡水板后设置干球敏感元件 T_L，根据给定露点温度值，调节喷水三通阀，以改变喷水温度来控制露点温度。

为了提高调节质量，可增设一个湿度敏感元件 H，根据室内相对湿度的变化修正 T_L 的给定值。

2）变露点或无露点直接控制阀

直接控制法是在室内直接设置相对湿度敏感元件，根据室内相对湿度偏差，调节空调系统中相应的调节机构（如喷水三通阀，新、回风连动阀门，喷蒸汽加湿的蒸汽阀等），以补偿室内负荷的变化，达到恒定室内相对湿度的目的。适用于室内产湿量变化较大或室内相对度要求严格的场合。

4. 表面冷却器的控制方法

1）水冷式表面冷却器

水冷式表面冷却器通常采用三通阀进行调节，有下面两种调节方法。

（1）冷水进水温度不变，调节进水量，由室内敏感元件 T 通过调节器调节三通阀，改变流入表面冷却器的水流量。这种调节方法应用广泛。

（2）冷水量不变，调节进水温度，由室内敏感元件 T 通过调节器调节三通阀，改变冷水和回水的混合比例，调节进水温度。由于出口装有水泵，故冷却器的水流量保持不变，不太经济。这种调节方法调节性能较好，一般仅适用于高精度温度控制。

2）直接蒸发式冷却器

直接蒸发式表面冷却器可由室内温度敏感元件 T 通过调节器使电磁阀进行双位动作（开或闭）改变蒸发面积或冷剂流量来进行调节。对于小空调系统（例如空调机组）可通过调节器控制压缩机的开、停进行调节，不控制制冷剂的流量。

5. 集中式空调系统全年运行自动控制举例

图 4-87 所示为一次回风空调自动控制系统示意，用变露点"直接控制"室内相对湿度，控制元件和调节内容如下：

1）控制系统组成

（1）T、H 室内温度、湿度敏感元件。

（2）T_1 室外新风温度补偿敏感元件，根据新风温度的变化可改变室内温度敏感元件 T 的给定值。

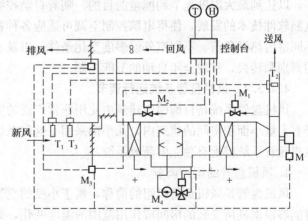

图 4-87 一次回风空调自动控制系统示意图

（3）T_2 送风温度补偿敏感元件。

（4）T_3 室外空气焓或湿球温度敏感元件，可根据预定的调节计划进行调节阶段（季节）的转换。

（5）M 风机联动装置，在风机停止时，喷水室水泵、新风阀门和排风阀门将关闭，而回风阀门将开启。

（6）控制台装有各种控制回路的调节器等设备。

2）全年自动控制方案

（1）第一阶段 新风阀门在最小开度（保持最小新风量），一次回风阀门在最大开度

（总风量不变），排风阀门在最小开度。室温控制由敏感元件 T 和 T_2 发出信号，通过调节器使 M_1 动作，调节再热器的再热量；湿度控制由湿度敏感元件 H 发出信号，通过调节器使 M_2 动作，调节一次加热器的加热量，直接控制室内相对湿度。

（2）第二阶段　室温控制仍由敏感元件 T 和 T_2 调节再热器的再热量；湿度控制由湿度敏感元件 H 将调节过程从调节一次加热自动转换到新、回风混合阀门的联动调节，通过调节器使 M_3 动作，开大新风阀门，关小回风阀门（总风量不变），同时相应开大排风阀，直接控制室内相对湿度。

（3）第三阶段　随着室外空气状态继续升高，新风越用越多，一直到新风阀全开、一次回风阀全关时，调节过程进入第三阶段。这时湿度敏感元件自动地从调节新、回风混合阀门转换到调节喷水室三通阀门，开始启用制冷机来对空气进行冷却加湿或冷却减湿处理。这时，通过调节器使 M_4 动作，自动调节冷水和循环水的混合比，以改变喷水温度来满足室内相对湿度的要求。室温控制仍由敏感元件 T 和 T_2 调节再热器的再热量来实现。

（4）第四阶段　当室外空气的焓值大于室内空气的焓值时，继续采用100％新风已不如采用回风经济，通过调节器，使 M_3 动作，使新风阀门又回到最小开度，保持最小的新风量。湿度敏感元件仍通过调节器使 M_4 动作，控制喷水室三通阀门，调节喷水温度，以控制室内相对湿度。室温控制仍由敏感元件 T 和 T_2 调节再热器的再热量来实现。

空调系统的自动控制技术随着电子技术和控制元件的发展，将不断改进：一方面将从减少人工操作出发，实现全自动的季节转换；另一方面从更精确考虑室内热湿负荷和室外气象条件等因素的变化出发，利用电子计算机进行控制，使每个季节都能在最佳工况下工作，以达到最大限度地节约能量的目的。随着自动控制技术和控制元件的发展，特别是微电脑软件技术的发展，使得电脑控制空调可适应各种各样空调系统控制的需要，并可根据不同室内热湿负荷、不同室外温湿度变化条件，以及不同室内温湿度参数条件进行多工况的判别和转换，实现全年自动的节能控制。

4.4.3.4　风机盘管系统运行调节

风机盘管系统是目前国内建筑中使用非常广泛的空调系统，特别是在写字楼和酒店这类有大量小面积房间的建筑内，几乎都采用了这种系统。一般从卫生标准上考虑，大多数风机盘管系统都配有独立的新风系统。

1. 风机盘管的运行调节

风机盘管是风机盘管机组的简称，属于小型的空气处理机组。这种空调系统的末端装置能够根据其所安装的房间或作用范围的温度变化，方便灵活地进行单机调节，以适应各空调房间内冷热负荷的变化，保证空调房间内的温度在一定的范围内变化，达到控制房间或作用范围内温度的作用，这也是风机盘管得到广泛应用的一个重要的特点。风机盘管运行调节的方式很多，目前常用的调节方式有两种：风量调节和水量调节。

1）风量调节

风量调节，即改变风机盘管送风量的调节方式，一般通过改变风机的转速来实现，有三速手动调节和无级自动调节等方法，如图 4-88 所示。

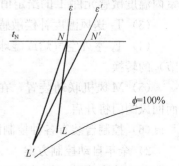

图 4-88　风量调节过程

（1）三速手动调节　三速手动调节是风机盘管最常用的调节方法。风机盘管有高、中、低三挡风量，通常是由空调房间的使用者根据自己的主观感觉和愿望来选择或改变风机盘管的送风挡。由于只有三个挡的调节级次，因此室内温湿度参数值波动较大，对室内冷热负荷变化的适应性较差。如果操作有误或调节不及时，还会引起过冷或过热现象。

（2）无极自动调节　无级自动调节是借助一个电子温控器来完成的。空调房间的使用者在启动风机盘管后，根据自己的要求设定一个室温就可以不管了。温控器所带的温度传感器会适时检测室内温度，通过与预设室温的比较来自动调节风机盘管的输入电压，对风机的转速进行无级调节。温差越大，风机转速越高，送风量越大，反之则送风量越小，从而实现风机盘管送风量的自动控制和无级调节，使室温控制在设定的波动范围内。无级自动调节对室内冷热负荷变化的适应性较好，能免去空调房间使用者的调节操作和不及时调节造成的不舒适感，是一种比较平滑的细调节方法。

风量调节比较简单，操作方便，容易实现，但在风量过小时会使室内的气流分布受影响，造成送风口附近与较远位置产生较大的区域温差。在夏季，如果风量太小，会造成送风温度过低，还会使风机盘管的外壳表面结露，出现滴水现象。

　2）水量调节

水量调节即改变通过盘管水量的调节方式。一般采用两通或三通电动调节阀调节进入盘管水量的方法来实现，如图 4-89 所示。

由温控器控制的比例式电动两通阀或三通阀，随室内冷热负荷的增大或减少相应地改变阀门的开度，以增加或减少进入盘管的冷热水量，来适应室内冷热负荷的变化，保持室温在设定的波动范围内。由于上述阀门价格高、构造复杂、易堵塞、有水流噪声，因此极少使用。

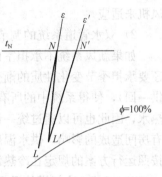

图 4-89　水量调节过程图

风机盘管目前大量采用的是风量调节方式，水路上只安装一个两通电磁阀，根据风机盘管是否使用或室温是否达到设定的温度值来相应地控制水路的通断。

　2. 风机盘管加独立新风系统的运行调节

与风机盘管系统配合使用的空调房间新风供给方式有由室内排风造成的负压渗入新风、风机盘管自接管引入新风、独立新风系统供给新风等多种。其中以独立新风系统使用最多，它与风机盘管系统配合组成了空气—水空调系统中的一种最主要的形式，即风机盘管加独立新风系统，如图 4-90 所示。前面已经分别讨论了集中空调系统和风机盘管的运行调节方式，其中空气系统可参考集中空调系统的运行调节，水系统则参考风机盘管的运行调节，但要结合实际情况灵活应用。

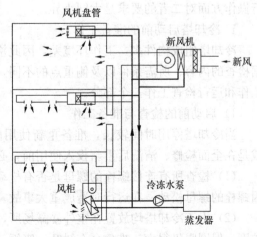

图 4-90　风机盘管加独立新风系统示意图

1）负荷的性质和调节

一般可把室内冷热负荷分为瞬变负荷和渐变负荷两部分。

（1）瞬变负荷 主要是室内灯具、设备、人员散热和太阳辐射热所形成的负荷。这部分负荷由于受房间的朝向、外窗情况以及室内灯具、设备的使用情况和人员多少等因素影响，各个房间都不同，而且变化无规律；再者，各房间的使用者都有自己喜欢的舒适温度范围。因此，要消除瞬变负荷，又能满足房间使用者对室温的要求，采用风机盘管的个别调节方式是比较合适的，既方便又适用。

（2）渐变负荷 主要是在室内外温差作用下，通过房间围护结构（外墙、外窗屋顶等）传递热量所形成的负荷。显然，这部分负荷的变化只与室内外温度有关，而室内温度在一个季节内（如夏季），同一用途的房间（如写字间、客房）都有相近的控制值，室外温度则有较大变化。除了一天早、中、晚的变化外，一年四季的变化幅度最大，由此可以认为这部分负荷变化的影响，对所有房间都是基本一样的。因此，可以通过集中调节新风系统的送风温度来消除由于室外温度变化而对房间控制温度产生的影响。也就是说，由新风系统来承担渐变负荷，那么该负荷就必须由运行管理人员根据其变化情况通过调节新风风机来适应。

2）双水管道系统的调节

如果新风系统不承担室内负荷，则风机盘管就不仅要承担日常变化性质的瞬变负荷，还要承担季节变化性质的渐变负荷。由于目前风机盘管系统绝大多数采用的是双水管（一供一回），使得系统中的所有风机盘管在同一时间从供水管获得的几乎都是同一的冷水或热水，因此也可以通过统一调节风机盘管的供水温度来消除室外气象条件季节性变化对所有房间造成的影响。供水温度的调节通常由运行管理人员根据室外气象条件的变化情况，按照运行方案的规定在冷热源处集中进行。

4.4.3.5 冷却塔的运行调节

冷却塔作为用来降低制冷机所需冷却水温度的散热装置，目前采用最多的是机械抽风逆流式圆形冷却塔，其次是机械抽风横流式（又称直交流式）矩形冷却塔。这两种冷却除了外形、布水方式、进风形式以及风机配备数量不同外，其他方面基本相同。因此，在运行操作方面对二者的要求是大同小异。

1. 冷却塔启动前的准备工作

冷却塔组成构件多，工作环境差，因此检查内容也相应较多。对冷却塔的检查工作根据检查的内容、所需条件以及侧重点的不同，可分为启动前的检查与准备工作、启动检查工作和运行检查工作三个部分。

1）启动前的检查与准备工作

当冷却塔停用时间较长，准备重新使用前（如在冬、春季不用，夏季又开始使用），或是在全面检修、清洗后重新投入使用前，必须要做的检查与准备工作内容如下：

（1）检查所有连接螺栓的螺母是否有松动。特别是风机系统部分，要重点检查，以免因螺栓的螺母松动，在运行时造成重大事故。

（2）由于冷却塔均放置在室外暴露场所，而且出风口和进风口都很大，有的加设了防护网，但网眼仍很大，难免会有树叶、废纸、塑料袋等杂物在停机时从进、出风口进入冷却塔内，因此要予以清除。如不清除会严重影响冷却塔的散热效率；如果杂物堵住出水管口的过滤网，还会威胁到制冷机的正常工作。

（3）如果使用皮带减速装置，要检查皮带的松紧是否合适，几根皮带的松紧程度是否相同。如果不相同则换成相同的，以免影响风机转速，加速过紧皮带的损坏。

（4）如果使用齿轮减速装置，要检查齿轮箱内润滑油是否充满到规定的油位。如果油不够，要补加到位。但要注意，补加的应是同型号的润滑油，严禁不同型号的润滑油混合使用，以免影响润滑效果。

（5）检查集水盘（槽）是否漏水，各手动水阀是否开关灵活并设置在要求的位置上。集水盘（槽）有漏水时则补漏，水阀有问题要修理或更换。

（6）拨动风机叶片，看其旋转是否灵活，有没有与其他物件相碰撞，有问题要马上解决。

（7）检查风机叶片尖与塔体内壁的间隙，该间隙要均匀合适，其值不宜大于 $0.008D$（D 为风机直径）。

（8）检查圆形塔布水装置的布水管管端与塔体的间隙，该间隙以 20mm 为宜，而布水管的管底与填料的间隙则不宜小于 50mm。

（9）开启手动补水管的阀门，与自动补水管一起将冷却塔集水盘（槽）中的水尽量注满（达到最高水位），以备冷却塔填料由干燥状态到正常润湿工作状态要多耗水量之用。而自动浮球阀的动作水位则调整到低于集水盘（槽）上沿边 25mm（或溢流管口 20mm）处，或按集水盘（槽）的容积为冷却水总流量的 $1\%\sim1.5\%$ 确定最低补水水位，在此水位时能自动控制补水。

2）启动工作

启动检查工作是启动前检查与准备工作的延续，因为有些检查内容必须"动"起来了才能看出是否有问题，其主要检查内容如下：

（1）启动风机，看其叶片是否俯视时是顺时针转动，而风是由下向上（天）吹的，如果反了要调过来。

（2）短时间启动水泵，看圆形塔的布水装置（又叫配水、洒水或散水装置）是否俯视时是顺时针转动，转速是否在表 4-12 对应冷却水量的数值范围内。如果不在相应范围就要调整。因为转速过快会降低转头的寿命，而转速过慢又会导致洒水不均匀，影响散热效果。布水管上出水孔与垂直面的角度是影响布水装置转速的主要原因之一，通常该角度为 $5°\sim10°$，通过调整该角度即可改变转速。此外，出水孔的水量（速度）大小也会影响转速，根据作用与反作用原理，出水量（速度）大，则反作用力就大，因而转速就高，反之转速就低。

圆形冷却塔布水装置参考转速　　　　　　　　　　　　　　　表 4-12

冷却水量（m³/h）	6.2～23	31～46	62～195	234～273	312～547	626～781
转速（r/min）	7～12	5～8	5～7	3.5～5	2.54～4	2～3

（3）通过短时间启动水泵，可以检查出水泵的出水管部分是否充满了水，如果没有，则连续几次间断地短时间启动水泵，以赶出空气，让水充满出水管。

（4）短时间启动水泵时还要注意检查集水盘（槽）内的水是否会出现抽干现象。因为冷却塔在间断了一段时间再使用时，洒水装置流出的水首先要使填料润湿，使水层达到一定厚度后，才能汇流到塔底部的集水盘（槽）。在下面水陆续被抽走，上面水还未落下来的短时间内，集水盘（槽）中的水不能干，以保证水泵不发生空吸现象。

（5）通电检查供回水管上的电磁阀动作是否正常，如果不正常要修理或更换。

3）运行检查工作

作为冷却塔日常运行时的常规检查项目，要求运行值班人员经常关注。

（1）圆形塔布水装置的转速是否稳定、均匀。如果不稳定，可能是管道内有空气存在而使水量供应产生变化所致，为此，要设法排除空气。

（2）圆形塔布水装置的转速是否减慢或是有部分出水孔不出水。这种现象可能是因为管内有污垢或微生物附着而减少了水的流量或堵塞了出水孔所致，此时就要做清洁工作。

（3）浮球阀开关是否灵敏，集水盘（槽）中的水位是否合适。如果有问题要及时调整或修理浮球阀。

（4）对于矩形塔，要经常检查配水槽（又叫散水槽）内是否有杂物堵塞散水孔。如果有堵塞现象要及时清除。槽内积水深度宜不小于50mm。

（5）塔内各部位是否有污垢形成或微生物繁殖，特别是填料和集水盘（槽）里。如果有污垢或微生物附着要分析原因，并相应做好水质处理和清洁工作。

（6）注意倾听冷却塔工作时的声音，是否有异常噪声和振动声。如果有则要迅速查明原因，消除隐患。

（7）检查布水装置、各管道的连接部位、阀门是否漏水。如果有漏水现象要查明原因，采取相应措施堵漏。

（8）对使用齿轮减速装置的，要注意齿轮箱是否漏油。如果有漏油现象要查明原因，采取相应措施堵漏。

（9）注意检查风机轴承的温升情况，一般不大于35℃，最高温度低于70℃。温升过大或温度高于70℃时要迅速查明原因予以消除。

（10）查看有无明显的飘水现象，如果有要及时查明原因并予以消除。

2. 清洁工作

冷却塔的清洁工作，特别是其内部和布水装置的定期清洁工作，是冷却塔能否正常发挥冷却效能的基本保证，不能忽视。

1）外壳的清洁

目前常用的圆形和矩形冷却塔，包括那些在出风口和进风口加装了消声装置的冷却塔，其外壳都是采用玻璃钢或高级 PVC 材料制成，能抗太阳紫外线和化学物贡的侵蚀，密实耐久，不易褪色，表面光亮，不需另刷油漆作保护层。因此，当其外观不洁时，只需用水或清洁剂清洗即可恢复光亮。

2）填料的清洁

填料作为空气与水在冷却塔内进行充分热湿交换的媒介体，通常是由高级 PVC 材料加工而成，属于塑料一类，很容易清洁。当发现其有污垢或微生物附着时，用水或清洁剂加压冲洗或从塔中拆出分片刷洗即可恢复原貌。

3）集水盘（槽）的清洁

集水盘（槽）中有污垢或微生物积存最容易发现，采用刷洗的方法就可以很快使其干净。但要注意的是，清洗前要堵住冷却塔的出水口，清洗时打开排水阀，让清洗的脏水从排水口排出，避免清洗时的脏水进入冷却水回水管。在清洗布水装置、配水槽、填料时都要如此操作。此外，不能忽视在集水盘（槽）的出水口处加设一个过滤网的好处，在这里设过滤网可以挡住大块杂物（如树叶、纸屑、填料碎片等）随水流进入冷却水回水管道系统，清洗起来方便、容易，可以大大减轻水泵入口水过滤器的负担，减少其拆卸清洗的次数。

4）圆形塔布水装置的清洁

对圆形塔布水装置的清洁工作，重点应放在有众多出水孔的几根支管上，要把支管从旋转头上拆卸下来仔细清洗。

5）矩形塔配水槽的清洁

当矩形塔的配水槽需要清洁时，采用刷洗的方法即可。

6）吸声垫的清洁

由于吸声垫是疏松纤维型的，长期浸泡在集水盘中，很容易附着污物，需用清洁剂配合高压水冲洗。

上述各部分的清洁工作，除了外壳可以不停机清洁外，其他都要停机后才能进行。

3. 冷却塔的运行调节

由于冷却水的流量和回水温度直接影响制冷机的运行工况和制冷效率，因此保证冷却水的流量和回水温度至关重要。而冷却塔对冷却水的降温功能又受室外空气环境湿球温度的影响，且冷却水的回水温度不可能低于室外空气的湿球温度，因此了解一些湿球温度的规律对控制冷却水的回水温度也十分重要。从季节来看，春、夏季室外空气的湿球温度一般较高，秋、冬季较低；从昼夜来看，夜晚室外空气的湿球温度一般较高，白天较低；而夏季则是每日 10 时至 24 时室外空气的湿球温度较高，0 时到次日 10 时较低；从气象条件来看，阴雨天时室外空气的湿球温度一般较高，晴朗天较低。这些影响冷却水回水温度的天气因素是无法人为改变的，只有通过对设备的调节来适应这种天气因素的影响，保证回水温度在规定的范围内。

通常采用的调节方式主要是两种：一是调节冷却水流量，二是调节冷却水回水温度。具体可采用以下一些调节方法。

1）调节冷却塔运行台数

当冷却塔为多台并联配置时，不论每台冷却塔的容量大小是否有差异，都可以通过开启同时运行的冷却塔台数，来适应冷却水量和回水温度的变化要求。用人工控制的方法来达到这个目的有一定难度，需要结合实际，摸索出控制规律才行得通。

2）调节冷却塔风机运行台数

当所使用的是一塔多风机配置的矩形塔时，可以通过调节同时工作的风机台数来改变进行热湿交换的通风量，在循环水量保持不变的情况下调节回水温度。

3）调节冷却塔风机转数（通风量）

采用变频技术或其他电机调速技术，通过改变电机的转速进而改变风机的转速使冷却塔的通风量改变，在循环水量不变的情况下达到控制回水温度的目的。当室外气温比较低，空气又比较干燥时，还可以停止冷却塔风机的运转，利用空气与水的自然热湿交换来达到冷却水降温的要求。

4）调节冷却塔供水量

采用与风机调速相同的原理和方法，改变水泵的转速，使冷却塔的供水量改变，在冷却塔通风量不变的情况下同样能够达到控制回水温度的目的。

如果在制冷机冷凝器的进水口处安装温度感应控制器，根据设定的回水温度，调节设在冷却泵入水口处的电动调节阀的开启度，以改变循环冷却水量来适应室外气象条件的变化和制冷机制冷量的变化，也可以保证回水温度不变。但该方法的流量调节范围受到一定限制，因为水泵和冷凝器的流量都不能降得很低。此时，可以采用改装三通阀的形式来保证通过水泵和冷凝器的流量不变，仍由温度感应控制器控制三通阀的开启度，用不同温度和流量的冷却塔供水与回水，兑出符合要求的冷凝器进水温度。

上述各调节方法都有其优缺点和一定的使用局限性，都可以单独采用，也可以综合采用。减少冷却塔运行台数和冷却塔风机降速运行的方法还会起到节能和降低运行费用的作用。因此，要结合实际，经过全面的技术经济分析后再决定采用何种调节方法。

需要引起注意的是由于冷却塔是一种定型产品，其性能是按额定流量设计的，如果流量减少，会影响到布水（配水）装置的工作，进而影响塔内布水（配水）的均匀性和冷却塔的热湿交换效果。因此，一般冷却塔生产厂家要求，冷却水流量变化不应超过额定流量±20%的范围。

4.5　空调系统的运行

4.5.1　空调系统的启动与运行

4.5.1.1　空调系统启动前的准备工作

空调系统在启动之前工作人员应仔细阅读各设备的使用说明书，了解各设备的功能和构造以及使用注意事项，并按国家标准《通风与空调工程施工与验收规范》对整个空调系统进行检查。空调系统启动前的准备工作主要有以下几点：

1. 检查电机、风机、电加热器、水泵、表冷器或喷水室、供热设备及自动控制与调节系统等，确认其技术状态良好。

2. 检查控制系统上的各调节项目、保护项目、延时项目的控制整定值，确保与厂家说明书要求相符合，且动作灵活，正确，能正常投入运行。

3. 清理风道内的一切杂物（如钉子、螺母等），检查管路的密封情况，各阀门调节装置的灵活情况，检查控制设备、控制装置的紧固程度。

4. 检查各管路系统连接处的紧固、严密程度，不允许有松动、泄漏现象。管路支架稳固可靠。

5. 对空调系统中有关运转设备，应检查各轴承的供油情况。若发现缺油现象应及时加油。

6. 根据室外空气状态参数和室内空气状态参数的要求，调整好温度、湿度等自动控制与调节装置的设定值与幅差值。

7. 检查供配电系统，保证按设备要求正确供电。

8. 检查各种安全保护装置的工作设定值是否在规定的范围内。

4.5.1.2　空调系统的启动

对于较大的空调站，可能空调系统设备较多，在启动时应采用就地、空负荷顺序启动方式，尽量避免遥控启动和带负荷启动及多台同时启动方式，防止由于启动瞬间启动电流过大，使电网电压降过大，控制回路或主回路熔断器烧断。对于采用遥控和就地启动两种调节方式的系统，强调就地启动主要是为了防止在启动过程中可能造成的设备事故（如传动皮带的脱落或断开、风机振动过大、制冷机组的排气压力过高及吸气压力过低或过高、油压过低所造成的其他问题）而不能被及时发现。对于空调机房，设备十分分散，如果在真正确认不会出现其他问题时，也可考虑采用遥控启动方式。启动步骤如下：

1. 打开各调节风阀，水路控制阀门。
2. 启动风机，直到转速达到额定转速。
3. 启动水泵及喷水系统的其他设备。
4. 电加热器通电。
5. 表冷器内通冷冻水（在此之前制冷系统已开启），加热器内通热源。

空调系统在完成启动后即投入运行。运行中首要的问题是对运行参数的调节。一般在具有自动调节的空调系统运行调节中，首先应采用手动调节方式，待运行参数接近要求值时，方可转为自动调节方式。

4.5.1.3　空调系统运行过程中应检查的内容

空调系统进入正常运行状态后，应按时进行下列项目的巡视：

1. 动力设备的运行情况，包括风机、水泵、电动机的振动、润滑、传动、工作电流、转速、声响等。
2. 喷水室、加热器、表面式冷却器、蒸汽加湿器等设备的运行情况。
3. 空气过滤器的工作状态（是否过脏）。
4. 空调系统冷、热源的供应情况。
5. 制冷系统运行情况，包括制冷机、冷冻水泵、冷却水泵、冷却塔及油泵等运行情况，以及冷却及冷冻水温度等。
6. 空调运行中采用的运行调节方案是否合理，系统中各有关执行调节机构是否正常。
7. 使用电加热器的空调系统，应注意电气保护装置是否安全可靠，动作是否灵活。
8. 空调处理装置及风路系统是否有漏风现象。
9. 空调处理装置内部积水、排水情况，喷水室系统中是否有泄漏、不顺畅等现象。

对上述各项巡视内容，若发现异常应及时采取必要的措施进行处理，以保证空调系统正常工作。

4.5.1.4　空调系统的停机

1. 正常停机

空调系统的停机与启动顺序相反，在停止空调系统运行之前应首先停止制冷系统的运行，停止冷冻水和热源的供应。然后，关闭空调系统中的送风机、回风机、排风机。根据空调房间对压力的要求，风机停机顺序有所不同，如空调房间要求正压，则先停排风机，再停回风机，最后停送风机；如空调房间要求负压，则先停送风机，再停回风机，最后停排风机。之后关闭系统中有关阀门（如风机负荷阀、新风阀、回风阀，一、二次回风阀，排风阀，加热调节阀，加湿调节阀，冷冻水阀等）。最后将系统电源切断。

2. 事故停机

由于一些突发事件，如供电系统发生故障造成突然停电，设备、控制系统发生故障

（如管道断裂，电动机故障等），因而不能按正常的停机程序进行停机操作，必须按紧急停机处理。

1）由于供电系统发生故障的停机

空调系统在运行中，如果突然发生停电，首先必须迅速切断冷热源的供应（尤其对于采用蒸汽为热媒的空气加热器和喷蒸汽加湿的空调系统，更应如此，以防止由于风机停运，加温调节阀处于开启状态，喷蒸汽加湿系统仍在工作而造成房间过湿），之后则应断开电源开关。待恢复供电后再按正常停机程序处理，并检查系统中有关设备及控制系统，确定无异常后方可启动运行。

2）设备事故停机

如果空调系统在运行中突然发生设备事故，也必须采取紧急停机措施。空调系统在运行中，如果由于风机、风机所配电动机发生故障，或由于汽、水、空气加热器，表面式冷却器以及冷、热输送管道突然发生破裂而产生大量汽、水外漏，或由于控制系统调节器、调节执行机构（如喷蒸汽加湿调节阀、加热调节阀、表面冷却器的水量调节阀）突然发生故障，不能关闭或关闭不严或无法打开时，使系统无法正常工作或危及运行及空调房间的安全时，则必须立即停机进行处理。停机时必须首先切断冷、热源的供应，之后按正常停车程序进行。

如果在运行中空调系统发出火灾报警信号，运行人员必须保持头脑清醒，迅速判断发生火情的部位，立即停止有关风机运行，同时关闭送、回风系统中所有防烟防火阀。并向有关单位报警，采取相应措施，积极投入到扑火灭火中来。为防止事故的扩大，在扑火灭火同时应对系统进行全面停机处理。

4.5.2　空调设备启动与运行

4.5.2.1　风机盘管机组的启动与运行

1. 风机盘管机组的局部调节

风机盘管空调系统在设计时，一般是根据空调房间在最不利条件下的最大冷（热）负荷来选择风机盘管机组。但风机盘管机组在实际运行中，由于室内、外条件均在发生不断变化，因此，风机盘管机组设有两种局部调节方法来进行冷（热）量的调节：一是根据使用情况（空调房间内的温、湿度，主要是温度情况），利用风机盘管机组的高、中、低三档风量调速装置，改变风机盘管的空气循环量，来满足空调房间内空气状态的调节要求；二是通过自动或手动控制方式，调节通过风机盘管机组的冷（热）水流量或温度，实现对供冷（热）量的调节，以满足空调房间的需要。

1）水量调节

当空调房间内、外条件发生变化时，为了维持空调房间内的一定温、湿度，可通过安装在风机盘管机组供水管道上的直通或三通调节阀进行调节。即室内冷负荷减少时可减少进入盘管内的冷冻水量。使盘管中的冷冻水吸收热量的能力下降，以适应冷负荷减少的变化。反之，室内的冷负荷增加可加大盘管中冷冻水的流量，使冷冻水吸收热量的能力增加。

2）风量调整

风机盘管机组利用风量调节来实现其负荷调节，是运行管理时使用最为普遍的方法。当空调房间内的冷（或热）负荷发生变化时，通过控制机构改变风扇电动机的转速，减少或增加流过风机盘管机组的空气处理量来实现空调房间温、湿度调节的目的。

2. 风机盘管机组的运行

1）机组夏季供给的冷冻水温度应不低于 7℃，冬季供给的热媒水温度应不高于 65℃，水质要清洁、软化。

2）机组的回水管上备有手动放气阀，运行前需要将放气阀打开，待机组盘管中及系统管路内的空气排干净后再关闭放气阀。

3）风机盘管机组中的风扇电动机轴承因采用双面防尘盖滚珠轴承，组装时轴承已加好润滑脂，因此，使用过程中不需要定期加润滑脂。

4）风机盘管表面应定期吹扫，保持清洁，以保证其具有良好的传热性能。装有过滤网的机组应经常清洗过滤网。

5）装有温度控制器的机组，在夏季使用时应将控制开关调整至夏季控制位置，而在冬季使用时，再调至冬季控制位置。

4.5.2.2　风机的启动与运行

1. 风机的启动操作

1）风机启动前的检查

（1）检查风机准备加入的润滑油脂的名称、型号是否与要求的一致，按规定的操作方法向风机注油孔内加注额定量的润滑油。

（2）用手盘动风机的传动皮带或联轴器，以检验风机叶轮是否有卡住或摩擦现象。

（3）检查风机壳内、皮带轮罩等处是否有影响风机转动的杂物，以及皮带的松紧程度是否适合。

（4）检查风机及电动机的地脚螺钉是否有松动现象。

（5）用点动方式检查风机的转向是否正确。

（6）关闭风机的入口阀或出口阀，以减轻风机启动负荷。

2）风机的启动操作

按启动顺序逐台启动风机，风机启动以后逐渐调整风阀至正常工作位置。

2. 风机运行中的检测和日常维护工作

1）风机运行监测内容

（1）监测风机电动机的工作电流、电压是否正常。

（2）监测风机及电动机的运转声音是否正常，有无异常振动现象。

（3）监测风机及电动机的轴承温度是否正常。

（4）监测风机及电动机在运转过程中是否有异味。

风机在运转过程中一旦出现异常情况，特别是运转电流过大，电压不稳，出现异常振动或产生焦煳味时，应立即停机进行检查处理，排除故障后才可继续运行。绝对禁止风机带病运行，以免造成重大事故。

2）风机日常维护内容

（1）定期用仪器测量风量和风压，确保风机处于正常工作状态。

（2）观察皮带的松紧程度是否合适。用测量仪表检查风机主轴转速是否达到要求，若转速不足则可能是皮带松弛，应及时调整更换。用钳形电流表检查电动机三相电流是否平衡。

（3）按设备说明书规定，定期向风机轴承内加入润滑油脂。

（4）经常检查风机进、出口法兰接头是否漏风。若发现漏风，应及时更换垫料堵上。

（5）经常检查风机及电动机的地脚螺钉是否紧固，减振器受力是否均匀。

（6）检查风机叶轮与机壳间是否有摩擦声，叶轮的平衡性是否良好。检查风机的振动与运转噪声是否在允许的范围内。

（7）随时检测风机轴承温度，不能使温升超过规定值。

4.5.2.3 冷却塔的启动与运行

1. 冷却塔启动前检查

1）冷却塔塔体的检查

冷却塔在启动前，首先要检查淋水管上的喷头是否堵塞；冷却塔中的填料是否损坏，或内有异物；集水槽和集水池是否积存有污物；冷却塔的进风百叶窗上是否有塑料布、塑料袋等污物堵塞进风口；冷却塔机械装置中的减速箱内油位是否保持在油标规定的位置；集水池内水位是否达到最高标高，所有管路中是否都充满了水；冷却塔的风机电动机的绝缘情况和防潮措施是否符合要求；用手盘动风机的叶轮旋转，看其转动是否灵活、有无松动现象；观察集水池有无渗漏现象等。

2）输水管道和水泵的检查

对于输水管道的检查主要是检查管路中阀门的开或关是否符合要求。对于水泵主要是检查泵体和电动机轴承的润滑情况，用手盘动一下水泵和电动机之间的联轴器，看其转动是否灵活、轻松。观察水泵轴封的滴水情况，看其松紧度是否适当。

2. 冷却塔的运行

为了使冷却塔在运行中发挥最高的冷却效率，要认真做好其日常的维护管理。

1）要及时清除管道和喷头处的污垢及杂物，以确保冷却水量不致逐渐减少，一般情况下应每月清洗一次冷却塔。要随时注意布水装置的布水均匀性，发现问题应及时检修。

2）要确保填料的清洁完整，损坏的部分要及时填补或更换。

3）要保持冷却塔减速箱中的油位正常。减速箱中润滑油一般采用 20 号或 30 号机油。每年应检查油的颜色及黏度，若无变化，可以不更换。但新安装冷却塔中的减速箱由于要磨合，建议在运行一个月时将减速箱中的润滑油更换掉。

4）定期检测电动机和接线盒的绝缘及接地电阻，保证电气系统安全可靠。

5）电动机和联轴器内轴承中的润滑油脂不允许出现硬化现象，要定期进行更换，润滑油脂最好用钙基油脂，一般每年更换一次。在冷却塔运行中要经常观察风机轴承的温升情况，要求轴承温升不大于 35℃，最高温度不大于 70℃，风机运行要平稳。应定期检查并清除风机叶片上的附着物，及时更换腐蚀坏了的叶片，以减少风机运行时的振动及噪声。为了节省能源和调节冷量，当多台风机并联安装时，应根据不同情况适当减开风机。

6）要定期清洗集水盘和集水池，清刷过滤网，严防堵塞影响冷却水循环。定期检查循环水的水质，当水质不符合要求时，要排除部分循环水，并补充新水。若为节约用水，可向集水池内的循环水中添加阻垢剂（如聚丙烯酸钠）、杀菌藻剂（如液氯、漂白粉），防止生垢积苔，保证循环水质的稳定。

7）做好冷却塔的各种钢结构构件和水管的防锈工作。对冷却塔中的钢支架、钢梁等各种钢结构和水管应每两年进行一次除锈、涂防锈漆的工作。风机钢制叶片宜每年进行一次涂漆防腐。

4.5.3 空调设备的维护与保养

空调系统和设备自身良好的工作状态是在安全经济运行的同时延长使用寿命，并能够保证供冷（热）质量，而有针对性地做好各项维护保养工作也是空调系统和设备保持良好工作状态的重要条件之一。维护保养工作是一项预防性的工作，应经常有计划地进行。维护保养的主要内容就是对机器设备进行必要的加油、清洗，易损材料与零件的更换以及对设备的紧固、调整、小修小补等工作，如这些维护保养工作做得不好，往往会造成空调系统和设备运行不正常或经常出现故障，使机器和设备使用寿命缩短或影响机器设备的正常使用。

4.5.3.1 风道系统的维护与保养

空调风管绝大多数是用镀锌钢板制作的，不需要刷防锈漆，比较经久耐用。在运行过程中应保证管道的密封性，绝对不漏风，重点是法兰接头和风机、风柜等与风管的软接处以及风阀转轴处。除了空气处理机组外接的新风吸入管通常用裸管外，送、回风管都要进行保温。这就要求管道的保温层、表面防潮层及保护层无破损和脱落，特别要注意吊、支架接触的部位，对使用粘胶带封闭防潮层接缝的，要注意粘胶带无胀裂、开胶的现象。

应定期清理管道内部的积尘，以保证管道内部的清洁，从而保证送风质量。保温管道风阀的调节手柄处不应结露。

要保证风口的清洁和紧固，叶片不应有积尘及松动。根据使用情况，送风口应三个月左右拆下来清洁一次，回风口和新风口则可以结合过滤网的清洁周期一起清洁。对于可调型风口，在根据空调或送风要求调节后要能保证调后的位置不变，转动部件与风管的结合处不应漏风；对于风口的可调叶片或叶片调节零部件（如百叶风口的拉杆、散流器的丝杆等），应松紧适度，既能转动又不松动。金属送风口在夏季运行时要特别注意，不应有凝结水产生。

管道上的各种调节阀在使用一段时间后，会出现松动、变形、移位、动作不灵、关闭不严等问题，不仅会影响风量的控制和空调效果，还会产生噪声。因此，日常的维护保养除了要做好风阀的清洁与润滑工作以外，重点是要保证各种阀门能根据运行调节的要求，变动灵活；定位准确、稳固；开、关到位；阀板或叶片与阀体无碰撞，不会卡死；拉杆或手柄的转轴与风管结合处应严密不漏风；电动或气动调节的范围和指示角度应与阀门开启角度一致。

4.5.3.2 空调机组的维护与保养

空调机组的维护保养一般可分为日常、月度、年度三个部分来进行。

1. 日常维护保养

应定时检查电流、电压是否正常；高低压控制器的设定值是否合适；温控器的设定值与动作是否一致；机体是否有漏风或结露的地方；水冷式冷凝器冷却水进出口水温是否正常；冷却水流量是否正常；进出水管路上的阀门和软接头是否漏、滴水；如为风冷式冷凝器，则翅片上是否积尘，散热气流是否良好；调节阀调定位置是否有变，有无噪声产生；风道软连接处是否破损漏风；积水盘的排水是否畅通，水封是否起作用。

2. 月度维护保养

机组的各紧固件是否松动；是否有绝热或吸声材料脱落；蒸发器外表面翅片是否积

尘；压缩机壳体温度是否过高；过滤网杂物是否过多需要清洁；风机皮带松紧度是否合适，一般一个月需检查调整一次；接水盘中是否有污物和水积存；排水是否通畅。

3. 年度维护保养

机体外壳是否锈蚀；机体外壳需进行彻底清洁；水冷式冷凝器应一年清理一次管内水垢；蒸发器翅片应一年清理一次积尘；检查制冷剂是否有泄漏；继电器与保护器接触是否完好，动作是否灵敏，调定值是否准确；各种控制器的动作是否正常；风机的轴承应一年加一次润滑油，以保证机器的正常运转。

4.5.3.3 风机盘管的维护保养

风机盘管是必须进行日常巡视检查的项目以及进行定期保养的内容。这种巡视和检查最好每月一次。风机盘管的保养和维修内容见表 4-13。

风机盘管的保养和维修内容　　　　　　　　　　表 4-13

设备名称	巡视检查的内容	维 修 内 容	周期
空气过滤器	观察过滤器表面的脏污程度	用水洗净	次/月
冷热盘管	观察翅片管表面的脏污情况 检查弯管的腐蚀状况	用水及药品进行清洗	2次/年
送风机	观察叶轮沾染灰尘情况，检查噪声情况	清理叶轮	2次/年
滴水盘	观察滴水盘是否有污物，观察排水功能是否良好	清扫防尘网和水盘	2次/年
管道和阀门	检查保温材料是否良好，管道是否有因腐蚀而漏水的情况，检查自动阀的动作情况	发现问题，随时处理	随时

1. 空气过滤网

空气过滤器的清洗周期与机器安装位置、工作时间、用途及使用条件有关。一般情况下应该每月清洗一次。如果过滤器的孔眼堵塞得非常严重，就要影响风机盘管的送风量，风机的效率就会大幅度下降。

2. 冷热水盘管

冷热水盘管是风机盘管的重要组成部分，要求冷热盘管的管道和翅片的表面必须经常保持正常状态。冷热盘管一般是由铜管和铝翅片构成的。从构造上来看，在铝翅片之间容易附着灰尘，如果灰尘较少，在铝翅片间进行清扫即可，如果附着的灰尘比较多，铝翅片之间管道的深处已发生堵塞，简单的清扫就不能满足要求，这时必须将盘管取出，放入清水中，用浸泡的方法进行清洗。另外，冷热盘管两端和弯曲部分管道，最容易被腐蚀而造成漏水，因此，对这部分要仔细检查并及时修理。

3. 送风机

风机盘管一般多采用多叶式送风机。这种送风机的叶片是弯曲形式的。经过一定时间运转之后，弯曲部分慢慢地黏附着许多灰尘，严重的情况下可将弯曲部分填平。在这种状态下，即使盘管及其他部分的维修和管理正常，送风量也会明显下降，风机盘管的功能也就不能完全发挥。因此，定期对送风叶轮的表面进行检查并认真的清扫是非常重要的。

4. 滴水盘

当盘管结露之后，冷凝水便落到滴水盘内，并通过防尘网流入排水管。由于空气中的灰尘以及油类和杂物慢慢地附在滴水盘内，造成防尘网和排水管的堵塞，因此就有必要对滴水盘进行定期清扫，否则冷凝水会从滴水盘中溢出，造成房间漏水。

5. 管道阀门

一般情况下，风机盘管冷热水共用一条管道，即两管制（进水和回水）。这些管道最容易产生腐蚀面，造成漏水的地方是螺纹部分以及连接部务。这部分管道为了提高热效率和防止结露，都用各种保温材料包起来，要想从外部简单地检查出管道是否有腐蚀现象是很困难的。因此，只能从保温材料的表面来判断管道内部的腐蚀情况，或者当发生漏水现象之后，根据管道内水锈的情况来判断管道的腐蚀情况，并更换管道。风机盘管的管道系统上装有各种不同类型的阀门，根据管道的尺寸和水压的不同，阀门的型号也不一样。除特殊作用的阀门外，一般的阀门很少开闭操作，在阀座和阀体部分，容易产生水锈，使阀门关不严，因此，对阀门要进行分解检查和维修。

4.5.3.4 冷却塔的维护保养

由于冷却塔工作条件和工作环境的特殊性，除了一般维护保养外还需要重视做好清洁和消毒工作。

1. 清洁

冷却塔的清洁，特别是其内部和布水（配水）装置的定期清洁，是冷却塔能否正常发挥冷却效能的基本保证，不能忽视。

1）外壳的清洁

常用的圆形和矩形冷却塔，包括那些在出风口和进风口加装了消声装置的冷却塔，其外壳都是采用玻璃钢或高级 PVC 材料制成的，能抗太阳紫外线和化学物质的侵蚀，密实耐久，不易褪色，表面光亮，不需另刷油漆作保护层。因此，当其外观不洁时，只需用清水或清洁剂清洗即可恢复光亮。

2）填料的清洁

填料作为空气与水在冷却塔内进行充分热湿交换的媒介，通常是由高级 PVC 材料加工而成的，属于塑料的一类，很容易清洁。当发现其有污垢或微生物附着时，用清水或清洁剂加压冲洗，或从塔中拆出分片刷洗即可恢复原貌。

3）集水盘（槽）的清洁

集水盘（槽）中有污垢或微生物积存时最容易发现，采用刷洗的方法就可以很快使其干净。但要注意的是，清洗前要堵住冷却塔的出水口，清洗时打开排水阀，让清洗后的脏水从排水口排出，避免其进入冷却水回水管。在清洗布水装置（配水槽）、填料时都要如此操作。

此外，不能忽视在集水盘（槽）的出水口处加设一个过滤网的好处。在这里设过滤网可以在冷却塔运行期间挡住大块杂物（如树叶、纸屑、填料碎片等），防止其随水流进入冷却水回水管道系统，清洁起来方便、容易，可以大大减轻水泵入口水过滤器的负担，减少其拆卸清洗的次数。

4）圆形塔布水装置的清洁

对圆形塔布水装置的清洁，重点应放在有众多出水孔的几根布水支管上，要把布水支管从旋转头上拆卸下来仔细清洗。

5）短形塔配水槽的清洁

当矩形塔的配水槽需要清洁时，采用刷洗的方法即可。

6）吸声垫的清洁

由于吸声垫是疏松纤维型的，长期浸泡在集水盘中，很容易附着污物，需要用清洁剂配合高压水冲洗。

上述各部件的清洁工作，除了外壳可以不停机清洁外，其他都要停机后才能进行。

2. 其他维护保养

为了使冷却塔能安全正常地使用得尽量长一些时间，除了做好上述清洁工作外，还需定期做好以下几方面的维护保养工作：

1）对使用皮带减速装置的，每两周停机检查一次传动皮带的松紧度，不合适时要调整。如果几根皮带松紧程度不同，则要全套更换；如果冷却塔长时间不运行，则最好将皮带取下来保存。

2）对使用齿轮减速装置的，每个月停机检查一次齿轮箱中的油位。油量不够时要加补到位。此外，冷却塔每运行 6 个月要检查一次油的颜色和黏度，达不到要求时必须全部更换。当冷却塔累计使用 5000h 后，不论油质情况如何，都必须对齿轮箱做彻底清洗，并更换润滑油。齿轮减速装置采用的润滑油一般多为 30 号或 40 号机械油。

3）由于冷却塔的风机电动机长期在湿热环境下工作，为了保证其绝缘性能，不发生电动机烧毁事故，每年必须做一次电动机绝缘情况测试。如果达不到要求，要及时处理或更换电动机。

4）检查填料是否损坏，如果有损坏的要及时修补或更换。

5）风机系统所有轴承的润滑脂一般每年更换一次。

6）当采用化学药剂进行水处理时，要注意风机叶片的腐蚀问题。为了减缓腐蚀，每年应清除一次叶片上的腐蚀物，均匀涂刷防锈漆和酚醛漆各一道。或者在叶片上涂刷一层 0.2mm 厚的环氧树脂，其防腐性能一般可维持 2～3 年。

7）在冬季冷却塔停止使用期间，有可能因积雪而使风机叶片变形时，可以采取两种办法加以避免：一是停机后将叶片旋转到垂直地面的角度紧固；二是将叶片或连轮毂一起拆下放到室内保存。

8）在冬季冷却塔停止使用期间，有可能发生冰冻现象，这时要将集水盘（槽）和管道中的水全部放光，以免冻坏设备和管道。

9）冷却塔的支架、风机系统的结构架以及爬梯通常采用镀锌钢件，一般不需要油漆。如果发现有生锈情况，再进行除锈刷漆工作。

3. 军团病与冷却塔消毒

冷却塔的维护保养工作还与军团病的预防密切相关。1976 年，美国退伍军人协会在费城一家旅馆举行第 58 届年会。在会议期间和会后的一个月中，与会代表和附近居民中有 221 人得了一种酷似肺炎的怪病，并有 34 人相继死亡，病死率达 15%。后经美国疾病控制中心调查发现，其病原是一种新杆菌，即嗜肺性军团菌，简称军团菌。这种病菌普遍存在于空调冷却塔和加湿器中，由细小的水滴和灰尘携带，可随空气流扩散，自呼吸道侵入人体。从 1976 年至今，全世界已有 30 多个国家 50 多次爆发流行军团病，而且几乎都与空调冷却塔有关。

因此，为了有效地控制冷却塔内军团菌的滋生和传播，要积极做好冷却塔军团菌感染的预防措施。在冷却塔长期停用（一个月以上）再启动时，应进行彻底的清洗和消毒；在运行中，每个月需清洗一次；每年至少彻底清洗和消毒两次。

对冷却塔进行消毒比较常用的方法是加次氯酸钠（含有效氯 5mg/L），关风机开水泵，将水循环 6h 消毒后排干，彻底清洗各部件和潮湿表面。充水后再加次氯酸钠（含有效氯 5~15mg/L），以同样方式消毒 6h 后排水。

4.5.4 空调系统运行维护

在空调系统的维护过程中，经常会遇到以下几种系统故障，维护管理人员要认真分析故障原因，并对系统进行调节，使空调系统达到设计要求。

1. 实际送风量大于设计送风量

1) 产生的原因

出现实际送风量大于设计送风量问题的原因有 2 个：

(1) 系统风管阻力小于设计阻力，送风机在比设计风压低的情况下运行，使送风量增加；

(2) 设计时送风机选择得不合适，风量或风压偏大，使实际风量增大。

2) 解决的方法

(1) 若送风量稍大于设计风量，在室内气流组织和噪声值允许的情况下，可不做调整。在必须调整时，可采用改变风机转速的方法进行调节。

(2) 若无条件改变风机的转速，可用改变风道调节阀开度的方法进行风量调节。

2. 实际送风量小于设计送风量

1) 产生的原因

出现实际送风量小于设计送风量问题的原因有 3 个：

(1) 系统的实际送风阻力大于设计计算阻力，使空调系统实际送风量减少；

(2) 送风系统的风道漏风；

(3) 送风机本身质量不好，或送风机本身不符合要求，或空调系统运行中对送风机的运行管理不善。

2) 解决的方法

(1) 若条件许可，可对风管的局部构件进行改造（如在风道弯头中增设导流叶片等），以减少送风阻力。

(2) 对送风系统进行认真检漏。对高速送风系统应进行检漏试验；对低速送风系统应重点检查法兰盘和垫圈质量，看是否有泄漏现象；对空气处理室的检测门、检测孔的密封性作严格检漏。

(3) 更换或调整送风机，使其符合工作参数的要求。

3. 送风状态参数与设计工况不符

1) 产生的原因

送风状态参数与设计工况不符一般有下述几种原因：

(1) 设计计算有错误，所选用的空气处理设备的能力与实际需要偏差较大。

(2) 设备性能不良或安装质量不好，达不到送风的参数要求。

(3) 空调系统的冷热媒的参数和流量不符合设计要求。

（4）空气冷却设备出口带水，如挡水板的过水量超过设计估算值，造成水分再蒸发，影响出口空气的参数。

（5）送风机和风道的温升（或温降）超过设计值，影响风道的送风温度。

（6）处于负压状态下的空气处理装置和回风风道漏风，即未经处理的空气直接漏入送风系统，改变了系统送风的状态参数。

2）解决的方法

（1）通过调节冷热媒的进口参数和流量，改善空气处理设备的能力，以满足送风状态参数要求。若调节后仍不能明显改变空气处理的能力，则应更换空气处理设备。

（2）当冷热媒参数和流量不符合设计要求时，应检查冷冻水系统或热源（锅炉或热交换器）的处理能力，看它们是否能满足工作参数的要求。另外，还要检查水泵的扬程是否有问题，以及冷热媒管道的保温措施是否得当或管道内部是否有堵塞。根据不同情况，采取相应措施，以满足冷热媒的设计要求。

（3）冷却设备出口处空气带水时，若为表冷器系统可在其后增设挡水板（或改进挡水板），以提高挡水效果。对于喷水室系统，要检查挡水板是否插入池底，挡水板与空气处理室内壁间是否漏风等。

（4）送风机和风道的温升（或温降）过大时，应检查过大的原因。若因送风机的运行超压使其温升过大，应采取措施降低送风机的运行风压；如果是管道温升（温降）过大，应检查管道的保温措施是否得当，切实做好管道保温。

4. 室内空气参数不符合设计要求

1）产生的原因

室内空气参数不符合设计要求的原因是：

（1）实际热湿负荷与设计计算负荷有出入，或送风参数不能满足设计要求，造成室内空气参数不符合设计要求。

（2）室内气流速度超过允许值，使室内空气参数不符合设计要求。

（3）室内空气的洁净度不符合要求。

2）解决的方法

（1）根据风机和空气处理设备的能力来确定送风量和送风参数，满足室内空气参数的要求。若条件许可，可采取措施，减少建筑围护结构的传热量及室内产热量，以满足室内参数的要求。

（2）通过增大送风口面积来减少送风速度或减少送风量及改变风口的型式等措施，改善室内气流速度，使其符合室内空气参数的要求。

（3）经常检查过滤器的效率和安装质量，增加空调房间换气次数和室内正压值。

4.6 空调系统常见故障及排除

4.6.1 集中式空调系统常见故障及排除

空调系统是否出现故障，主要是看其运行参数是否合乎要求。当运行参数与设计参数出现明显偏差时，就要查清产生的原因，找出排除故障的方法。表 4-14 所列为集中式空调系统常见故障与处理方法。

集中式空调系统的常见故障与处理方法 　　　　表 4-14

故 障 现 象	产 生 原 因	处 理 方 法
（一）送风参数与设计值不符	1. 冷热媒参数和流量与设计值不符；空气处理设备选择容量偏大或偏小 2. 空气处理设备热工性能达不到额定值 3. 空气处理设备安装不当，造成部分空气短路，空调箱或风管的负压段漏风，未经处理的空气漏入 4. 挡水板挡水效果不好 5. 送风管和冷媒水管温升超过设计值	1. 调节冷热媒参数与流量，使空气处理设备达到额定能力，如仍达不到要求，可考虑更换或增加设备 2. 测试空气处理设备热工性能，查明原因，消除故障。如仍达不到要求，可考虑更换设备 3. 检查设备、风管，排除短路与漏风 4. 检查并改善喷水室挡水板，消除漏风带水 5. 管道保温不好，加强风管、水管保温
（二）室内温度、相对湿度均偏高	1. 制冷系统制冷量不足 2. 喷水室喷嘴堵塞 3. 通过空气处理设备的风量过大、热湿交换不良 4. 回风量大于送风量，室外空气渗入 5. 送风量不足（可能过滤器堵塞） 6. 表冷器结霜，造成堵塞	1. 检修制冷系统 2. 清洗喷水系统和喷嘴 3. 调节通过空气处理设备的风量，使风速正常 4. 调节回风量，使室内正压 5. 清理过滤器，使送风量正常 6. 调节蒸发温度，防止结霜
（三）室内温度合适或偏低，相对湿度偏高	1. 送风温度低（可能是一次回风的二次加热器未开或不足） 2. 喷水室过水量大，送风含湿量大（可能是挡水板不均匀或漏风） 3. 机器露点温度和含湿量偏高 4. 室内产湿量大（如增加了产湿设备，用水冲洗地板，漏汽、漏水等）	1. 正确使用二次加热器，检查二次加热器的控制与调节装置 2. 检修或更换挡水板，堵漏风 3. 调节三通阀，降低混合水温 4. 减少湿源
（四）室内温度正常，相对湿度偏低（这种现象常发生在冬季）	1. 室外空气含湿量本来较低，未经加湿处理，仅加热后送入室内 2. 加湿器系统故障	1. 有喷水室时，应连续喷循环水加湿，若是表冷器系统应开启加湿器进行加湿 2. 检查加湿器及控制与调节装置
（五）系统实测风量大于设计风量	1. 系统的实际阻力小于设计阻力，风机的送风量因而增大 2. 设计时选用风机容量偏大	关小风量调节阀，降低风量；有条件时可改变（降低）风机的转速
（六）系统实测风量小于设计风量	1. 系统的实际阻力大于设计阻力，风机送风量减小 2. 系统中有阻塞现象 3. 系统漏风 4. 风机出力不足（风机达不到设计能力或叶轮旋转方向不对，皮带打滑等）	1. 条件许可时，改进风管构件，减小系统阻力 2. 检查清理系统中可能的阻塞物 3. 检查漏风点，堵漏风 4. 检查、排除影响风机出力的因素

故 障 现 象	产 生 原 因	处 理 方 法
（七）系统总送风量进风量不符，差值较大	1. 风量测量方法与计算不正确 2. 系统漏风或气流短路	1. 复查测量与计算数据 2. 检查堵漏，消除短路
（八）机器露点温度正常或偏低，室内降温慢	1. 送风量小于设计值，换气次数少 2. 有二次回风的系统，二次回风量过大 3. 空调系统房间多、风量分配不均匀	1. 检查风机型号是否符合设计要求，叶轮转向是否正确，皮带是否松弛，开大送风阀门，消除风量不足因素 2. 调节，降低二次回风量 3. 调节，使各房间风量分配均匀
（九）室内气流速度超过允许流速	1. 送风口速度过大 2. 总送风量过大 3. 送风口的形式不合适	1. 增大风口面积或增加风口数，开大风口调节阀 2. 降低总风量 3. 改变送风口形式，增加紊流系数
（十）室内气流速度分布不均，有死角区	1. 气流组织设计考虑不周 2. 送风口风量未调节均匀，不符合设计值	1. 根据实测气流分布图，调整送风口位置，或增加送风口数量 2. 调节各送风口风量使其与设计值相符
（十一）室内空气清洁度不符合设计要求（空气不新鲜）	1. 新风量不足（新风阀门未开足，新风道截面积小，过滤器堵塞等） 2. 室内人员超过设计人数 3. 室内有吸烟或燃烧等耗氧因素	1. 对症采取措施增大新风量 2. 减少不必要的人员 3. 禁止在空调房间内吸烟和进行不符合要求的耗氧活动
（十二）室内洁净度达不到设计要求	1. 过滤器效率达不到要求 2. 施工安装时未按要求擦净设备及风管内的灰尘 3. 运行管理未按规定打扫清洁； 4. 生产工艺流程与设计要求不符 5. 室内正压不符合要求，室外有灰尘渗入	1. 更换不合格的过滤器 2. 设法清理设备与管道内灰尘 3. 加强运行管理 4. 改进工艺流程 5. 增加换气次数和调正压
（十三）室内噪声大于设计要求	1. 风机噪声高于额定值 2. 风管及阀门、风口风速过大，产生气流噪声 3. 风管系统消声设备不完善	1. 测定风机噪声，检查风机叶轮是否碰壳，轴承是否损坏，减振是否良好，对症处理 2. 调节各种阀门、风口，降低过高风速 3. 增加消声弯头等设备

4.6.2 空气处理设备常见故障及排除

空气处理设备的故障，主要是指对空气进行热、湿和净化处理的设备所发生的故障。表 4-15 为空气处理设备的常见故障与处理方法。

空气处理设备的常见故障与处理方法　　　　表 4-15

设备名称	故 障 现 象	处 理 方 法
喷水室	1. 喷嘴喷水雾化不够 2. 热、湿交换性能不佳	1. 加强给水过滤、防止喷孔堵塞 2. 提供足够的给水压力 3. 检查喷嘴布置密度形式、级数等,对不合理的进行改造 4. 检查前挡水板的均风效果
表面换热器	1. 热交换效率下降 2. 冷凝水外溢 3. 有水击声	1. 清除管内水垢,保持管外肋片洁净 2. 修理表面冷却器凝水盘,疏通泄水管 3. 以蒸汽为热源时,要有 1/100 的坡度以利排水
电加热器	裸线式电加热器电热丝表面温度太高,粘附其上的杂质分解,产生异味	更换管式电加热器
加湿器	1. 加湿量不够 2. 干式蒸汽加湿器的噪声太大,有水蒸气特有的气味	1. 检查湿度敏感元件、控制器与加湿器工作状况 2. 改用电加湿器
净化处理设备	1. 净化达不到设计标准 2. 过滤阻力增大,过滤风量减小 3. 高效过滤器使用周期短	1. 重新评估净化标准,合理选择空气过滤器 2. 定时清洁过滤器 3. 检查粗、中效过滤器过滤效果
风道	1. 噪声过大 2. 长期使用或施工质量不合格,使风管法兰连接不严密造成漏风,引起风量不足 3. 隔热板脱落,保温性能下降	1. 避免风道急剧转弯,尽量少装阀门,必要时在弯头、三通支管等处装导流片;消声器损坏时,更换新的消声器 2. 应经常检查所有接缝处的密封性能,更换不合格的垫料,进行堵漏 3. 补上隔热板,完善隔热层和防潮层

4.6.3　风机盘管常见故障及排除

风机盘管的使用数量多,安装分散,维护保养和检修不到位都会严重影响其使用效果。因此,对风机盘管在运行中产生的问题和故障要能准确判断出原因,并迅速予以解决。表 4-16 归纳的常见问题和故障的分析与解决方法可供参考。

风机盘管常见问题和故障的分析与解决方法　　　　表 4-16

问题或故障	原 因 分 析	解 决 方 法
风机旋转但风量较小或不出风	1. 送风挡位设置不当 2. 过滤网积尘过多 3. 盘管肋片间积尘过多 4. 电压偏低 5. 风机反转	1. 调整到合适挡位 2. 清洁过滤网 3. 清洁盘管 4. 查明原因 5. 调换接线相序

续表

问题或故障	原 因 分 析		解 决 方 法
吹出的风不够冷（热）	1. 温度挡位设置不当 2. 盘管内有空气 3. 供水温度异常 4. 供水不足 5. 盘管肋片氧化		1. 调整到合适挡位 2. 开盘管放气阀排出 3. 检查冷热源 4. 开大水阀或加大支管径 5. 更换盘管
振动与噪声偏大	1. 风机轴承润滑不好或损坏 2. 风机叶片积尘太多或损坏 3. 风机叶轮与机壳摩擦 4. 出风口与外接风管或送风口不是软连接 5. 盘管和滴水盘与供回水管及排水管不是软连接 6. 风机盘管在高速挡下运行 7. 固定风机的连接件松动 8. 送风口百叶松动		1. 加润滑油或更换 2. 清洁或更换 3. 消除摩擦或更换风机 4. 用软连接 5. 用软连接 6. 调到中、低速挡 7. 紧固 8. 紧固
机组漏水	1. 接水盘溢水	(1) 排水口（管）堵塞 (2) 排水不畅 (3) 排水盘倾斜方向不正确	(1) 用吸、通、吹、冲等方法疏通 (2) 调整排水管坡度≥0.8%或缩短排水管长度就近排水 (3) 调整接水盘，使排水口处最低
	2. 机组内管道漏水、结露	(1) 管接头连接不严密 (2) 管道有裸露部分，表面结露	(1) 紧固，使其连接严密 (2) 将裸露部分管道裹上绝热材料
	3. 接水盘底部结露	接水盘底部绝热层破损或与盘底脱离	修补或粘贴好
	4. 盘管放气阀未关紧		关闭或拧紧
有异物吹出	1. 过滤网破损 2. 机组或风管内积尘太多 3. 风机叶片表面锈蚀 4. 盘管翅片氧化 5. 机组或风管内保温材料破损		1. 更换 2. 清洁 3. 更换风机 4. 更换盘管 5. 修补或更换
机组外壳结露	1. 机组内贴保温材料破损或与内壁脱离 2. 机壳破损漏风		1. 修补或粘贴好 2. 修补
凝结水排放不畅	1. 外接管道水平坡度过小 2. 外接管道堵塞		1. 调整坡度≥8% 2. 疏通
滴水盘结露	滴水盘底部保温层破损或与盘底脱离		修补或粘贴好

4.6.4 冷却塔常见故障及排除

冷却塔在运行过程中经常出现的问题或故障，以及其原因分析与解决方法可参见表4-17。

冷却塔常见问题和故障的分析与解决方法　　　　　　　　表 4-17

问题或故障	原因分析		解决方法
出水温度过高	(1) 循环水量过大		(1) 调阀门至合适水量或更换容量匹配的冷却塔
	(2) 布水管（配水槽）部分出水孔堵塞，造成偏流（布水不均匀）		(2) 清除堵塞物
	(3) 进出空气不畅或短路		(3) 查明原因，改善
	(4) 通风量不足		(4) 参见"通风量不足"的解决方法
	(5) 进水温度过高		(5) 检查冷水机组方面的原因
	(6) 吸排空气短路		(6) 改空气循环流动为直流
	(7) 填料部分堵塞造成偏流（布水不均匀）		(7) 清除堵塞物
	(8) 室外湿球温度过高		(8) 减小冷却水量
通风量不足	(1) 风机转速降低	①传动皮带松弛	(1) ①调整电动机位张紧或更换皮带
		②轴承润滑不良	②加油或更换轴承
	(2) 风机叶片角度不合适		(2) 调至合适角度
	(3) 风机叶片破损		(3) 修复或更换
	(4) 填料部分堵塞		(4) 清除堵塞物
集水盘（槽）溢水	(1) 集水盘（槽）出水口（滤网）堵塞		(1) 清除堵塞物
	(2) 浮球阀失灵，不能自动关闭		(2) 修复
	(3) 循环水量超过冷却塔额定容量		(3) 减少循环水量或更换容量匹配的冷却塔
集水盘（槽）中水位偏低	(1) 浮球阀开度偏小，造成补水量		(1) 开大到合适开度
	(2) 补水压力不足，造成补水量小		(2) 查明原因，提高压力或加大管径
	(3) 管道系统有漏水的地方		(3) 查明漏水处，堵漏
	(4) 冷却过程失水过多		(4) 参见"冷却过程水量散失过多"的解决方法
	(5) 补水管径偏小		(5) 更换
有明显飘水现象	(1) 循环水量过大或过小		(1) 调节阀门至合适水量或更换容量匹配的冷却塔
	(2) 通风量过大		(2) 降低风机转速或调整风机叶片角度或更换合适风量的风机
	(3) 填料中有偏流现象		(3) 查明原因，使其均流
	(4) 布水装置转速过快		(4) 调至合适转速
	(5) 隔水袖（挡水板）安装位置不当		(5) 调整
布（配）水不均匀	(1) 布水管（配水槽）部分出水孔堵塞		(1) 清除堵塞物
	(2) 循环水量过小		(2) 加大循环水量或更换容量匹配的冷却塔
	(3) 圆形塔布水装置转速太慢		(3) 清除出水孔堵塞物或加大循环水量
	(4) 圆形塔布水装置转速不稳定、不均匀		(4) 排除管道内的空气

问题或故障	原 因 分 析	解 决 方 法
填料、集水盘（槽）中有污垢或微生物	（1）冷却塔所处环境太差 （2）水处理效果不好	（1）缩短维护保养（清洁）的周期 （2）研究、调整水处理方案，加强除垢和杀生
有异常声音	（1）风机转速过高，通风量过大 （2）风机轴承缺油或损坏 （3）风机叶片与其他部件碰撞 （4）有些部件紧固螺栓的螺母松动 （5）风机叶片螺钉松动 （6）皮带与防护罩摩擦 （7）齿轮箱缺油或齿轮组磨损 （8）隔水袖（挡水板）与填料摩擦	（1）降低风机转速或调整风机叶片角度或更换合适风量的风机 （2）加油或更换 （3）查明原因，排除 （4）紧固 （5）紧固 （6）张紧皮带，紧固防护罩 （7）加够油或更换齿轮组 （8）调整隔水袖（挡水板）或填料
滴水声过大	（1）填料下水偏流 （2）循环水量过大 （3）集水盘（槽）中未装吸声垫	（1）查明原因，使其均流 （2）减少循环水量或更换容量匹配的冷却塔 （3）集水盘（槽）中加装吸声垫

4.6.5　空调系统风机的常见故障及排除

风机不论是在制造、安装还是选用维护保养方面，稍有缺陷即会在运行中产生各种问题和故障。了解这些常见的问题和故障，掌握其产生的原因和解决的方法，是及时发现和正确解决这些问题和故障，保证风机充分发挥其作用的基础。风机常见的问题和故障的分析与解决方法参见表 4-18。

风机常见问题和故障的分析与解决方法　　　　　　　　　　　表 4-18

问题或故障	原 因 分 析	解 决 方 法
电动机温升过高	1. 流量超过额定值 2. 电动机或电源方面有问题	1. 关小阀门 2. 查找电动机和电源方面的原因
轴承温升过高	1. 润滑油（脂）不够 2. 润滑油（脂）质量不良 3. 风机轴与电动机轴不同心 4. 轴承损坏 5. 两轴承不同心	1. 加足 2. 清洗轴承后更换合格润滑油（脂） 3. 调整同心 4. 更换 5. 找正
皮带方面的问题	1. 皮带过松（跳动）或过紧 2. 多条皮带传动时，松紧不一 3. 皮带易自己脱落 4. 皮带擦碰皮带保护罩 5. 皮带磨损、油腻或脏污	1. 调电动机位张紧或放松 2. 全部更换 3. 将两皮带轮对应的带槽调到一条直线上 4. 张紧皮带或调整保护罩 5. 更换
噪声过大	1. 叶轮与进风口或机壳摩擦 2. 轴承部件磨损，间隙过大 3. 转速过高	1. 参见下面有关条目 2. 更换或调整 3. 降低转速或更换风机

续表

问题或故障	原 因 分 析	解 决 方 法
振动过大	1. 地脚螺栓或其他连接螺栓的螺母松动 2. 轴承磨损或松动 3. 风机轴与电动机轴不同心 4. 叶轮与轴的连接松动 5. 叶片重量不对称或部分叶片磨损腐蚀 6. 叶片上附有不均匀的附着物 7. 叶轮上的平衡块重量或位置不对 8. 风机与电动机两皮带轮的轴不平衡	1. 拧紧 2. 更换或调紧 3. 调整同心 4. 紧固 5. 调整平衡或更换叶片或叶轮 6. 清洁 7. 进行平衡校正 8. 调整平衡
叶轮与进风口或 机壳摩擦	1. 轴承在轴承座中松动 2. 叶轮中心未在进风口中心 3. 叶轮与轴的连接松动 4. 叶轮变形	1. 紧固 2. 查明原因,调整 3. 紧固 4. 更换
出风量偏小	1. 叶轮旋转方向反了 2. 阀门开度不够 3. 皮带过松 4. 转速不够 5. 进风或出风口、管道堵塞 6. 叶轮与轴的连接松动 7. 叶轮与进风口间隙过大 8. 风机制造质量问题,达不到铭牌上标定的额定风量	1. 调换电动机任意两根接线位置 2. 开大到合适开度 3. 张紧或更换 4. 检查电压、轴承 5. 清除堵塞物 6. 紧圆 7. 调整到合适间隙 8. 更换合适风机

4.6.6 风管系统常见故障及排除

风管系统常见问题和故障的分析与解决方法参见表 4-19。

风管系统常见问题和故障的分析与解决方法 　　　　　　表 4-19

问题或故障	原 因 分 析	解 决 方 法
风管漏风	1. 法兰连接处不严密 2. 其他连接处不严密	1. 拧紧螺栓或更换橡胶垫 2. 用玻璃胶或万能胶封堵
绝热层脱离风管壁	1. 粘结剂失效 2. 保温钉从管壁上脱落	1. 重新粘贴牢固 2. 拆下绝热层,重新粘牢保温钉后再包绝热层
绝热层表面 结露、滴水	1. 被绝热风管漏风 2. 绝热层或防潮层破损 3. 绝热层未起到绝热作用 4. 绝热层拼缝处的粘胶带松脱	1. 参见上述方法,先解决漏风问题,再更换含水的绝热层 2. 更换受潮或含水部分 3. 增加绝热层厚度或更换绝热材料 4. 更换受潮或含水绝热层后用新粘胶带粘贴、封严拼缝处
风阀转不动或 不够灵活	1. 异物卡住 2. 传动连杆接头生锈	1. 除去异物 2. 加煤油松动,并加润滑油

续表

问题或故障	原 因 分 析	解 决 方 法
风阀关不严	1. 安装或使用后变形 2. 制造质量太差	1. 校正 2. 修理或更换
风阀活动叶片 不能定位或定位 后易松动、位移	1. 调控手柄不能定位 2. 活动叶片太松	1. 改善定位条件 2. 适当紧固
送风口结露、滴水	送风温度低于室内空气露点温度	1. 提高送风温度，使其高于室内空气露点温度 2 ~3℃ 2. 换用导热系数较低材料的送风口（如木质材料送风口）
送风口吹风感太强	1. 送风速度过大 2. 送风口活动导叶位置不合适 3. 送风口型式不合适	1. 开大风口调节阀或增大风口面积 2. 调整到合适位置 3. 更换
有些风口出风量过小	1. 支风管或风口阀门开度不够 2. 管道阻力过大	1. 开大到合适开度 2. 加大管截面或提高风机全压
风管中气流声偏大	风速过大	降低风机转速或关小风阀
风管壁震颤 并产生噪声	管壁材料太薄	采取管壁加强措施或更换壁厚合适的风管
阀门或风口叶片震颤 并产生噪声	1. 风速过大 2. 叶片材料刚度不够 3. 叶片松动	1. 减小风量 2. 更换刚度好的或更换材料厚度大一些的叶片 3. 紧固
支吊架结露、滴水	支吊架横梁与风管直接接触形成冷桥	将支吊架横梁置于风管绝热层外或在支吊架横梁与风管间铺设垫木

4.6.7 水系统常见故障及排除

水系统常见问题和故障的分析与解决方法参见表 4-20。

水系统常见问题和故障的分析与解决方法　　　　　　　表 4-20

水系统分类	故 障 现 象	处 理 方 法
冷媒水系统	1. 放空气阀损坏，水管内形成气囊 2. 表冷器水量分配不均匀 3. 脏堵和腐蚀	1. 更换放气阀 2. 用阀门调节阻力，使各支路阻力平衡 3. 宜采用过滤后的水并加防腐剂
冷却水系统	1. 压力不够、供水不足 2. 形成生物污泥，管道发生堵塞和水锈现象 3. 补水不够	1. 重新计算系统所需扬程，合理选用水泵 2. 采用电子除垢仪或药物除垢 3. 检查补水浮球阀是否正常补充，水路是否畅通
水系统阀件	产生泄漏和滴水	修理、更换泄漏或损坏的阀件

本 章 小 结

本章主要介绍通风系统的形式，空调系统的形式，通风空调系统的主要设备，通风空调系统运行管理相关规定，重点介绍通风系统测定方法，空调系统测定方法，定风量空调系统的运行调节，变风量空调系统的运行调节，集中式空调系统自动控制原理，通风空调系统运行维护目的，运行维护方法及通风空调系统常见故障与排除方法。

复 习 思 考 题

1. 空调系统分类？
2. 空调系统主要有哪些设备？
3. 什么是室外气象包络线？
4. 简述如何测定风道的风压、风速及风量？
5. 空调系统启动前的有哪些准备工作？
6. 简述集中式空调系统自动控制原理？

5 制冷系统的运行与维护

学习目标

通过本章学习，要求了解制冷系统的分类与组成，制冷系统的运行调节方法，制冷系统运行管理规定。熟练掌握压缩式制冷系统、吸收式制冷系统、热泵系统的维护保养方法及其常见故障与排除方法。

5.1 制冷系统概述

5.1.1 空调系统的冷源种类

"制冷"就是使自然界的物体或空间达到低于周围环境的温度，并使之维持这个温度。随着工业、农业、国防和科学技术现代化的发展，制冷技术在各个领域都得到了广泛的应用，特别是空气调节和冷藏，直接关系到很多部门的生产和人们生活的需要。

5.1.1.1 天然冷源

天然冷源包括一切可能提供低于环境温度的天然事物，如天然冰、深湖水、地下水等都可作为天然冷源。其中地下水是最为常用的一种天然冷源。在我国大部分地区，用地下水喷淋空气都具有一定的降温效果，特别是在北方地区，由于地下水的温度较低，可以采用地下水或深井水满足空调系统冷却空气的需要。采用深井水做冷源时，为了防止地面下沉，需要采用深井回灌技术。

但由于天然冷源受时间、地区条件的限制，不可能经常满足空调工程的需要，因此，目前世界上用于空调工程的主要冷源仍然是人工冷源，即人工制冷。

5.1.1.2 人工冷源

由于天然冷源往往难以获得，在实际工程中，主要是采用人工冷源。人工冷源是指使用制冷设备制取的冷量。空调系统采用人工冷源制取的冷冻水或冷风来处理空气时，制冷机是空调系统中耗能量最大的设备。

实现人工冷源的方法有很多种，它是以消耗一定的能量为代价，实现使低温物体的热量向高温物体转移的一种技术。制冷技术分为普通制冷（高于$-120℃$）、深度制冷（$-120\sim-253℃$）、低温和超低温制冷（$-253℃$）三类。空气调节用制冷属于普通制冷范围（高于$-120℃$）。

5.1.2 制冷系统的组成

制冷系统是指空调系统的"冷源"，它通过制备冷冻水提供给空气处理设备使用，从而向整个系统提供冷量。制冷系统主要是由制冷装置、冷冻水管路和冷却水管路等三个子系统组成。

5.1.2.1 制冷装置

人工制冷常用的有压缩式制冷、吸收式制冷和蒸汽喷射式制冷。空调系统中多采用压缩式制冷和溴化锂吸收式制冷。

1. 压缩式制冷

压缩式制冷是利用液态制冷剂在一定压力和低温下吸收周围空气或物体的热量汽化而达到制冷的目的。图5-1为蒸汽压缩式制冷机的工作原理图。机组是由压缩机、冷凝器、膨胀阀和蒸发器等四部分组成的封闭循环系统。当低温低压制冷剂气体经压缩机被压缩后，成为高压高温气体；接着进入冷凝器中被冷却水冷却，成为高压液体；再经膨胀阀减压后，成为低温

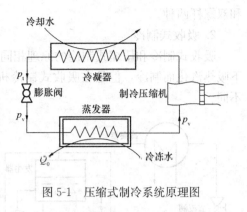

图5-1 压缩式制冷系统原理图

低压的液体；最终在蒸发器中吸收被冷却介质（冷冻水）的热量而汽化。如此不断地经过压缩、冷凝、膨胀、蒸发四个过程，液态制冷剂不断从蒸发器中吸热而获得冷冻水，作为空调系统的冷源。

为了使制冷系统高效经济、安全可靠地运行，一个完整的蒸汽压缩式制冷系统除了具有压缩机、冷凝器、蒸发器和膨胀阀四大基本部件以外，还配备了氟利昂—注分离器、储液器、电磁阀、干燥过滤器、回热器以及一些检测控制仪表、阀门等。把上述的部件组装在一起就称为冷水机组。

根据冷水机组所配压缩机的形式不同，分为活塞式冷水机组、螺杆式冷水机组和离心式冷水机组。

1）活塞式压缩机

制冷压缩机为活塞式压缩机。活塞式压缩机是应用最为广泛的一种制冷压缩机，它的压缩装置是由活塞和气缸组成的，活塞在气缸内往复运动并压缩吸入的气体。按压缩机和电动机的组合形式不同，活塞式压缩机可分为开启式、全封闭式和半封闭式三种。开启式压缩机的电机和压缩机分开设置，用联轴传动，一般用于制冷量大、制冷剂循环量大的冷水机组中。全封闭式压缩机的电机和压缩机整体封闭在一个容器内，密闭性好，氟利昂不易泄漏，一般用于制冷量较小的空调机组中；半封闭压缩机仅把压缩机和电机组装成一个整体。活塞式冷水机组比较适宜的单机制冷量不大于580kW。

2）离心式压缩机

离心式冷水机组配备的是离心式压缩机。它利用高速回转的叶轮对气体做功，使气体在离心力场中压力得到提高，同时动能也大为增加，随后在扩压流道中流动时这部分动能又转变成静压能，而使气体压力进一步提高，这就是离心式压缩机的工作原理或增压原理。离心式压缩机具有下述优点：结构紧凑，尺寸小，重量轻；排气连续、均匀，不需要中间罐等装置；振动小，易损件少，不需要庞大而笨重的基础件；除轴承外，机器内部不需润滑，省油，且不污染被压缩的气体；转速高；维修量小，调节方便。

3）螺杆式压缩机

螺杆式冷水机组配备螺杆式压缩机。它是回转式压缩机中的一种，通过气缸中两个反向旋转的螺杆相互啮合，改变两螺杆间的容积呈周期性大小变化，来完成制冷剂气体吸入——压缩——排出的工作过程，从而使制冷剂蒸汽得到压缩。与活塞式制冷压缩机相比，其特点是效率高，能耗小，可实现无级调节，但螺杆的加工精度要求较高。形式有单螺杆

和双螺杆两种。

2. 吸收式制冷

吸收式制冷和压缩式制冷的原理相同，都是利用液态制冷剂在一定压力下和低温状态下吸热汽化而制冷，但是在吸收式制冷机组中促使制冷剂循环的方法与压缩式制冷有所不同。

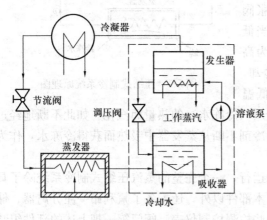

图 5-2 吸收式制冷系统原理图

压缩式制冷是以消耗机械能（即电能）作为补偿；吸收式制冷是以消耗热能作为补偿，它是利用二元溶液在不同压力和温度下能够释放和吸收制冷剂的原理来进行循环的。图 5-2 为吸收式制冷系统工作原理示意图。在该系统中需要有两种工作介质：制冷剂和吸收剂。这对工作介质之间应具备两个基本条件：（1）在相同压力下，制冷剂的沸点应低于吸收剂；（2）在相同温度条件下，吸收剂应能强烈吸收制冷剂。

目前，实际应用的工作介质对主要有两种，一种是氨——水溶液，其中氨是制冷剂，水是吸收剂，制冷温度可为 0℃以下；另一种是溴化锂——水溶液，其中水是制冷剂，溴化锂为吸收剂，制冷温度为 0℃以上。氨——水溶液由于构造复杂，热力系数较低和自身难以克服的物理、化学性质的因素，在空调制冷系统中很少使用，仅适用于合成橡胶、化纤、塑料等有机化学工业中。溴化锂——水溶液由于系统简单，热力系数高，且溴化锂无毒无味、性质稳定，在大气中不会变质、分解和挥发，近年来较广泛地应用于酒店、办公楼等建筑的空调制冷系统中。

常用的溴化锂吸收式制冷机有单效、双效、直燃三种。三者的区别在于发生器的数量和加热的热源不同。单效溴化锂吸收式制冷机的发生器只有一个，而双效则有高压和低压两个发生器。直燃机的发生器加热不是用高压蒸汽而是用燃气直接加热燃烧。

3. 冰蓄冷

冰蓄冷作为新世纪的重要节能手段发展方向之一，是造福人类并具有广阔的发展前景的新技术，有着良好的社会效应和经济效益，在世界能源和环保日益重要的今天，冰蓄冷将作为我国电力移峰填谷，提高电网用电负荷率，改善电力投资综合效益和减少 CO_2、硫化物排放量来保护环境的重要手段。

冰蓄冷系统即是在电力负荷很低的夜间用电低谷期，采用电制冷机制冷，将冷量以冰的形式贮存起来。在电力负荷较高的白天也就是用电高峰期，把储存的冷量释放出来，以满足建筑物空调负荷的需要。同时在空调负荷较小的春秋季减少电制冷机的开启，尽量融冰释冷，提供空调负荷。蓄冰空调系统是"转移用电负荷"或"平衡用电负荷"的有效方法。为鼓励用户晚间高峰期后用电，很多国家提出了峰谷电差价的政策，夜间高峰期后电费仅为平均电价的 $1/3 \sim 1/4$。

冰蓄冷空调系统相对于常规空调系统具有的特点：冷水机组高效率运行，系统运行灵活，冷量一比一的配置对负荷变化的适应性很强；减少制冷主机的容量和数量，减少系统的电力容量与变配电设施费用；易于实现低温送风，相对湿度较低，提高室内空气品质并节省大风输送系统的投资和能耗；利用电网峰谷电力差价，每年可节省可观的系统运行费用；备用应急恒定冷源，使中央空调更可靠；自动化程度高，管理简单，可实现无人值守、网上监控，无消防等级要求；平衡电网峰谷负荷，优化电力资源配置；因增加了储冰设备，初投资比常规电制冷空调略高，占地略大（增加的设备包括蓄冰槽、循环泵、板式热交换器等，机房设备投资增加约 $10\%\sim20\%$）。

蓄冰方式多达 20 多种，总结起来有盘管式（分管内结冰和管外结冰两种）、冰球式、冰晶式等。按制冷剂是否进入系统，可分为直接式和间接式两大类。一般工程的容量很大，实际使用中多为间接方式，冰盘管可与制冷机组合设计成机组形式。一个完整的蓄冰系统（图 5-3）包括制冰循环和融冰循环，在融冰系统设计时，须综合考虑结冰效率和融冰效率，以提高冷量的利用率。从节能的角度来看，这种系统有广阔的应用前景。

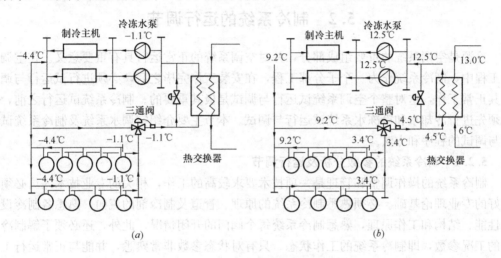

图 5-3　冰蓄冷系统的工作原理

4. 热泵式机组

热泵技术是近年来在全世界倍受关注的新能源技术。它是一种将低温热源的热能转移到高温热源的装置。通常用于热泵装置的低温热源是我们周围的介质——空气、河水、海水，城市污水，地表水，地下水，中水，消防水池，或者是从工业生产设备中排出的工质，这些工质常与周围介质具有相接近的温度。热泵装置的工作原理与压缩式制冷机是一致的；在小型空调器中，为了充分发挥它的效能，在夏季空调降温或在冬季取暖，都是使用同一套设备来完成的。

热泵具有高效、节省费用、环保、舒适、节省占地面积、安全、机组寿命长、一机多用、可再生并可分区控制等优点。按照热源类别的不同热泵主要有空气源热泵、水源热泵、地源热泵及复合热泵等多种形式。

5.1.2.2　冷冻水系统

冷冻水系统负责将制冷装置制备的冷冻水输送到空气处理设备，一般可分为闭式系统和开式系统。

对于变流量调节系统，常采用闭式系统，其特点是和外界空气接触少，可缓解对管道的腐蚀，制冷装置采用管壳式蒸发器，常用于表面冷却器的冷却系统。而定流量调节系统，常采用开式系统，其特点是需要设置冷水箱和回水箱，系统的水容量大，制冷装置采用水箱式蒸发器，用于喷淋室冷却系统。

为了保证闭式系统的水量平衡，在总送水管和总回水管之间设置有自动调节装置，一旦供水量减少而管道内压差增加，使一部分冷水直接流至总回水管内，保证制冷装置和水泵的正常运转。

冷冻水系统主要是由冷冻水泵、集水器、膨胀水箱及水过滤器组成。

5.1.2.3　冷却水系统

冷却水系统是将来自冷凝器的升温冷却水先送入蒸发式冷却装置，使其冷却降温，再用水泵送至冷凝器循环使用，只需要补充少量的水。它一般可分为直流式、混合式及循环式等三种形式。

5.2　制冷系统的运行调节

冷源是空调系统的重要组成部分，并对空调系统的正常运行具有重要意义。在空调安装工程中，制冷系统作为一个子分部工程，在安装工作完毕之后，必须进行试运行与调试使其正常工作，这对整个空调系统试运行与调试是极其重要的。制冷系统试运行之前，又必须先进行冷却水和冷冻水系统试运行与调试。本节主要介绍空调水系统及制冷系统试运行与调试的程序和方法。

5.2.1　制冷系统的参数分析及运行调节

制冷系统的操作调整和管理是一项技术要求较高的工作，相关的专业技术人员必须有较好的专业理论基础。必须熟悉制冷系统的原理、管道及制冷剂的流向，熟悉各制冷设备的性能、结构和工作原理，熟悉制冷系统每个阀门的开闭情况。此外，还必须了解制冷系统的工况参数，即制冷系统的工作状态。只有对状态参数非常熟悉，并能与正常运行工况标志进行比较和分析，才能对制冷系统的运行状况做出正确的判断。

5.2.1.1　制冷系统的工况参数分析及调节

制冷系统运行工况的参数，是在设计制冷装置时经严密计算而加以选择的。在进行制冷系统的操作与调整时，要控制各个运行参数，使其符合设计要求，使制冷系统在最合理、最经济的条件下运行，以达到功耗少、效率高并保证安全运行。运行工况参数对制冷系统的经济性和安全性影响很大。比较重要的运行参数有蒸发压力、蒸发温度、冷凝压力、冷凝温度、吸气温度、排气温度。

1. 蒸发温度

蒸发温度是指液体制冷剂在一定的压力下沸腾时的饱和温度，其对应的压力称之为蒸发压力。压缩机的吸气压力可近似视为蒸发压力。在制冷系统的运行过程中，蒸发温度是通过调整蒸发器的供液量来调节的，蒸发温度的变化可通过压缩机的吸气压力了解。例如一台氟利昂 12 制冷压缩机的低压表指示为 0.086MPa，换算成绝对压力为 0.186MPa，查R12 饱和蒸汽热力性能表可得与其相对应的饱和温度为 −15℃，则这个制冷系统的蒸发温度为 −15℃。

2. 冷凝温度

在冷凝器内制冷剂气体在一定的压力下凝结为液体时的温度称为冷凝温度，与其相对应的压力称为冷凝压力。制冷系统运行时冷凝温度的高低取决于冷却介质的温度,与冷凝器的型式和冷却水的出水温度有关。

对于水冷却的立式、卧式壳管式和淋激式冷凝器,冷凝温度比冷却水出水温度高 4～6℃。蒸发式冷凝器的冷凝温度与空气的湿度有关,大约比室外空气的湿球温度高 5～10℃。对于风冷式冷凝器,冷凝温度比空气温度高 8～12℃。

3. 压缩机的吸气温度

压缩机吸入气缸内的低压制冷剂气体的温度称为吸气温度。为了保证压缩机的安全运转,防止液体制冷剂进入气缸,一般要求吸气温度高于蒸发温度,吸气温度与蒸发温度之差称为吸气过热度。吸气过热度数值的大小取决于蒸发温度的高低、回气管路的长短、隔热状况的好坏及环境温度等因素。

氨制冷系统中的吸气过热度一般在 5～15℃范围内。氟利昂制冷系统中的吸气温度应比蒸发温度高 15℃左右,但氟利昂压缩机的吸气温度不得超过 15℃。系统的蒸发温度不同时,吸气过热度也不相同。

4. 压缩机的排气温度

压缩机排气温度的高低取决于蒸发温度和冷凝温度,压缩机的吸气过热度也对排气温度有影响。排气温度同压缩比及吸气温度成正比,压缩比越大吸气过热度越高则排气温度越高。排气温度过高时会给制冷系统带来很多危害,所以应尽量避免。引起排气温度升高的原因有很多,出现这种故障时要及时排除。

排气温度过高将使润滑油温度升高,黏度下降,机器的运动摩擦表面很难形成油膜,使压缩机增加磨损甚至报废。润滑油达到闪点温度时易碳化、结焦,很容易在排气阀门处形成积炭,使气阀泄漏、阀片破裂、活塞环串气,还会使活塞与气缸拉毛。

排气温度升高时冷凝器的热负荷增加,使冷凝器的冷却水耗量增大。压缩机的活塞和气缸等机件的温度也升高,从而使压缩机的输气系数减小,效率降低。

5.2.1.2 冷却水系统与冷冻水系统试运行与调试

冷却水系统与冷冻水系统的调试可分为施工过程中的初调节和运行过程中的运行调节两种。本节主要讲解试运行过程中的初调节。

1. 冷却水与冷冻水系统的试运行调试准备工作

1) 熟悉空调水系统施工图纸,理解设计者的设计意图,熟悉冷却水及冷冻水系统的形式、设备和工作程序及运行参数。

2) 冷却水及冷冻水系统应试压和清洗完毕,检查清洗记录并通过验收。

3) 试运行调试前,应对冷却水及冷冻水系统进行全面检查。试压和清洗时拆下的阀门和仪表应已复位,临时管道已拆除。设备、管道、阀门及仪表完整,固定可靠。系统具备试运行条件。

4) 根据编制的试运行调试方案对冷却水及冷冻水系统的调试要求,对操作人员进行技术交底。

5) 做好仪器、工具、设备、材料的准备工作。试运行调试所需要的工具、设备应进行检修,仪器在使用前必须经过校正。

2. 水泵的试运行及调试

1) 水泵试运行的准备工作

（1）检查水泵各紧固连接部位不得松动。用手盘动叶轮应轻便灵活，不得有卡塞、摩擦和偏重现象。

（2）轴承处应加注标号和数量均符合设备技术文件规定的润滑油脂。

（3）检查水泵及管路系统上阀门的启闭状态，使系统形成回路。水泵运转前，开启入口处的阀门，关闭出口阀，待水泵启动后再将出口阀打开。

2）水泵试运行及调试

（1）水泵不得在无水情况下试运行，启动前排出水泵与吸入管内的空气。

（2）点动水泵，检查叶轮与泵壳有无摩擦声和其他不正常现象（如大幅度振动等），并观察水泵的旋转方向是否正确。

（3）水泵启动时，应使用钳形电流表测量电动机的启动电流，待水泵正常运转后，再测量电动机的运转电流，保证电动机的运转功率或电流不超过额定值。

（4）在水泵运行过程中可用金属棒或长柄螺丝刀，仔细监听轴承内有无杂音，以判断轴承的运转状态。

（5）水泵连续运转两小时后，滚动轴承运转时的温度不应高于 75℃，滑动轴承运转时的温度不应高于 70℃。

（6）水泵运转时，其填料的温升也应正常，在无特殊情况下，普通软填料允许有少量的泄漏，即不应大于 60mL/h（大约每分钟 10～20 滴），机械密封的泄漏不应大于 5mL/h（大约每分钟 1～2 滴）。

水泵运转时的径向振动应符合设备技术文件的规定，如无规定，可参照表 5-1 所列的数据。对转速在 750～1500r/min 范围的水泵，当满足表 5-1 中的条件时，运转时手摸泵体应感到很平稳。

泵的径向振幅（双向值） 表 5-1

转速 （r/min）	≤375	375～600	600～750	750～1000	1000～ 1500	1500～ 3000	3000～ 6000	6000～ 12000	＞12000
振幅值 （mm）	＜0.18	＜0.15	＜0.12	＜0.10	＜0.08	＜0.06	＜0.04	＜0，03	＜0.02

水泵运转经检查一切正常后，再进行两小时以上的连续运转，运转中如未再发现问题，水泵单机试运转即为合格。水泵运转结束后，应将水泵出、入口阀门和附属管系统的阀门关闭，将泵内积存的水排净，防止锈蚀或冻裂。试运行后应检查所有紧固连接部位，不应有松动。

3. 水系统的调试

1）冷却水系统的调试

冷却水系统的调试在冷却水系统试运行后期进行。在系统工作正常的情况下，用压力表测定水泵的压力，用钳形电流表测定水泵电机的运转电流，要求压力和电流不应出现大幅波动。用流量计对管路的流量进行调整，系统调整平衡后，冷却水流量应符合设计要求，允许偏差为 20%，冷却水总流量测试结果与设计流量的偏差不应大于 10%。多台冷却塔并联运行时，各冷却塔的进、出水量应达到均衡一致。

布水器喷嘴前的压力应调整到设计值，压力不足会使水颗粒过大，影响降温效果；压力过大会产生雾化，增加水量消耗。

2）冷冻水系统的调试

启动冷冻水泵，对管路进行清洗，由于冷冻水系统的管路长而且复杂，系统内的清洁度又要求较高，因此，在清洗时要求严格、认真，必须反复多次，直到水质洁净为止。水质满足要求后，开启冷水机组蒸发器、空调机组、风机盘管的进水阀，关闭旁通阀，进行冷冻水管路的充水工作。在充水时，要注意在系统的各个最高点的自动排气阀处进行排气。充水完成后，启动冷冻水泵，使系统运行正常。用压力表测定水泵的压力，用钳形电流表测定水泵电机的电流，均应正常。用流量计对管路的流量进行调整，系统平衡调整后，各空调机组的冷冻水水流量应符合设计要求，允许偏差为 20%，冷冻水总流量测试结果与设计流量的偏差不应大于 10%。

空调水系统可能会因水力失调而使某些用水装置流量过剩，另一些用水装置则流量不足。因此，必须采用相应的调节阀门对系统流量进行合理调节分配。空调水系统调节的实质就是将系统中所有用水装置的测量流量同时调到设计流量。空调水系统的调节分为初调节和运行调节，这里只介绍初调节的基本方法。

为了便于水系统的调节和提高调节精度，在一些国外设计公司设计的工程项目中，均大量选用平衡阀来对系统的流量进行分配和调节。

平衡阀通过旋转手轮来控制流经阀门的流量，阀体上设置有开启度指示、开度锁定装置及用于流量测定的测压小阀。平衡阀具有良好的调节特性，通过专用的流量测量仪表可以在现场对流过平衡阀的流量进行实测，为现场调节提供了很大方便。

4. 水系统的初调节方法

设一空调水系统如图 5-4 所示，该系统水力平衡初调节的具体步骤如下：

1）绘制空调水系统的系统图，对管道和用水装置的平衡阀进行编号，根据编号准备调节用的记录表格；

2）准备调节用的专用压差流量计，并对专用压差流量计进行校正；

3）将系统中干管阀门 G 置于 2/3 开度，平衡阀全部调至全开位置；

4）测量平衡阀 V1～V9 的实际流量 L_c，并计算出各阀 L_c 与设计流量 L_s 的流量比 $q = L_c/L_s$；

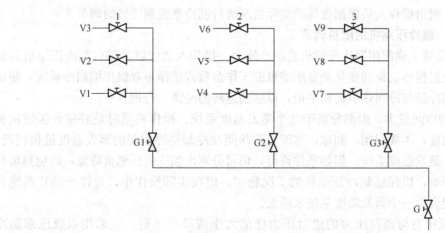

图 5-4　空调水系统调节示意图

5）对每一个分支管内用水装置平衡阀的流量比进行分析，例如，对平衡阀 V1～V3 的流量比进行分析，假设 $q_1 < q_2 < q_3$，则取平衡阀 V1 为基准阀，先调节 V2，使 $q_1 \approx q_2$，再调节 V3，使 $q_1 \approx q_3$，则 $q_1 \approx q_2 \approx q_3$；

6）按步骤 5 对其他分支管分别进行调节，从而使每根分支管上各平衡阀的流量比均相等；

7）测量各分支管路平衡阀 G1～G3 的实际流量，并计算出流量比 $Q_1 \sim Q_3$；

8）对 $Q_1 \sim Q_3$ 进行分析，假设 $Q_1 < Q_2 < Q_3$，将平衡阀 G_1 设为基准阀，对 G_2、G_3 依次进行调节，直到调至 $Q_1 \approx Q_2 \approx Q_3$，即各分支管路平衡阀的流量比均相等；

9）调节该系统主阀 G，使 G 的实际流量达到设计流量。

这时，系统中所有平衡阀的实际流量均达到设计流量，系统实现水力平衡。但是，由于并联系统每个分支的管道流程和阀门弯头等配件有差异，造成各并联平衡阀两端的压差不相等。因此，在进行后一个平衡阀的调节时，将会影响到前面已经调节过的平衡阀而产生误差。当这种误差超过工程允许范围时，则需进行再一轮的测量与调节，直到误差减到允许范围内为止。

对采用三通阀的定流量或采用双位控制调节阀的变流量风机盘管系统，初调节时全部三通阀处于直通状态或全部调节阀处于开启状态。如果对变流量风机盘管系统作模拟运行调节，应将风机盘管分组，分别关闭不同组，在部分冷水机组停机后，对开启的风机盘管进行水流量测定。但如果系统设计存在问题，或水系统压差控制器设定值不合理，模拟运行调节就难以达到预期效果。

5.2.2 制冷系统制冷量的调节

制冷量的调节是指调整制冷系统的制冷量，以适应被冷却系统的热负荷变化，使制冷系统低耗、高产，具有最佳经济性，并在最佳工况下运行。

使用单台机组的小型制冷系统及使用冷水机组的空调系统，其制冷量的调节方式一般是固定的，可利用热力膨胀阀进行供液量的小幅调节。当被冷却系统的热负荷变化较大时，机器设置的自动化检测和控制电路，会根据蒸发器出口处的温度变化或蒸发压力的变化，调节制冷压缩机的能量，使压缩机上载或下载而调整制冷量，适应热负荷的变化。

对于大型冷库制冷系统，由于其冷间较多，同时具有不同的温度系统，热负荷的变化又不同步，一般由操作人员根据现场的实际情况进行制冷系统制冷量的调节。

5.2.2.1 制冷压缩机的配机调节

"配机"是指正确配用制冷压缩机的制冷能力。操作人员应熟悉每台制冷压缩机的制冷能力，以便根据热负荷的变化调整压缩机的工作台数或选择单双级压缩制冷系统，使运转的压缩机制冷量与冷间热负荷相平衡，以达到运转的经济、合理。

1. 冷库的冷间虽多，但都分属于几个蒸发温度系统。操作调整时最好每台压缩机负担一种蒸发温度，不要混用。制冰、冰库、冷却间及冷却物冷藏间的蒸发温度虽很接近，都属于−15℃蒸发温度系统，但如条件许可，仍可分别由独立的压缩机降温，以免热负荷变化时相互影响，以保证制冷压缩机的工况稳定。但在实际操作中，允许−28℃系统与−33℃系统混合为一个蒸发温度系统来降温。

2. 当冷凝压力与蒸发压力的绝对压力比值大于或等于 8 时，应采用双级压缩制冷系统。

3. 当冷间热负荷变化较大时，应充分利用制冷压缩机的容积提高制冷压缩机的制冷量。通过压缩机的性能曲线（图 5-5）可以看出，当冷凝温度不变时蒸发温度越高则制冷量越大。当冷间由于货物的热量增大而致使库温上升时，蒸发温度与冷间温度的温差增大，使制冷剂蒸发温度剧烈上升（特别是冻结间有时会从 −33℃ 升到 −18℃ 左右），这时应将双级压缩机改为单级压缩机而进行降温，提高压缩机的制冷量。待冷间温度降低后再改换成双级压缩机。

4. 当冷间热负荷较大时，应适当增加制冷能力，这时可增加制冷压缩机的开机台数。当库温下降，压缩机的制冷量大于冷间的热负荷时，应减少压缩机的开机台数或调换制冷量较小的压缩机进行工作。此外，当系统的温度基本达到要求，冷间的温度很低，但被冷却物品的温度仍未达到标准时应暂时停机，待制冷系统的蒸发压力回升后再继续降温。

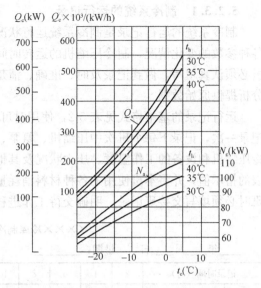

图 5-5　8AS12.5 型压缩机的性能曲线

5.2.2.2　通过改变蒸发面积调节冷量

冷间有多组蒸发器时，可根据热负荷的变化调整蒸发器的工作组数。当热负荷变小时，可以关闭几组蒸发器，以达到调节制冷量的目的。冷风机还可以改变风机的转速，减小与蒸发器换热的空气风量和风速，降低蒸发器的传热，以减少制冷量。

5.2.2.3　通过改变供液量调整制冷量

向冷间供液时，应根据氨液分离器或低压循环贮液桶的液位、蒸发器的结霜情况、冷间降温的速度、冷间的热负荷变化及压缩机的吸气温度来调整供液阀的开启度，使制冷剂的供液量与蒸发量平衡。

当冷间货物入库时，应提前 10min 关闭该冷间的供液阀，以防止新货进库时制冷剂过分剧烈沸腾而引起压缩机的湿冲程。在降温初期，由于传热不稳定，供液量要经常调节。当冷间温度逐渐降低后，传热温差逐渐减小，制冷剂的沸腾相应减缓，蒸发压力下降，此时可适当开大供液阀，加速冷间的降温。这时压缩机的吸气压力基本稳定，高压贮液器的液面波动不大。随着冷间热负荷的逐渐减少，冷间温度继续下降，传热温差逐渐减小。这时应逐渐关小供液阀，减少供液量，并适当减少压缩机的工作台数，以使冷间的热负荷与压缩机的制冷量相匹配。当冷间温度及货物温度达到要求时，提前 10 分钟关闭供液阀和压缩机。

5.2.3　制冷系统的运行管理

制冷系统在使用中一般不直接生产产品，大多是为生产和生活服务，但是它和产品的质量紧密相关。制冷与空调系统的操作管理，不仅要求机器设备运转安全，还要做到合理调整制冷系统，降低消耗，改善技术和经济管理水平。为此，应对制冷系统的操作管理进行技术经济分析，使制冷与空调系统的运行处于最佳状况，既安全可靠，又经济合理。

5.2.3.1 制冷系统的运行记录

制冷系统的运行记录是制冷系统运行状况的原始记录，它反映了当天制冷系统运行中各种参数的变化情况，制冷压缩机的运转时间及各种消耗材料的使用情况等。操作管理人员必须认真填写，做到记录及时、准确、清楚，并按月汇总记录，装订保存，为技术经济分析提供原始数据。

运行记录的基本格式见表 5-2，使用时可根据实际情况进行修改。运行记录一般每 2h 记录一次，记录下每个班次中压缩机、氨泵、冷风机等运行设备的开、停时间，记录各制冷压缩机和设备的工作温度、压力状况及其他参数。每班工作结束时，必须填写电表和水表的指示值，并将本班使用的各种材料消耗量填入运行记录，以便月终计算各种消耗。交班时必须填写交接班记录，明确交待工作进程、任务、设备状态及注意事项等。

××××冷库制冷车间运行记录表　　　　　　　　　　　　　　　　　表 5-2

___年___月___日　　星期：_____　　　　　　　　　室外温度_____℃

记录时间（时）		2	4	6	8	10	12	14	16	18	20	22	24	备注
单级压缩机	排气压力													
	吸气压力													
	油压力													
	排气温度													
	吸气温度													
	电流													
双级压缩机	高压级 排气压力													
	吸气压力													
	油压力													
	排气温度													
	吸气温度													
	电流													
	低压级 排气压力													
	吸气压力													
	油压力													
冷凝器	排气温度													
	吸气温度													
	电流													
	压力													
	进水温度													
	出水温度													
高压贮液桶	压力													
	液位													
低压循环桶	压力													
	液位													

记录时间（时）		2	4	6	8	10	12	14	16	18	20	22	24	备注
中间冷却器	压　力													
	液　位													
排液桶	压　力													
	液　位													
氨泵	压　力													
	电　流													
冷风机电流														
库温 1#														
库温 2#														
库温 3#														

夜班（0：00～8：00）	早班（8：00～16：00）	中班（16：00～24：00）
说明：	说明：	说明：
值班长：＿＿＿＿	值班长：＿＿＿＿	值班长：＿＿＿＿

备注：

车间主任：＿＿＿＿

制冷系统的运行记录每月应有专人统计，对每台压缩机、氨泵、冷风机等设备的运转时间，水、电、油或其他用品的消耗量进行累计。

对于制冷系统的温度、压力等参数，一般以 30 天的算术平均值来计算，即每次记录数字之和除以记录次数。例如对于冷藏间的温度全月记录了 360 次，累计数值为 －6390℃，那么本月冷藏间温度的平均值为－6390℃/360＝－17.75℃。

5.2.3.2　制冷量的计算

制冷压缩机的全月理论制冷量单位为 kJ 可按照下式计算：

全月理论制冷量＝压缩机理论排气量×单位容积制冷量×全月运转时间

制冷压缩机的理论排气量，可通过压缩机的缸数、缸径、行程和转速进行计算，也可从制冷压缩机的技术资料中查出。

单位容积制冷量可从制冷压缩机的技术资料中查出，也可从有关制冷手册或专业资料中查出。不同的制冷剂在不同的冷凝温度和蒸发温度下，其单位容积制冷量也不同。查表时使用的冷凝温度和蒸发温度，都是运行记录统计出的全月平均值，而压缩机的全月运转时间则是运行记录上压缩机运行时间的累计值。

但应注意，对于双级制冷压缩机，只计算低压级的理论排气量和单位容积制冷量。

5.2.3.3　耗电量的计算

制冷压缩机的全月耗电量，可用电表读数乘以电表倍率来计算压缩机的全月耗电量。

若压缩机未单独安装电表，可按下式计算制冷压缩机的全月耗电量（单位：kW·h）：

全月耗电量＝1.732×平均电流×平均电压×平均功率因数×全月开机时数/1000

式中：1.732是三相交流电的功率计算系数；

平均电流是压缩机的平均电流；

平均功率因数由电工值班记录的统计汇总中查出；

平均电压和全月开机时数由值班记录的统计的汇总中查出。

5.2.3.4 单位冷量耗电量

单位冷量耗电量指的是制冷压缩机每产出一个单位的冷量所消耗的电能。如按月计算，可按下式得出该月制冷系统的单位冷量耗电量（单位：kJ/kW·h）。

单位冷量耗电量＝全月理论制冷量/全月耗电量

单位冷量耗电量是考核压缩机操作管理是否合理的指标，单位冷量耗电量的数值越大表明消耗的电能越多。这个指标的高低反映出制冷系统的操作水平及管理措施是否合理、得当。影响单位冷量耗电量的因素很多，制冷系统的操作管理人员要从多处着手，制定和实施切合实际的节能方案，努力降低能源消耗。

5.2.3.5 制冷系统的节能调节

能源是我国经济建设的重要问题，解决能源的方针是开发与节约并重。制冷和冷藏企业是高能耗企业，而冷库中的制冷系统是消耗电能的主要部门。冷库的能耗随着设计和管理水平的不同存在着较大的差别。我国的制冷、空调行业正在蓬勃发展，对于这一行业来说节约能源更具有现实意义。

1. 影响单位冷量耗电量的因素

制冷压缩机的制冷量随着高、低压级压力和温度的变化而变化。冷凝温度越高，蒸发温度越低，压缩机的压缩比越大，这时制冷压缩机的实际输气量减小，制冷能力下降，能耗增加，单位冷量耗电量增大。

1）蒸发温度的变化与制冷量和功耗的关系

蒸发温度的高低是根据工艺或生产上的需要来确定的。蒸发温度比冷间温度低，与加工工艺所要求的温度之间存在着传热温差。

从压焓图（图5-6）上可以看出，在相同的冷凝压力下，蒸发压力由 p_0' 降低到 p_0 时，单位质量制冷量将从 $(h_1'-h_4)$ 降低到 (h_1-h_4)，而单位功耗却从原来的 $(h_2'-h_1')$ 增加到 (h_2-h_1)。如果蒸发压力升高，则可看出制冷压缩机的制冷量增加，而功耗减少。

当冷凝温度不变时，蒸发温度越低，制冷量越小，功耗越多。所以在制冷系统的运转操作中应对蒸发温度进行合理控制和调节，在满足制冷工艺所要求的换热温差基础上，应尽可能地提高蒸发温度，以提高制冷量，降低能耗。

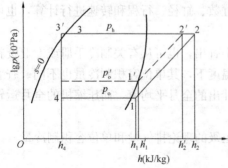

图 5-6

2）冷凝温度的变化与制冷量和功耗的关系

假定蒸发压力不变，使冷凝压力由 p_k' 上升到 p_k。可以从图5-7看出：此时的单位质量制冷量从 (h_1-h_4') 减小到 (h_1-h_4)，同时单位

功耗却从 $(h'_2 - h_1)$ 增加到 $(h_2 - h_1)$。由此可见，冷凝温度的升高对制冷系统也是不利的。在相同的蒸发温度下，随着冷凝温度的升高，冷凝压力也相应升高，压缩机的压缩比增大，造成压缩机的实际输气量减少，这时制冷量下降而耗电量增加。

要想降低冷凝温度，需降低冷却水的水温，增大冷却水量。这样又会使水系统的电耗增加。因此，应当根据实际情况合理、经济地选择各种参数，尽可能地降低冷凝温度。

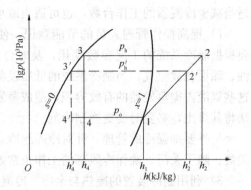

图 5-7　冷凝温度的变化与制冷量和功耗的关系

3）其他因素

凡是造成制冷压缩机制冷量降低的原因，都会引起耗电量的增加。如压缩机的余隙过大、气缸活塞及吸、排气阀片存在泄漏、压缩机吸气过热等因素，都会引起压缩机的实际输气量减少，制冷量降低，耗电量增加。

2. 节能措施和操作

1）采用新型隔热材料，增加冷库围护结构的保温性能，减少冷量损失，以减少能耗。

2）设计建造大容量单体冷库。大容量单体冷库的外表面比相同容量的多间小冷藏间小。在容积相同的情况下，外界侵入大冷藏间的热量要小于侵入小冷藏间的热量，因而大容量单体冷库的冷量损失较小，较为节能。目前在冷藏业比较先进的国家，一般冷库库房的净高为 8～10m，冷库的平均容积在 50000m³ 以上。

3）选用单机双级制冷压缩机。当制冷系统的蒸发温度较低时，一般采用双级压缩机。在选配压缩机时，应考虑优先选用单机双级压缩机，而不是配组双级压缩机。在工况及制冷量相同的情况下，配组双级机比单机双级机多耗电 20% 左右；另外配组双级机布置分散，不便于操作，维修量也较大。因此在允许的条件下，应尽量采用单机双级压缩机。

4）对制冷系统或制冷装置实行自动控制及微机管理，对制冷系统的所有运行参数实行自动检测，并通过快速、精确的逻辑判断进行自动调节和控制，使制冷系统在最合理的工况下运行。同时使冷间温度稳定，能耗降低。

5）尽量提高蒸发温度。随着蒸发温度与库房温度换热温差的缩小，蒸发温度相应提高。如果冷凝温度保持不变，制冷压缩机的制冷量也相应提高。据估算，蒸发温度每升高 1℃，单位冷量耗电量减少 3%～4%。

提高蒸发温度的措施是适当增大蒸发器的传热面积。在操作时应根据冷间热负荷的变化及时调节供液量的大小，使换热温差控制在允许范围内的最小值。在整个降温过程中，注意观察蒸发压力的变化，调配好制冷压缩机，使压缩机制冷量与冷间的热负荷相匹配。当库房温度达到要求，但被冷却物的温度还没有达到要求时，应减少供液量，减开冷风机，并使压缩机减载运转。如蒸发压力过低，应停止压缩机的运转，待压力回升后再开机。

6）尽量降低冷凝温度以减少能耗。冷凝器的污垢层太厚、冷却水量过少及布水不均匀等都会造成冷凝温度过高。应经常对冷凝器进行清洗、维护，保证冷凝器的正常运行。尽量降低冷凝器的进水温度，以降低冷凝温度，使耗电量较少。若冷凝器的热负荷小，应适当减少冷凝器的工作台数，也可适当减小冷却水的流量，以降低冷却水系统的电耗。

7）提高操作管理人员的节能意识，使其精心操作，加强对冷库的管理，减少冷耗。要根据制冷系统的工况参数变化，及时合理地调整制冷系统。同时要注意及时冲霜、放油、除垢和放空气。当制冷系统的低压设备中存有因混入过多水分而难以蒸发的氨液时，这些氨液占据蒸发器的有效容积，造成蒸发压力过低，降温困难，耗电增加，因此必须设法将其排出，必要时要更换制冷剂。

另外要加强冷库管理，针对冷库跑冷点较多的状况，应做到尽量减少人员进出、随手关灯、随手关门、确保冷风幕的工作正常等，以减少冷耗。

8）利用制冷装置的废热与余冷。冷凝器中释放出来的热量是制冷装置的废热。如有条件可采取措施收集利用废热，以减少其他能源的消耗，达到节能的目的。比如将冷凝器流出的冷却水作为蒸发器的冲霜水，用余热加热空气供冬季取暖等。

制冷装置的余冷主要是冻结间的冷风机冲霜水。冲霜后的水温低于10℃，如将冲完霜的水集中到水池内作冷凝器的冷却水使用，既改善了制冷工况，增大了制冷量，又可减少冷却耗水。

9）在空调系统中使用蓄冷技术。蓄冷空调技术在国外应用较多，进入20世纪90年代，我国的一些建筑物也开始使用蓄冷空调工程。应用蓄冷空调技术具有较好的社会效益和经济效益，在电力供应紧张时可削峰填谷，平衡电力负荷，改善能源的利用率。采用蓄冷技术后，当制冷压缩机的制冷量大于热负荷时，冷量可以贮存，这样空调制冷机组的装机容量可大大减小，也减少了初期投资和运行耗能。另外制冷压缩机也可在最佳状态（即满负荷状态）下运行，使单位冷量耗电量减小。

5.3 压缩式制冷系统的运行与维护

5.3.1 活塞式制冷系统运行与维护

5.3.1.1 活塞式制冷压缩机试运行的准备工作

1. 制冷系统吹污

制冷系统在气密性试验之前，应对系统进行除污。因为制冷系统应是一个洁净、干燥、严密的封闭系统，而在系统安装过程中，系统内部必然会残留一些焊渣、钢屑、铁锈、氧化皮等污物。这些污物残留在系统内部会造成一系列不良后果，如造成膨胀阀、毛细管及过滤器的堵塞。一旦这些污物被压缩机吸入到气缸内，则会造成气缸或活塞表面的划痕、拉毛等事故。因此，在系统正式运行以前，必须进行吹污工作，彻底洁净系统，以保证制冷系统的安全运行。

除污工作可用空气压缩机、氮气瓶或制冷压缩机本身来完成。吹污压力应为0.5～0.6MPa。对氟利昂制冷系统以用氮气吹污为宜。

吹污工作应按设备（可采用设备底部的阀门作为排污口）、管道分段或分系统进行，吹污段不得有死角。排污口宜选在各吹污段的最低点，以便使污物顺利排出，排污口不能指向工作区。吹污时除排污口外，要将吹污段所有与大气相通的阀门关紧，其余阀门应全部开启。

吹污结束后，应将系统上的阀门进行清洗，然后再重新装配。吹污时系统上的安全阀应取下，孔口用盲板或堵塞封闭。

2. 制冷系统的气密性试验

制冷系统中的制冷剂具有很强的渗透性，如系统有不严密处就会造成制冷剂的泄漏，一方面会影响制冷系统的正常工作；另一方面有些制冷剂对人体有一定的毒害，并且污染大气。所以在系统吹污工作结束后，应对系统进行气密性试验。目的在于检查系统安装质量，检验系统在压力状态下的密封性能是否良好。气密性试验包括压力试漏、真空试漏和制冷剂试漏。

1）压力试漏

制冷系统的试验压力应按照设备技术文件的规定执行，无规定时可参照表 5-3。试验时间为 24h，前 6h 由于系统内的气体温度下降允许压力有所下降，允许压降可用公式（5-1）计算：

$$\Delta P = (P_1 + B_1) - \frac{273 + t_1}{273 + t_2}(P_2 + B_2) \tag{5-1}$$

式中　ΔP——机组的压力降，kPa；

P_1、B_1——保压开始时机组内气体的压力和当地大气压力，kPa；

P_2、B_2——保压结束时机组内气体的压力和当地大气压力，kPa；

t_1、t_2——保压开始、结束时机组内气体的温度，℃。

制冷系统气密性试验压力　　　　　　　　　　表 5-3

制冷工质	系统实验高压压力（MPa）	系统实验低压压力（MPa）
R717	2.0	1.8
R12	1.6（高冷凝压力） 1.2（低冷凝压力）	1.2
R22	2.5（高冷凝压力） 2.0（低冷凝压力）	1.8

根据 ΔP 与系统压力表读数比较，可知压降是因温度下降所引起还是因漏气所引起的。一般 $\Delta P = 0.02 \sim 0.03$ MPa。后 18h 内，如因室内温度变化而引起的压降仍可用式（5-1）计算。若试验终了的压力差大于式（5-1）所计算的压力，说明系统不严密，应进行全面检查，找出漏点加以修补，然后重新试压，直到合格为止。

氟利昂制冷系统试压多采用氮气，因氟利昂系统对含水量要求很严，氮气具有无腐蚀、无水分、不燃烧、操作方便等优点。亦可用干燥的压缩空气进行（即在压缩机空气出口处装一只大型的干燥器，尽量减少空气中的含水量）。

制冷系统进行气密性试验时，任何系统都严禁使用氧气等可燃性气体进行试压。试压时应将有关设备的控制阀关闭，以免损坏。若有泄漏点需进行补焊时，须将系统泄压，并与大气相通，决不可带压焊接，补焊次数不得超过两次，否则应将该处管段换掉重新焊接。

检漏工作必须认真、仔细，可用肥皂水进行，且肥皂水不宜过稀。将渗漏点做好标记，待全部检查完毕之后进行补漏。

2）真空试漏

真空试漏的目的是检验系统在真空条件下有无渗漏，同时排除系统内残留的空气和水分，并为系统充注制冷剂做好准备。真空试漏是在系统吹污、压力试漏合格的前提下进行的。系统抽真空时，所有不能在真空状态下工作的仪表均应与系统断开或拆除。真空试漏要求制冷系统内的绝对压力达到 2.7～4kPa（20～30mmHg 以下），保持 24h 无变化即为合格。对小型系统可用真空泵进行，对于大型制冷系统，可用系统压缩机自身抽真空，也可用压缩机把系统的大量空气抽走，然后用真空泵把剩余的气体抽净。具体方法如下：

（1）用真空泵抽真空

① 将真空泵吸入口与系统抽气口接好，抽气口可以是压缩机排气口的多用通道或排空阀，也可以是制冷剂注入阀。

② 关闭系统中与大气相通的阀门，打开其他阀门。

③ 启动真空泵抽真空，当真空度超过 97.3kPa（730mmHg）时，关闭抽气口处阀门，停止真空泵工作，检查系统是否泄漏。检查方法是把点燃的香烟放在各焊口及法兰接头处，如发现烟气被吸入，即说明该处有漏点。

（2）用制冷压缩机抽真空

① 关闭所有与大气相通的阀门，开启其余阀门。

② 关闭压缩机的排气阀，开启压缩机的吸气阀与排空阀。

③ 将冷凝器中的冷却水放尽，以利于系统内的水分蒸发。

④ 启动压缩机抽真空。注意压缩机的吸气阀不要开启过大，否则排气不及时，有打坏阀片的可能。抽真空应分几次间断进行，因为抽吸过快，系统内的水分和空气不易被抽尽。待系统内的真空度达到 97.3kPa（730mmHg）以上时停机，关闭排空阀，进行真空度检漏。

用制冷压缩机抽真空时应注意油压的大小。随着系统真空度的提高会使油泵的工作条件恶化，导致机器运动部件的损坏，所以油压（指压差）不得小于 27kPa，否则应停车。

3）制冷剂试漏

在压力试漏和真空试漏合格后，应对系统进行充注制冷剂的试漏。目的是为了进一步检查系统的严密性，同时为系统的正常运转做准备。

氟利昂制冷系统要进行充氟检漏。充氟检漏时，可在系统内充入少量氟利昂气体，使系统内压力达到 0.2～0.3MPa，然后开始检漏。为了避免系统内含水量过高，要求氟液的含水量按重量计不应超过 0.025%，而且氟必须经过干燥器干燥后才能进入系统。常用的干燥剂有硅胶、分子筛和无水氯化钙。如用无水氯化钙时，使用时间不应超过 24h，以免其溶解后带入系统。向系统充注氟利昂时，可利用系统真空度，使氟液进入系统。氟利昂检漏可使用卤素检漏仪进行。

5.3.1.2　活塞式制冷压缩机的试运行

制冷压缩机试运转的目的是检验压缩机的装配质量，并使机器的各运动部件进行初步的磨合，以保证机器正常运行时的良好机械状态。制冷压缩机是制冷系统的心脏，它的正常运转是整个制冷系统正常运行的重要保证。每台制冷压缩机在制造厂出厂前虽然均已按国家有关标准的规定进行了出厂试运转。但是由于运输、存放等原因，对于安装完毕的压缩机，在投入正常运转之前，仍先要进行试运转，以便为整个系统的试运行创造条件。一般情况下，试运转分三步进行，即无负荷试车、空气负荷试车和制冷剂负荷试车。试车之前，对压缩机应进行清洗和检查，合格后方可进行。试车应做好记录，整理存档。

1. 无负荷试车

无负荷试车亦称不带阀无负荷试车。也就是指试车时不装吸、排气阀和气缸盖。该项试车的目的是检查除吸、排气阀外的制冷压缩机的各运动部件装配质量，如活塞环与气缸套、连杆大头轴承与曲轴、连杆小头轴承与活塞销等的装配间隙是否合理。检查各运动部件的润滑情况是否正常。

试车前，电气系统、自动控制及保护系统、电机空载试运转等应检查和试验完毕，冷却水管路应正常投入使用，曲轴箱内已加入规定数量的润滑油。试车步骤为：

1) 将气缸盖拆下，取下缓冲弹簧及排气阀座，在气缸壁均匀涂上清洁润滑油。

2) 手动试车无异常现象后，点动通电，观察电机旋转方向是否正确，如不正确进行调整。

3) 启动压缩机进行试运转，试运转应间歇进行，间歇时间为 5、15、30min。间歇运转中调节油压，检查各摩擦部件温升，观察气缸润滑情况及轴封的密封状况，并进行相应的调整处理。一切正常后连续运转 2h 以上，以进一步磨合运动部件。

无负荷试车时操作人员要注意安全，启动机器前应仔细检查各零部件是否安装好。为防止缸套松脱飞出伤人，可用自制的卡具压住气缸套。卡具压缸套时，应注意不要碰坏缸套上吸气阀密封线，也不要妨碍卸载装置顶杆的升降。试车过程中如有异常声音或油压差过低，应立即停车，检查原因，排除故障后再重新启动。

2. 空气负荷试车

空气负荷试车亦称带阀有负荷试车。该项试车应装好吸、排气阀和缸盖等部件。空气负荷试车的目的是进一步检查压缩机在带负荷时各运动部件的装配正确性，以及各运动部件的润滑情况及温升。

该项试车是在无负荷试车合格后进行的。试车前应对制冷压缩机作进一步的检查并做好必要的准备工作。操作步骤如下：

1) 将吸气过滤器的法兰拆下，用浸油的洁净纱布包好吸气口并扎牢，对进入机器的空气加以过滤。

2) 检查曲轴箱油位应达到规定位置。

3) 打开气缸冷却水阀门。

4) 选定一个通向大气的阀门，调节其开度以控制系统压力。

5) 启动制冷压缩机，调节选定的阀门，使系统压力保持在 0.35MPa 下连续运转 4h；运转时严格控制排气温度。制冷剂为氟利昂 R22 的制冷压缩机，排气温度不得超过 135℃；制冷剂为氟利昂 R12 的制冷压缩机，排气温度不得超过 120℃。运转过程中，油压应较吸气压力高 0.15～0.3MPa，油温不应超过 70℃，气缸套冷却水进口温度不高于 35℃，出口温度不应超过 45℃。同时，应对下述各项内容进行检查并达到要求：

(1) 运转声音正常，不得有其他杂声；

(2) 各运动部件的温升符合设备技术文件的规定；

(3) 各连接部位、轴封、气缸盖、填料和阀件无漏水、漏气和漏油现象。

空气负荷试车合格后，应拆洗制冷压缩机的吸、排气阀、气缸、活塞、油过滤器等部件，更换曲轴箱内的润滑油。

以上两个试车过程应在系统试漏前完成。可以利用空气负荷试车进行吹污和试压。

3. 冷剂负荷试车

冷剂负荷试车是在无负荷试车和空气负荷试车合格，并向系统充注制冷剂后进行的，冷剂负荷试车的目的是检查压缩机和整个系统在正常运转条件下的工作性能，是整个制冷系统交付验收使用前对系统设计和安装质量的最后一道检验程序。压缩机启动前应检查以下内容：

1）压缩机的排气截止阀是否开启，除与大气相通的阀门外，系统中其余的各个阀门是否处于开启状态。

2）打开冷凝器的冷却水阀门，启动水泵。若为风冷式冷凝器，则应开启风机，并检查水泵及风机工作是否正常。

3）检查压缩机曲轴箱油面是否处在正常位置，一般应保持在油面指示器的中心线上，若有两块视油镜，应在两块视油镜中心线以内。

4）如果前阶段试车后又检修过电气与控制线路，还应再检测电气与控制线路是否正常。并对制冷压缩机进行点动，观察压缩机旋转方向是否正确。

5）蒸发器若为冷却液体载冷剂时，则应启动载冷剂系统。

经上述检查，认为没有问题后，即可启动压缩机进行正式试运转。压缩机正式启动后要逐渐开启压缩机的吸气阀，防止出现"液击"。

4. 压缩机试运转过程中应检查的工作

1）检查电磁阀（指装有电磁阀系统）和膨胀阀是否打开。检查电磁阀可用手摸电磁阀线圈外壳，若感到发热和微小振动，则表明阀已被打开。膨胀阀可观察阀后的管路是否有正常的结露现象，若阀已打开可听到制冷剂的流动声。

2）油压力是否正常，没有卸载装置的压缩机，油压指示值比吸气压力高 0.05～0.15MPa，带有能量卸载装置的压缩机，油压指示压力应比吸气压力高 0.15～0.3MPa。若油压过低，则应查明原因进行调整。对油压继电器的低油压差做动作试验，检查油路系统油压差值低于规定范围时，油压差继电器能否工作。可通过调节油压调节阀，当达到油压差下限值时油压差继电器是否动作来检查。

3）检查高低压继电器动作的灵敏度。高压继电器进行压力控制试验，将排气阀逐渐关小，使排气压力逐渐升高，检查高压继电器动作时的压力是否与要求的压力相符，若不相符，则进行调整直到与要求的值相符为止。低压继电器进行压力控制试验，将吸气阀逐渐关小，使吸气压力逐渐下降，检查低压继电器动作时的压力是否与要求的压力相符，若不相符，则应进行调整，直到与要求的值相符为止。

4）检查压缩机的吸、排气压力和温度是否在正常范围。如排气温度过高会使润滑油碳化分解，造成结碳，使阀片关闭不严，降低压缩机的容积效率，并缩短阀片的使用寿命，加快气缸与活塞的磨损。

5）检查油分离器的自动回油是否正常。正常情况下，自动回油会周期性的开启和关闭，若用手摸回油管，有时冷时热的感觉（当浮球阀开启时，油流回曲轴箱，回油管就发热，否则就发冷）。若发现回油管长时间不发热或长时间发热，就表示回油管有堵塞或浮球阀失灵等故障，应及时检查排除。

6）听压缩机运转的声音。正常运转时，除有进、排气阀片发出清晰均匀的起落声外，气缸、活塞、连杆及轴承等部件不应有杂声，否则应停机检查，并及时排除故障。

7）检查压缩机能量调节装置动作的灵敏程度。

8）检查整个系统的管路和阀门，是否存在泄漏处。

活塞式制冷压缩机制冷剂试运转的时间不应少于 24h（连续运转），每台累计运转不得少于 45h。

5.3.1.3 活塞式制冷压缩机的启动与运行管理

1. 启动前的准备工作

启动前的准备工作主要有以下内容：

1）检查压缩机

（1）检查压缩机曲轴箱的油位是否合乎要求，油质是否清洁。

（2）通过储液器的液面指示器观察制冷剂的液位是否正常，一般要求液面高度应在示液镜的 1/3 处左右。

（3）开启压缩机的排气阀及高、低压系统中的有关阀门，但压缩机的吸气阀和储液器上的出液阀可先暂不开启。

（4）检查制冷压缩机组周围及运转部件附近有无妨碍运转的因素或障碍物，对于开启式压缩机可用手盘动转动联轴器数圈，检查有无异常。

（5）对具有手动卸载——能量调节的压缩机，应将能量调节阀的控制手柄放在最小能量位置。

（6）接通电源，检查电源电压。

（7）开启冷却水泵；对于风冷式机组开启风机运行。

（8）调整压缩机高、低压力继电器及温度控制器的设定值，使其指示值在所规定的范围内。压力继电器的压力设定值应根据系统所使用的制冷剂、运转工况和冷却方式而定，一般在使用氟利昂 R12 为制冷剂时，高压设定范围为 1.3～1.5MPa；使用氟利昂 R22 和 R717 为制冷剂时，高压设定范围为 1.5～1.7MPa。

2）启动冷冻水泵，使蒸发器中的冷冻水循环起来。

3）检查制冷系统中所有管路系统，确认制冷管道无泄漏。水系统不允许有明显的漏水现象。

2. 活塞式制冷压缩机的开机操作

1）对于开启式压缩机，启动准备工作结束以后，可向压缩机电动机瞬时通、断电，点动压缩机运行 2～3 次，观察压缩机、电动机启动状态和转向，确认正常后，重新合闸正式启动压缩机。

2）压缩机正式启动后逐渐开启压缩机的吸气阀，注意防止出现"液击"的情况。

3）同时缓慢打开储液器的出液阀，向系统供液，待压缩机启动过程完毕，运行正常后将出液阀开至最大。

4）对于设有手动卸载——能量调节机构的压缩机，待压缩机运行稳定以后，应逐步调节卸载——能量调节机构，即每隔 15min 左右转换一个档位，直到达到所要求的档位为止。

5）在压缩机启动过程中应注意观察压缩机的运转状况是否正常；系统的高低压及油压是否正常；电磁阀、自动卸载——能量调节阀、膨胀阀的工作是否正常。待这些项目都正常后，启动工作结束。

3. 活塞式制冷压缩机的运行管理

当压缩机投入正常运行后，必须随时注意系统中各有关参数的变化情况，如压缩机的油压，吸、排气压力，冷凝压力，排气温度，冷却水温度，冷冻水温度，润滑油温度，压缩机、电动机、水泵、风机电动机等的运行工作电流。同时，在运行管理中还应注意以下情况的管理和监测。

1）压缩机的运转声音应清晰均匀，且又有节奏，无撞击声。若发现不正常应查明原因，及时处理。

2）在运行过程中，如发现气缸有冲击声，则说明有液态制冷剂进入压缩机的吸气腔，此时应将能量调节机构置于空挡位置，并立即关闭吸气阀，待吸入口的霜层溶化，使压缩机运行大约 5～10min 后，再缓慢打开吸气阀，调整至压缩机吸气腔无液体吸入，且吸气管底部有结露状态时，可将吸气阀全部打开。

3）应注意监测压缩机的排气压力和排气温度。对于使用 R12 或 R22 的制冷压缩机，其排气温度分别不应超过 130℃ 或 145℃。

4）运行中压缩机的吸气温度与蒸发温度差值应符合设备规定。一般单级压缩机，氨压缩机吸气温度比蒸发温度高 5～10℃，氟利昂压缩机吸气温度最高不超过 15℃。

5）压缩机在运转中各摩擦部件温度不得超过 70℃，如果发现其温度急剧升高或局部过热时，应立即停机进行检查处理。

6）随时检测曲轴箱中的油温、油位和油压。曲轴箱中的油温一般应保持在 40～60℃，最高不得超过 70℃。曲轴箱上若有一个视油镜时，油位不得低于视油镜的 1/2，若有两个视油镜时，油位不超过上视镜的 1/2，不低于下视镜的 1/2。运行时油压应比吸气压力高 0.1～0.3MPa。若发现有异常情况应及时采取措施处理。

7）活塞式制冷压缩机在运行过程中，虽然大部分随排气被带走的冷冻润滑油，在油气分离器的作用下会回到压缩机，但仍有一部分会随制冷剂的流动而进入整个系统，造成曲轴箱内润滑油减少，从而影响压缩机润滑系统的正常工作。因此，在运行中应注意观测油位的变化，随时进行补充。

8）制冷系统在运行过程中会因各种原因使空气混入系统中。由于系统混入空气后会导致压缩机的排气压力和排气温度升高，造成系统能耗的增加，甚至造成系统运行事故。因此，应在运行中及时排放系统中的空气。制冷系统中混有空气的特征为：压缩机在运行过程中高压压力表的表针出现剧烈摆动，排气压力和排气温度都明显高于正常运行时的参数值。

对于氟利昂制冷系统，由于氟利昂制冷剂的密度大于空气的密度。因此，当氟利昂制冷系统中有空气存在时，空气一般会聚集在储液器或冷凝器的上部。所以，氟利昂制冷系统的"排气"操作可按下述步骤进行：

（1）关闭储液器或冷凝器的出液阀（事先应将电气控制系统中的压力继电器短路，以防止它的动作导致压缩机无法运行），使压缩机继续运行，将系统中的制冷剂全部收集到储液器或冷凝器中，在这一过程中让冷却水系统继续工作，将气态制冷剂冷却成力液态制冷剂。当压缩机的低压运行压力达到 0（表压）时，停止压缩机运行。

（2）在系统停机约 1h 后，拧松压缩机排气阀的旁通孔的丝堵，调节排气阀至三通状态，使系统中的空气从旁通孔逸出。若在储液器或冷凝器的上部设有排气阀时，可直接将排气阀打开进行"排空"。在放气过程中可将手背靠近气流出口感觉排气温度，若感觉到气体较热或为正常温度则说明排出的基本是空气；若感觉排出的气体较凉，则说明排出的是制冷剂，此时应立即关闭排气阀口，排气工作可基本告一段落。

（3）为检验"排空"效果，可在"排空"工作告一段落后，恢复制冷系统运行（同时将压力继电器电路恢复正常），再观察一下运行状态。若高压压力表不再出现剧烈摆动，冷凝压力和冷凝温度在正常值范围内，可认为"排空"工作已达到目的。若还是有存在空气的现象，就应继续进行"排空"工作。

4. 活塞式制冷压缩机的停机操作

氟利昂活塞式制冷压缩机的停机操作，对于装有自动控制系统的压缩机由自动控制系统来完成，对于手动控制系统则可按下述程序进行：

1）在接到停止运行的指令后，首先关闭储液器或冷凝器的出口阀（即供液阀）。

2）待压缩机的低压压力表的表压力接近于0，或略高于大气压力时（大约在供液阀关闭10～30min后，视制冷系统蒸发器大小而定），关闭吸气阀，停止压缩机运转，同时关闭排气阀。如果由于停机时机掌握不当，使停机后压缩机的低压压力低于0时，则应适当开启一下吸气阀，使低压压力表的压力上升至0，以避免停机后由于曲轴箱密封不好而导致外界空气渗入。

3）关闭冷冻水泵、回水泵等，使冷冻水系统停止运行。

4）在制冷压缩机停止运行10～30min后，关闭冷却水系统，停止冷却水泵、冷却塔风机的工作，使冷却水系统停止运行。

5）关闭制冷系统上各阀门。

6）为防止冬季可能产生的冻裂故障，应将系统中残存的水放干净。

5. 制冷系统的紧急停机和事故停机的操作

制冷系统在运行过程中，如遇下述情况应做紧急停机处理：

1）制冷系统在正常运行中突然停电时，首先应立即关闭系统中的供液阀，停止向蒸发器供液，避免在恢复供电而重新启动压缩机时造成"液击"故障。接着应迅速关闭压缩机的吸、排气阀。

恢复供电以后，可先保持供液阀为关闭状态，按正常程序启动压缩机，待蒸发压力下降到一定值时（略低于正常运行工况下的蒸发压力），可再打开供液阀，使系统恢复正常运行。

2）制冷系统在正常运行工况条件下，因某种原因突然造成冷却水供应中断时，应首先切断压缩机电动机的电源，停止压缩机的运行，以避免高温高压状态的制冷剂蒸气得不到冷却，使系统管道或阀门出现爆裂事故。之后关闭供液阀及压缩机的吸、排气阀，然后再按正常停机程序关闭各种设备。

在冷却水恢复供应以后，系统重新启动时可按停电后恢复运行时的方法处理。但如果由于停水而使冷凝器上的安全阀动作过，就必须对安全阀进行试压一次。

3）制冷系统在正常运行工况下，因某种原因突然造成冷冻水供应中断时，应首先关闭供液阀（储液器或冷凝器的出口控制阀）或节流阀，停止向蒸发器供液态制冷剂。关闭压缩机的吸气阀，使蒸发器内的液态制冷剂不再蒸发，或使蒸发压力高于0℃时制冷剂相对应的饱和压力。继续开动制冷压缩机使曲轴箱内的压力接近或略高于 0，停止压缩机运行，然后对于其他的操作再按正常停机程序处理。

当冷冻水系统恢复正常工作以后，可按突然停电后又恢复供电时的启动方法处理，恢复冷冻水系统正常运行。

4）在制冷空调系统正常运行的情况下，空调机房或相邻建筑发生火灾危及系统安全时，应首先切断电源，按突然停电的紧急处理措施使系统停止运行。同时向有关部门报警，并协助灭火工作。当火警解除之后，可按突然停电后又恢复供电时的启动方法处理，从而恢复系统正常运行。

6. 压缩机运行过程中应作停机处理的故障

活塞式制冷压缩机在运行过程中如遇下述情况，应做故障停机处理：

1）油压过低或油压升不上去。

2）油温超过允许温度值。

3）压缩机气缸中有敲击声。

4）压缩机轴封处制冷剂泄漏现象严重。

5）压缩机运行中出现较严重的液击现象。

6）排气压力和排气温度过高。

7）压缩机的能量调节机构动作失灵。

8）冷冻润滑油太脏或出现变质情况。

发生上述故障时，采取何种方式停机，应视具体情况而定，可采取紧急停机或按正常停机方式处理。

5.3.2 螺杆式制冷系统运行与维护

5.3.2.1 螺杆式制冷及试运行前的准备工作

1. 压力吹污

螺杆式制冷压缩机的压力吹污是指机组在进行大修或新安装结束后，使用 0.6MPa（表压）压力的干燥空气或氮气对系统管路和各容器内部进行吹扫，使系统中残存的氧化物、焊渣和其他污垢由排污口排出。

2. 压力检漏

压力检漏是指机组在完成排污工作后，向系统内打入压力氮气或干燥空气进行气密性试验。其操作方法是：关闭机组中所有与大气相通的阀门，打开机组中各部分间的连接阀门，然后向机组内充入 0.6MPa（表压）压力的干燥空气或氮气。此后可用肥皂水对机组的阀门、焊缝、螺纹接头、法兰等部位进行气密性检查。当发现有泄漏现象时，应放掉试漏气体后再进行修补。

排除或没有发现机组泄漏后，可继续向机组充入干燥空气或氮气，在充入气体的同时可混入少量的氟利昂气体，使机组内混合气体的压力达到规定的试验压力，然后再用肥皂水进行检漏。没有查出漏点后，再用电子检漏仪做进一步细致的检漏，确认无泄漏问题后，保压 24h。在保压过程中，前 6h 内允许压力下降 0.03MPa，后 18h 内压力应稳定不动，或按公式（4-1）核算。24h 后确认机组确实无泄漏，可将试漏气体由放空阀处排放出去。当压力降至 0.6MPa 时，可关闭放空阀，然后打开机组的排污口，进行再次排污。

3. 点车试机

点车试机是指在机组完成试漏工作以后，对于开启式机组，拆下联轴节上的螺钉和压板，取下传动芯子，将飞轮移向电动机一侧，使电动机与压缩机分开，然后用点动方式通电，检查电动机的转动方向是否正确（对于半封闭或全封闭式机组，此项工作可不做），同时，再动一下油泵，检查一下油泵的转动方向是否与泵壳上所标的箭头方向一致。检查合格后，将联轴节上的传动芯子和压板回装复位，并用螺钉紧固。

4. 充灌冷冻润滑油

向螺杆式制冷压缩机充灌冷冻润滑油有两种情况，一种是机组内没有润滑油的首次加油，

另一种是机组内已有一部分润滑油，需要补充润滑油。

1）机组首次充灌冷冻润滑油常用的操作方法有：使用加油泵加油、使用机组本身油泵加油、真空加油法。机组加油工作结束后，可启动机组的油泵，通过调节油压调节阀来调节油压，使油压维持在 0.3～0.5MPa（表压）的范围。开启能量调节装置，检查能量调节在加载和减载时工作能否正常，确认正常后可将能量调节至零位，然后关闭油泵。

2）机组的补油操作方法。机组在运行过程中，发现冷冻润滑油不足时的补油操作方法是：将氟利昂制冷剂全部抽至冷凝器中，使机组内压力与外界压力平衡，此时可采用机组本身油泵加油的操作方法向机组内补充冷冻润滑油。同时，应注意观察机组油分离器上的液面计，待油面达到标志线上端约 2.5cm 时，停止补油工作。

应当注意的是：在进行补油操作中，压缩机必须处于停机状态。如果想在机组运行过程中进行补油操作，可将机组上的压力控制器调到"抽空"位置，用软管连接吸气过滤器上的加油阀，将软管的另一端插入盛油容器的油面以下，但不得插到容器底部。然后关小吸气阀，使吸气压力至真空状态，此时，可将加油阀缓缓打开，使冷冻润滑油缓慢地流入机组，达到加油量后关闭加油阀，调节吸气阀使机组进入正常工作状态。

5. 机组的真空度要求

在制冷系统中充入一定量的冷冻润滑油之后，就应该使用真空泵将机组内抽成真空状态，要求机组内压力达到的绝对压力在 5.3kPa 以下。一般情况下，不要使用机组本身抽真空，以免油分离器内残存一部分空气无法排出。

6. 向机组内充灌制冷剂

当机组的真空度达到要求以后，可向机组内充灌制冷剂，其操作方法是：

1）打开机组冷凝器、蒸发器的进、出水阀门。

2）启动冷却水泵、冷冻水泵、冷却塔风机，使冷却水系统和冷冻水系统处于正常的工作状态。

3）将制冷剂钢瓶置于磅秤上称重，并记下总重量。

4）将加氟管一头拧紧在氟瓶上，另一头与机组的加液阀虚接，然后打开氟瓶瓶阀。当看到加液阀与加氟管虚接口处有氟雾喷出时，就说明加氟管中的空气已排净，应迅速拧紧虚接口。

5）打开冷凝器的出液阀、制冷剂注入阀、节流阀，关闭压缩机吸气阀，制冷剂在氟瓶与机组内压差的作用下进入机组中。当机组内压力升至 0.4MPa（表压）时，暂时将注入阀关闭，然后使用电子卤素检漏仪对机组的各个阀口和管道接口处进行检漏，在确认机

组各处无泄漏点后，可将注入阀再次打开，继续向机组中充灌制冷剂。

6）当机组内制冷剂压力和氟瓶内制冷剂压力平衡以后，可将压缩机的吸气阀稍微打开一些，使制冷剂进入压缩机内，直至压力平衡。然后可启动压缩机，按正常的开机程序，使机组处于正常的低负荷运行状态（此时应关闭冷凝器的出液阀），同时观察磅秤上的称量值。当达到充灌量后将氟瓶瓶阀关闭，然后再将注入阀关闭，充灌制冷剂工作结束。

5.3.2.2 螺杆式制冷压缩机试运行

1. 试车前的准备工作

1）按设备技术文件的规定，将机组的高低压压力继电器的高压压力值调定到高于机组正常运行的压力值，低压压力值调定到低于机组正常运行的压力值；将压差继电器的调定值定到 0.1MPa（表压），使其能控制当油压与高压压差低于该值时自动停机，或机组的油过滤器前后压差大于该值时自动停机。

2）检查机组中各有关开关装置是否处于正常位置。

3）检查油位是否保持在视油镜的 1/2～1/3 的正常位置上。

4）检查机组中的吸气阀、加油阀、制冷剂注入阀、放空阀及所有的旁通阀是否处于关闭状态，但是机组中的其他阀门应处于开启状态。应重点检查位于压缩机排气口至冷凝器之间管道上的各种阀门是否处于开启状态，油路系统应确保畅通。

5）检查冷凝器、蒸发器、油冷却器的冷却水和冷冻水路上的排污阀、排气阀是否处于关闭状态，而水系统中的其他阀门均应处于开启状态。

6）冷却水系统和冷冻水系统应能正常工作。

2. 螺杆式制冷压缩机试运行

1）空车试运行

（1）打开螺杆制冷压缩机的吸、排气阀；若是制冷机组，应卸下其吸、排气阀或它们的阀芯，使压缩机的吸气、油分离器的排气与大气连通。

（2）开启油冷却器水泵，将低压保护、断水保护开关短接。

（3）调整油泵压力，应使油压比排气压力高 0.15～0.3MPa。

（4）点动压缩机，合闸后马上断开，校对压缩机运转方向。

（5）启动压缩机做空气负荷试运转，逐步增载和减载，能量调节机构应灵活、稳定。

（6）察看压缩机的压力、温度、压差、电压、电流等参数应处于正常范围。如无异常响声，进行压缩机空气负荷试运转 2h。

（7）空车试运转后，拆洗压缩机吸气过滤器网和油过滤器网，然后装上。关闭螺杆制冷压缩机的吸、排气阀或将机组吸、排气阀装上。

2）负荷试运行

（1）启动冷却水泵、冷却塔风机，使冷却水系统正常循环。

（2）启动冷冻水泵并调整水泵出口压力使其正常循环。

（3）对于开启式机组，应先启动油泵，待工作几分钟后再关闭，然后用手盘动联轴器，观察其转动是否轻松。若不轻松，就应进行检查处理。

（4）检查机组供电的电源电压应符合要求。

（5）检查系统中所有阀门所处的状态应符合启动要求。

（6）闭合控制柜总开关，检查操作控制柜上的指示灯能否正常亮。若有不亮者，就应查明原因及时排除。

（7）启动油泵，调节油压使其达到 0.5～0.6MPa，同时将手动四通阀的手柄分别转动到增载、停止、减载位置，以检验能量调节系统能否正常工作。

（8）将能量调节手柄置于减载位置，使滑阀退到零位，然后检查机组油温。若低于 30℃就应启动电加热器进行加热，使温度升至 30℃以上，然后停止电加热器，启动压缩机运行，同时缓慢打开吸气阀。

（9）机组启动后检查油压，并根据情况调整油压，使它高于排气压力 0.15～0.3MPa。

（10）依次递进，进行增载试验，同时调节节流阀的开度，观察机组的吸气压力、排气压力、油温、油压、油位及运转声音是否正常。如无异常现象，就可对压缩机继续增载至满负荷运行状态。

3）制冷剂负荷试运行

利用机组本身的真空度，向机组内加制冷剂。当机组内压力与制冷剂钢瓶压力相平衡后，启动压缩机，利用压缩机吸气作用来加入制冷剂。螺杆制冷压缩机制冷剂负荷的试运转与活塞式制冷压缩机制冷剂负荷的试运转基本要求相同。

不同的要求是检查油分离器的油位应处于上视油镜的 1/2 处；能量调节机构应处于 0％位。开启油冷却器水泵及其他各种水泵。

（1）手动调试

① 把运转形式放在"手动"位置，启动油泵，应使油压比排气压力高 0.15～0.3MPa，打开排、吸气阀，按螺杆制冷压缩机启动按钮，使其运转。经延时，切换成全电压正常运行，待压缩机"运转"信号灯亮后，逐步进行加减载能量调节。

② 制冷剂负荷试运转过程中，油压、排气压力、吸气压力、冷凝压力、蒸发压力、排气温度、油温等均应符合使用说明书规定的机组正常运转参数值。

③ 制冷剂负荷试运转 2h 后，按"停止"按钮，停止主机工作，能量调节机构将自动减载到 0％位，油泵要待主机惯性运转结束后，按油泵"停止"按钮，停止油泵工作。

（2）手动调试后的自动开关顺序调试

① 把运转形式放在"自动"位置，油恒温控制即受油温自行调节开停。按油泵"运转"键后，油泵应自动运转，待电脑确认油压建立，进行启动预告，即"启动"指示灯闪烁，闪烁 10 次后，螺杆制冷压缩机自动启动。

② 待压缩机"运转"指示灯亮后，螺杆制冷压缩机应能根据设定温度自动进行能量调节。

③ 当按压缩机"停止"键后，主机应立即停止工作，能量调节自动减载到 0％位，经 2min 延时后，油泵自动停止工作。

4）试机时的停机操作

（1）机组第一次试运转时间一般以 30min 为宜。达到停机时间后，先进行机组的减载操作，使滑阀回到 40％～50％位置，关闭机组的供液阀，关小吸气阀，停止主电动机的运行，然后再关闭吸气阀。

（2）待机组滑阀退到零位时，停止油泵运行。

（3）关闭冷却水水泵和冷却塔风机。

（4）待 10min 以后关闭冷冻水水泵。

（5）关闭控制电源。

5.3.2.3 螺杆式制冷压缩机的启动与管理

1. 螺杆式制冷压缩机的开机操作

螺杆式制冷压缩机正常启动方法如下：

1）确认机组中各有关阀门所处的状态是否符合开机要求。

2）向机组电气控制装置供电，并打开电源开关，使电源控制指示灯点亮。

3）启动冷却水泵、冷却塔风机和冷冻水泵，应能看到三者的运行指示灯点亮。

4）检测润滑油油温是否达到 30℃，若不到 30℃，就应打开电加热器进行加热，同时可启动油泵，使润滑油循环温度均匀升高。

5）油泵启动运行以后，将能量调节控制阀置于减载位置，并确定滑阀处于零位。

6）调节油压调节阀，使油压达到 0.5～0.6MPa。

7）闭合压缩机的启动控制电源开关，打开压缩机吸气阀，经延时后压缩机启动运行，在压缩机运行以后进行润滑油压力的调整，使其高于排气压力 0.15～0.3MPa。

8）闭合供液管路中的电磁阀控制电路，启动电磁阀，向蒸发器供液态制冷剂，将能量调节装置置于加载位置，并随着时间的推移逐级增载。同时观察吸气压力，通过调节膨胀阀，使吸气压力稳定在设备技术文件规定的范围内。

9）压缩机运行以后，当润滑油温度达到 45℃时断开电加热器的电源，同时打开油冷却器的冷却水的进、出口阀，使压缩机运行过程中的油温控制在 40～55℃范围内。

10）若冷却水温较低，可暂时将冷却塔的风机关闭。

11）将喷油阀开启 1/2～1 圈。同时应使吸气阀和机组的出液阀处于全开位置。

12）将能量调节装置调节至 100% 的位置，同时调节膨胀阀使吸气保持规定的过热度。

2. 螺杆式制冷压缩机的运行管理

机组启动完毕，投入运行后，应注意对下述内容的检查，以确保机组安全运行。

1）冷冻水泵、冷却水泵、冷却塔风机运行时的声音、振动情况，水泵的出口压力、水温等各项指标是否在正常工作参数范围内。

2）随时检查润滑油的油温、油位和油压，均应在设备技术文件规定的范围内，油温宜控制在 40～55℃。

3）压缩机处于满负荷运行时，吸气压力值应在 0.36～0.56MPa 范围内。

4）压缩机的排气压力为 $10.8×10^5$～$14.7×10^5$Pa（表压），排气温度为 45～90℃，最高不得超过 105℃。

5）压缩机运行过程中，电机的工作电流应在规定范围内。若电流过大，就应调节至减载运行，防止电动机由于工作电流过大而烧毁。

6）压缩机运行过程中声音应均匀、平衡，无异常声音和振动。

7）机组的冷凝温度应比冷却水温度高 3～5℃，冷凝温度一般应控制在 40℃左右，冷凝器进水温度应在 32℃以下。

8）机组的蒸发温度应比冷冻水的出水温度低 3～4℃，冷冻水出水温度一般为 5～7℃

左右。

上述各项中，若发现有不正常情况时，应立即停机查明原因，排除故障后，再重新启动机组。切不可带着问题让机组运行，以免造成重大事故。

3. 螺杆式制冷压缩机的停机操作

螺杆式制冷压缩机的停机分为正常停机、紧急停机、自动停机和长期停机等停机方式。

1) 正常停机的操作方法

(1) 将手动卸载控制装置置于减载位置。

(2) 关闭冷凝器至蒸发器之间的供液管路上的电磁阀、出液阀。

(3) 停止压缩机运行，同时关闭吸气阀。

(4) 待能量减载至零后，停止油泵工作。

(5) 将能量调节装置置于"停止"位置上。

(6) 关闭油冷却器的冷却水进水阀。

(7) 停止冷却水泵和冷却塔风机的运行。

(8) 停止冷冻水泵的运行。

(9) 关闭总电源。

2) 机组的紧急停机

螺杆式制冷压缩机在正常运行过程中，如发现异常现象，为保护机组安全，就应实施紧急停机。其操作方法是：

(1) 停止压缩机运行。

(2) 关闭压缩机的吸气阀。

(3) 关闭机组供液管上的电磁阀及冷凝器的出液阀，停止向蒸发器供液。

(4) 停止油泵工作。

(5) 关闭油冷却器的冷却水进水阀。

(6) 停止冷冻水泵、冷却水泵和冷却塔风机。

(7) 切断总电源。

机组在运行过程中出现停电、停水等故障时的停机方法可参照活塞式压缩机紧急停机中的有关内容处理。机组紧急停机后，应及时查明故障原因，排除故障后，可按正常启动方法重新启动机组。

3) 机组的自动停机

螺杆式制冷压缩机在运行过程中，若机组的压力、温度值超过规定值范围时，机组控制系统中的保护装置会发挥作用，自动停止压缩机工作，这种现象称为机组的自动停机。机组自动停机时，其机组的电气控制板上相应的故障指示灯会点亮，以指示发生故障的部位。遇到此种情况发生时，主机停机后，其他部分的停机操作可按紧急停机方法处理。在完成停机操作工作后，应对机组进行检查，待排除故障后才可以按正常的启动程序进行重新启动运行。

4) 机组的长期停机

由于用于中央空调冷源的螺杆式制冷压缩机多为季节性运行，因此，机组的停机时间较长。为保证机组的安全，在季节性停机时，可按以下方法进行停机操作。

(1) 在机组正常运行时，关闭机组的出液阀，使机组进行减载运行，将机组中的制冷剂全部抽至冷凝器中。为使机组不会因吸气压力过低而停机，可将低压压力继电器的调定值调为 0.15MPa。当吸气压力降至 0.15MPa 左右时，压缩机停机，当压缩机停机后，可将低压压力值再调回。

（2）将停止运行后的油冷却器、冷凝器、蒸发器中的水卸掉，并放干净残存水，以防冬季时冻坏其内部的传热器。

（3）关闭好机组中的有关阀门，检查是否有泄漏现象。

（4）每星期应启动润滑油油泵运行 10~20min，以使润滑油能长期均匀地分布到压缩机内的各个工作面，防止机组因长期停机而引起机件表面缺油，造成重新开机时的困难。

5.3.3 离心式制冷系统运行与维护

5.3.3.1 离心式制冷压缩机试运前的准备工作

离心式制冷压缩机试运行前准备工作的内容主要有以下几项：

1. 压力检漏试验

离心式制冷压缩机的压力检漏具体操作方法如下：

（1）检漏可使用干燥空气或氮气，而使用氮气比较方便，充入氮气前关闭所有通向大气的阀门。

（2）打开所有连接管路、压力表、抽气回收装置的阀门。

（3）向系统内充入氮气。充入氮气的过程可以分成两步进行：第一步先充入氮气至压力为 0.05~0.1MPa 时止，检查机组有无大的泄漏。确认无大的泄漏后，第二步再加压至规定的试验压力值。若机组装有防爆片装置的，则氮气压力应小于防爆片的工作压力。

（4）充入氮气工作结束后，可用肥皂水涂抹机组的各接合部位如法兰、填料盖、焊接处，检查有无泄漏，若有泄漏疑点就应做好记号，以便维修时定点。对于蒸发器和冷凝器的管板法兰处的泄漏，应卸下水室端盖进行检查。

（5）在检查中若发现有微漏现象，为确定是否泄漏，可向系统内充入少量氟利昂制冷剂，使氟利昂制冷剂与氮气充分混合后，再用电子检漏仪或卤素检漏灯进行确认性检漏。

（6）在确认机组各检测部位无泄漏以后，应进行保压试漏工作，其要求是：在保压试漏的 24h 内，前 6h 机组的压力下降应不超过 2%，其余 18h 应保持压力稳定。若考虑环境温度变化对压力值的影响，可按式 (4-1) 计算分析是否有泄漏存在。

2. 机组的干燥除湿

在压力检漏合格后，下一步工作是对机组进行干燥除湿。干燥除湿的方法有两种：一种为真空干燥法；另一种为干燥气体置换法。

真空干燥法的具体方法是：用高效真空泵将机组内压力抽至 666.6~1333.2Pa 的绝对压力，此时水的沸点降至 1~10℃，使水的沸点远远低于当地温度，造成机组内残留的水分充分汽化，并被真空泵排出。

干燥气体置换法的具体方法是：利用高真空泵将机组内抽成真空状态后，充入干燥氮气，促成机组内残留的水分汽化，通过观察 U 形水银压力计水银柱高度的增加状况，反复抽真空充氮气 2~3 次，以达到除湿目的。

3. 真空检漏试验

真空检漏试验可按以下操作进行：将机组内部抽成绝对压力为 2666Pa 的状态，停止真空泵的工作，关闭机组连通真空泵的波纹管阀，等待 1～2h 后，若机组内压力回升，可再次肩动真空泵抽空至绝对压力 2666Pa 以下，以除去机组内部残留的水分或制冷剂蒸气。若如此反复多次后，机组内压力仍然上升，可推测机组某处存在泄漏，应重作压力检漏试验。从停止真空泵最后一次运行开始计时，若 24h 后机组内压力不再升高，可认为机组基本上无泄漏，可再保持 24h。若机组内真空度的下降总差值不超过 1333Pa，就可认为机组真空度合格。若机组内真空度的下降超过 1333Pa，则需要继续做压力检验直到合格为止。

4. 充灌冷冻润滑油

离心式制冷压缩机在压力检漏和干燥处理工序完成以后，在制冷剂充灌之前进行冷冻润滑油的充灌工作。在进行补油操作时，由于机组中已有制冷剂，会使机组内压力大于大气压力，此时可采用润滑油充填泵进行加油操作。

5. 充灌制冷剂

离心式制冷压缩机在完成了充灌冷冻润滑油的工序后，下一步应进行制冷剂的充灌操作，其操作方法是：

（1）用铜管或 PVC（聚氯乙烯）管的一端与蒸发器下部的加液阀相连，而另一端与制冷剂贮液罐顶部接头连接，并保证有较好的密封性。

（2）加氟管（铜管或 PVC 管）中间应加干燥器，以去除制冷剂中的水分。

（3）充灌制冷剂前应对油槽中的润滑油加温至 50～60℃。

（4）若在制冷压缩机处于停机状态时充灌制冷剂，可启动蒸发器的冷冻水泵（加快充灌速度及防止管内静水结冰）。初灌时，机组内应具有 8.66×10^4 Pa 以上的真空度。

（5）随着充灌过程的进展，机组内的真空度下降，吸入困难时（当制冷剂已浸没两排传热管以上时），可启动冷却水泵运行，按正常启动操作程序运转压缩机（进口导叶开度为 15%～25%，避开喘振点，但开度又不宜过大），使机组内保持 4.0×10^4 Pa 的真空度，继续吸入制冷剂至规定值。

在制冷剂充灌过程中，当机组内真空度减小，吸入困难时，也可采用吊高制冷剂钢瓶，提高液位的办法继续充灌，或用温水加热钢瓶，但切不可用明火对钢瓶进行加热。

（6）充灌制冷剂过程中应严格控制制冷剂的充灌量。各机组的充灌量均标明在《使用说明书》及《产品样本》上。机组首次充入量应约为额定值的 50% 左右。待机组投入正式运行时，根据制冷剂在蒸发器内的沸腾情况再作补充。制冷剂一次充灌量过多，会引起压缩机内出现"带液"现象，造成主电动机功率超负荷和压缩机出口温度急剧下降。而机组中制冷剂充灌量不足，在运行中会造成蒸发温度（或冷冻水出口温度）过低而自动停机。

5.3.3.2 离心式制冷压缩机试运行

1. 负荷试车

负荷试车的目的主要是检查机组工作运行状态和对其技术性能进行调整。

1）负荷试车前的检查及准备工作

（1）检查主电源、控制电源、控制柜、启动柜之间的电气线路和控制管路，确认接线正确无误。

（2）检查控制系统中各调节项目、保护项目、延时项目的控制设定值应符合技术说明书上的要求，并且要动作灵活、正确。

(3) 检查机组油槽的油位，油面应处于视镜的中央位置。

(4) 油槽底部的电加热器应处于自动调节油温位置，油温应在 50～60℃ 范围内；点动油泵使润滑油循环，油循环后油温下降应继续加热使其温度保持在 50～60℃ 范围内，应反复点动多次，使系统中的润滑油温超过 40℃ 以上。

(5) 开启油泵后调整油压至 0.196～0.294MPa 之间。

(6) 检查蒸发器视液镜中的液位，看是否达到规定值。若达不到规定值，就应补充，否则不准开机。

(7) 启动抽气回收装置运行 5～10min，观察小压缩机电动机的转向应正确。

(8) 检查蒸发器、冷凝器进出水管的连接是否正确，管路是否畅通，冷冻水、冷却水系统中的水是否灌满，冷却塔风机能否正常工作。

(9) 将压缩机的进口导叶调至全闭状态，能量调节阀处于"手动"状态。

(10) 启动冷冻水泵，调整冷冻水系统的水量和排除其中的空气。

(11) 启动冷却水泵，调整冷却水系统的水量和排除其中的空气。

(12) 检查控制柜上各仪表指示值是否正常，指示灯是否点亮。

(13) 抽气回收装置未投入运转或机组处于真空状态时，它与蒸发器、冷凝器顶部相通的两个波纹管阀门均应关闭。

(14) 检查润滑油系统，各阀门应处于规定的启闭状态，即高位油箱和油泵油箱的上部与压缩机进口处相通的气相平衡管应处于贯通状态。油引射装置两端波纹管阀应处于暂时关闭状态。

(15) 检查浮球阀是否处于全闭状态。

(16) 检查主电动机冷却供、回液管上的波纹管阀，抽气回收装置中回收冷却供、回液管上波纹管阀等供应制冷剂的各阀门是否处于开启状态。

(17) 检查各引压管线阀门、压缩机及主电动机气封引压阀门等是否处于全开状态。

2) 负荷试车的操作程序

(1) 确认已启动冷却水泵和冷冻水泵。

(2) 打开主电动机和油冷却水阀，向主电动机冷却水套及油冷却器供水。

(3) 启动油泵，调节油压，使油压（表压）达到规定值范围。

(4) 启动抽气回收装置。

(5) 检查导叶位置及各种仪表。

(6) 启动主电动机，开启导叶，达到正常运行。

(7) 试车中在冷冻水温，冷却水温趋于稳定时，操作人员应经常注意下列内容：

① 油压、油温和油箱的油位；

② 蒸发器中制冷剂的液位；

③ 电机温升；

④ 冷冻水、冷却水的压力、温度和流量；

⑤ 机器的声响和振动；

⑥ 冷凝压力和蒸发压力的变化。

当机器发生喘振时，应立即采取措施予以消除。应详细记录冷凝压力、蒸发压力、冷却水和冷冻水进出口温度，以便与以后运行中的参数进行比较。试车时应对各种仪表、继电器的动作进行调整和整定。

在确认机组一切正常后，可停止负荷试机，以便为正式启动运行做准备。其停机程序是：先停止主电动机工作，待完全停止运转后再停油泵；然后停止冷却水泵和冷冻水泵的运行，关闭供水阀。

5.3.3.3　离心式制冷压缩机的启动与管理

1. 离心式压缩机的开机操作

离心式压缩机启动运行方式有"全自动"运行方式和"部分自动"即手动启动运行方式两种。离心式压缩机无论全自动运行方式或部分自动一手动方式的操作，其启动连锁条件和操作程序都是相同的。制冷机组启动时，若启动连锁回路处于下述任何一项时，即使按下启动按钮，机组也不会启动，例如：导叶没有全部关闭；故障保护电路动作后没有复位；主电动机的启动器不处于启动位置上；按下启动开关后润滑油的压力虽然上升了，但升至正常油压的时间超过了20s；机组停机后再启动的时间未达到15min；冷冻水泵或冷却水泵没有运行或水量过少等。

当主机的启动运行方式选择"部分自动"控制时，主要是指冷量调节系统是人为控制的，而一般油温调节系统仍是自动控制，启动运行方式的选择对机组的负荷试车和调整都没有影响。

机组启动方式的选择原则是：新安装的机组或大修机组进入负荷试车调整阶段，或者蒸发器运行工况需要频繁变化的情况，常采用主机"部分自动"的运行方式，即相应的冷量调节系统选择"部分自动"的运行方式。当负荷试车阶段结束，可选择"全自动"运行方式。

无论选择何种运行方式，机组开始启动时均由操作人员在主电动机启动过程结束并达到正常转速后，逐渐地开大进口导叶开度，以降低蒸发器出水温度，直到达到要求值，然后再将冷量调节系统转入"全自动"程序或仍保持"部分自动"的操作程序。

1）离心式制冷压缩机启动的操作方法

（1）启动操作。对就地控制机组（A型），按下"清除"按钮，检查除"油压过低"指示灯亮外，是否还有其他故障指示灯亮。若有就应查明原因并予以排除。对集中控制机组（B型），待"允许启动"指示灯亮时，闭合操作盘（柜）上的开关至启动位置。

（2）启动过程监视与操作。在"全自动"状态下，油泵启动运转延时20s后，主电动机应启动。此时应监听压缩机运行中是否有异常情况，如发现有异常情况就应立即进行调整和处理，若不能马上处理和调整就应迅速停机处理后再重新启动。当主电动机运转电流稳定后，迅速按下"导流叶片开大"按钮。每开启5%~10%导叶角度，应稳定3~5min，待供油压力值回升后，再继续开启导叶。待蒸发器出口冷冻水温度接近要求值时，对导叶的手动控制可改为温度自动控制。如果按下启动按钮30s内机组未能启动，应检查启动连锁装置。

2）在启动过程中的检测

离心式制冷压缩机在启动过程中的监测主要有：

（1）冷凝压力表上读数不允许超过规定值，否则会停机。若压力过高，必要时可用"部分自动"启动方式运转抽气回收装置约30min，或加大冷却水流量来降低冷凝压力。

(2) 机组启动时，随进口导叶逐步开大，以及油槽中有大量的气泡产生，供油压力会呈缓慢下降的趋势。此时，应严密监视油压的变化。当油压降到机组规定的最低供油压力值时，应做紧急停机处理，以免造成机组的严重损坏。

(3) 在机组启动前后，因制冷剂可能较多地溶解于润滑油中，同时油槽中存在大量气泡，会造成油位上升的假象。一般待机组稳定运行 3~4h 后，气泡即慢慢消失，此时的油位才是真实油位。当油位未达到规定要求时，应补充润滑油。

(4) 机组启动及运行过程中，油槽中的油温应严格控制在 50~60℃。若油槽中油温过高，可切断电加热器或加大油冷却器供水量，使油温下降。供油油温应严格控制在 35~50℃ 之间，与油槽油温同时调节，方法相同。

(5) 压缩机运行时，必须保证压缩机出口气压比轴承回油处的油压约高 0.1×10^5 Pa，只有这样才能使压缩机叶轮后的充气密封、主电动机充气密封、增速箱箱体与主电动机回液（气）腔之间充气密封起到封油的作用。

(6) 机组轴承中，叶轮轴的推力轴承温度最高。应严格监控该轴承温度。各轴承工作温度不得大于设备技术文件规定值。无规定时不应大于 65℃。若轴承温度上升很快，或达到规定上限值，无论是否报警均应手动紧急停车，检查轴承状况。

机组运行中同时还应监测机组机械部分运转是否正常，如压缩机转子、齿轮啮合、油泵、主电动机径向轴承等部分，是否有金属撞击声、摩擦声或其他异常声响；机组外表面是否有过热状况，包括主电动机外壳、蜗壳出气管、供回油管、冷凝器筒体等位置。

2. 离心式压缩机的运行管理

1) 压缩机吸气口温度应比蒸发温度高 1~2℃ 或 2~3℃。蒸发温度一般在 0~10℃ 之间，一般机组多控制在 0~5℃。

2) 压缩机排气温度一般不超过 60~70℃。如果排气温度过高，会引起冷却水水质的变化，杂质分解增多，使设备被腐蚀损坏的可能性增加。

3) 油温应控制在 43℃ 以上，油压差应在 0.15~0.2MPa。润滑油泵轴承温度应为 60~74℃ 范围。如果润滑油泵运转时轴承温度高于 83℃，就会引起机组停机。

4) 冷却水通过冷凝器时的压力降低范围应为 0.06~0.07MPa。冷冻水通过蒸发器时的压力降低范围应为 0.05~0.06MPa。如果超出要求的范围，就应通过调节水泵出口阀门及冷凝器、蒸发器的进水阀门进行调整，将压力控制在要求的范围内。

5) 冷凝器下部液体制冷剂的温度，应比冷凝压力对应的饱和温度低 2℃ 左右。

6) 从电动机的制冷剂冷却管道上的含水量指示器上，应能看到制冷剂液体的流动及干燥情况是否在合格范围内。

7) 机组的蒸发温度比冷冻水出水温度低 2~4℃，冷冻水出水温度一般为 5~7℃ 左右。

8) 机组的冷凝温度比冷却水的出水温度高 2~4℃，冷凝温度一般控制在 40℃ 左右，冷凝器进水温度要求在 32℃ 以下。

9) 控制盘上电流表的读数小于或等于规定的额定电流值。

10) 机组运行声音均匀、平衡，听不到喘振现象或其他异常声响。

3. 离心式压缩机的停机操作

离心式压缩机停机操作分为正常停机和事故停机两种情况。

1) 正常停机操作

在正常运行过程中，因为定期维修或其他非故障性的主动方式停机，称为机组的正常停机。正常停机一般采用手动方式，机组的正常停机基本上是正常启动过程的逆过程。机组正常停机过程中应注意以下几个问题：

（1）停机后，油槽油温应继续维持在50～55℃之间，防止制冷剂大量溶入冷冻润滑油中。

（2）压缩机停止运转后，冷冻水泵应继续运行一段时间，保持蒸发器中制冷剂的温度在2℃以上，防止冷冻水产生冻结。

（3）在停机过程中要注意主电动机有无反转现象，以免造成事故。主电动机反转是由于在停机过程中，压缩机的增压作用突然消失，蜗壳及冷凝器中的高压制冷剂气体倒灌所致。因此，压缩机停机前在保证安全的前提下，应尽可能关小导叶角度，降低压缩机出口压力。

（4）停机后，抽气回收装置与冷凝器、蒸发器相通的波纹管阀、小压缩机的加油阀、主电动机、回收冷凝器、油冷却器等的供应制冷剂的液阀，以及抽气装置上的冷却水阀等应全部关闭。

（5）停机后仍应保持主电动机的供油、回油的管路畅通，油路系统中的各阀一律不得关闭。

（6）停机后除向油槽进行加热的供电和控制电路外，机组的其他电路应一律切断，以保证停机安全。

（7）检查蒸发器内制冷剂的液位高度，与机组运行前比较，应略低或基本相同。

（8）再检查一下导叶的关闭情况，必须确认处于全关闭状态。

2) 事故停机的操作

事故停机分为故障停机和紧急停机两种情况。

（1）故障停机

机组的故障停机是指机组在运行过程中某部位出现故障，电气控制系统中保护装置动作，实现机组正常自动保护的停机。

故障停机是由机组控制系统自动进行的，与正常停机不同在于主机停止指令是由电脑控制装置发出的，机组的停止程序与正常停机过程相同。在故障停机时，机组控制装置会有报警（声、光）显示，操作人员可按机组运行说明书中的提示，先消除报警的声响，再按下控制屏上的显示按钮，故障内容会以代码或汉字显示，按照提示，操作人员即可进行故障排除。若停机后按下显示按钮时，控制屏上无显示，则表示故障已被控制系统自动排除，应在机组停机30min后再按正常启动程序重新启动机组。

（2）紧急停机

机组的紧急停机是指机组在运行过程中突然停电、冷却水突然中断、冷冻水突然中断或出现火警时的突然停机。紧急停机的操作方法和注意事项与活塞式制冷压缩机组的紧急停机内容和方法相同，可参照执行。

3) 停机后制冷剂的移出方法

由于空调用离心式制冷压缩机大部分为季节运行，在压缩机停运季节或需要进行机组大修时，均应将机组内的制冷剂排出。排出制冷剂的操作方法如下：

（1）采用铜管或 PVC 管，将排放阀（即充注阀）与置于磅秤上的制冷剂储液罐相连。从蒸发器或压缩机进气管上的专用接管口处，向机内充入干燥氮气，将机组内液态制冷剂加压至（0.98～1.4）×10^{5}Pa（表压），利用氮气压力将液态制冷剂从机组内压入到储液罐或制冷剂钢瓶中。在排放过程中应通过重量控制，或使用一段透明软管来观测制冷剂的排放过程。当机组内的液态制冷剂全部排完时，迅速关闭排放阀，以避免氮气混入储液罐或制冷剂钢瓶中。

（2）存储制冷剂用的储液罐或制冷剂钢瓶，不得充灌得过满，应留有 20% 左右的空间。制冷剂钢瓶装入制冷剂后应存放在阴凉、干燥的通风处。

（3）机组内液体制冷剂排干净以后，开动抽气回收装置，使机组内残存的制冷剂气体被抽气回收装置中的冷却水液化以后排入到制冷剂钢瓶中。

（4）如果机组内的制冷剂混入了润滑油，并且润滑油又大量地漂浮在制冷剂液体表面时，可在制冷剂液体基本回收完毕时，断开向储液罐或制冷剂钢瓶的输送，将机组内剩余的制冷剂与润滑油的混合物排入专用的分离罐中，然后再对分离罐进行加热，使油、气分离，对制冷剂进行回收。如果没有专用的分离罐时，也可将混有大量润滑油的制冷剂排入污水沟，排入时应严禁烟火，并对室内进行机械通风。

（5）已回收的制冷剂应取样进行成分分析，以决定能否继续使用。如果制冷剂中含油量大于 5% 或含水量大于 2.5×10^{-5}g/g，就应进行加热分离处理后再使用。

5.3.4 压缩式制冷系统的常见故障及排除

5.3.4.1 制冷压缩机维修前的准备

1. 维修的目的和内容

1）维修的目的

活塞式制冷压缩机在使用过程中除了应正确合理地进行操作调整外，还要做好经常的维护和检修工作，才能保证压缩机处于完好的运转状态。通常活塞式制冷压缩机能否正常运转主要取决于如下因素：

（1）正常操作时压缩机的润滑系统应畅通，油压、油温、油面和油的质量应符合规定。压缩机的吸、排气压力和温度等参数的变化应符合正常工况的要求。

（2）安装、维修及保养工作应确保压缩机各运动部位的装配间隙、几何精度、零部件的磨损程度及制造质量等，都符合规定的技术要求，使制冷压缩机具有良好的输气性能。

从以上因素看，操作与维修应该有机地结合，在机器运转中通过操作调整解决不了的问题，应停车后通过检修的方法来解决。

检修的目的就是通过对机器零部件的拆卸、清洗和测量，检查零件的磨损或损坏情况，用修理或更换零件的方法，恢复零件的几何形状、尺寸及良好的运转性能，以保证压缩机的正常运行，并延长机器的使用寿命。

机器的检修有两种，即计划检修和事故检修。计划检修根据计划执行时间的长短分为大、中、小修。事故检修是当事故发生时的及时检修

2）检修的内容

进行大修时的检修内容包括中修和小修的内容，而中修则包括小修的内容，检修的内容和时间见表 5-4。

活塞式制冷压缩机的检修内容和时间 表 5-4

主要部件名称	小修（周期约 700 小时）的主要工作内容	中修（周期约 2000～3000 小时）的主要工作内容	大修（周期为 1 年）的主要工作内容
阀与阀片	检查清洗阀片，调整开启度，更换损坏的阀片、弹簧等零件，检验阀门的密封性	测量和调整阀片余隙，检修或更换关闭不严密的阀门	检查校验各种控制阀和安全阀，更换填料，必要时应重浇阀芯上的合金或更换新阀
气缸与活塞	检查气缸的光洁度，清洗气缸和活塞	检查活塞环的锁口间隙、环槽间隙；检查活塞销的间隙及磨损，必要时应更换新件	测量活塞、活塞环、活塞销及衬套的磨损量，根据实际情况维修或更换
连杆组件及轴承	检查连杆螺栓、螺母和防松装置是否松脱或损坏，如有则应及时维修	检查连杆大头轴瓦和小头衬套；测量配合间隙，如需要可进行刮拂修整	依照修复后的连杆轴颈修整连杆轴瓦，或重新浇铸轴承合金，检查连杆大头孔的平行度和连杆的弯曲度，并加以修复
曲轴和主轴承		测量各主轴承的间隙，必要时进行修整	测量曲柄扭摆度、水平度、与主轴颈的平行度，检查轴颈的磨损量及表面损伤，以便修整或更换；修整或浇铸主轴承
轴封		检查轴封各零件的配合情况，清洗轴封内部及进出油管	检查动环、静环、密封圈和弹簧的性能，必要时进行研磨修整或更换新件
润滑系统	更换润滑油，清洗曲轴箱和过滤器	清洗油三通阀和润滑系统，检查油泵的配合间隙	修整油泵轴承，调整泵齿轮和油泵内腔的配合间隙，必要时应更换新件
其他	检查卸载系统的灵活性	检查电动机与压缩机传动装置的扭摆，检查地脚螺栓和飞轮的紧固情况	检查校验压缩机的控制元件及压力表，清除冷却套内的水垢

2. 维修前的准备工作

1）人员准备

为了培养制冷操作人员的责任心和技术技能，对制冷压缩机的小修工作一般由制冷维修工和操作工配合完成。中修由维修班长负责，组织制冷维修工进行维修。机器大修时需要多工种配合，应由单位领导分管负责，由专业技术人员参加，对维修和操作人员进行合理地组织和调配，实行分工负责，以便机器的检修工作有秩序地进行。

2）检修工具的准备

应准备好检修所需的各种检修工具及设备，如吊栓、梅花扳手、套筒扳手、活动扳手、钢锯、钳子、锤子、螺丝刀和管子钳等普通钳工工具。另外还应准备塞尺、游标卡尺、外径百分尺、百分表、内径量表、卡钳、框架水平仪等测量仪表和工具。

3）易损件和维修材料的准备

应准备机器的各种易损件，如阀片、气阀弹簧、活塞环、大头轴瓦、连杆螺栓、小头衬套、活塞销、主轴承、轴封摩擦环、橡胶密封圈、垫片、盘根填料、活塞和气缸套等。

准备好检修所需的各种辅助材料，如棉丝头、汽油、煤油、冷冻润滑油、油盘、细砂纸、研磨纸和油石等。清洗机器零件用的汽油、煤油等易燃品应注意保管，禁止其与明火和高温物体接近，以防发生火灾。

5.3.4.2 制冷压缩机常见故障及排除

1. 活塞式制冷压缩机的常见故障及排除方法

活塞式制冷压缩机的常见故障及排除方法见表 5-5。

活塞式制冷压缩机的常见故障及处理方法   表 5-5

故障情况	发生原因	排除方法
（一）压缩机不能正常启动	1. 电机（包括启动器）及线路失灵或电网电压太低 2. 排出阀和排出阀座泄漏，造成曲轴箱压力太高 3. 曲轴箱中有氨液 4. 能量调节机构失灵 5. 自动保护装置失灵	1. 检修电路，调整电压 2. 修理漏气阀门，研磨阀座密封面 3. 曲轴箱抽空，使氨液蒸发 4. 按故障（十三）排除 5. 检修自动保护装置线路
（二）压缩机启动后又容易停车	1. 由于排气阀门泄漏，使高低部分压力平衡，造成进气管压力升高 2. 蒸发器热负荷太大，吸入阀开得过快 3. 由于冷凝器出液未开，造成冷凝压力过高	1. 拆下修理漏气严重的阀门 2. 适当增加机器，吸入阀开小些，降低吸气压力 3. 打开冷凝器出液阀
（三）机器启动或运转中油压不起	1. 油压表未打开 2. 吸油管路接头漏气 3. 进出油管路堵塞 4. 油泵传动机构失灵，泵轴过长，开车后断裂，泵轴过短或传动块方孔磨损过大，不能带动油泵转动 5. 滤油器和油泵中有空气 6. 油泵间隙过大，启动机器时压力过低 7. 油泵运转方向不对 8. 曲轴箱回液，使油的黏度过大，曲轴箱压力过低，油泵吸不上油 9. 曲轴箱油面过低 10. 转子泵油道垫板放反	1. 打开油压表 2. 检查泄漏处，修理之 3. 找出堵塞处，消除之 4. 检查修理之 5. 向滤油器加油 6. 修理或更换油泵零件，开车后较快打开吸入阀 7. 调整电机线头 8. 应及时停车，进行排除 9. 应及时加油 10. 拆卸检查，消除之

续表

故障情况	发生原因	排除方法
（四）油泵的油压过低	1. 油泵机件严重磨损，致使间隙过大 2. 油压表不准 3. 粗、细油过滤器太脏，形成部分阻塞 4. 各轴承间隙过大 5. 油温过高 6. 油压调节阀失灵或调节不当 7. 系统在低于大气压下运行	1. 检查修理或更换机件 2. 更换油压表 3. 拆卸清洗油过滤器，并检查冷冻油的质量 4. 拆修机器时调整其间隙，使之符合规定要求 5. 见故障（六） 6. 拆卸检查之，并适当调节油压 7. 调整机器，使其在高于大气压下工作
（五）油压过高	1. 油压调节阀开启过小或阀芯卡住 2. 油路系统局部阻塞	1. 合理调整油压调节阀或拆修 2. 检查油管路，疏通油管路
（六）油温过高	1. 曲轴箱油冷却器没有供水 2. 轴瓦间隙过小或接触面不平 3. 轴瓦拉毛 4. 活塞环严重磨损向曲轴箱漏气 5. 轴封摩擦环拉毛 6. 吸、排气温度过高 7. 曲轴箱油太多	1. 打开水阀，供冷却水 2. 检查调整间隙，并把瓦面刮平 3. 拆修检查换油，并把拉毛处刮平 4. 更换活塞环 5. 检修轴封 6. 调整供液阀 7. 减少油量
（七）曲轴箱中油起泡沫	1. 油中有大量氨液，压力降低时由于蒸发起泡沫 2. 曲轴箱中油过多，连杆大头冲击油面起泡沫	1. 抽空曲轴箱，使氨液蒸发 2. 减少油量至视油孔中心线处
（八）压缩机耗油量过多	1. 油环严重磨损或装反，装配间隙过大或锁口装在一条线上 2. 轴瓦或活塞与气缸的间隙过大 3. 排气温度过高，使润滑油被气流带走 4. 油压过高 5. 曲轴箱油面过高 6. 油压调节阀弯头方向不对	1. 检查油环，必要时更换油环，重新装配活塞环至规定要求 2. 调整间隙，必要时更换有关零件 3. 查明原因，消除之 4. 调至正常油压 5. 将过多的油放出，按规定加油 6. 弯头应朝下
（九）气缸中有敲击声	1. 机器出现湿冲程 2. 余隙过小，活塞顶部碰击排气阀座 3. 排气阀座螺丝松弛，小弹簧损坏或弹力不匀 4. 安全弹簧变形，使弹力过小 5. 阀片破碎落入气缸中 6. 活塞销与小头衬套的间隙过小或缺油 7. 气缸与活塞的间隙过大 8. 润滑油过多或不干净 9. 气缸与曲柄连杆机构的中心线不重合，连杆弯曲或扭摆	1. 按系统操作故障（六）处理 2. 调整余隙到说明书规定的范围 3. 拧紧气阀螺丝，更换小簧 4. 检查或更换之 5. 取出阀片，更换小弹簧 6. 更换活塞销和衬套 7. 检修或更换气缸套 8. 停车清洗活塞与气缸，更换润滑油 9. 应矫正气缸与曲柄连杆机构中心线使之重合，矫正或更换连杆

续表

故障情况	发生原因	排除方法
（十）曲轴箱中有敲击声	1. 连杆大头瓦间隙过大 2. 主轴承间隙过大 3. 各轴承润滑不良 4. 连杆螺母松弛	1. 更换大头瓦 2. 修理主轴承或更换新瓦 3. 清洗油过滤器或疏通油路，恢复正常润滑 4. 拧紧螺母
（十一）密封器温度高	1. 润滑油不足或阻塞 2. 润滑油不清洁 3. 主轴承装配间隙过小 4. 固定环与活动环咬毛	1. 检查并调整油压 2. 更换新油，清洗滤油器 3. 调整间隙至规定范围 4. 研磨修复或更换新件
（十二）密封器严重漏油	1. 轴封盖螺丝拧得不均匀 2. 固定环与活动环咬毛 3. 橡胶密封圈龟裂老化或松紧不适当，弹簧力过小 4. 石棉橡胶垫片损坏 5. 固定环背面不平或销子过紧 6. 曲轴箱压力过高	1. 均匀用力，对角拧紧螺母 2. 研磨密封面 3. 更换橡胶圈或新弹簧 4. 更换石棉橡胶垫片 5. 检查消除之 6. 正确停车，并检查排出阀是否泄漏
（十三）能量调节机构失灵	1. 油压过低 2. 油路堵塞 3. 油活塞卡住 4. 转动环卡住 5. 油缸盖螺母拧得不匀 6. 小顶杆被气阀压紧 7. 油分配阀装配不当	1. 调整油压 2. 清洗检查油路，使之畅通 3. 清除脏物，修理磨损处，并正确安装 4. 检查修理，使其转动灵活 5. 应对角拧紧 6. 装气缸盖时，应使卸载顶杆处于工作状态 7. 用通气法检查，各工作位置是否适当
（十四）气缸壁温度过高	1. 油压过低致使供油不足 2. 活塞与气缸间隙过小或活塞走偏 3. 高低压窜气 4. 吸气温度过高 5. 润滑油质量不符合要求，黏度过低 6. 冷却水量不足或水垢过多	1. 停车检查 2. 检查调整使之符合要求 3. 按故障（十七）处理 4. 按系统操作故障（三）处理 5. 更换新油 6. 增加冷却水，清除水垢
（十五）气缸拉毛	1. 进气管路中的污物被带入气缸，如铁屑砂子、焊渣等 2. 阀片破碎掉入气缸中 3. 气缸内进人氨液，使气缸与活塞受温度影响，间隙缩小（尤其铸铁活塞） 4. 润滑油不合格或错用润滑油 5. 活塞环高度间隙或锁口间隙过小 6. 排气温度过高，引起油的黏度降低，影响润滑 7. 气缸冷却水中断 8. 连杆中心线与曲轴中心线不垂直，使活塞走偏 9. 活塞与气缸套配合间隙过小	1. 定期清洗吸气过滤器，防止污物进入气缸 2. 及时清除 3. 正确合理操作，避免湿冲程 4. 用合格的油或换新油 5. 按规定要求检修处理 6. 降低排气温度，保证良好润滑 7. 注意检查，不应使供水中断 8. 检修校正至规定要求 9. 进行检修至规定要求

故障情况	发生原因	排除方法
（十六）活塞在气缸中卡住	1. 润滑油质量低劣，分解后生成碳粒，产生很大的摩擦力，使铝活塞温度急剧上升膨胀后与气缸卡住	1. 更换合格的润滑油
	2. 气缸润滑油中断	2. 疏通油路
	3. 气缸冷却条件急剧变化	3. 避免急剧变化，正常供冷却水
	4. 活塞销供油中断，而造成卡住	4. 检查油眼是否堵塞，排除之
	5. 气缸与活塞的间隙过小	5. 检查间隙，按规定要求装配
	6. 阀片破碎，活塞与气缸受热膨胀	6. 更换阀片
	7. 曲柄连杆机构偏斜，使个别部件发热而卡住	7. 安装时不得偏斜，已造成伤痕，应研磨修理，严重时更换缸套或活塞
	8. 气缸与活塞严重拉毛	8. 按故障（十五）处理
（十七）压缩机窜气	1. 阀片破碎或不平	1. 研磨或更换阀片
	2. 排气阀座与气缸密封不严	2. 检查研磨之
	3. 气缸与机体的垫片损坏	3. 检查更换
	4. 卸载小顶杆太长，或油压过低，致使吸气阀片漏气	4. 调整油压，检修小顶杆
	5. 活塞环严重磨损或锁口没有错开位置	5. 更换活塞环，装配时将锁口错开位置
	6. 启动辅助阀漏气	6. 检修阀门
	7. 安全阀漏	7. 检修或更换安全阀
（十八）阀片漏气或破碎	1. 机器湿行程，造成阀片破碎	1. 正确操作，避免湿行程
	2. 阀片翘曲	2. 检修校正
	3. 汽阀装配不正确（如阀片接触不良或装偏、小弹簧装偏、气阀螺母拧得不紧等）	3. 正确装配
	4. 阀片光洁度不够或有硬质点	4. 应研磨修理，消除脏物
（十九）轴承温度过高	1. 润滑油中杂质过多或油孔被阻塞	1. 定期检查油路，并保持油的清洁
	2. 轴承偏斜或翘曲	2. 检查主轴颈与曲柄销的平行度，校正之
	3. 轴瓦的接触面不平	3. 刮平瓦面
	4. 皮带过紧	4. 调整皮带的松紧度
	5. 供润滑油不充分或断油	5. 见故障（三）和（四）
	6. 轴瓦拉毛	6. 检修或更换轴瓦
（二十）连杆大头轴瓦巴氏合金熔化	1. 油孔堵塞或油中杂质过多	1. 定期检查油路，并保持油的清洁
	2. 油压不起导致干摩擦	2. 见故障（三）
	3. 连杆大头轴承间隙过小	3. 按要求调整间隙或更换新瓦
	4. 连杆大头盖，装配位置不对	4. 按装配记号安装
（二十一）压力表指针剧烈跳动	1. 表阀开得过大	1. 应适当关小
	2. 系统内有空气	2. 将空气放出

2. 螺杆式制冷压缩机的常见故障及排除

螺杆式制冷压缩机的常见故障及排除方法见表5-6。

螺杆式制冷压缩机的常见故障及排除方法

表 5-6

故障情况	发生原因	排除方法
启动负荷大或不能启动	1. 排气压力高 2. 排气止回阀泄漏 3. 能量调节未在零位 4. 机内积油或液体过多 5. 部分机械磨损 6. 压力继电器故障或调定压力过低	1. 打开吸气阀，使高压气体回到低压系统 2. 检查止回阀 3. 卸载复原至 0% 4. 用手盘压缩机联轴器将机腔内积液排出 5. 拆卸检修、更换、调整 6. 同上
机组启动后连续振动	1. 机组地脚螺栓未紧固 2. 压缩机与电动机轴线错位偏心 3. 压缩机转子不平衡 4. 机组与管道的固有振动频率相同而共振 5. 联轴器平衡不良	1. 塞紧调整垫块拧紧地脚螺栓 2. 重新找正联轴器与压缩机同轴度 3. 检查、调整 4. 改变管道支撑点位置 5. 校正平衡
机组启动后短时间振动，然后稳定	1. 吸入过量的润滑油或液体 2. 压缩机积存油而发生液击	1. 停机用手盘车使液体排出 2. 将油泵手动启动，一段时间后再启动压缩机
运转中有异常响声	1. 转子内有异物 2. 止推轴承磨损破裂 3. 滑动轴承磨损，转子与机壳磨损 4. 运转连接件（联轴器等）松动 5. 油泵气蚀	1. 检修压缩机及吸气过滤器 2. 更换 3. 更换滑动轴承，检修 4. 拆开检查，更换键或紧固螺栓 5. 检查并排除气蚀原因
压缩机无故自动停机	1. 高压继电器动作 2. 油温继电器动作 3. 精滤器压差继电器动作 4. 油压差继电器动作 5. 控制电路故障 6. 过载	1. 检查、调整 2. 检查、调整 3. 拆洗精滤器、调整 4. 检查、调整 5. 检查修理控制线路元件 6. 检查原因
制冷能力不足	1. 喷油量不足 2. 滑阀不在正确位置 3. 吸气阻力过大 4. 机器磨损间隙过大 5. 能量调节装置故障	1. 检查油泵、油路，提高油量 2. 检查指示器指针位置 3. 清洗吸气过滤器 4. 调整或更换部件 5. 检修

故障情况	发生原因	排除方法
能量调节机构不动作或不灵	1. 四通阀不通，控制回路故障 2. 油管路或接头不通 3. 油活塞间隙过大 4. 滑阀或油活塞卡住 5. 指示器故障：定位计故障、指针凸轮装配松动 6. 油压不高	1. 检修四通阀和控制回路 2. 检修吹洗 3. 检修更换 4. 拆卸检修 5. 检修 6. 调整油压
排气温度或油温过高	1. 压缩比过大 2. 油冷却器传热效果不佳 3. 吸入过热气体 4. 喷油量不足	1. 降低压缩比或减少负荷 2. 清除污垢，降低水温，增加水量 3. 提高蒸发系统液体 4. 提高油压或检查原因
压缩机机体温度高	1. 机体摩擦部分发热 2. 吸入气体过热 3. 压缩比过高 4. 油冷却器传热效果差	1. 迅速停机检查 2. 降低吸气温度 3. 降低排气压力或负荷 4. 清洗油冷却器
耗油量大	1. 一次油分离器中油过多 2. 二次油分离器有回油	1. 放油至规定油位 2. 检查回油通路
油压不高	1. 油压调节阀调节不当 2. 喷油过大 3. 油量过大或过小 4. 内部泄漏 5. 转子磨损，油泵效率降低 6. 油路不畅通（精滤器堵塞） 7. 油量不足或油质不良	1. 调整油压调节阀 2. 调整喷油阀，限制喷油量 3. 检查油冷却器，提高冷却能力 4. 检查更换"O"形环 5. 检修或更换油泵 6. 检查吹洗油滤器及管路 7. 加油或换油
油面上升	1. 制冷剂溶于油内 2. 进入液体制冷剂	1. 继续运转提高油温 2. 降低蒸发系统液位
压缩机及油泵油封漏油	1. 磨损 2. 装配不良造成偏磨振动 3. "O"形密封环变形腐蚀 4. 密封接触面不平	1. 运转一个时期，看有否好转，否则停机检查 2. 拆卸检查调整 3. 检修或更换 4. 检查更换
停车时压缩机反转不停（有几次反转是正常的）	1. 吸入止回阀卡住，未关闭 2. 吸入止回阀弹簧弹性不足	1. 检修 2. 检查、更换

3. 离心式制冷压缩机的常见故障及排除

离心式制冷压缩机的常见故障及排除方法见表 5-7。

离心式制冷压缩机的常见故障及处理方法 表 5-7

故障名称	故障现象	产生原因	处理方法
振动与噪声过大	压缩机振动值超差，甚至转子件破坏	1. 转子动平衡精度未达到标准及转子件材质内部缺陷 2. 运行中转子叶轮动平衡破坏： (1) 机组内部清洁度差 (2) 叶轮与主轴防转螺钉或花键强度不够或松动脱位 (3) 转子叶轮端头螺母松动脱位，导致动平衡破坏 (4) 小齿轮先于叶轮破坏而造成转子不平衡 (5) 主轴变形 3. 推力块磨损，转子轴向窜动 4. 压缩机与主电动机轴承孔不同心 5. 齿轮联轴器齿面污垢、磨损	1. 复核转子动平衡或更换转子件 2. (1) 停机检查机组内部清洁度 (2) 更换键，防转螺钉 (3) 检查防转垫片是否焊牢，螺母螺纹方向是否正确 (4) 检查大小齿轮状态，决定是否能用 (5) 校整或更换主轴 3. 停机，更换推力轴承 4. 停机调整同轴度 5. 调整、清洗或更换
	喘振，强烈有节奏的噪声及嗡鸣声，电流表指针大幅度摆动	1. 滑动轴承间隙过大或轴承盖过盈太小 2. 密封齿与转子件碰擦 3. 压缩机吸入大量制冷剂液 4. 进出气接管扭曲，造成轴中心线倾斜 5. 润滑油中溶入大量制冷剂，轴承油膜不稳定 6. 机组基础防振措施失效 7. 冷凝压力过高 8. 蒸发压力过低 9. 导叶开度过小	1. 更换滑动轴承轴瓦，调整轴承盖过盈 2. 调整或更换密封 3. 抽出制冷剂液，降低液位 4. 调整进出气接管 5. 调整油温，加热使油中制冷剂蒸发排出 6. 调整弹簧或更换新弹簧，恢复基础防振措施 7. 见"冷凝器"中的分析 8. 见"蒸发器"中的分析 9. 增大导叶开度
轴承温度过高	轴承温度逐渐升高，无法稳定	1. 轴承装配间隙或泄（回）油孔径过小 2. 供油温度过高 (1) 油冷却器水量或制冷剂流量不足 (2) 冷却水温或冷却用制冷剂温度过高 (3) 油冷却器冷却水管结垢严重 (4) 油冷却器冷却水量不足 (5) 螺旋冷却管与缸体间隙过小，油短路 3. 供油压力不足，油量小 (1) 油泵选型太小 (2) 油泵内部堵塞，滑片与泵体径向间隙过小 (3) 油过滤器堵塞 (4) 油系统油管或接头堵塞 4. 机壳顶部油——气分离器中过滤网层过多	1. 调整轴承间隙，加大泄（回）油孔径 2. (1) 增加冷却介质流量 (2) 降低冷却介质温度 (3) 清洗冷却水管 (4) 更换或改造油冷却器 (5) 调整螺旋冷却管与缸体间隙 3. (1) 换上大型号油泵 (2) 清洗油泵、油过滤器、油管 (3) 清洗或拆换滤芯 (4) 疏通管路 4. 减少滤网层数

续表

故障名称	故障现象	产生原因	处理方法
轴承温度过高	轴承温度逐渐升高，无法稳定	1. 润滑油油质不纯或变质 (1) 供货不纯 (2) 油桶与空气直接接触 (3) 油系统未清洗干净 (4) 油中溶入过多的制冷剂 (5) 未定期换油 2. 开机前充灌制冷机油量不足	1. (1) 更换润滑油 (2) 改善油桶保管条件 (3) 清洗油系统 (4) 维持油温，加热逸出制冷剂 (5) 定期更换油 2. 不停机充灌足制冷机油
	轴承温度骤然升高	1. 供回油管路严重堵塞或突然断油 2. 油质严重不纯 (1) 油中混入大量颗粒状杂物，在油过滤网破裂后带入轴承内 (2) 油中溶入大量制冷剂、水分、空气等 3. 轴承（尤其是推力轴承）巴氏合金严重磨损或烧熔	1. 清洗回油管路、恢复供油 2. 换上干净的制冷机油 3. 拆机并更换轴承
压缩机不能启动	启动准备工作已经完成压缩机不能启动	1. 主电动机的电源事故 2. 进口导叶不能全关 3. 控制线路熔断器断线 4. 过载继电器动作	1. 检查电源，使之供电 2. 检查导叶开闭是否与执行机构同步 3. 检查熔断器，断线的更换 4. 检查继电器的设定电流值
	油泵不能启动	1. 防止频繁启动的定时器动作 2. 磁开关不能合闸	1. 等过了设定时间后再启动 2. 按下过载继电器复位按钮，检查熔断器是否断线

4. 制冷系统运行中常见故障及排除

制冷系统运行中常见故障及排除方法见表 5-8。

制冷系统运行中常见故障及排除方法 表 5-8

故障情况	发 生 原 因	排 除 方 法
（一）压缩机排气温度过高	1. 冷凝压力过高 2. 吸入压力过低 3. 排气阀座及阀片、活塞环、安全阀等泄漏 4. 机器死隙过大 5. 回气管路有阻塞 6. 缸套冷却水量不足 7. 吸气过热	1. 同故障（七） 2. 同故障（九） 3. 研磨密封面，更换损坏零件 4. 调整到说明书规定的范围 5. 找到阻塞位置，排除之 6. 调整冷却水量，但应注意不得突然增大冷水量 7. 见故障（三）
（二）压缩机排气温度过低	1. 压缩机湿行程 2. 压缩比过小 3. 中冷器供液过多	1. 见故障（六） 2. 调整机器，使压缩比适当 3. 适当调整中冷器的供液
（三）压缩机吸气温度过热	1. 制冷系统中氨少，节流阀开得小 2. 进气管道绝缘损坏 3. 进气阀片泄漏或损坏	1. 适当补充氨量，节流阀适当调大些 2. 修理管道绝缘层 3. 研磨密封面或更换阀片

续表

故障情况	发 生 原 因	排 除 方 法
（四）压缩机吸气压力比蒸发压力低	1. 吸气管路中的阀门未全开 2. 阀门的阀芯脱落 3. 压缩机吸气过滤器太脏或堵塞 4. 吸气管道太脏 5. 回气管焊接不合理，有"液囊"现象 6. 回气管太细	1. 开足全部进气阀 2. 检查修理 3. 清洗过滤器 4. 吸气管吹污 5. 重新焊接管路 6. 改进管道设计
（五）压缩机排气压力比冷凝压力高	1. 排气管道中的阀门未全开 2. 排气管道局部有阻塞 3. 排气管道设计不合理	1. 开足排气管道中的有关阀门 2. 清洗排气管道或吹污 3. 改进管道设计
（六）压缩机湿行程	1. 压缩机吸入阀开得过快 2. 节流阀（膨胀阀）开启过大 3. 冷间冲霜后进货降温时回气阀开得过快 4. 系统中制冷剂过多 5. 蒸发器内油多，或外面霜层厚，氨液不能充分蒸发 6. 氨液分离器的出液阀未打开 7. 氨液分离器的液面过高或供液管堵塞 8. 循环桶供液过多 9. 中冷器供液过多 10. 空气分离器供液过多 11. 压缩机能量过大	1. 开车时，应缓慢开启吸入阀 2. 立即关闭节流阀，并关小机器的吸入阀，同时将低压贮液桶或循环桶及回气管中的氨液排除，待气缸结霜融化时全开机器的吸入阀，适当开启节流阀 3. 应缓慢开启，并注意机器的吸入温度下降情况 4. 放出多余制冷剂 5. 应及时冲霜 6. 应立即打开，向冷间供液 7. 减少供液量或将该容器放油 8. 关小调节阀或检查浮球阀是否失灵 9. 关小调节阀或检查浮球阀是否失灵 10. 适当关小供液阀 11. 调配压缩机容量
（七）冷凝压力（温度）过高	1. 冷却水量不足 2. 冷却水温过高 3. 冷却水分布不匀或喷头堵塞 4. 冷凝器内外表面有油污、水垢 5. 氨液过多，占据了冷凝器的冷却面积 6. 冷凝器中有大量空气 7. 冷凝面积太小 8. 蒸发式冷凝器风机损坏 9. 冷却水中断	1. 增开水泵，加大供水量 2. 循环水凉好或增加低温水 3. 调整分水器，使之供水均匀 4. 清除油污和水垢 5. 检查高压贮液桶的进液阀是否打开若桶内液体已满，应迅速排除液体 6. 按时放空气 7. 增加冷凝器 8. 检修风机 9. 检查水泵，重新开启
（八）蒸发压力（温度）过高	1. 压缩机的制冷能力小于冷间传热量 2. 压缩机高低压腔窜气，活塞环、旁通阀等漏气 3. 供液量过多 4. 进货量过多，超过允许的热负荷 5. 能量调节装置失灵	1. 增开压缩机 2. 检修压缩机 3. 关小膨胀阀 4. 适当控制进货量 5. 检修排除之

续表

故障情况	发 生 原 因	排 除 方 法
（九）蒸发压力（温度）过低	1. 调节阀开启过小或阻塞 2. 氨液分离器落液管油污阻塞 3. 蒸发器内外表面有油污或霜层太厚 4. 盐水浓度不够，管子外表面结冰 5. 系统内制冷剂不足 6. 压缩机制冷量大于冷间传热面积	1. 开大调节阀（膨胀阀） 2. 及时放油 3. 进行热氨冲霜 4. 检查盐水浓度，加盐使之符合要求 5. 补充制冷剂 6. 适当调配压缩机
（十）中间压力过高	1. 蒸发压力过高 2. 高压机阀片损坏，进气阀芯卡住 3. 高压机能量调节装置失灵 4. 高压机配比过小 5. 中间冷却器蛇形盘管损坏 6. 中冷器绝热层破坏 7. 供液量太少，使低压机排出气体不能充分冷却	1. 增加压缩机的台数 2. 检修排除之 3. 检修排除之 4. 调整压缩机，使容积配比适当 5. 停止使用蛇形管，待大修时修复 6. 修复绝热层 7. 开大膨胀阀
（十一）冷却排管结霜不匀或不结霜	1. 膨胀阀开启过小或液体分调节站的供液阀开启过小 2. 系统内制冷剂不足 3. 管路阻塞 4. 管内存油过多 5. 供液管安装不合理或设计上有错误 6. 安装液体分调节站时插入集管太多	1. 开大膨胀阀或液体分调节站的供液阀 2. 补充制冷剂 3. 检查排除 4. 及时排油 5. 改进供液管路或增添阀门控制 6. 把插入集管的管头用气焊割去
（十二）冷间内降温困难	1. 冷间进货过多 2. 节流阀阻塞或未打开 3. 排管内外表面油污和霜层较厚 4. 冷库门关闭不严或经常开启 5. 供液管路阻塞	1. 控制进货量 2. 消除阻塞或适当开启节流阀 3. 及时热氨冲霜 4. 及时关开库房门或修好已损坏的门 5. 找到阻塞处，及时排除
（十三）洗涤式油分离器供液压太小或不进液	1. 进液管与冷凝器的出液管之间的高度不够 2. 进液管与冷凝器的出液管连接的位置不对 3. 安装时液管插入冷凝器出液管太多 4. 冷凝器出液管与高压贮液桶进液管的位差大，氨液流速快，管内液体不满 5. 管路污物堵塞	1. 待大修时安装调整 2. 应接在冷凝器出液管的下部 3. 应抽空检查，用气焊割去多余的管头 4. 应安装液体罐 5. 抽空检查排除
（十四）高压贮液桶液面不稳	1. 冷间热负荷变化大，膨胀阀开启度不当 2. 玻璃管指示器内有气泡	1. 适当掌握膨胀阀的开启度 2. 氨液冷凝温度低，外界温度高，氨液吸热蒸发现象，若冷凝压力低，冷库热负荷小，可减开水泵台数，提高冷凝压力
（十五）氨泵启动后不排液	1. 氨泵内有氨气 2. 系统压力低氨泵轴封漏气 3. 氨液过滤器污物阻塞 4. 排出阀开得过快管路中的氨气倒回氨泵 5. 氨泵进液阀忘记打开	1. 开抽气阀，抽出氨气 2. 检修轴封 3. 拆卸清洗 4. 应停止氨泵，抽氨气后再开 5. 打开进液阀

故障情况	发 生 原 因	排 除 方 法
（十六）氨泵排出压力过低	1. 氨泵齿轮或叶轮严重磨损 2. 进液管路有油阻塞 3. 氨液过滤器污物阻塞 4. 泵中心线与液面位差过小 5. 氨泵流量不够或供液阀开启过大	1. 检修或更换零件 2. 检查排除 3. 清洗过滤器 4. 提高循环桶位置或降低氨泵位置 5. 增开氨泵或适当调节供液阀

5. 冷凝器常见故障及排除

冷凝器的常见故障及排除方法详见表5-9。

冷凝器的常见故障及排除方法　　　　　表 5-9

故障名称	故障现象	产 生 原 因	处 理 方 法
冷凝压力过高	冷却水出水温度过高	1. 水泵运转不正常或选型容量过小 2. 冷却水回路上各阀未全部开启 3. 冷却水同路上水外溢或冷却水池水位过低 4. 水路上过滤网堵塞 5. 冷凝器传热管内结垢	1. 检查或增选水泵 2. 检查各水阀并开启 3. 检漏并提高水位 4. 清洗水过滤网 5. 传热管除垢，检查水质
	冷却水进出水温差和阻力损失减小	水室垫片移位或隔板穿漏	消除水室穿漏，避免水不走管程现象
	冷却水进水温度过高	1. 冷却塔的风扇不转动 2. 冷却水补给水量不足 3. 淋水喷嘴堵塞	1. 检查风扇 2. 加足补给水 3. 拆洗喷嘴
	制冷剂温度过高	冷凝器内积存大量空气等不凝结气体	抽尽空气等不凝结气体
冷凝压力过低	制冷剂冷却的主电动机绕组温度上升	1. 冷却水量过大 2. 冷却水进水温度过低	1. 减少水量至正确值 2. 提高冷却水进水温度
	冷凝压力指示值低于冷却水温度相应值	压力表接管内有制冷剂凝结	不能有管子过长和中途冷却的现象，修正管子的弯圈，防止凝结

6. 蒸发器常见故障及排除

蒸发器常见故障及排除方法见表5-10。

蒸发器常见故障及处理方法　　　　　表 5-10

故障名称	故障现象	产 生 原 因	处 理 方 法
蒸发压力偏低	蒸发温度与载冷剂出口温度之差增大，压缩机进口过热度加大，造成冷凝温度过高	1. 制冷剂充灌量不足（液位下降） 2. 机组内大量制冷剂泄漏 3. 浮球阀动作失灵，制冷剂液不能流入蒸发器 4. 蒸发器中漏入载冷剂（冷水） 5. 蒸发器水室短路 6. 水泵吸入口有空气混入参加循环	1. 补加制冷剂 2. 机组检漏 3. 修复浮球阀 4. 堵管或换管 5. 检修水室 6. 检修载冷剂（冷水）泵

续表

故障名称	故障现象	产 生 原 因	处 理 方 法
蒸发压力偏低	蒸发温度偏低，但冷凝温度正常	1. 蒸发器传热管污垢或部分管子堵塞 2. 制冷剂不纯或污脏	1. 清洗传热管，修堵管子 2. 提纯或更换制冷剂
	载冷剂（冷水）出口温度偏低	1. 制冷量大于外界热负荷（进口导叶关闭不够） 2. 载冷剂（冷水）温度调节器对出口温度的限定值过低 3. 外界制冷负荷太小	1. 检查导叶位置及操作是否正常 2. 调整载冷剂（冷水）出口温度 3. 减少运转台数或停开机组
蒸发压力偏高	载冷剂（冷水）出口温度偏高	1. 进口导叶卡死、无法开启 2. 进口导叶手动与自动均失灵 3. 载冷剂（冷水）出口温度整定值过高 4. 测温电阻管结露 5. 制冷量小于外界热负荷	1. 检修进口导叶机构 2. 检查导叶自动切换开关是否失灵 3. 调整温度调节器的设定值 4. 干燥后将电阻丝密封 5. 检查导叶开度位置及操作是否正常，机组选型是否偏小

5.4 吸收式制冷系统的运行与维护

5.4.1 溴化锂吸收式制冷系统试运转调试

溴化锂吸收式制冷机是以溴化锂水溶液作为工质，其中溴化锂水溶液作为吸收剂，水作为制冷剂。要想获得5℃左右的低温水，就必须将压力降至6mmHg左右。这就决定溴化锂制冷机蒸发器内部必须创造一个压力较低而相对稳定的空间：蒸发器内的压力越低，冷媒水出口温度越低。由于压力很低，这就难免一些不能被凝结也不能被溴化锂溶液所吸收的气体（如氮气、氧气等），即不凝性气体渗入。溴化锂溶液是一种腐蚀性很强的溶液，特别在有不凝性气体氧气存在的情况下，它是一种极为强烈的氧化剂，因此，隔绝氧气是最有效的防腐措施。溴化锂吸收式制冷机必须严格密封。此外机组漏气还将给正常运行带来一系列弊病。为确保机组的正常运行和延长机组的使用寿命，首先，就应当确保机组的密封性，所以检漏就是机组运行前一项极为重要的工作，直到机组气密性达到合格为止。

机组严格的气密性检验后，在投入运行前应进行水洗。目的是清洗系统内部铁锈、油污，检查屏蔽泵转向和运行功能；检查冷剂水和溶液循环管路是否畅通。水洗后可向机组内充注溴化锂溶液，溴化锂溶液灌注完毕即可进行运转状态的调试。

5.4.1.1 溴化锂吸收式制冷系统试运转准备工作

1. 机组的质量检查

1）若机组出厂时已经进行气密性检查，并且已装好溴化锂溶液。调试前的检查就简单了。可开发生泵，把吸收器槽里的部分溶液打到发生器槽内，当真空管露出液面时，开真空泵对机组抽空试验。当真空泵基本排不出空气，记下U型水银玻璃管压力计两管的位差值，经24h保压真空度升高不大于133Pa时可以运行。若升高过多，应同制造厂一起查明原因后，检修排除。

2）若是现场组装的上下两桶的大型机组，应做如下工作：先要对机组进行气密性试验，合格后再对机组进行清洗。

3）机组试压检漏

此项工作在机组出厂前已经完成了对各部位密封性的试验。但由于运输起吊和安装等环节的进行，为慎重起见，还应对机组进行压力检漏和真空试验。

压力检漏时，向机组内充入0.2MPa的氮气或干燥的压缩空气。用肥皂水或发泡剂刷在机组的管板接头处的焊接或胀接管处、法兰或丝扣连接处、桶体焊接处、通外界的阀门等处，查看有无出现气泡点。若有，应记上明显的记号，待放气后，一起进行焊补和修理。经几次试压查漏后，确实找不到漏点，再进行保压试验，最好用标准压力表充上0.2MPa的气体，经24h保压，压力表指针降低不大于0.005MPa为合格；否则，还有漏点，继续找漏。

4）机组真空检验

机组清洗后，其内部的水分是排除不干净的。在这种情况下机组内压力很难抽到要求的真空度133～266Pa。因为真空泵随抽，机组内的水分随之蒸发。这时只要把机组内的压力抽至与室温相对应的蒸汽饱和压力，经24h保压，做好试验大气压和U形管水银柱高度差值，压力升高值不超过27Pa时，机组真空度密封性是合格的。但以上差值是机组内绝对压力在考虑外界大气压和气温变化的因素修正后的值，其修正值的计算方法为：

$$\Delta p = p_2 - p_1 \times (273 + t_1) / (273 + t_2) \tag{5-2}$$

式中　Δp——气温变化引起的压力变化值，Pa。

p_1、t_1——试验开始时机组内绝对压力值（Pa）和气温（℃）。

p_2、t_2——经24h试验终了时机组绝对压力值（Pa）和气温（℃）。

若机组真空试验不合格，是外界大气向抽真空机组内漏气引起的。应重新用压力检漏法进行检漏，找到泄漏处并消除后再进行真空试验，直至达到要求为止。

2. 机组充注溴化锂溶液

目前，市场销售的溴化锂溶液一般已加入0.2%左右的铬酸锂或0.1%左右的钼酸锂缓蚀剂，并且溶液的pH也调整至9～10.5，可直接加入机组。溴化锂溶液的注入量可按照产品使用说明书上要求的数量确定。溶液的充注主要有两种方式：溶液桶充注和贮液器充注。

3. 冷却水水质的控制

应选用适用于当地水质条件的水质稳定剂，并做好投药、补水、排污的各项准备工作。

4. 检查所有的附属设备和设施

1）水泵电机的空载电流、转向及开关柜是否正常，吸水管有无漏气，压出管段有无漏水，吸水管段抽真空引水设备是否正常。

2）冷却塔的风机运转是否正常，布水器和接水管是否漏水。

3）清洗冷却水管道。

4）洗刷冷却水池和冷媒水池。

5）对机组及管道上所有的电器仪表进行检查和测试。

6）配齐调试中需要的流量计、压力计、温度计及报警装置。

7）预置玻璃量筒两个，取样器一个，温度计一支（0～100℃量程），氧气胶管若干米，真空胶管数根。

5.4.1.2 溴化锂吸收式制冷机运转调试

1. 机组手动调试

1）机组手动调试前应检查的项目

（1）检查电源线是否按照机组说明书要求连接的。对机组控制箱进行干燥处理。在机组未抽空之前，对机组上的溶液泵、发生泵、冷剂泵及真空泵进行绝缘性能测试，检查是否符合运转要求。

（2）检查机组上各种仪表的安全保护装置设定值，是否符合出厂说明书的要求。若有的不符合可重新正确调定。

（3）检查真空泵的电流和转向是否符合要求，若转向不对，可通过调整电机的接线相序解决。同时检查真空电磁阀是否与真空泵同步工作。以上检查无问题，可对机组进行抽空试验。

（4）在手动运行调试中检测溶液泵、发生泵、冷剂泵等运转电流、转向、声音、输液量等工况是否符合要求，是否可靠稳定。为机组自动运行调试打下良好的基础。

2）机组手动开车程序

（1）启动冷却水泵和冷媒水泵。首先关闭水泵的出口阀门，将水泵吸入管段灌满水，然后接通电源启动水泵，慢慢打开泵的出口阀门，调整水位，根据工况要求将水量调整至额定值。

（2）检查机组，待一切正常后，启动发生器泵，调整其出口阀门，控制溶液的循环量。高压发生器的液面以浸没钢管少许为宜，低压发生器的液面以传热管露出半排至一排为宜。在调试的初期为防止由于发生剧烈而污染冷剂水，发生器的液面应适当低些。吸收器的液位最高不可没过抽气管，否则易将溶液抽入真空泵中；最低不应使溶液泵吸空，否则将会造成屏蔽泵气蚀和石墨轴承的损坏。

（3）启动溶液循环泵，打开机组的疏水器旁通阀，缓慢开启蒸汽调节阀，逐渐提高蒸汽压力，一般可按 0.05、0.1、0.125MPa（表压）的顺序递增。在开始运行的 20～30min 内，蒸汽压力不宜超过 0.2 至 0.3MPa（表压），以免引起严重的汽水冲击对发生器产生较大的热应力。当凝结水管道中产生较多的二次蒸汽，或凝水管管壁温度很高时，应关闭疏水器旁通阀门。随着蒸汽压力的升高和加热量增加，产生的蒸汽会逐渐增多，从而使发生器的液位略有下降，要及时进行调整。

（4）当蒸发器的制冷剂充足（一般以蒸发器视镜浸没且水位上升速度较快为准），启动制冷剂循环泵，并调节泵出口的阀门，使汽化后被溶液吸收掉的蒸汽与冷凝器流入蒸发器的制冷剂平衡。至此机组启动结束，可投入正常运转状态。

（5）当机组在正常运行过程中（包括停机阶段），若机组真空度维持在正常值时，应当充分利用机组本身的自动抽气装置，尽量避免使用真空泵以维持机组的真空度。若真空度不能维持正常值时，应当及时停机进行检漏工作。

3）机组手动调试

（1）开启冷媒水泵，看系统的密封情况，水压、流量、声音、电流等运转参数是否正常。

（2）开启冷却水泵看其运转是否正常。开冷却塔风机看其运转是否正常。

（3）开启发生泵，通过两个出口调节阀，分别向高压发生器和低压发生器慢慢地输送液体。使高压发生器和低压发生器的液面稳定在要求的水平上（一般为50％左右）。

（4）启动吸收器泵。

（5）慢慢打开蒸汽调节阀，向高压发生器供汽。对装有蒸汽减压阀的机组还应调整减压阀，使出口压力低于规定值。

（6）随发生和冷凝过程的进行，制冷剂不断产生，通过U形节流管流入蒸发器下面的制冷剂槽。当蒸发器水槽的液位达到50％时，开启冷剂水泵，蒸发器上水的喷淋情况和水槽中的水位靠制冷剂泵的出口阀进行调节。机组投入运转后，通过调整空调房间的供风量或者风机盘管的供水量，使制冷机组的运转参数达到要求为止。

为了确保机组的正常运转，要试验几次，主要看冷却水泵、冷媒水泵、机组上的屏蔽泵及真空泵等的运转声音、转向、电流、电机的温升等是否符合运转要求。供液调节阀、屏蔽泵的出口调节蝶阀等调节是否灵活准确。以上调试中的关键环节能掌握较好，机组的各运转参数正常，手动调节可结束。

2. 机组自动调试

溴化锂吸收式制冷机组的自动运行调试主要是自动调节控制（包括整个电盘的程序控制和各自控元件的调试）和安全保护元件的调试。通过调试，使制冷机组能按一定程序进行启动、运转和停车。机组运转不正常时能报警，指示故障的部位或者能指令机组停机，以便于机组人员查找原因和排除故障。

溴化锂吸收式制冷机组的控制箱在出厂前已做过系统的模拟调试与测定，但由于运输与其他因素的影响，机组使用前还要认真细致地调试，以便发现可能出现的问题，妥善加以解决，以实现机组运转时的安全、可靠、稳定的性能。

1）机组自动调试前的检查工作

（1）首先应对电控箱的程控盘进行模拟试验，其方法是将机组上泵的电机线拆下，并把蒸汽调节执行机构的线也拆下。然后将电控箱上的按钮拨到自动位置，其动作程序应是：启动溶液泵→延时多长时间启动发生泵→溶液泵和发生泵电磁阀是否动作→蒸汽调节阀执行机构的电路是否动作→延时多长时间冷剂水泵开启。模拟试验几次确实无误后，再把机组泵的电机线及电磁阀、蒸汽执行机构的线接好，进行实际调试。

（2）对蒸汽执行机构进行全开及全闭的调试，执行器的开启位置应和蒸汽阀开度相对应。如果执行器与蒸汽阀的动作相反，应调执行器的接线头，直至调整到符合运转要求为止。

（3）试验高压发生器溶液液位探棒。液位探棒的安装位置关系到制冷水机组运行时能否把溶液液位控制在最佳位置上。在调整时，以高压发生器的玻璃液面镜的1/2为基础，依2、3探棒的位置为调整点。一般是1、2探棒浸在溶液里，3、4探棒不浸在溶液里。试验时用发生泵出口阀和电磁阀配合进行。若供液过多，3探棒触头红灯亮报警，发生泵出口电磁阀关闭。若溶液面过低，2探棒触点不能浸在溶液里，发生泵出口电磁阀开启。

若试验能达到电磁阀常开，发生泵出口阀开度一定，工况稳定，高压发生器液面稳定在2、3探棒之间，其高度差为25mm为宜。

2）机组自动调试

机组经过手动运行调试、自动元件和设备的试验后，可进行自动调试。其操作步骤为：开冷却水泵，压力稳定后开冷媒水泵，再开冷却塔风机。将电控板上的操作钮从"手动"拨到"自动"位置。按"运行"按钮，机组按电控程序自动开启溶液泵、发生泵、制冷剂泵、供蒸汽的执行机构和蒸汽调节阀，实行自动供高压蒸汽，机组投入运行。各泵之间开启时间过早或过晚，用调整时间继电器的方法解决。

机组手动和自动运行调试后，还要对制冷机组的制冷量进行核算。一般要求在冷媒水出口管道上安装流量计，制冷机组工况稳定后才能进行测量。制冷量的核算，是根据测量的单位时间内冷媒水的流量读数和冷媒水的进出水温差来计算的。其计算公式为：

$$Q = G/T \times C \times \Delta t \tag{5-3}$$

式中　Q——机组的制冷量，单位为kW。

　　　G——测量时间内所流经的冷媒水质量，单位为kg。

　　　T——测量所用的时间，单位为s。

　　　C——水的比热，单位为kJ/kg℃。

　　　Δt——冷媒水进出机组的温差，℃。

若通过检查算得的制冷量小于机组规定的出率，要分析原因，进行排除。若难以消除而达不到设计要求，要与生产厂家协商解决。若调试合格，制冷量达到要求，此项工程可交付单位使用。

3. 溶液浓度与循环量的调整和工况的测试

1）溶液浓度与循环量的调整

整个机组的原始溶液的浓度调整可以通过从蒸发器中向外抽取冷凝水或向内注入冷冻水进行。由于机组经水洗后一般存有一定的积水，且注入的溴化锂溶液浓度一般都比运行浓度低，所以调整初始溶液浓度的工作一般为浓缩。调整运行中各设备溶液的浓度一般采用溶液的循环量调节法，如进入发生器的稀溶液的浓度和回到吸收器的浓溶液的浓度。

由溴冷机的热力循环过程可知．发生器与吸收器之间浓度差形成的根本原因是稀溶液进入发生器后由于工作蒸汽的加热使溶液沸腾，产生冷剂蒸汽，从而使溶液浓缩，浓度升高。溴冷机制冷量的大小与发生器中产生的冷剂蒸汽的多少有关，产生的冷剂蒸汽量越多，可供蒸发的制冷剂就越丰富，制冷效果就会越好。由此可见，浓溶液与稀溶液的浓度差可以从另一方面反映制冷效应，通常把这个浓度差称为放气范围。单效溴化锂制冷机的放气范围一般控制在3.5%～6%。放气范围是溴化锂制冷机运行的经济性能指标，对制冷量的控制及热能的消耗有着重要意义。如溶液的循环量过大，则放气范围减小，产生同量的冷剂蒸汽所需要的热能就多，制冷机的经济性能变差；溶液循环量过小，放气范围虽增加，但由于机组处于部分负荷下运行，制冷能力不能发挥，反而有使溶液结晶的危险。所以说溶液循环量的调整是机组运行调试必不可少的手段之一。

溶液的浓缩和溶液循环量的调整可同时进行，最初试运行时以浓缩为主，溶液循环量的调整为辅，到进行工况测试时则以溶液循环量调节为主，浓缩为辅。

2）工况测试

（1）冷却水进出口的水温和流量（其中包括吸收器和冷凝器的冷却水）。

（2）冷媒水进出口的水温和水量。

（3）工作蒸汽的温度、压力及流量。

（4）制冷剂的密度、各点的温度。

（5）溶液各点的温度浓度。

测试应不少于3个工况，条件以不加锌醇测试数值为准。如需加锌醇，应待测试结束后按0.3％的比例注入机组。

5.4.2 溴化锂吸收式制冷系统运行管理

5.4.2.1 溴化锂吸收式制冷系统的运行调节方法

随着一年四季的气温变化，用户冷量的需求也会发生变化，这就要求溴化锂吸收式制冷机在实际运行过程中应根据用户需冷量的变化做相应的调节，以使溴冷机能在较高的热效率情况下进行。溴化锂吸收式制冷机通常是围绕保持蒸发器出口冷冻水温度恒定来控制机组的冷量。当用户负荷下降时，机组靠减少制冷量来保持冷冻水出口温度的恒定不变。常用的几种冷量调节方法如下。

1. 工作蒸汽量调节法

这种方法是根据冷冻水出口温度的变化控制蒸汽调节阀的开度，调节工作蒸汽的流量，达到调节制冷量的目的。

如图5-8所示为工作蒸汽量调节法的调节过程。在蒸发器的冷冻水出口管道上安装一感温元件，当外界负荷变化时，蒸发器出口冷冻水的温度也随着变化。这时感温元件发出信号，经调节器和执行机构控制调节阀开度，减少或增加进入发生器的工作蒸汽量，使机组的放气范围减小或增大，则发生器出口的浓溶液浓度发生变化，机组的制冷量减少或增加，从而使蒸发器出口冷冻水的温度恢复到恒定值。

2. 冷却水量调节法

冷却水量与制冷量的关系如图5-9所示。

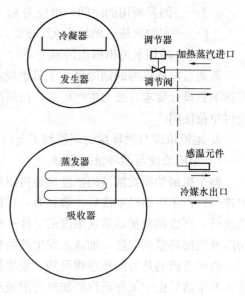

图 5-8 工作蒸汽量调节法

当冷却水量发生变化时，机组的制冷量也会发生变化，从而使蒸发器出口冷媒水的温度保持恒定。调节原理如图5-10所示。当用户负荷变化时，蒸发器出口冷媒水温度会发生变化。冷却水量的调节是通过感温元件发出信号，经调节器和执行机构控制调节阀开度以使进入冷凝器的冷却水量发生变化。冷却水量的变化可以改变冷凝温度控制发生器产生的制冷剂量，从而改变机组的制冷量，以确保蒸发器出口冷媒水温度的恒定。

与前一种方法相似，冷却水量调节法的调节元件安装在冷却水管道上，不涉及机组的真空系统，因而不存在泄漏和元件的防腐问题，安全可靠。

冷却水量调节法的缺点是制冷量的调节范围较窄，通常仅在80％~100％左右。要获得更大的调节范围，就必须使冷却水量大幅度地减少（当制冷量减20％时，冷却水量要

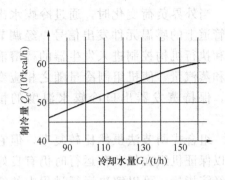

图 5-9　冷却水量与制冷量的关系

注：1kcal/h＝1.163W

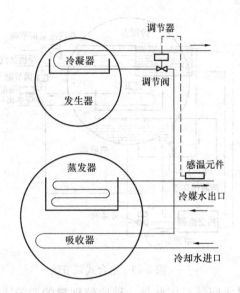

图 5-10　冷却水量调节法

减少 40％）。冷却水量减少使冷凝温度升高，冷凝器中的传热管容易结垢，这对机组的运行是不利的。另一方面，由于工作蒸汽量并没有减少而制冷量却明显下降，所以与前一种配合调节要好些。另外，由于溴冷机的排热量大，所以冷却水管道比较大，与此相应的调节阀与执行机构的尺寸也比较大，整套调节机构较为笨重。

3. 稀溶液循环量调节法

调节原理如图 5-11 所示。在发生器稀溶液的进口管道上安装一个三通调节阀，可使部分稀溶液旁通到发生器出口的浓溶液的管道上，不进入发生器，使进入发生器的稀溶液减少，改变机组的制冷量。

由图可知，当用户负荷变化时，蒸发器出口冷媒水温度变化，安装在冷媒水出口管道上的感温元件发出信号，经调节器和执行机构控制调节阀的开度，改变进入发生器的稀溶液的量，而使制冷量下降，以保持冷媒水出口温度恒定。采用这种调节方法，冷量调节范围较宽，可以从 10％～100％，且经济效果很好，单位制冷量的蒸汽消耗量和热力系数几乎不变。如图 5-12 所示。

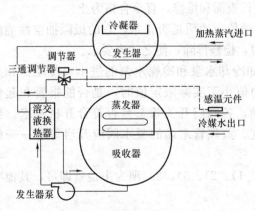

图 5-11　溶液循环量调节法

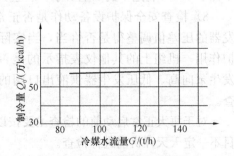

图 5-12　冷水量与制冷量的关系

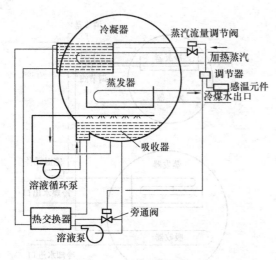

图 5-13　组合式调节法

4. 组合式调节法

如前所述，溶液循环量调节法一般与蒸汽调节法配合进行，该种方法为组合式调节法，其原理如图 5-13 所示。

当外界负荷变化时，通过冷媒水出口管道上的感温元件发出信号，经调节器和执行机构控制进入发生器的稀溶液量和蒸汽量，使机组制冷量随之相应变化，保持蒸发器出口冷媒水温度的恒定。

组合式调节法虽然比较复杂，但它可以保证机组在低负荷运行时仍有良好的经济指标，可以解决运行过程中的结晶等问题，因此是一种比较理想的调节方法。

5.4.2.2　溴化锂吸收式制冷机组的运行管理

1. 机组运行前的检查与准备

机组每年首次运行前检查应和机组的维护检修配合起来进行。主要检查如下：

1) 检查电源方面是否有问题，包括磁力开关触头、时间继电器、过电流继电保护、压力、温度等保护装置等是否完好，自动运行机组的程序控制是否畅通等。

2) 锅炉供应的蒸汽源是否满足机组要求。

3) 检查并试验冷却水系统和冷媒水系统水泵的运转声音、电流、压力等运转参数是否正常；冷却塔的布水是否均匀，风机运转是否正常。

4) 检查冷凝器、吸收器传热管结垢情况，必要时提前清除。并把水泵、蒸发器、吸收器等过滤器清洗干净，不允许有污物阻塞。

5) 检查冷水机组的溴化锂溶液的浓度是否处于正常范围；pH 值是否在 $9 \sim 10.5$ 范围内；铬酸锂含量是否在 $0.1\% \sim 0.3\%$ 的范围内。若不符合要求应重新配制，达到运转要求为宜。

6) 检查冷水机组密封性能。用真空泵抽到极限位置，经 24h 保压，真空度上升量不大于 66.5Pa 为合格，若升高数值过大，应进行查漏和维修，直至合格为止。

7) 真空泵抽气性能测试，检查真空泵的油位、油质是否正常，它的极限抽空性能应不低于 5Pa。若达不到以上要求，应查找原因，检修排除，使之达到要求。

8) 检查安全保护设备动作是否正常。如冷却水泵和冷媒水泵的进出口冷凝器和蒸发器的压差值调整得是否恰当，当实际压力值小于实际限定值时，是否能报警和起保护作用。机组上的其他仪表指示的是否正确，各阀门开关状态是否符合开机要求。如发生泵向高、低压发生器供液出口阀的开度、蒸汽管末端的凝水阀应开启等应一一检查。

对于每天正常启动前的检查主要按以上的 1)、2)、3)、8) 项为主检查即可，其他项目不一定天天开机前进行检查。

2. 机组的运行与管理

1) 机组启动时的操作程序

（1）启动冷却水泵，慢慢开启出水阀，使其压力正常，流量达到设计要求的 5% 范围内，检查冷却塔布水是否均匀，当机组进水温度达到 22℃ 以上时开启冷却塔风机；低于此值时不开风机。

（2）开启冷媒水泵并慢慢开启出水阀，看其压力是否稳定，若不稳定，系统内有空气，应把空气放出。并调整向各楼层供水阀的开度，以实现向各空调房间供水均匀的目的。

（3）把机组电源开关合上。

（4）启动发生器泵，通过调节其泵的出口蝶阀向高、低压发生器供液。高压发生器的液面稳定在顶排传热管处或玻璃视镜的 1/2 处左右。低压发生器的液面稳定在玻璃视孔的 40%～50% 范围。

（5）启动吸收器泵。查看吸收器淋水是否均匀，液面控制在玻璃视镜的 1/2 左右即可。

（6）当吸收器液位达到可抽真空位置时，可启动真空泵，将机组内的压力抽到运行时的真空要求。

（7）打开凝水回热器前的排水阀，把凝水放净。

（8）慢慢打开蒸汽阀门，向高压发生器输送蒸汽，这时蒸汽压力表的压力应控制在 0.02MPa 为宜，使机组预热，经 20～30min 慢慢将蒸汽压力手动或自动调至正常运转时的调定值，使溶液温度逐渐升高。同时，调整发生泵出口蝶阀，使高压发生器液面稳定在顶排铜管处。对装有减压阀的机组，应调整减压阀，使传出口的蒸汽压力达到正常运行的规定值。随着发生过程的进行，冷剂水会不断流入蒸发器内的水槽。

（9）当蒸发器水槽中的水位达到玻璃视镜的 1/2 时，启动蒸发器泵，并调整蒸发器泵的出口蝶阀，既保证制冷剂喷淋均匀，又要保证制冷剂的水位稳定在视孔的 1/2 左右，使机组逐渐投入正常运行。

2) 机组的运行管理

机组的运行管理是围绕着安全运行和制冷率两个方面进行的，其具体目标就是冷媒水的出口温度和空调房间是否达到设计要求。

（1）冷媒水的出口温度一般为 7℃～9℃，其出口压力应根据供水的高度而定，一般在 0.2～0.6MPa。冷媒水的流量可根据冷媒水的进、出口温度为 4～5℃ 来调定。

（2）机组冷却水的进口温度一般要在 25℃ 以上；出口温度一般不应高于 38℃。其出口压力跟机组与冷却塔之间位置的高度差有关，一般在 0.2～0.4MPa 之间。冷却水的流量大约是冷媒水流量的 1.6～1.8 倍。

（3）溴化锂溶液的浓度，高压发生器为 62% 左右，低压发生器为 62.5% 左右，稀溶液为 58% 左右。

（4）溶液的循环量，高、低压发生器以溶液淹没传热管为适宜。吸收器的液面为视镜的 50% 左右为适宜。蒸发器的制冷剂为视镜的 50% 适宜。

3. 机组停机操作

1) 溴化锂吸收式制冷机组短时（一天左右）停机操作程序

溴化锂吸收式冷水机组短时（1 天左右）停机的操作程序如下：

（1）关闭蒸汽阀，停止向高压发生器供蒸汽，通知锅炉房停止送汽。

（2）若冷媒水泵的制冷剂不足时，可先停制冷剂泵。而溶液泵、发生泵、冷却水泵、冷媒水泵继续运转 15～20min，使溶液充分稀释后再按以上先后次序停止各泵的运转。

（3）若室温较低，而测定的溶液浓度较高时，如室温低于 15℃ 以下，应将制冷剂旁通至吸收器，经过充分的混合、稀释后，判定溶液不会出现结晶时，方可停止各泵的运转。

（4）停泵后，切断控制箱和冷却水泵、冷媒水泵及冷却水塔风机的电源。

（5）检查制冷机组各阀门的密封情况，以防停车时空气渗入机组内。

（6）记录发生器、吸收器的液面高度，并记录停车时间。

2）溴化锂吸收式制冷机组自动停机操作

（1）通知锅炉房停止供蒸汽。

（2）机组按停止按钮，机组自动切断供汽调节阀，并自动转入溶液稀释运行。

（3）溶液稀释运行 15min 后，低温自动停止温度继电器动作，制冷剂泵、溶液泵、发生泵相继自动停止运转。

（4）切断电控箱电源，并切断冷却水泵、冷媒水泵、冷却塔风机的电源。记录发生器、吸收器、蒸发器的液面高度及停机时间。注意不能停止真空泵自动开停的电源。

（5）若需长期停机，在按"停止"按钮前应先打开冷剂泵上的旁通阀，把制冷剂全部排入吸收器，使溶液充分稀释。再按停止按钮，使冷剂泵、发生泵、溶液泵依次自动停机。在冬天，应把机组内的水放净，以防冻坏机组。

5.4.2.3 溴化锂吸收式制冷系统的运行管理

1. 溶液循环量的检查与调整

冷水机组启动正常后，溶液调整是运行中的重要环节，尤其是对高、低压发生器的溶液量调整更为重要，以取得较好的运转效率。若溶液循环量过小，影响溶液的蒸发量进而影响机组的制冷量，而且引起发生器放汽范围过大，浓溶液的浓度过大，产生结晶而影响机组的正常运转。反之，若循环量过大，也会使机组的制冷量降低，严重时还可能出现因发生器液位过高而溢出液槽，引起制冷剂污染，影响制冷机组的正常运行。关键是溶液的蒸发量与补充量应相平衡，因此，及时调整发生泵的出口蝶阀开度，使溶液的液面达到规定的要求是溶液循环量调整的中心任务。时刻注意液面的变化，及时进行调整，使机组处于正常运行状态，获得较好的制冷效果，是操作者的主要责任。

2. 制冷剂密度的控制

制冷剂的比重是机组运转是否正常的重要指标之一，特别在运转初期应注意观察并及时测量，制冷剂的相对密度一般小于 1.02 时，可以认为正常；如超过 1.04，则制冷剂已被污染，这会影响制冷机的性能，所以必须对制冷剂进行再生处理。

制冷剂一旦被污染，就必须先查出引起污染的原因和部位，然后对制冷剂进行再生处理。制冷剂的再生方法：关闭制冷剂泵的出口阀，打开制冷剂旁通阀，使蒸发器中被污染的制冷剂全部旁通至吸收器。当冷剂泵发生吸空气声音而无法运行时，停止制冷剂泵的运转，这时可根据情况适当关小工作蒸汽阀门，减小加热量，以防止制冷剂再被污染。待溶液浓缩，制冷剂重新在蒸发器中积聚到一定量后，再启动制冷剂泵。反复操作 2～3 次，直到制冷剂的相对密度低于 1.02 以下时，方可投入正常运行。

由于制冷剂泵的扬程较低，一般关闭制冷剂泵的出口阀，即可抽出制冷剂（此时取样阀门必须在制冷剂泵的出口与调节阀之间）。若仍无法从取样阀中取出，则用取样器抽取制冷剂。

3. 溶液的管理

由于溴化锂溶液具有很强的腐蚀性，因此，应在溶液中添加缓蚀剂。常用的缓蚀剂为铬酸锂。在机组运行初期，由于溶液流动，铬酸锂就会在器壁上形成保护膜，加之有空气腐蚀，溶液中的铬酸锂的含量会逐渐减少。经过一段时间后，可以观察到溶液由金黄色变成暗黄色直至黑色，这时需对铬酸锂含量进行调整。此外，由于微量空气会引起化学反应使溶液的碱度增大。机组气密性越差，碱度增长越快。碱度大会引起机组的腐蚀。因此，机组运行一段时间后，应取样分析铬酸锂的含量及溶液的 pH 值。pH 值一般控制在 9～10.5 之间，若 pH 值过高，用氢溴酸（HBi）调整；反之用氢氧化锂（LiOH）调整。氢溴酸（HBi）和氢氧化锂（LiOH）进入机组前应用溴化锂溶液稀释。铬酸锂的含量应在 0.3% 左右，当铬酸锂的含量低于 0.1% 时需及时添加。添加时也需用蒸馏水和溶液稀释，并用氢氧化锂调整 pH 值后方可加入。

4. 蒸发器内制冷剂的液位

在溴化锂吸收式冷水机组内部，由于溶液量是一定的，所以，进入发生器的稀溶液的浓度就与蒸发区内的制冷剂量存在一定的关系。若稀溶液的浓度高，则蒸发器内的制冷剂量就多，制冷剂液面就高；若制冷剂量过多，则制冷剂从蒸发器水盘中溢流至吸收器，使吸收能力下降。若稀溶液浓度低则蒸发器内的制冷剂量就少，液面就下降；液面过低，制冷剂循环泵要吸空，引起汽蚀。蒸发器液位的高低可通过抽取或灌注蒸馏水来调整。

5. 应及时抽除机组内的不凝性气体

由于溴化锂吸收式制冷机组处于真空状态下运行，蒸发器和吸收器中的绝对压力只有几毫米汞柱，故外界空气很容易渗入，从而导致冷剂水蒸发温度升高，机组的制冷量降低。机组中一般装有一套自动抽气装置，有不凝性气体及时自动排出。若没有自动抽气装置，则应经常开动真空泵将不凝性气体抽出机体外。

6. 防止溶液出现结晶

由溴化锂溶液的性质可知，当溶液的浓度过大或者温度过低时，溶液就会结晶，致使管道阻塞，导致机组不能正常运行。在操作中经常检查高、低压发生器的液面，不能过低；同时还要检查防晶管的供热情况，判断机组运转性能的下降是否由结晶引起的。

7. 屏蔽泵的管理

屏蔽泵是溴化锂吸收式制冷机的心脏，运行时应特别加以注意。屏蔽泵运行时，吸入管段内应有足够的液体，不可使叶轮处于长时间吸空状态，以免由于石墨轴承无液体润滑而破裂和磨损，或引起气蚀损坏叶轮。屏蔽电机外壳的温度不应超过 70℃，应无异常运转声音，电流表、电压表数值应该稳定。发现异常情况应及时停机检查，特别是电机外壳温度过高时，就应检查屏蔽泵冷却管中滤网是否堵塞，以免损坏。

8. 真空泵的管理

若真空泵油进入水分而产生乳化时，应及时将旧油放出，用汽油清洗晾干后，换上新油,以保持真空泵良好的抽空性能。真空泵运转时,注意查看油温应不超过70℃。开真空泵时,要检查放气真空电磁阀动作的准确性和密封性。对机组抽空时,应先开真空泵运转1min后再开抽气阀,抽气结束时,关闭抽气阀后再停止真空泵运行,然后让阻油器通大气,以免再次启动时将油吸入真空泵缸内。

开真空泵时,吸收器内液位不能太高,一般应在启动发生泵将溶液输往高、低压发生器,使两发生器液位正常、吸收器液位达到视镜的1/2时,再开真空泵较适宜,否则液体容易抽进真空泵。当机组正常运行,各个液位正常时,随时可以开启真空泵抽空。

9. 溶液浓度的测试与调整

溶液浓度的测试一般是在制冷机组效率降低,通过以上几项检查没有找到原因的情况下才进行。机组运行正常,降温达到要求可以不进行此项的测试。

图 5-14 取样器示意图

溶液浓度的测试主要测试吸收器稀溶液和高、低压发生器浓溶液的浓度情况。测定稀溶液取样时,打开发生器泵出口处的取样阀,用量筒直接取样即可。测定高、低压发生器浓溶液时,由于取样位置处于真空状态,不能直接取出溶液,必须用图 5-14 所示的取样器。在取样时,先用橡胶管将取样管和真空泵与取样器连接好,然后开真空泵将抽样器抽至真空,然后将真空泵与取样器之间的阀门关闭,再慢慢打开机组上的取样阀,溶液进入取样器。把取样器的溶液倒入量杯中,通过测量溶液的密度和温度,便可从溴化锂溶液表中查出相应的浓度。

一般高、低发生器的放气范围在 3.5%～5.5%。放气范围小时,溶液蒸发量少,稀溶液补充量少,发生泵出口蝶阀要关小一些。反之,稀溶液循环大,发生泵出口蝶阀开大一些。根据这一原理掌握高、低压发生器溶液量的调整,也可依据高、低压发生器液面指示器指示的液面进行调整。实际运行中,高压发生器的溶液浓度在 60%～62% 之间;低压发生器溶液浓度在 60.5%～62.5% 之间;稀溶液浓度在 56%～58% 之间,当热负荷大时,各溶液的浓度高些,反之浓度就低些。

10. 离心水泵的操作管理

溴化锂吸收式制冷机组所用的冷媒水泵和冷却水泵多数是离心式水泵。启动前检查进水阀是否开启,联轴器转动是否灵活,启动后慢慢打开出水阀,当压力、电流、声音正常时,可投入运行。在运行中主要检查电流、水的压差、运行声音、电机温度等项内容;同时还要检查轴承盒的油位;若轴封处漏水较多,应紧压盖螺母,若还是漏水较多,应换新密封填料。

11. 运行记录

机组在运行过程中应随时检测机组的运行情况,一旦发现问题应及时处理以防事故扩大。若运行参数与要求不符,应及时调整,以满足生产要求。运转记录的内容包括机组的各种参数,运转中出现的不正常情况及其排除过程。一般每间隔 2h 记录一次,运转记录如表 5-11 所示。

制冷机运行记录表　　　　表 5-11

年　月　日			操作者：			
时　间						
高压发生器	蒸汽进口压力	（MPa（表））				
	液位	（mm）				
蒸发器	蒸发温度	（℃）				
	冷水进口温度	（℃）				
	冷水出口温度	（℃）				
	冷水量	（m³/h）				
冷凝器	冷水进口温度	（℃）				
	冷水出口温度	（℃）				
	冷却水量	（m³/h）				
吸收器	喷淋溶液温度	（℃）				
	冷水进口温度	（℃）				
	冷水出口温度	（℃）				
	冷却水量	（m³/h）				
屏蔽泵	溶液泵电流	（A）				
	冷剂泵电流	（A）				
室外条件	干球温度	（℃）				
	湿球温度	（℃）				

5.4.3　溴化锂吸收式制冷系统的维护保养

溴化锂吸收式制冷机运行性能直接与正确的操作和良好的维护保养有关，如操作和维护保养得好，就会使制冷机长期稳定地运行，保证制冷效果；否则就会频繁发生事故，甚至短期内（3～5 年）发生机组报废现象，从而造成严重的经济损失。所以如何正确地维护保养，充分发挥机组的制冷能力是非常重要的，因此对操作管理人员的技术培训就显得尤为重要。

5.4.3.1　机组保养

1. 停机时的保养

1）短期（不超过 10 天）的停机保养

停机时要先把冷剂水放入吸收器，使机组溶液充分稀释，在环境温度下不致于结晶。另外对机组内真空度要保持，把机组上面外界的阀门关严。若机组渗入空气，应启动真空泵将空气抽出。若吸收器液面过高，可把冷凝器和蒸发器的抽气阀打开抽空气，以防真空泵抽进溶液而损坏。

若屏蔽泵和外界接触的阀门等需要检修时，抓紧时间进行，尽量不要使机组暴露在大气中。修理结束后，及时开真空泵将机内抽至要求的真空度，以免机内产生锈蚀。

2）长期停机保养

重点：一是防止溶液结晶；二是防止机内锈蚀。

方法是最好把冷剂水旁通排入吸收器，使溶液充分稀释后，排入专门贮存溶液的桶里，将机组抽空后，充上 0.03MPa 左右氮气保存。若无专用桶，溶液也可存在机组内，用真空泵将机组内的真空度抽至 26.7Pa，再向机组充 0.03MPa 左右的氮气，防止空气进入机组内，减少氧化腐蚀。冬季供暖时，机房内的温度最好保持在 15℃以上，以防机组内的溶液结晶。吸收器、发生器、蒸发器内的冷却水和冷媒水在室温 5℃以上时可以不放出，以免管内生锈。若低于 0℃时，必须放出，以免冻坏设备。

　　2. 冷水机组定期检查和保养

　　1）定期检查。定期检查项目如表 5-12 所示。

溴化锂吸收式制冷机组定期检查项目表　　　　　　　表 5-12

项目	检查内容	检查周期				备注
		每日	每周	每月	每年	
溴化锂溶液	1. 溶液的浓度			✓	✓	
	2. 溶液的 pH 值			✓		9～10.5
	3. 溶液的铬酸锂含量			✓		0.2%～0.3%
	4. 溶液的清洁度，决定是否需要再生				✓	
制冷剂	测定制冷剂密度，观察是否污染，需要再生		✓			
屏蔽泵（溶液泵、冷剂泵）	1. 运行声音是否正常	✓				
	2. 电动机电流是否超过正常值	✓				
	3. 电动机的绝缘性能				✓	
	4. 泵体温度是否正常	✓				不大于 70℃
	5. 叶轮拆检和过滤网的情况				✓	
	6. 石墨轴承磨损程度的检查				✓	
真空泵	1. 润滑油是否在油面线中心	✓				油面窗中心线
	2. 运行中是否有异声	✓				
	3. 运行时电机的电流	✓				
	4. 运行时泵体温度	✓				不大于 70℃
	5. 润滑油的污染和乳化	✓				
	6. 传动皮带是否松动		✓			
	7. 带放气电磁阀动作是否可靠		✓			
	8. 电动机的绝缘性能				✓	
	9. 真空管路泄漏的检查				✓	无泄漏，24h 压力回升不超过 26.7Pa
	10. 真空泵抽气性能的测定			✓	✓	
隔膜式真空阀	1. 密封性				✓	
	2. 橡皮隔膜的老化程度				✓	
传热管	1. 管内壁的腐蚀情况				✓	
	2. 管内壁的结构情况				✓	
机组的密封性	1. 运行中的不凝性气体	✓				
	2. 真空度的回升值	✓				
带放气真空电磁阀	1. 密封面的清洁度			✓		
	2. 电磁阀动作可靠性		✓			
冷媒水、冷却水、蒸汽管路	1. 各阀门、法兰是否有漏水、漏气现象		✓			
	2. 管道保温情况是否完好				✓	

项目	检查内容	检查周期				备注
		每日	每周	每月	每年	
电控设备、计量装置	1. 电器的绝缘性能				√	
	2. 电器				√	
	3. 仪器仪表调定点的准确度				√	
	4. 计量仪表指示值准确度校验				√	
报警装置	机组开车前一定要调整各控制器的可靠性				√	
水泵	1. 泵体、电机温度是否正常	√				不大于 70℃
	2. 运行声音是否正常	√				
	3. 电动机电流是否超过正常值	√				
	4. 电动机绝缘性能				√	
	5. 叶轮拆检、套筒磨损程度检查				√	
	6. 轴承磨损程度的检查				√	
	7. 水泵的漏水情况		√			
	8. 底脚螺栓及联轴器情况是否完好			√		
冷却塔	1. 喷淋头的检查			√		
	2. 点波片的检查				√	
	3. 点波框、挡水板的清洗				√	
	4. 冷却水水质的测量			√		

2) 定期检修

定期检修主要是与故障抢修结合进行的。小修的时间一般为 2~4 周。故障抢修随时出现随时抢修，尽量不影响机组的正常运行。

小修的内容：主要检查机组的真空度、机组内溶液的浓度、铬酸锂的含量及清洁度等。检查冷却水、冷媒水泵联轴器的橡胶接触器的磨损情况，若严重磨损时，联轴器换橡胶接触器，同时应找两轴的同心度，检查水泵轴封处的漏水情况，检查各水路和气路系统的法兰、阀门等是否有泄漏现象，若有泄漏应及时修理。检查电器设备应处于正常状态。

大修保养一年一次。大修保养的内容有：清洗机组传热管的污物和水垢；测定溴化锂溶液的浓度、铬酸锂的含量、检查溶液的 pH 值和浑浊度等。检查屏蔽泵的叶轮、石墨轴承、屏蔽套等的磨损情况。检查离心水泵的叶轮、滚珠轴承、轴封等件的磨损。检查泵的出口蝶阀、真空泵的隔膜阀等内部密封面的磨损和严密情况、离心水泵的进出口止回阀等的密封情况。以上项目检修后，再检查清洗各部位的视镜，使其完好清晰。1~2 年对机组外表面进行油漆。机组各设备检修装配后，检查机组的真空度，为下一年度的运行打下良好的基础。

3) 机组设备和外围设备大修时的要点和主要技术要求

(1) 检修屏蔽泵的要点是石墨轴承，若其间隙大于 0.2mm 或者有裂纹和其他损伤应换新件。屏蔽套的磨损不大于 0.5mm。

(2) 对离心水泵的检修主要是轴承、轴封填料、泵轴磨损的检修或更换阻水环、联轴器零件的磨损、校正电机和水泵两轴的同心度、紧固地脚螺丝等。离心水泵大修后，轴承盒与泵体内运行时应无杂声；电机的运行电流应在额定电流以内；电机温升应不高于75℃；阻水环与水轮之间的间隙不大于 0.2mm；水泵联轴器处的同心度不大于 0.1mm，水泵运行平稳，输水效率要高。

（3）真空泵的大修内容：主要检查真空泵各运动件的磨损、阻油器及润滑油的情况，清洗过滤网、检查并更换密封件，有必要时更换新皮带，对放气电磁阀等拆卸检修。

对真空泵检修后，通过对机件的检查修理或换新件、新油、新密封件、新皮带等，试验时，应运行正常且稳定，抽空能力能达到 5Pa。

（4）对冷却塔的大修：主要检查布水器是否均匀，点波器是否水垢太多，若过多应取出点波器除垢。检测风机传送皮带，若磨损应换新皮带，检测电机绝缘性能。

（5）对冷却水和冷媒系统的管路、阀门等的法兰和阀门的盘根处应无漏水现象，阀门的启闭应灵活，若阀门的阀芯脱落或关闭不严，应检修或者换新阀门。

（6）对机组的真空系统大修后，应进行抽空试验，达到 26.5Pa，24h 保压基本不动为合格。

（7）对电器、仪表的检查修理。检查各类电机的绝缘情况，检查各泵电器磁力开关的触头是否烧毛或损坏，用修理或换新件的方法修复。检查自动原件，如压差继电器、时间继电器、热继电器等是否完好。对控制箱电线接头处应用工具紧固一遍，并把控制箱内清除干净。对于指示不准的仪表应换新表。

总之，检修后的电器和仪表等应符合运行要求，动作应准确、灵敏，可靠性能良好。

5.4.3.2　溴化锂溶液的再生处理

溴化锂溶液是一种无机盐，对普通金属材料有较强的腐蚀性。虽然机组内在真空条件下运行并加了缓蚀剂，腐蚀得到缓解，但腐蚀还是存在的，而且腐蚀性物质会使溶液变得浑浊，浑浊的物质可能引起吸收器喷嘴阻塞，严重时造成屏蔽泵润滑管路阻塞，另外还要抽取溶液化验，若溶液的 pH 值、氯化物、溴酸盐、硫酸盐等严重超标，则应对溶液进行再生处理。当使用单位从化验到溶液的再生处理设备及技术等问题难以解决时，应请溶液生产厂解决。使用单位可根据溶液的浑浊情况进行过滤，以防止喷嘴和管路出现阻塞。溶液的过滤有以下几种方法：

1）沉淀过滤法

将溶液从机组内排到专用的贮液桶里，沉淀 2～3 天，用孔为 $3\mu m$ 的丙烯过滤器从专用贮液桶内自然流经过滤器，将过滤后的溶液放到专用的密封塑料桶内，待溴化锂机组运行前再加到机组内。方法较简单，但需要停机的时间长，宜在长期停机时使用。

2）循环过滤法

采用一台不锈钢的管式溶液过滤机与制冷机组相连，在制冷机组运转的同时，一部分溴化锂溶液在溶液泵的作用下流经此过滤器，进行真空过滤，滤清后的溶液又流回到机组内进行循环。采用过滤机处理溴化锂溶液，有不停机，能使机组内的溶液达到过滤的要求。具有不用增加沉淀过滤法所用的器具，并使溶液在真空状态下过滤，以免与空气接触产生碳酸锂沉淀物等优点，为延长溴化锂吸收式制冷机的使用寿命提供了有力的保证。

5.4.3.3　对冷却水出现问题的处理

溴化锂吸收式机组多采用冷却塔方式的循环用水。此类机组冷凝负荷大，冷却水量比其他型式的制冷机组要大。工作期主要在高温季节，水分蒸发量大，钙盐、镁盐等水中的杂质多，容易结较多的水垢。为了保证制冷机组的传热效率，每年应对冷凝器和吸收器内的传热管结的水垢和其他污染进行检查和清除，除垢的方法可参照冷凝器除垢的方法进行，也可在水泵上安装电子防垢除垢器解决，也可用将冷却水池的水进行软化处理等方法解决。

5.4.4 溴化锂吸收式制冷系统的常见故障及排除

溴化锂吸收式冷水机组在使用中，会受到外界、机械和设备及操作调整等方面原因而引起故障，它将直接影响制冷机组能否正常运行，同时在运行中能否达到制冷量的要求等中心问题。因此，使学生在宾馆或酒店等单位溴化锂吸收式冷水机组运行条件下进行实践，使学生知道溴化锂吸收式冷水机组常见故障出现时的现象，并能够针对其现象进行诊断，进行合理的排除。

5.4.4.1 溴化锂吸收式机组运行中紧急停机故障诊断与排除

1. 电网突然停电

这类故障出现后，应迅速关闭蒸汽供汽阀，并通知锅炉房停止供汽。待供电系统检查排除故障后，恢复供电，再将机组按正常开机程序把机组开启。

2. 冷却水泵故障停泵，冷却水中断

冷却水泵故障停泵，冷却水中断。此时，冷却水断水警报器报警，然后自动停泵。原因是冷却水泵损坏，电机过热，电机电流过大，热继电器动作或烧坏，交流接触器触头烧毛等，另外，冷却水进口温度过低等也会引起。排除方法：检修电路上电气元件，损坏较重的件应换新件，使之符合运行要求。检修水泵，若轴承、叶轮、阻水环、过滤器等磨损严重或损坏应换新件。排除故障后重新启动，运行正常后再开启机组。

3. 冷媒水泵故障停泵，冷媒水中断

冷媒水泵故障停泵，冷媒水中断。此时。安全警报铃响，水泵自动停止运行。主要原因是电气设备的故障，如保险丝是否损坏、过电流继电器和热继电器是否动作，供水过少，压差低于 0.02MPa 而引起停泵。另外，冷媒水泵损坏，如轴承联轴器弹性橡胶垫、阻水环、轴封填料等损坏。排除方法：可参照冷却水泵的方法进行，检修排出故障后开启泵，运行符合要求即可。

4. 冷却塔故障

冷却塔故障主要有风机的电机被烧坏，传动皮带严重损坏或被撞断，布水管断裂等。故障的出现严重影响冷却水的换热效果，使冷却水温过高，温度继电器报警，致使制冷机组停机检修。检修的方法：若电机被烧坏，拆下电机后将定子重新绕线圈；若皮带损坏应换新件；若布水管断裂，应换同规格的新布水管。检修后，开启冷却塔，运行正常，方可使用。

5. 冷水机组有一台屏蔽泵突然停止运转

冷水机组有一台屏蔽泵突然停止运转。机组中吸收器的溶液泵、发生器泵、制冷剂泵都是屏蔽泵，任何一个泵停止运行，都能导致机组不能正常运行，所以须将机组停止运行，对停止运行的泵进行抢修。排除方法：从电源开关、保险丝、交流接触器、电机的绝缘性能等方面查找，另外，要检查电机石墨轴承，如损坏应更换；过滤器过脏应进行清洗。检修后重按程序开机，检修泵运行正常即可投入使用。

5.4.4.2　溴化锂吸收式制冷机组在运行中的主要故障与排除

1. 机组的制冷量达不到设计要求

机组运行的中心任务就是制冷降温，达到设计所要求的制冷量和控制的温度。而机组运行中制冷量达不到设计要求是运行中的主要故障，原因如下：溶液的浓度控制不当；溶液的循环量过少；制冷剂被污染；蒸汽压力过低；机组密封性差而渗入空气或内有不凝性气体；真空泵抽空性能差或吸排气电磁阀不密封造成抽气不良；冷却水量过少；冷却水温过高；吸收器、冷凝器传热管水垢太厚或者有污物阻塞。

2. 排除方法

1）稀溶液与浓溶液的质量百分比之差应控制在 4%，大于或小于其值都不符合运转要求，一般 2～4 周抽取稀溶液和浓溶液进行测定，然后对使用的溶液浓度进行调整。

2）调节发生泵的高压发生器出口蝶阀和低压发生器出口蝶阀，使稀溶液的循环量达到运行要求。

3）抽取制冷剂，测量其相对密度，若超过 1.02 时，进行制冷剂的再生处理。

4）若机组供应的蒸汽压力过低，可对蒸汽调节阀进行调整，或者看锅炉烧的汽压是否满足机组要求。共同把汽压调到机组运行时要求的压力。

5）若机组漏气应进行排除。其方法是向机组内充 0.16MPa 的氮气。充氮气时用高压橡胶管将氮气瓶的限压阀处与机组冷凝器侧压阀处相连接，开启两阀向机组充氮气，压力达到后，用肥皂水试漏。从机组的焊接处通外界的阀门及管子连接的法兰处找漏，若认为不彻底。可将机组两端的水盖拆下，在管组与管板的接头处进行查漏，并将查出的漏点记上明显的记号。待放气后，进行焊补或修理。然后再充氮气试漏，直至找不到漏点为止。

氮气放出后，将蒸发器侧压阀与 U 型管水银压差计连接好，打开冷凝器抽气阀，启动真空泵进行抽真空。为了能达到真空要求，在抽空前可将真空泵换新油。将机组内的压力抽到环境温度下相应的溶液浓度的饱和压力为止。

启动冷水机组使之正常运行，当吸收器的液面低于抽气管的位置时，启动真空泵，继续抽机组内的气体。关闭冷凝器、蒸发器抽气阀，并停真空泵后，检查液气分离视镜，直至视镜聚集的气体不再增加为止。

6）若真空泵抽空能力差，可检修真空泵，并换新油及检修电磁隔断阀；恢复真空泵的抽空能力。

7）若冷却水供应量过少，一般从两方面进行处理：一是开大水泵的出水阀；二是若全开水阀供水量仍过少，再检修离心水泵，主要检查水泵的出水阀的阀芯是否脱落、吸水过滤器是否有污物阻塞、水泵的阻水环是否磨损过大，致使水泵的输水效率大大降低。通过检修排除故障，开启水泵，供水正常后方可投入使用。

8）若冷却水温过高，主要原因有两个：一是冷却水供水量过少，可按上面 7）的排除方法进行排除。二是冷却水塔的布水器损坏或者喷水孔有污物阻塞，应检修排除。若通风机的保险丝或电机定子损坏，应检修。点波片内水垢太多，应清除。通过检修排除后，开机正常后即可投入使用。

9）若冷水机组内传热管水垢过厚或被污物阻塞，应进行除垢工作。

10）制冷剂被污染时，处理方法：首先测定制冷剂的相对密度，若相对密度超过 1.02，说明制冷剂被污染。处理方法可按本章 5.4.3.2 中溴化锂溶液的再生处理方法进行。

5.4.4.3 溶液浓度及液位的故障及排除

1. 浓溶液和稀溶液的浓度差小于 4%

1）现象：高压发生器浓溶液未达到浓度要求；低压发生器浓溶液未达到浓度要求。

2）故障诊断：高压发生器稀溶液循环量过大；低压发生器稀溶液循环量过大；蒸汽压力过低或蒸汽调节阀开启过小；蒸汽凝水阀开启过小或制冷剂调节阀开启过小。

3）排除方法：调小高、低压发生器的出口蝶阀；关小吸收器泵的出口阀；通知锅炉房提高蒸汽压力或者开大蒸汽调节阀；开大蒸汽凝水调节阀或制冷剂调节阀。

总之，这类问题是由于有关阀门调节不当造成的，把阀门调节适当时，故障即可排除。

2. 浓溶液和稀溶液的浓度差大于 4%

1）现象：高压发生器浓溶液超过浓度要求；低压发生器浓溶液超过浓度要求。

2）故障诊断：高压发生器稀溶液的循环量太少；蒸汽压力太高或者蒸汽调节阀开得过大；低压发生器稀溶液循环量太少。

3）排除方法：开大发生器出口阀；降低蒸汽压力或关小蒸汽调节阀；开大发生器泵出口蝶阀。

3. 吸收器、蒸发器液位不正常

1）现象：稀溶液浓度高，蒸发器制冷剂溢出；稀溶液浓度正常，蒸发器制冷剂太少；稀溶液浓度正常，蒸发器制冷剂溢出。

2）故障诊断：稀溶液循环量少，制冷剂过多；稀溶液过少；充注溶液浓度太低。

3）排除方法：发生器泵的过滤器是否过赃或者喷嘴是否出现阻塞，吸收蒸发凝结的溶液少，应检修排除；降低蒸汽压力或开真空泵抽空；向吸收器补充溶液；从蒸发器抽出冷剂水。

5.4.4.4 溶液结晶的故障与排除

1. 机组启动时溴化锂溶液结晶

1）故障诊断：冷却水温度过低；停机后环境温度过低；停机时溶液稀释不良；机组内有不凝性气体；真空泵抽气不良。

2）排除方法：冷却水温在 25℃ 以下，冷却塔不开风机；调整冷却水量，开机时供水量要少一些，机组运行正常后再调大供水量，并开冷却塔风机；开机时可先把蒸发器和冷凝器部分的不凝性气体抽出，吸收器的液面正常后再从这里抽空；检查真空泵，有必要时换新油；检查电磁隔断阀是否关闭严密，以达到抽气良好的目的。

总之，开机时发现机组结晶，主要是停机时溶液没有处理好，又加上机组渗入空气、外界温度低、供水温度低等原因，注意以上问题，开机时溶液结晶问题是可以避免的。

2. 机组运行时溶液出现结晶

1）故障诊断：蒸汽压力过高；稀溶液循环量过少；高压发生器液面过低，造成浓溶液浓度过高；冷却水量过少；冷媒水温度过低；高负荷运行中突然停电。

2）排除方法：调小蒸汽压力，以降低高压发生器浓溶液浓度；检查溶液泵运行是否正常，并检查喷淋管喷嘴是否严重阻塞，应检查消除；调大发生泵出口阀，使发生器的溶液液面不得低于运行要求；调整冷却水流量；调大冷媒水流量，使之符合消除结晶的要求。

3. 停机后溴化锂溶液出现结晶

1) 故障诊断：溶液稀释不充分，时间太短；稀释时，制冷剂泵、冷媒水泵、冷却水泵过早地停下来；停机后蒸汽阀未全关闭或阀芯内部泄漏；稀释时外界无负荷；机组外界温度过低。

2) 排除方法：增加稀释时间，使溶液温度达到60℃以下时，当各部分溶液充分混合后，再分别停制冷剂泵、冷媒水泵、发生泵和溶液泵；关闭蒸汽阀，若阀芯内部泄漏应检修排除；在稀释时，外界必须有热负荷，若无热负荷，应打开制冷剂旁通阀，将溶液充分稀释，这样在环境温度较低的情况下也不会产生结晶。

总之，溴化锂吸收式制冷机组出现溶液结晶现象，不管是开机、运行、停机后，按以上的方法处理，可防止结晶现象的发生。但是，由于在操作使用中，某个环节注意不够，溶液的结晶现象就会发生。若出现严重结晶，用以上方法难以使结晶溶解时，则用蒸汽或其他方法对结晶部进行加热，直至结晶溶解为止。

5.4.4.5 溴化锂吸收式制冷系统常见的故障及排除

1. 溴化锂吸收式制冷机组的故障及排除

溴化锂吸收式制冷系统运行中常见故障及排除方法见表5-13。

溴化锂吸收式制冷系统运行中常见故障及排除方法　　　　表 5-13

故障现象	原　因	排除方法
启动运行时，发生器液面波动偏高或偏低，吸收器液面随之而偏高或偏低（有时产生汽蚀）	1. 溶液调节阀开度不当，使溶液循环量偏小或偏大 2. 工作蒸汽压力不当，偏高或偏低 3. 冷却水温低或高时，水量偏大或偏小 4. 机器内有不凝性气体，真空度未达到要求	1. 调整送往高、低压发生器的溶液循环量 2. 调整工作蒸汽的压力 3. 调整冷却水温或水量 4. 启动真空泵，排除不凝性气体，使之达到真空度要求
制冷量低于设计值	1. 送往发生器的溶液循环量不当 2. 机器密封性不良，有空气漏入 3. 真空泵抽气不良 4. 喷淋管喷嘴堵塞 5. 传热管结垢 6. 制冷剂中溴化锂含量超过预定标准 7. 蒸汽压力过低 8. 制冷剂和溶液充注量不足 9. 溶液泵和冷剂泵有故障 10. 冷却水进水口温度过高 11. 冷却水量或冷媒水量过小 12. 阻汽排水器故障 13. 结晶	1. 调整送往发生器的溶液循环量，满足工况要求 2. 运转真空泵，并排除泄漏 3. 测定真空泵的抽气性能，并排除故障 4. 冲洗喷淋管喷嘴 5. 清洗传热管内的污垢和杂质 6. 测定制冷剂相对密度，超过1.04时进行再生 7. 调整蒸汽压力 8. 添加适量的制冷剂和溶液 9. 测量泵的电流，注意运转声音，检查故障，并予排除 10. 检查冷却水系统，降低冷却水温 11. 适当加大冷却水量或冷媒水量 12. 检修阻气排水器 13. 排除结晶

故障现象	原　因	排除方法
结晶	1. 蒸汽压力高，浓溶液温度高 2. 溶液循环量不足，浓溶液浓度高 3. 漏入空气，制冷量降低 4. 冷却水温急剧下降 5. 安全保护继电器有故障 6. 运行结束后，稀释不充分	1. 降低工作蒸汽压力 2. 加大送往发生器的溶液循环量 3. 运转真空泵，抽除不凝性气体，并清除泄漏 4. 提高冷却水温或减少冷却水量，并检查冷却塔及冷却水循环系统 5. 检查溶液温度、制冷剂防冻结等安全保护继电器，并调整至给定值 6. 延长稀释混合时间，检查并调整时间继电器或温度继电器的给定数值，在稀释运行的同时，通以冷却水
制冷剂里有溴化锂溶液	1. 送往发生器的溶液循环量过大，或发生器中液位过高 2. 工作蒸汽压力过高 3. 冷却水温过低或水量调节阀有故障 4. 运行中由冷凝器抽气	1. 调节溶液循环量，降低发生器液位 2. 降低工作蒸汽压力 3. 提高冷却水温并检修水量调节阀 4. 停止从冷凝器抽气
浓溶液温度过高	1. 蒸汽压力过高 2. 机内漏入空气 3. 溶液循环量少	1. 调整减压阀，压力维持在给定值 2. 运行真空泵并排除泄漏 3. 检查冷媒水量与冷媒水循环系统
制冷剂温度低	1. 低负荷时蒸汽开度值比规定大 2. 冷却水温过低或水量调节阀有故障 3. 冷媒水量不足	1. 关小蒸汽阀并检查蒸汽阀开大的原因 2. 提高冷却水温，并检修水量调节阀 3. 检查冷媒水量与冷媒水循环系统
冷媒水出口温度越来越高	1. 外界负荷大于制冷能力 2. 机组制冷能力降低 3. 冷媒水量过大	1. 适当降低外界负荷 2. 见"制冷量低于设计值"故障现象条目 3. 适当降低冷媒水量
运行中突然停机	1. 断电 2. 溶液泵或冷剂泵出现故障 3. 冷却水与冷媒水断水 4. 防冻结的低温继电器动作	1. 适当降低外界负荷 2. 检修屏蔽泵 3. 检查冷却水与冷媒水系统，恢复供水 4. 检查低温继电器刻度，调整至适当位置
抽气能力下降	1. 真空泵有故障 (1) 排气阀损坏 (2) 旋片弹簧失去弹性，旋片不能紧密接触，定子内腔旋转时有撞击声 (3) 泵内腔及抽气系统内部严重污染 2. 真空泵油中混入大量冷剂蒸汽，油呈乳白色，黏度下降，抽气效果降低 (1) 抽气位置不当 (2) 制冷剂分离器中喷嘴堵塞或冷却水中断 3. 冷制冷剂分离器中结晶	1. 检查真空泵运行情况，拆开真空泵 (1) 更换排气阀 (2) 更换弹簧 (3) 拆开清洗 2. 更换真空泵油 (1) 更改抽气管位置，应在吸收器管簇下方抽气 (2) 清洗喷嘴，检查冷却水系统 3. 清除结晶

2. 屏蔽泵

屏蔽泵是溴化锂吸收式机组的"心脏"，因此，维护和管理好屏蔽泵，是保证机组正常运行的重要工作之一。屏蔽泵的主要故障及排除如下：

1) 屏蔽泵的气蚀

由于溴化锂吸收式机组的特殊要求，对屏蔽泵气蚀余量要求特别苛刻，如果屏蔽泵入口不达到一定的压力，泵就会产生气蚀，造成屏蔽泵的异常运行和过早损坏。屏蔽泵气蚀原因及排除方法见表 5-14。

屏蔽泵气蚀原因及消除方法 表 5-14

气 蚀 原 因	排 除 方 法
浓溶液质量浓度过高	检查热源供热量和机组是否漏气
冷剂水与溶液量不足	添加冷剂水与溶液至预定的数量
热交换器内结晶，发生器液位升高	将冷剂水旁通至吸收器中，根据具体情况注入冷剂水或溶液
冷剂泵运转时冷剂水旁通阀打开	关闭冷剂水旁通阀
负荷太低	按照负荷调节冷剂泵排出的冷剂水量
稀释运转时间太长	调节稀释控制继电器，缩短稀释时间

2）屏蔽泵的主要故障及排除

屏蔽泵的主要故障及排除方法见表 5-15

屏蔽泵常见故障及其排除 表 5-15

故 障	原 因	处理方法
通电后屏蔽泵启动不灵，发出嗡嗡声音	1. 电源电压过低 2. 三相电源有一相断电 3. 定子绕组烧坏	1. 调整电压至 380 V 左右 2. 检查线路是否良好，接头是否紧密，检查插座、插头 3. 调换绕组
运转中，电动机剧烈发热、转速下降，流量减少	1. 电压过低，电流增大，绕组发热 2. 二相运行 3. 轴承磨损，定子与转子碰擦 4. 电动机绕组短路 5. 润滑管路阻塞	1. 调整电压 2. 检查线路及接头 3. 调换轴承 4. 调换绕组 5. 清洗润滑管路
电动机启动时，熔断器烧坏	1. 叶轮不转 2. 电动机绕组短路 3. 定子屏蔽套破裂，液体浸入绕组，绝缘电阻下降，绕组与地击穿	1. 拆开检查，清除脏物，检查叶轮是否与壳体相碰 2. 调换绕组 3. 调换绕组及屏蔽泵
流量扬程不够	1. 灌注高度不够 2. 液体密度与黏度不符合原设计要求 3. 泵或管路内有杂物堵塞	1. 增加灌注高度，减少吸入端阻力 2. 进行换算并调整 3. 检查并清洗
功率过大	1. 总扬程与泵的扬程不符 2. 液体密度与黏度不符合原设计要求 3. 密封环磨损过多 4. 转动部分与固定部分发生碰擦	1. 降低排出阻力 2. 进行换算并调整 3. 更换叶轮或密封环 4. 检查并校正轴的位置
发生振动及噪声	1. 灌注高度不够 2. 流量太小 3. 轴承磨坏 4. 转子部分不平衡，引起振动 5. 泵内或管路内有杂物堵塞	1. 增加灌注高度，减少吸入端阻力 2. 加大流量，或安装旁通循环管 3. 更换轴承 4. 检查并消除故障 5. 检查并清理

3. 真空泵

真空泵常见故障及其排除方法见表5-16。

真空泵常见故障及其排除　　　　　　　　　表 5-16

故　障	原　因	排除方法
极限真空不高	1. 油位太低，油对排气阀不起油封作用，有较大的排气声 2. 油牌号不对 3. 油被可凝性蒸汽污染而乳化 4. 泵口外接容器、测试表管道、接头等泄漏 5. 真空电磁阀失灵 6. 旋片弹簧折断 7. 油孔堵塞，真空度下降 8. 旋片、定子磨损 9. 吸气管或气镇阀橡胶件装配不当，损坏或老化 10. 真空系统严重污染，包括容器、管道等	1. 可加油，油位呈中心线上下 5 mm 范围 2. 换牌号正确的真空泵油 3. 换新油，可开气镇阀净化 4. 应检查泄漏处并消除之，若漏气大，则有吸气声 5. 检修真空电磁阀 6. 应更换新的弹簧 7. 放油，拆下油箱，松开油嘴压板，拔出进油嘴，疏通油孔，但尽量不要用棉纱头擦零件 8. 应检查、修整或更换 9. 应调整或更换 10. 应给予清洗
喷油	1. 油位过高 2. 油气分离器无油或有杂物 3. 挡液板松脱，位置不正确	1. 放油使油位正确 2. 检查并清洁检修 3. 检查并重新装配
漏油	1. 放油旋塞和垫片损坏 2. 油箱盖板垫片损坏或未垫好 3. 有机玻璃热变形 4. 油封弹簧脱落 5. 气镇阀停泵未关 6. 油封装配不当磨损	1. 检查并更换 2. 检查、调整或更换 3. 更换、降低油温 4. 检查、检修 5. 停泵应关闭 6. 重新装配或更换
噪声	1. 旋片弹簧折断，进油量增大 2. 轴承磨损 3. 零件损坏	1. 检查并更换 2. 检查、调整，必要时更换 3. 检查、更换
返油	1. 真空电磁阀故障 2. 泵盖内油封装配不当或磨损 3. 泵盖或定子平面不平整 4. 排气阀片损坏	1. 检查真空电磁阀 2. 更换 3. 检查并检修 4. 更换

5.4.5　溴化锂吸收式制冷系统的维护与保养

5.4.5.1　定期检查项目

溴化锂吸收式制冷系定期检查内容见表5-17。

溴化锂吸收式制冷系统定期检查内容　　　　　　　表 5-17

检查项目	定期检查内容	定期检查时间			
		每日	每周	每月	每年
旋片式真空泵	1. 油的污染与乳化		√		
	2. 真空泵性能			√	
	3. 传动皮带的松紧			√	
	4. 电动机的绝缘				√
	5. 带放气真空电磁阀的动作			√	
自控元件	给定值是否合适，动作是否正常			√	
发生器泵蒸发器泵	1. 有无不正常的响声	√			
	2. 电动机的电流是否超过正常值			√	
	3. 电动机的绝缘				√
	4. 叶轮的拆检和回液管的清洗				√
	5. 石墨轴承的磨损程度的检查				√
溴化锂溶液	1. 溶液的浓度		√		
	2. 溶液的清洁程度，决定是否处理				√
	3. 溶液的 pH 值与含铬酸锂的浓度			√	
冷剂水	冷剂水被污染情况的测定		√		
传热管	1. 管内壁的腐蚀情况				√
	2. 管内壁的水垢情况				√
机器的密封性	真空 24h 后，真空度的下降值		√		
隔膜式真空阀	1. 密封性				√
	2. 橡皮隔膜的老化程度				√
压力表 流量计控制箱	1. 指示值准确度的校验				√
	2. 电器绝缘性能				√
	3. 电器开关的动作可靠性				√
带放气真空电磁阀	1. 密封面的清洁度			√	
	2. 电磁阀动作的可靠性		√		

注：√表示检查周期

5.4.5.2　溴化锂吸收式制冷机的维护与保养

溴化锂吸收式制冷系统维护与保养内容见表 5-18。

溴化锂吸收式制冷系统维护与保养　　　　　　　表 5-18

维护管理项目	原　因	方　法
调整溶液循环量	循环量过大，会使蒸汽消耗量增大，热力系数下降，溴冷机的制冷量下降，严重时还会造成发生器中液位偏高，引起冷剂水污染；循环量过小，会使发生器的放气范围过大，使浓溶液离开发生器的浓度偏高，容易结晶	调整溶液进入发生器的阀门来改变

维护管理项目	原　因	方　法
测量溶液的浓度	浓溶液浓度偏高容易结晶；稀溶液浓度影响同"蒸发器内冷剂水液位"	稀溶液浓度的测量可从发生器泵出口取得，其他溶液浓度的测量与之相似
蒸发器内冷剂水液位	稀溶液浓度高，则蒸发器冷剂水量就多，液位高，若液位过高，则冷剂水从蒸发器水盘中溢流至吸收器，使吸收能力下降；若稀溶液浓度低，则蒸发器内的冷剂水量就少，液面就下降；液面过低，冷剂水循环泵要吸空，引起气蚀	蒸发器液位的高低可通过抽取或灌注蒸馏水来调整
冷剂水相对密度的控制	溴化锂溶液混入冷剂水中一起进入冷凝器、蒸发器，影响制冷效果	正常冷剂水相对密度一般小于 1.02，如超过 1.04，则冷剂水已被污染，应再生处理
溶液的管理	溴化锂溶液具有很强的腐蚀性	添加缓蚀剂铬酸锂，浓度应在 0.3%左右，pH 值一般控制在 9～10.5 之间，当铬酸锂浓度低于 0.1%时要及时添加
	溴化锂溶液中加入辛醇可以极大地降低溶液的表面张力，使溶液与蒸汽的结合能力增强，提高了溶液的吸收效果	添加辛醇，浓度为 0.1%～0.3%，当含量很低时应适当补充，但注意辛醇量不宜超过 0.3%
屏蔽泵的管理	石墨轴承无液体润滑而破裂和磨损，或引起汽蚀损坏叶轮	吸入管段内应有足够的液体。屏蔽电机外壳温度不超过 70℃，无异常运转声音，电流表、电压表数值稳定
传热管道的清洗	溴冷机运转一段时期后，水侧传热表面会形成一层水垢，使换热热阻增大，影响机组的制冷能力	1. 定期除垢 (1) 机械清洗传热管道 (2) 化学清洗传热管道 2. 采取措施改善水质
制冷机组的停机保养	溴化锂溶液具有很强的腐蚀性，特别是在有氧的情况下，所以机组在停止运行期间必须保证机组内不进入空气	1. 真空保养 将溶液全部回流至吸收器中，并将蒸发器内的冷剂水全部旁通至吸收器，使溶液充分稀释。每日早晚两次监测机组的真空度，发现机组压力变化时，立即启动真空泵抽真空，以确保机组的真空度 2. 充氮保养 停止运行后，向机内充入 49kPa（表压）左右的氮气，使机组处于正压状态，确保机组内不会进入空气，并随时检漏。需要开机时，将氮气抽出

5.5　热泵系统的运行与维护

5.5.1　热泵系统的运行调试

　　地源热泵技术是利用地表浅层水源（地下水、江、河、湖、海）土吸收的太阳能和地热能而形成的低温低位热能，采用热泵原理，通过少量的电能输出，实现低位热能向高位热能转移的一种技术。

地源热泵是利用浅层地能进行供热、制冷的新型能源利用技术，是热泵的一种，热泵是利用卡诺循环和逆卡诺循环原理转移冷量和热量的设备，地源热泵通常是指能转移地下土中热量或者冷量到所需要的地方，通常热泵都是用来作为空调制冷或者采暖用的，地源热泵还利用了地下土巨大的蓄热蓄冷能力，冬季地源把热量从地下土中转移到建筑物内，夏季再把地下的冷量转移到建筑物内，一个年度形成一个冷热循环。

地源热泵系统具有良好的节能与环境效益，近年来在国内得到日益广泛的应用。但由于目前大部分地源热泵系统使用时间短，缺乏相应的运行管理经验及相应的规范约束，故此造成地源热泵系统的推广呈现出很大的盲目性，许多项目在没有对当地资源状况进行充分评估的条件下，就匆匆上马，造成了地源热泵系统工作不正常，影响了地源热泵系统的进一步推广与应用。

众所周知，地下水地源热泵系统因其换热效率高，设计施工相对简单、快捷，初投资较低，在实际工程中得到了大量应用，对地源热泵技术的推广应用起到了较好的带头和示范作用。但毋庸讳言，在不少的地下水地源热泵工程应用实例中也暴露和出现了很多问题，如抽水井、回灌井的堵塞，取水量满足不了设计要求，不能做到100％回灌或回灌到同一含水层，热泵机组因堵塞而报废或烧机。这些问题的存在和出现，需要我们进行认真的分析和研究，并提出切实可行的解决办法，并使地下水地源热泵技术在实际运行经验和可靠设计手段的支撑下健康、稳步发展，发挥出其独特的优势。

5.5.1.1 热泵系统运行主要控制的性能参数

为确保热泵系统运行良好，延长系统使用寿命，热泵系统运行应对以下主要控制的性能参数逐一检测。各性能参数按照设备使用说明中的要求进行检测。

1. 蒸发器冷冻水进、出口的温度和压力；
2. 冷凝器冷却水进、出口的温度和压力；
3. 蒸发器中制冷剂的压力和温度；
4. 冷凝器中制冷剂的压力和温度；
5. 主电机的电压和电流；
6. 润滑油的压力和温度；
7. 压缩机组运行是否平稳，是否有异常响声；
8. 机组的各阀门有无泄漏情况。

5.5.1.2 热泵系统运行前的准备工作

所谓季节性开机是指系统停用好长一段时间后重新投入使用。运行前主要检查的内容有：

1. 季节性开机前准备工作（制冷）

1）检查机组配电柜内电路中的随机熔断管是否完好无损；

2）检查主电机旋转方向是否正确，各继电器整定值是否在说明书规定范围之内；

3）检测制冷机组系统内的制冷剂是否达到规定的液面要求，是否有泄漏情况；

4）检查冷冻水泵、冷却水泵、冷却塔管路是否有异常情况；

5）检查机组和水系统中的所有阀门是否操作灵活，无泄漏或卡死情况。各阀门的开关位置是否符合系统运行要求。

2. 季节性开机前准备工作（制热）

1）检查系统泵电路是否完好无损；

2）检查冷冻水泵、冷却水泵是否有异常情况；

3）检查系统中的所有阀门是否操作灵活，无泄漏或卡死情况。各阀门的开关位置是否符合系统运行要求。

3. 日常开机前准备工作（制冷）

1）启动冷冻水泵；

2）打开冷水机组电源开关，观察机组控制面板指示灯是否符合启动要求；

3）检查冷冻水供、回水温度的设定值，根据环境要求是否需要改变此设定值。

4. 日常开机前准备工作（制热）

1）启动系统泵；

2）开启热站部分，观察换热器的温控阀是否符合启动要求；

3）检查系统供、回水的温度设定值，根据环境要求是否需要改变此设定值。

5.5.1.3 热泵系统的调试运行

1. 试运行前准备工作

1）热泵热水机组检查

（1）检查机组外观及机内管路系统是否在运输过程中遭到损坏；

（2）检查机组水管内是否存在空气，若有，应利用机内水管上的手动排气阀和水泵上的排气阀，将机组管路内的空气排净；

（3）检查风机扇叶是否与风扇固定板和风扇护网干涉。

2）检查配电系统

（1）检查所供电电源是否与本说明书和机组铭牌上所要求的供电电源一致；

（2）检查所有供电和控制线路是否全部连接到位，是否按接线图正确接线，接地是否可靠，所有接线端子是否全部坚固。

3）检查管路系统

（1）检查系统管路、补水管、回水管、压力表、温度探头、阀门、水位开关等设备是否安装正确；

（2）检查系统中应该开启的阀门是否已全部开启，应该关闭的阀门已全部关闭。

2. 试运行

1）机组试运行必须由专业人员操作；

2）当对整个系统进行全面检查确认符合要求后，可进行整体试运行；

3）接通电源，开启热泵，主机延时 3min 后自行启动。对于三相电源机组，首先检查风扇、水泵转向是否正确，如转向不对立即关闭电源，调整相序。测量压缩机运转电流，有无异常声音；

4）检查机组是否符合要求，运行一段时间（一般为 3 天）后，便可投入正常使用。

5.5.2 热泵系统的运行管理

5.5.2.1 地源热泵系统的运行管理

1. 技术资料管理

技术文件的缺失会造成运行管理者对系统状况不清楚，不能及时准确处理存在的问题。技术资料是技术管理、责任分析、管理评定的重要依据，应对技术资料予以妥善保管和补全，对技术文件的准确性应抽测核实，必要时应该重新测绘。下列文件应为必备文件档案，并作为节能运行管理、责任分析、管理评定的重要依据：

1）技术档案管理

（1）系统的设备明细表；

（2）主要材料、设备的技术资料、出厂合格证明及进场检（试）验报告；

（3）仪器仪表的出厂合格证明、使用说明书和校正纪录；

（4）设计图纸、图纸会审记录、设计变更通知书和竣工图；

（5）隐蔽部位或内容检查验收记录和必要的影像资料；

（6）给排水构筑物、设备、给排水管道系统、取水头部安装及检验记录；

（7）设备、水管系统、制冷剂管路、风管系统安装及检验记录；

（8）管道压力试验记录；

（9）设备单机试运转记录；

（10）系统联合试运转与调试记录；

（11）系统综合能效测试报告；

（12）维护保养记录、检修记录和运行记录；

（13）源水水温监测及水质化验报告；

（14）系统运行的冷、热量统计记录；

（15）系统的运行能耗统计记录。

2）系统运行记录管理

运行管理记录将作为了解系统状况，进行系统诊断、分析，采取技术管理、分析责任、管理评定的重要依据，应记录详细、准确和齐全。系统运行管理记录主要包括：

（1）主要设备运行记录、巡回检查记录；

（2）事故分析及其处理纪录；

（3）运行值班记录、维护保养记录；

（4）设备和系统部件的大修和更换情况记录；

（5）年度能耗统计表格、运行总结和分析资料；

（6）不停机运行的系统，应当有交接班记录。

3）系统运行中逐时采集的参数记录

（1）室外空气干球温度；

（2）热泵主机及单冷机运行台数、耗电量；

（3）空调侧水流量、供回水温度、流量及水泵耗电量；

（4）源侧水流量、供回水温度、流量及水泵耗电量；

（5）若主机有热回收功能，应记录生活热水流量及供回水温度；

（6）对采用计算机集中监控的系统，应定期备份原始数据记录或打印汇总报表存档。

另外，热泵系统调整变更后运行与控制策略、升级后的管理软件应形成相关技术文件，并纳入技术资料管理

2. 人员管理

1）根据地源热泵的系统规模、运行时间和自控水平，配备适宜的运管班组和管理

人员。

目前一些建筑管理者并不重视运行管理班组的构建，很多空调通风系统的运行管理存在人员不足、人员水平不够，设备仪表缺乏等现象。这种现状会导致系统发生问题时不能及时解决，系统的使用功能不能满足需要，系统和设备寿命大大折损等问题出现。因此，规定要求在人员、设备和仪表等方面应满足运行管理的需要。

2）运管人员应经过地源热泵知识、自动化管理系统操作、建筑节能等方面的专门培训，熟悉其所管理的地源热泵系统。用人部门应建立健全管理和操作人员的培训、考核档案。

由于很多运行管理人员的专业知识不能适应热泵系统高效运行的要求。所以建设主管部门应把热泵系统方面的培训纳入到上岗培训的范围。

3）运管管理人员应定期统计调查分析系统运行效果和运行能耗，提高运管服务水平。

对运行管理人员应提出具体要求，管理人员应实事求是、明确责任。对系统的运行状态、效果和运行能耗进行定期分析，运行管理人员应将系统的运行状况定期对用户及上级管理部门报告，并有责任和义务对运行管理提出合理化建议，提高运行管理水平。

3. 日常管理

1）运行管理人员应定时书面记录地源热泵系统的运行参数。采用计算机能耗监测系统的，应对计算机能耗监测系统定期巡视，检查。

2）带冷却塔的地源热泵系统和复合式地源热泵系统的运行应执行已制定的运行预案。

3）地源热泵系统季节性开机前应做好热泵机组、冷冻水系统与地源水系统的检查，确认设备状态良好、配电及自控系统性能正常，季节性切换阀门操作到位。

4）地源热泵系统开停机应遵循先开启水系统后开启主机的原则，系统关机则应遵循先关闭主机后关闭水系统的原则。

5）地源热泵系统运行时，应根据气候的季节状况、系统负荷和建筑热惰性，结合地源热泵系统特性，合理确定提前开机和提前停机时间。为此，热泵系统运行时间是根据气候季节的状况来确定投入使用。

（1）季节性开机前准备工作（制冷）

① 检查机组配电柜内电路中的随机熔断管是否完好无损；

② 检查主电机旋转方向是否正确，各继电器整定值是否在说明书规定范围之内；

③ 检测机组内制冷剂是否达到规定的液面要求，是否有泄漏情况；

④ 检查冷冻水泵、冷却水泵、冷却塔管路是否有异常情况；

⑤ 检查机组和水系统中的所有阀门是否操作灵活，无泄漏或卡死情况，各阀门的开关位置是否符合系统运行要求；

⑥ 机外设置的机组四通换向阀是否切换到位。

（2）季节性开机前准备工作（制热）

① 检查热泵系统配电系统性能是否良好；

② 检查冷冻水泵、冷却水泵是否有异常情况；

③ 检查系统中的所有阀门是否操作灵活，无泄漏或卡死情况，各阀门的开关位置是否符合系统运行要求；

④ 机外设置的机组四通换向阀是否切换到位。

6）热泵机组的主要运行参数的应控制在设计文件和设备说明书上规定的允许范围内。

7）包含多台主机的地源热泵系统应根据负荷变化及时调整机组的运行数量，可采用自动控制系统实施机房群控。

8）热泵机组的冷水、热水出口温度设定值，宜根据建筑采暖空调负荷的变化予以调整。

9）地源热泵系统的地源侧和用户侧水系统宜分别采用变频调节。

10）利用水系统进行冬夏切换的系统其功能转换阀门应设有明显的标识，操作结束后应对转换阀门的密闭性进行确认。

5.5.2.2 其他地源热泵系统运行管理

1. 水源侧管理

1）地表水源热泵、污水源热泵和海水源热泵的取水口位置应设置信号灯或其他形式的警示标志。

2）在枯水期、汛期、海洋赤潮期、地表水冰冻期等季节应加强对水源侧水位、水温、水质等参数的监测。

3）应加强对取水头部、天然滤床及取水构筑物的检查、监测及定期清淤工作，及时清除漂浮物、泥沙及其他颗粒物，防止取水头部或输水管路堵塞。

4）当水源侧采用具备连续反冲洗功能的过滤器时，应定期观察反冲洗效果并对排污情况进行检查。

5）水源侧水泵运行时，进水水位不应低于规定的最低水位。枯水期水位变化引起取水水量下降而不能满足机组最低流量要求时应停止机组运行。

6）系统运行时应监测排水口周边水体温度，排热造成的每周平均最大温升不应大于1℃，每周平均最大温降不应大于2℃。

7）进水温度低于水源热泵机组要求的下限值时，应启动辅助加热系统。

8）海水输配管道及与海水接触的设备应采取防止腐蚀及生物附着的措施。

2. 换热系统管理

1）开式水源热泵系统中采用中间换热器时，每年应不少于一次定期检修维护。当中间换热器出现腐蚀、堵塞、换热能力下降等，应及时进行清理维修。

2）采用闭式换热系统时，应定期检查换热表面结垢状况，换热性能明显下降应及时对换热器表面进行清洗除垢。

3）换热系统中冬季添加防冻剂时，应检查管路情况杜绝系统泄漏。

4）水源热泵机组采用胶球在线清洗时，应定期检查收球器和发球器的工作状态，确保胶球收球率达到运行要求。

5）水源热泵机组的冷凝器/蒸发器采用管刷清洗时，应按照预定时间表检查管刷磨损情况，在管刷磨损严重清洗效果下降明显时应更换管刷。

6）污水换热系统换热器结构宜留有清洗开口或拆卸端头，以便于根据运行情况定期清洗和更换管件。

7）水质较差的水源热泵系统，可设置污水过滤处理设备进出口水压力的监测装置，进出口水压差超限时及时进行清理维修。

8）污水源热泵运行中，根据污水水质及其腐蚀性，在满足环保要求的前提下，宜加入适当的缓蚀剂，减缓设备与材料的腐蚀。

9）开式污水源热泵和水质较差的开式地表水源热泵，在供冷供热季节切换时应做好换向阀门和管路的冲洗工作，避免污染物进入室内侧水系统。

10）污水源热泵运行中，根据污水水质及其腐蚀性，在满足环保要求的前提下，宜加入适当的缓蚀剂，减缓设备与材料的腐蚀。

3. 主机管理

1）地表水水源热泵系统主机应具有能量调节功能，机组能效比（EER）、性能系数（COP）应满足现行国家标准《水源热泵机组》GB/T 19409 和《蒸汽压缩循环冷水（热泵）机组第一部分：工业或商业用及类似用途的冷水（热泵）机组》GB/T 18430.1 的规定，达不到节能能效等级要求的主机设备，应对运行数据进行技术经济的综合分析，以明确进行设备的更换或改造。

2）舒适性采暖、空调的地表水水源热泵系统主机应符合下列禁止开启原则：对可开启门窗的面积与房屋建筑面积之比≥0.1的建筑，或设置有效的机械通风的建筑，或单层建筑面积≤1000m² 的建筑，当冬季室外干球温度≥15℃，夏季室外干球温度≤26℃时，禁止开启地表水水源热泵系统的主机设备。

3）对多台机组（2台以上）构成的集中地表水水源热泵系统，应根据季节、使用时段、室外环境温度变化、负荷变化等因素，及时调配主机设备的运行台数，使运行的台数为最少。

4）处于过渡季室外空气状态的时段，应直接采用通风换气的方式，空调系统加大新风量或全新风运行。

5）地表水水源热泵系统主机设备的冷水、热水出口温度的设置，应根据负荷的减少情况，及时提高冷水出口温度和降低热水出口温度的设定值。当系统的冷、热负荷≤80％时，其主机设备的冷水出口设置温度应≥8.5℃，仅用于空调制热时，主机设备的热水出口设置温度应≤45℃。

6）根据系统的冷（热）负荷大小，随时观察记录冷热源机组的运行参数，并及时调整和修正运行参数的设定值，使机组始终处于高效、节能、经济的运行状态。

7）为了保证地表水水源热泵系统主机设备的换热效率随时处于最大状态，应对设备的冷凝器、蒸发器，定期进行结垢检查和清除处理，每年应不少于一次；冷冻油及其他易损部件应按设备制造厂商的要求定期进行更换；对设备的油过滤器、水过滤器的通畅状况，每月应进行一次通畅检查、清堵处理或更换；对设备的节流元件、节流装置，应随时进行检查、调整、检修或更换。

8）地表水水源热泵主机设备应定期检查，下列保护装置应正常工作：
（1）压缩机的安全保护装置；
（2）排气压力的高压保护和吸气压力的低压保护装置；
（3）润滑系统的油压差保护装置；
（4）电动机过载及缺相保护装置；
（5）离心压缩机轴承的高温保护装置；
（6）蒸发器冷水的防冻保护装置；
（7）冷凝器冷却水的断水保护装置；
（8）水源热泵主机设备的保温性能；

（9）冷冻水和冷却水管道上的水流开关。

9）地表水水源热泵系统主机设备的运行工况应符合设计要求，不应有超温、超压的现象发生。

10）地表水水源热泵系统主机的安全阀、压力表、温度计、液压计等装置，以及高低压保护、低温防冻保护、电机过流保护、排气温度保护、油压差保护等安全保护装置应齐全，应定期校验。压缩式制冷设备的冷冻油标应醒目，油位正常，油质符合要求。

11）在水源热泵机组外进行冷、热转换的水源热泵系统，其水系统设置的冬、夏季功能转换阀门应设有明显的标识。在换季时对转换阀门进行开启或关闭，操作结束后，应对转换阀门的密闭性进行确认，防止系统串水。

12）冬季制冷运行的水源热泵机组或夏季运行、水源较深、源水温度较低的水源热泵机组应采取措施保证源水温度不低于制冷工况正常运行允许的最低限值。

4. 系统运行的基本要求

1）地表水源热泵系统运行时，操作人员应记录系统运行的相关数据，并与设计及设备使用说明书中相关参数进行核对，满足相关运行参数要求。

2）进入水源热泵机组的源水水质应符合设计要求，宜根据热泵机组性能和整体系统确定进水水质。进入水源热泵机组的水质可参考表 5-19。

地表水水源热泵水质标准 表 5-19

序号	名　称	允许含量值	序号	名　称	允许含量值
1	含沙量	≤100mg/L	8	SO_4^{2-} ＋ Cl^-	≤2500mg/L
2	浊度*	≤50NTU	9	硅酸（以 SiO_2 计）	<175mg/L
3	pH 值	6.5～9.5	10	$Mg^{2+} \times SiO_2$（Mg^{2+} 以 $CaCO_3$ 计）	≤50000mg/L
4	钙硬度＋甲基橙碱度（以 $CaCO_3$ 计）	≤1100 mg/L（碳酸钙稳定指数 RSI≥3.3）	11	游离氯（循环回水总管处）	0.2～1.0mg/L
5	总 Fe	≤1.0mg/L	12	NH_3-N	≤10mg/L
6	Cu^{2+}	≤1.0mg/L	13	COD_{Cr}	≤100mg/L
7	Cl^-（碳钢、不锈钢换热设备）	≤1000mg/L	14	藻密度	≤10^5个/L

3）应用于地表水水源热泵系统的水源，最热月平均水温不宜大于 28℃，最冷月平均水温不宜低于 10℃。

4）当地表水水源热泵系统为间歇运行方式时，应根据气候状况、空调负荷情况和建筑热惰性，合理确定开机停机时间。

5）地表水水源热泵系统中温度、压力、流量、热量、耗电量等计量仪器仪表，应定期检验、标定和维护，仪表工作应正常，失效或缺少的仪表应更换或增设。

6）地表水水源热泵系统主机房自动监测系统应定期检查、维护和检修，定期校验传感器和控制设备，按照工况变化调整模式和设定参数。

7）为有效监测地表水源热泵系统的运行能耗，在系统运行期间，建筑所有权人或者使用权人应对主机、水泵、水处理设备用电量进行分项计量，计量数据应定期报送相关主管部门，主管部门可根据上报数据组织专家进行能耗分析，制定合理的运行策略，指导系统节能运行。

5.5.3 热泵系统维护保养

热泵热水机是自动化程度较高的设备，使用时需定期进行机组状态检查，对机组进行长期而有效的维护和保养，将有效提高机组的运行可靠性和使用寿命。

5.5.3.1 热泵系统的维护保养

1. 机外安装的水过滤器应定期清洗，保证系统内水质清洁，以避免机组因水过滤器脏堵而造成损坏。

2. 用户在使用和维护本机组时应注意：机组内所有的安全保护装置均在出厂前设定完毕，切勿自行调整。

3. 经常检查机组的电源和电气系统的接线是否牢固，电气元件是否有动作异常，如有应及时维修和更换。

4. 经常检查水系统的补水、水箱的安全阀、液位控制器和排气装置工作是否正常，以免空气进入系统造成水循环量减少，从而影响机组的制热量和机组运行的可靠性。

5. 检查水泵，水路阀门是否工作正常，水管路及水管接头是否渗漏。

6. 机组周围应保持清洁干燥，通风良好。定期清洗（1~2月）空气侧换热器，来保持良好的换热效果。

7. 经常检查机组的各个部件的工作情况，检查机内管路接头和充气阀门处是否有油污，确保机组制冷剂无泄漏。

8. 机组周围请勿堆放杂物，以免堵塞进出风口，机组四周应保持清洁干燥，通风良好。

9. 若停机时间较长，应将机组管路中的水放掉，并切断电源，套好防护罩。再运行时，开机前对系统进行全面检查。

10. 机组出现故障，用户无法解决时，及时联系维修部们进行维修。

11. 主机冷凝器清洗，建议采用 $50℃\sim60℃$、浓度为 15% 的热磷酸液清洗冷凝器，启动主机自带循环水泵清洗 3 小时，最后用自来水冲洗 3 遍。（管道安装时建议预留三通接口，用丝堵封住一个接口）以备清洗时接管。禁止用腐蚀性的清洗液清洗冷凝器。

12. 水箱在使用一段时间后（视当地水质而定）需清除水垢。

5.5.3.2 热泵系统常见故障及排除

在使用过程中发现机组出现问题，可参照表 5-20 排除故障，或与专业维修人员联系。

热泵系统常见故障及排除方法　　　　　　　　　　表 5-20

故障状态	可能的故障原因	处理措施
机组不运转	◇ 电源故障 ◇ 机组电源接线松动 ◇ 机组控制电源熔断器熔断	◇ 断开电源开关，检查电源 ◇ 查明原因并修复 ◇ 更换新熔断器
水泵运转但是水不循环或水泵噪声大	◇ 水箱缺水 ◇ 水管路中有空气 ◇ 水阀门未全部打开 ◇ 水路过滤器脏堵	◇ 检查系统补水装置，水箱补水 ◇ 排除水泵及管路中的空气 ◇ 将水系统阀门开足 ◇ 清洗水路过滤器

续表

故障状态	可能的故障原因	处理措施
机组制热能力偏低	◇ 制冷剂不足 ◇ 水系统保温不良 ◇ 过滤器堵塞 ◇ 空气热交换器散热不良 ◇ 水流量不足	◇ 系统检漏并充注制冷剂 ◇ 加强水系统保温 ◇ 干燥过滤器 ◇ 清洗空气换热器 ◇ 清洗水过滤器
压缩机不运转	◇ 电源故障 ◇ 压缩机接触器损坏 ◇ 接线松动 ◇ 压缩机过热保护 ◇ 出水温度过高 ◇ 水流量不足	◇ 查明原因解决电源故障 ◇ 更换接触器 ◇ 查明松动点并修复 ◇ 查明原因排除故障后再开机 ◇ 重新设定出水温度 ◇ 清洗水过滤器并排除路空气
压缩机运转噪声大	◇ 液体制剂进入压缩机 ◇ 压缩机内部零件损坏	◇ 检查膨胀阀是否失效 ◇ 更换压缩机
风扇不运转	◇ 风扇紧定螺钉松动 ◇ 风扇电机烧毁 ◇ 接触器或电容损坏	◇ 紧固紧定螺钉 ◇ 更换电机 ◇ 更换接触器或电容
压缩机运转，但机组不制热	◇ 制冷剂泄漏 ◇ 压缩机故障	◇ 系统检漏并充注制冷剂 ◇ 更换压缩机
机组水流量过低保护	◇ 系统水流量不足 ◇ 靶式流量控制器未复位	◇ 清洗水过滤器并排空气 ◇ 调整或更换靶式流量控制器
排气压力过高	◇ 冷媒过多 ◇ 氟路系统中有不凝性气体 ◇ 水流量不足	◇ 排出多余的冷媒 ◇ 排出不凝性气体 ◇ 检查水系统，加大水流量
吸气压力过低	◇ 过滤器堵塞 ◇ 电磁阀未开 ◇ 通过热交换器的压降太大	◇ 更换过滤器 ◇ 修复或更换电磁阀 ◇ 检查并调整热力膨胀阀开度
压缩机失油	◇ 润滑油不足	◇ 加入润滑油

本 章 小 结

　　本章主要介绍制冷系统形式，制冷系统组成，制冷量调节方法，制冷系统运行管理规定，重点介绍了活塞式制冷系统，离心式制冷系统、压缩式制冷系统、溴化锂制冷系统、热泵系统的运行维护方法及常见故障排除。

复 习 思 考 题

1. 制冷系统分类？
2. 活塞式制冷压缩机试运行的准备工作有哪些？

3. 螺杆式制冷及试运行前的准备工作有哪些?
4. 溴化锂吸收式机组紧急停机故障诊断与排除方法?
5. 热泵系统的维护保养方法?
6. 简述地源热泵系统运行管理规定。

参 考 文 献

[1] 刘成毅. 空调系统调试与运行. [M]北京：中国建筑工业出版社，2005.

[2] 邹新生，邱庆龄，邵长波. 制冷与空调系统安装及运行管理. [M]北京：高等教育出版社，2008.

[3] 付小平，杨洪兴，安大伟. 中央空调系统运行管理. [M]北京：清华大学出版社，2008.

[4] 雒新峰. 供热通风与空调系统运行管理与维护. [M]北京：化学工业出版社，2005.

[5] 张国东. 中央空调系统运行维护与检修. [M]北京：化学工业出版社，2007.

[6] 梁玉国，刘学浩. 制冷与空调系统运行管理. [M]北京：中国水利水电 出版社，2011.

[7] 韦伯林. 制冷空调装置操作安装与维护. [M]北京：高等教育出版社，2002.

[8] 刘政满. 建筑设备运行与调试. [M]北京：中国电力出版社，2004.

[9] 马志彪. 供热系统调试与运行. [M]北京：中国建筑工业出版社，2005.

[10] 孙长玉，袁军. 供热运行管理与节能技术. [M]北京：机械筑工业出版社，2008.

[11] 刘国生，王惟生. 物业设备设施管理. [M]北京：人民邮电出版社，2004.

[12] 蒋英. 建筑设备. [M]北京：北京理工大学出版社，2011.

[13] 赵庆利. 供热系统调试与运行. [M]北京：中国建筑工业出版社，2001.

[14] 刘艳华. 锅炉及锅炉房设备. [M]北京：化学工业出版社 2010.

[15] 杜渐，锅炉及锅炉房设备. [M]北京：中国电力出版社 2011.

[16] 中国机械工程学会设备与维修工程分会《机械设备维修问答丛书》编委会. 工业锅炉维修与改造问答. [M]北京：机械工业出版社 2006.

[17] 孟燕华. 工业锅炉安全运行与管理. [M]北京：中国电力出版社 2004.

[18] 贺平. 供热工程. [M]北京：中国建筑工业出版社，2009.

[19] 刘家春. 水泵运行原理与泵站管理. [M]北京：中国水利水电出版社 2009.

[20] 姜乃昌. 泵与泵站. [M]北京：中国建筑工业出版社，2007.